21 世纪心理学专业前沿丛书

U0129065

ERPs 实验教程

（修订版）

赵 仑 著

东南大学出版社

·南京·

内容提要

本书简要地介绍了事件相关脑电位(ERPs)研究者应掌握的神经电生理学基础;详细论述了 ERP 实验的实用知识,包括记录 ERP 所需的设备及其使用方法、ERP 常见成分解析、ERP 实验准备和实验中应当注意的问题、ERP 离线分析的基本方法以及目前广为采用的 ERP 分析方法和脑成像技术;举例介绍了几种关于 ERP 研究的实验设计和结果分析。本书的内容不仅系统完整,而且实用易懂,可读性极强。本书可作为相关专业本科生、研究生的 ERP 实验教材,不仅适用于刚刚涉足 ERP 领域的初学者,也适用于有多年经验的 ERP 研究人员。

图书在版编目(CIP)数据

ERPs 实验教程 / 赵仑著. —2 版(修订本). —南京:东南大学出版社,2010.7

ISBN 978-7-5641-2183-9

Ⅰ.E… Ⅱ.①赵… Ⅲ.①认知—脑电位—教材

Ⅳ.①R741.044

中国版本图书馆 CIP 数据核字(2010)第 068915 号

ERPs 实验教程(修订版)

著　　者	赵　仑
责任编辑	张　煦
文字编辑	刘冰云
出 版 人	江　汉
出版发行	东南大学出版社
社　　址	南京市四牌楼 2 号(210096)
经　　销	江苏省新华书店
印　　刷	兴化市印刷厂
版　　次	2010 年 7 月第 1 版　2010 年 7 月第 1 次印刷
开　　本	B5
印　　张	22
字　　数	444 千字
印　　数	1—4000 册
书　　号	ISBN 978-7-5641-2183-9
定　　价	42.00 元

(凡因印装质量问题,请直接向东大出版社读者服务部调换。电话:025—83792328)

序

揭开人脑活动的奥秘是 21 世纪人类的一项伟大科学探索任务。长期以来，心理学家、神经科学家、临床医师和有关工程技术人员，都在探讨如何利用无损伤的方法来观察人脑进行思维时的特征性变化。20 世纪后半叶以来，随着计算机技术、电子技术和认知心理学的发展，上述探索取得了长足进展，找到了事件相关电位（ERP，event-related potentials）和脑成像这两个可以观察脑活动过程的窗口。

事件相关电位是指与一定心理活动（即事件）相关联的脑电位变化。经过 50 多年的研究，科学家们发现了与注意、信号感知、分析判断、决策及工作记忆内容更新等认知过程相关联的 ERP 成分，并得出与疾病、老化甚至与智力差异相关联的特征性变化。因此，事件相关电位越来越引起有关科技人员的兴趣和关注。而且，ERP 具有毫秒级的时间分辨率、所需设备较为简单和环境适应性强等优点，使得它的应用范围与日俱增。它与空间定位准确但时间分辨率较差的脑成像方法〔功能性磁共振成像（fMRI）和正电子发射层扫描术（PET）〕形成了相辅相成的并行发展之势。

在越来越多的人对事件相关电位感兴趣的情况下，急需一本能够深入浅出、简明扼要地介绍 ERP 的基本知识，特别是 EEG 记录、分析方法和实验设计的实用教材，于是这本《ERP 实验教程》就应运而生了。

赵仑编著的这本教程，在简要地介绍了大脑的结构和功能以及脑电和 ERP 发生的原理之后，就进入实用知识的论述，包括 ERP 成分的简述、记录 ERP 所需的设备及其使用方法、实验准备和实验设计中应当注意的问题、ERP 离线分析的基本方法以及目前广为采用的各种先进的 ERP 分析方法，并举例介绍了几种关于 ERP 研究的实验设计和结果分析。另外，在第 8 章，对 ERP 研究的数据记录、分析和出版标准进行了翻译和诠释；在第 10 章，还清晰地介绍了脑磁图（MEG）的原理和方法，以使读者对当前的脑研究方法有更全面的了解。

我们有充分的理由相信，无论是刚刚涉足 ERP 领域的读者，还是已有多年经验的 ERP 研究人员，在读完这本教程之后都会有所收获，因为本书的内容不仅系统完整，而且实用易懂，可读性极强。对于对 ERP 有兴趣的读者来说，这本教程的确是雪中送炭。

赵仑自 1993 年从山东医科大学毕业后，一直在航天医学工程研究所脑功能实验室与本人一起从事航天脑功能的研究，他善于学习、勤于钻研，在研究实践中取得了丰富的经验，而且获得了多项科技奖励。作为同事、老师和朋友，我对赵仑能够在不长的时间内写出这样一本具有很高实用价值的 ERP 教程，感到由衷的高兴和自豪。希望这本书能使更多的年轻科技人员投入到 ERP 研究领域，共同参与到揭开人脑奥秘的伟大事业中去。

魏金河

研究员、博士生导师

曾任航天医学工程研究所所长

中国载人航天工程航天员系统总设计师

国际宇航科学院院士

目　　录

第 *1* 章　ERP 的神经电生理学基础

第一节　大脑皮层的基本结构

脑是人类一切高级行为的物质基础,由 100 亿～160 亿神经细胞和 100 万亿个突触以及比其更多 10 倍的胶质细胞构成。事件相关脑电位(Event-Related Potentials,ERP)是基于脑电提取的,要了解脑生物电的起源和规律,必须对脑的神经解剖有所了解。本节重点介绍 ERP 研究者需了解的大脑皮层的基本结构。

一、大脑皮层的结构

成人大脑的重量为 1 200～1 500 g,男性比女性平均重 90 g。大脑由大脑纵裂分为左右两个半球,每一个大脑半球有背外侧面、内侧面和基底面,其间有许多沟、裂和回。两大脑半球之间由粗大的神经纤维束——胼胝体将其连接。

大脑是人体所有高级神经中枢所在地,其表面覆盖着一层平均厚度为 1.5～4.5 mm 的灰色物质(即灰质),主要由神经细胞所组成,称为大脑皮层。大脑半球的深部为神经细胞的纤维所组成的白色物质,称为白质,它从皮层向里延伸,使两个半球相互联络(胼胝体),并让大脑各区产生联系。鉴于左右半球的分工有所不同,这种联系是必要的,而且各半球的皮层又分成若干不同的区域,具有不同的功能和特点。它的整体功能使人类在进化过程中具有了不同于其他生物的高级智慧。

大脑的基底部有多个大小不等的神经细胞团。其内侧最大者称为丘脑。此外,尚有下丘脑、豆状核、尾状核、否仁核等。

大脑体积并不太大(约 600 cm³),但大脑皮层繁多的沟回结构,大大增加了大脑的表面积(约 2.5～3.2 m³),这是人脑的一个重要特征。沟回结构相互连接的复杂性不仅是人类作为高等动物的关键,而且也是人类特有的在思维、智力和行为等方面多样性的关键。这种灰色物质(灰质)使每个人具有不同的思维特征,即便是生活在同样环境中的双胞胎,其思维和行为也存在一定的差异。

大脑表面被中央沟、顶枕裂及大脑外侧裂分成额叶、顶叶、枕叶和颞叶(图 1 - 1～

图 1-4)。其中,颞叶以听觉功能为主,枕叶以视觉功能为主,顶叶是躯体感觉的高级中枢,额叶以躯体的运动功能为主。前额叶皮层和颞、顶、枕皮层之间的联络区则与复杂知觉、注意、思维等脑高级活动有关。

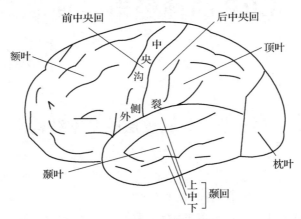

图 1-1 大脑皮层表面示意图
(引自匡培梓主编,生理心理学,1987)

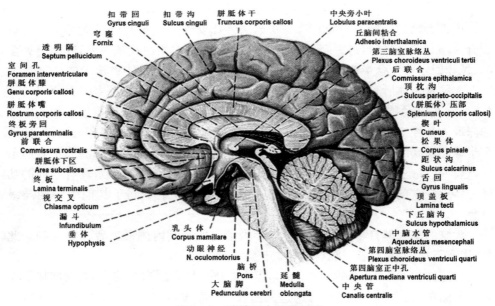

图 1-2 脑的正中矢状断面
(引自郭光文、王序主编,人体解剖彩色图谱,1986)

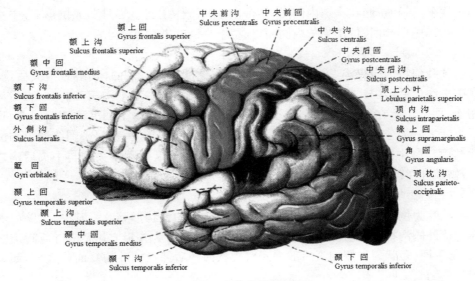

额上沟
Sulcus frontalis superior
额上回
Gyrus frontalis superior
额中回
Gyrus frontalis medius
额下沟
Sulcus frontalis inferior
额下回
Gyrus frontalis inferior
外侧沟
Sulcus lateralis
眶回
Gyri orbitales
颞上回
Gyrus temporalis superior
颞上沟
Sulcus temporalis superior
颞中回
Gyrus temporalis medius
颞下沟
Sulcus temporalis inferior

中央前沟
Sulcus precentralis
中央前回
Gyrus precentralis
中央沟
Sulcus centralis
中央后回
Gyrus postcentralis
中央后沟
Sulcus postcentralis
顶上小叶
Lobulus parietalis superior
顶内沟
Sulcus intraparietalis
缘上回
Gyrus supramarginalis
角回
Gyrus angularis
顶枕沟
Sulcus parieto-occipitalis
颞下回
Gyrus temporalis inferior

图1-3　大脑半球外侧面

（引自郭光文、王序主编,人体解剖彩色图谱,1986）

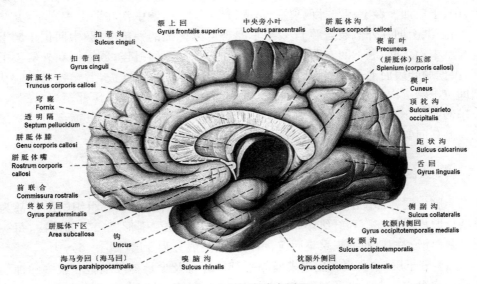

扣带沟
Sulcus cinguli
扣带回
Gyrus cinguli
胼胝体干
Truncus corporis callosi
穹窿
Fornix
透明隔
Septum pellucidum
胼胝体膝
Genu corporis callosi
胼胝体嘴
Rostrum corporis callosi
前联合
Commissura rostralis
终板旁回
Gyrus paraterminalis
胼胝体下区
Area subcallosa
钩
Uncus
海马旁回〔海马回〕
Gyrus parahippocampalis
嗅脑沟
Sulcus rhinalis

额上回
Gyrus frontalis superior
中央旁小叶
Lobulus paracentralis
胼胝体沟
Sulcus corporis callosi
楔前叶
Precuneus
（胼胝体）压部
Splenium (corporis callosi)
楔叶
Cuneus
顶枕沟
Sulcus parieto occipitalis
距状沟
Sulcus calcarinus
舌回
Gyrus lingualis
侧副沟
Sulcus collateralis
枕颞内侧回
Gyrus occipitotemporalis medialis
枕颞沟
Sulcus occipitotemporalis
枕颞外侧回
Gyrus occipitotemporalis lateralis

图1-4　大脑半球内侧面

（引自郭光文、王序主编,人体解剖彩色图谱,1986）

（一）额叶

额叶由额极起至中央沟和外侧裂以前的部分。其中,在中央前沟之前与之平行又可分为上、下中央前沟;额上沟由中央前沟向前、向下延伸,将额叶之外侧面分作3个平行的脑回,即额上回、额中回和额下回;眶沟与眶回位于额底面;嗅沟与中线平行；扣带回在半球内侧面，扣带沟与胼胝体之间呈半月形或拱形；旁中央小叶为四边形脑回，位于半球内侧面，环绕中央沟的末端。

（二）顶叶

顶叶前缘为中央沟，后缘连接顶枕裂，下缘抵外侧裂平面，其中有中央后沟，在中央沟之后，且与之平行分为上、下二部。顶间沟为一水平沟，有时与中央后沟相连，顶上小叶在顶间沟水平部之上，其下为顶下小叶；缘上回又称环曲回，为顶下小叶之一部分，围绕外侧裂之后端；角回也是顶下小叶之一部分，围绕颞上沟的后端而与颞中回连接；中央后回为皮层的一般感觉区，位于中央沟与中央后沟之间；楔前叶在顶枕沟与扣带回升支之间，为半球内侧表面的后部。

（三）枕叶

枕叶为位于顶枕裂连接前切迹间假设线之后的锥状形脑叶。其中，大脑内侧面的枕外侧沟将枕叶分为上、下回；距状裂将枕叶分为楔叶（距状裂与顶间沟之间）与舌回（距状裂与侧副裂后部之间）；梭状回的后部在枕叶的复面或底面，颞下沟与侧副裂之间。

（四）颞叶

颞叶在外侧裂的下方，顶叶的前下方，枕叶的前方；由颞上、中、下沟分为颞上、中、下三回。颞上沟与外侧裂平行，横过颞叶上部；颞中沟在颞上沟之下，并与之平行；颞上回在外侧裂与颞上沟之间，是颞叶外侧面的一部分；颞中回位于颞上沟与颞中沟之间；颞下回在颞中沟之下，其后方与枕下回毗连；颞横回在外侧裂下缘，占据颞叶表面上部的后端；颞下沟位于颞叶下部，前抵颞极，后至枕极。梭状回即位于颞下沟的内侧面，颞下回在其外侧面；海马裂由胼胝体压部至海马回钩，位于颞叶的下部内侧面，而海马回即位于海马裂与侧副裂之间，其前部呈钩状故称为海马回钩。

二、大脑皮层神经细胞构成

大脑皮层各部位的厚度不等，这与其功能上的不同有关，其组织学结构甚为复杂。旧皮层的细胞和纤维不形成明显的分层；新皮层则形成一定的层次，每一层主要由形态相似的细胞聚集而成，由外向内一般分为 6 层（图 1-5）。

（1）分子层：主要由和皮层表面相平行的纤维及少量神经细胞和较多的神经胶质细胞组成。内为水平细胞，轴突横行于皮层表面，具有横向传导功能。

（2）外颗粒层：为小锥体细胞层，由密集的小锥体细胞组成。

（3）外锥体细胞层：为主要皮层细胞，由中大型锥体细胞组成，其顶树突长达皮层表面。

（4）内颗粒层：为星形细胞层，由密集的小星形细胞组成。

（5）内锥体细胞层：为神经节细胞层或大锥体细胞层，由大锥体细胞组成。

（6）多形细胞层：由许多不规则的梭状细胞及角状细胞组成。轴突深入邻近白质,通过胼胝体将神经冲动传达到对侧半球的皮层对应区,亦称胼胝体神经细胞。

皮层的每个区域都接受传入纤维的外来传入冲动,并通过传出纤维将冲动传出。进入皮层的传入纤维有下列几类:

(1)来自丘脑特异性投射系统的纤维,在第5、6层时不分支,进入第4层内即与该层的神经元形成突触联系,少数轴突与更浅层的某些神经元发生联系。

(2)来自丘脑非特异性投射系统的纤维,其分支到达大脑皮层第6~1层的广泛区域,与各层神经元有关结构形成突触联络,并与广大皮层区域发生投射关系。

(3)来自同侧皮层其他区域或对侧半球(如通过胼胝体)的纤维联系。

皮层发出的传出纤维主要源自第3、5层,如锥体束及胼胝体纤维主要起源于3、5层内。

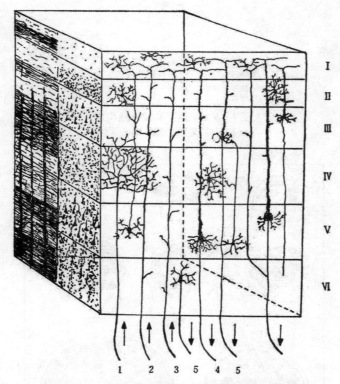

图1-5 大脑皮层细胞分层及皮层内联系示意图

Ⅰ:分子层;Ⅱ:外颗粒层;Ⅲ:外锥体细胞层;Ⅳ:内颗粒层;Ⅴ:内锥体细胞层;Ⅵ:多形细胞层。1. 特异上行投射纤维;2. 联络纤维;3. 非特异上行投射纤维;4. 下行投射纤维;5. 传出联络纤维。(引自沈政、林庶芝著,生理心理学,1989)

在大脑发育过程中,初生婴儿的大脑重量大约为400 g,是成人脑重的30%。虽然大脑在生长发育过程中神经元的体积在扩大,联结(树突、轴突和突触)的数目在增加,但神经元的总数目一般是不变的。图1-6为神经元及其突触示意图;图1-7

示增长的大脑发育过程；图 1-8 可见发育中神经网络日益密集和复杂的过程。

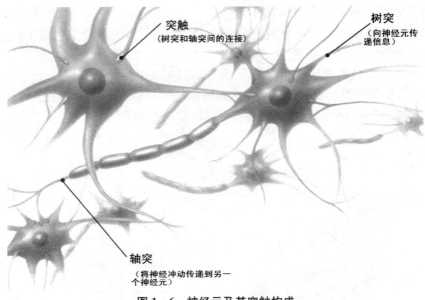

突触
（树突和轴突间的连接）

树突
（向神经元传递信息）

轴突
（将神经冲动传递到另一个神经元）

图 1-6 神经元及其突触构成
（引自科学世界，2001 年第 5 期）

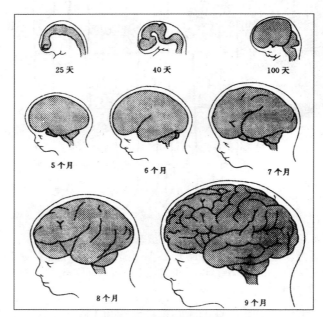

25 天　　　40 天　　　100 天

5 个月　　　6 个月　　　7 个月

8 个月　　　9 个月

图 1-7 发育中的人脑
（引自 M. Cowan, Scientific American, 1979 年 9 月。苏珊·格林菲尔德著；杨雄里等译，你的大脑，1997）

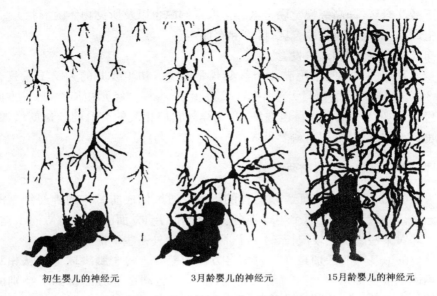

初生婴儿的神经元　　　　　3月龄婴儿的神经元　　　　　15月龄婴儿的神经元

图 1 - 8　发育过程中日益复杂的神经网络

三、皮层分区

根据神经细胞的排列和类型及有髓纤维的分布情况,可将皮层进行分区。一般认为 Brodmann 的 52 分区较为实用(图 1 - 9 和图 1 - 10 为彩图,见书后)。根据大脑皮层的功能进行划分,每个区都有其特定的功能,这些功能还有待于更广泛细致的研究才可能进一步加以说明。当然,脑区的划分方法不是绝对的,每个区都有与其他区相联系的复杂的互动系统:

前联合区:是个体活动的高级控制系统,与记忆、思考、推理和判断等有关。

动眼区:控制眼睛使目光朝向视野中的特定区域。

运动联合区:根据感觉器官所受的刺激使肌体产生动作,并准备好此后应完成序列活动的指令。

运动区:向肌肉发出运动指令。

初级感觉区:对来自皮肤和关节的机械刺激做出反应并识别其位置和强度。

体觉联合区:对躯体所受机械刺激呈现的复杂程度和相互关系做出解释并予以解决。

顶叶联合区:接受空间视觉信息,确定物体的位置和身份,将躯体感觉与视觉和听觉连接起来。

听觉区:接受来自耳朵的声音并区分其强度和频率。

初级视觉区:将来自视网膜的视觉信息分解为基本要素(颜色、方位等),将这些信息传递到视觉联合区。

次级视觉联合区:确定深度。

下颞联合区：即高级视觉联合区，区别、存储颜色以及所见物体的形状。

上颞联合区：即听觉联合区，区别和存储声音。

布氏语言区：控制语言发育。

初生婴儿的神经网络比满 3 个月婴儿要稀少。初生婴儿的大脑重量只有成人的 30%，但神经元的数目大致相等。实际上，一方面神经元在长大，另一方面每个神经元的树突和轴突数目也在增加，这样与它们相关的突触的数量就增加了，范围也扩大和延伸了（引自科学世界，2001 年第 5 期）。

四、不同但统一的大脑两半球

大脑的两个半球从表面看是对称的。两者通过构成胼胝体的神经纤维厚膜连接起来。一般情况下，两个半球在各种功能和活动方面能成功地协同工作，但一个半球对某些事情比较擅长，另一个半球则对另外一些事情更擅长。

首要的最基本的区别是在接收信息方面的差异。每个脑半球都是从相对的一半躯体中接收信息。交叉活动在视觉、触觉和运动系统方面得到了特别的发育。但左撇子的大脑的某些功能并不总是右利手的人大脑功能的镜像。有些左撇子有着惯用右手的人的大脑，他们在体育方面特别擅长右利手的人的动作。在他们的大脑中，从信息到指挥行动历经的行程特别短，因此他们反应的速度更快。

美国神经生理学家、心理学家 Roger Sperry 因分辨出两个半球拥有单独的或主要的不同功能，于 1981 年获得诺贝尔生理学或医学奖。由于其卓越的研究成果，人们从此确认，大脑左半球主要具有语言、意识、概念、分析、计算等功能；而右半球则主要在音乐、绘画、综合、整体性、几何—空间等功能方面更擅长。

需要特别强调的是，左右两半球的功能是互补的。以音乐为例，左半球负责旋律，右半球则负责节奏。意识活动是左右两半球共同作用的结果，而不是像人们长期以来认为的那样，自我意识只存在于左半球。

第二节　脑电的基本特征及其产生机制

ERP 是基于脑电（EEG）提取的，因此，掌握 EEG 的基本知识是进行 ERP 研究最重要的基础之一。

脑不仅支配人的思维和行为，而且也是控制情绪和植物神经功能的最高中枢。能客观地记录时刻变化的脑机能状态的方法，在发现脑电以前是没有的。在这之前要想了解中枢神经的机能状态，只有观察末梢神经对刺激的反应。首次发现并明确地描述人脑电活动的是德国精神科教授 Ham Berger。他为了解释精神机能的生物学基础，于 1924 年开始研究人脑的电活动。他把两根白金针状电极通过头部外伤者的颅骨缺损部插入大脑皮层，成功地记录出有规则的电活动。

进一步证实,这种电活动不需要把电极插入脑内,而通过安置在头皮上的电极也同样可以记录到。他首先把正常人在安静、闭眼时主要出现于枕、顶部的10 Hz、振幅50 μV 左右有规则的波命名为 α 波,发现当被试在睁眼视物时,α 波将消失并出现 18～20 Hz、20～30 μV 的波,他把这种快波称为 β 波。Ham Berger 将这种脑电活动总称为脑电图(electroencephalography,EEG)。随着电子计算机技术的进步,由 1958 年起开始生产诱发电位累加器,用其可以记录和观察人的诱发电位,这是脑电图史上划时代的发展。我国国内最早开展脑电图临床应用和研究工作的学者为协和医院的冯应琨教授。

一、脑电的基本特征

脑细胞无时无刻不在进行自发性、节律性、综合性的电活动,将这种电活动的电位作为纵轴,时间特征为横轴,记录下来的电位与时间相互关系的平面图即为脑电图(EEG)。脑电波的频率(或周期)、波幅、位相构成脑电图的基本特征(图 1-11,图 1-12)。

周期和频率　从头颅记录的脑电信号近似于正弦波形。脑电的周期指的是一个波从离开基线,到又返回基线所需的时间,或者说,就是波峰到波峰或波谷到波谷的时间跨度,单位为毫秒(ms)。频率是指单位时间(1 s)内通过的波峰或波谷数,也即单位时间内的周期数。例如,如果 1 s 内有 5 个波峰通过,则其频率为 5 Hz(次/秒),平均周期为 1/20 s 或 50 ms。周期和频率为倒数关系,50 Hz 市电(亦称 50 周)的周期即为 20 ms。

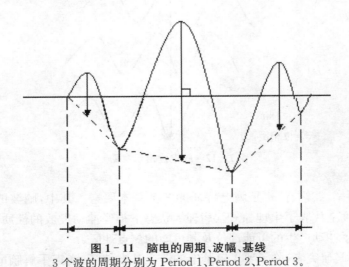

图 1-11　脑电的周期、波幅、基线
3 个波的周期分别为 Period 1、Period 2、Period 3。

波幅　一般情况下,波幅指的是一个波的波峰到波谷的距离。由于脑电或多或少都会出现基线的动荡,因此在测量脑电的波幅时,将相邻的两个波谷进行直线联结,则这两个波谷之间的波峰与波谷连结线中点的距离即为该波的波幅值。

正常人脑电图波幅的范围一般为 10～100 μV,约为以毫伏计的心电图的 1/1 000。一般情况下,EEG 的波幅代表脑电位的强度,波幅大小与参与同步放电的神经元数目的多少以及神经元的排列方向等密切相关。如果参与同步放电的神经元数量很多,神经元排列方向一致,且与记录电极的距离较近,则其波幅增高;反之,则降低。按照波幅的高度,可将脑波分为 4 类:

低波幅	<25 μV
中波幅	25～75 μV
高波幅	75～150 μV
极高波幅	>150 μV

位相 一个随时间序列运动展开的波,在基线上或下所处的瞬间位置即为该波的位相,其代表着波的极性及其时间与波幅的相对关系。以脑电基线为标准,朝上的波称为负相波(负性波),朝下的波称为正相波(正性波)。同时记录的两个导联脑电的位相取决于脑内放电部位的位置、数目、大小以及电极导联方法和诱导部位。

将两个运动中的波相互比较,若它们在某个或每个瞬间出现的时间、周期和极性(波峰指向,正相或负相)都完全一致,称为同位相;若先后出现称为有位相差,以毫秒表示。两个波错位 180°时称为位相倒置。

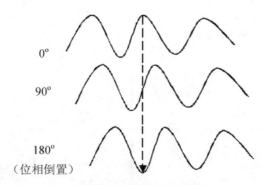

图 1-12 脑电位相示意图

总之,频率、波幅、位相是脑电特征的 3 个基本要素。其中,脑波的频率和波幅在某种程度上代表了生理、心理、病理等状态下神经冲动发放的性质和强度,而位相则提供了冲动产生的可能部位及其可能的焦点灶区。

作为 ERP 研究者,除了要了解脑电的 3 个基本特征,尚需了解脑电的其他一些基本概念和特征。

(1) 脑电节律:脑电中式样相同、周期一致且重复出现的活动,被称为脑电节律。例如,成人脑波中 8～13 Hz 的 α 节律。

（2）脑电基线:脑波上下偏移的中心轴线即为基线。每一个波上下偏移时都依据于自己的中心点,将连续脑电波的每一个中心点连接起来,则成为一条近似的直线,该线被称为基线。该中心轴线若为一直线或近似直线,则称为基线平稳;若各中心点不能连成一条直线或近似直线,而是形成一条波幅高于 25 μV,时限大于 1 000 ms 缓慢移动的曲线,则称为基线不稳;若波幅小于 25 μV,则称为基线欠稳。

基线不稳可分为两类:一类是伪迹性基线不稳,主要是由于记录过程中的伪迹影响所致,形态表现多样且多变。例如,头皮出汗可以降低头皮电阻,使电极间形成短路,从而表现为 0.5～1 Hz 的缓慢基线动荡;而精神极度紧张导致呼吸不稳、身体摆动、电极滑动、导线抖动等,都可以造成伪迹性基线不稳。显然,这种基线不稳是由于明显的外界因素造成的,消除外因即可纠正;另一类是生理、病理过程的一种表现,波动本身形态缓和,无明显抬高、降低、顿挫、平直等剧烈反应。例如,小儿发育过程中,早期脑功能不完善,其脑波基线即出现动荡不稳;若 14 岁以上的青少年仍出现脑波基线不稳,且伴有后部孤立性慢波增多,则很可能是由于脑发育迟缓、脑功能完善程度欠佳所致。一般情况下,任何一种疾病,只要使脑功能严重低下或失调,都可在脑电慢活动背景上出现基线不稳。

根据波的运动轨迹是全部位于基线以上还是以下,可将脑波命名为负性波和正性波。不论正性还是负性,只要运动轨迹都位于基线的一侧,即称为单相波（α 波多为单相负波）;而如果一个波由基线先向一侧偏转,然后又回到并越过基线偏向另一侧,即为双相波（癫痫脑电图中常见双相棘波）。

（3）调幅:调幅是指具有基本频率脑波的波幅有规律地由低渐渐增大以后又渐渐变小的过程。持续时间可达数秒。调幅的改变使 EEG 间歇性出现纺锤状变化（图 1-13）。正常情况下,α 活动应具有良好的调幅。

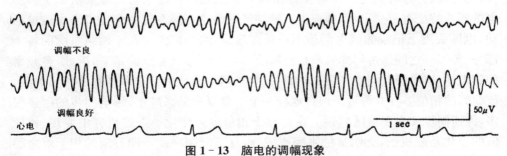

调幅不良

调幅良好

心电

50 μV

1 sec

图 1-13 脑电的调幅现象
（引自王德堃著,实用脑波图谱学,1991）

（4）背景节律:不同人以及不同情况下的脑电会有不同的节律。一般情况下,都会有一个优势频率,即在记录中最为突出和明显的节律,称为背景节律（background rhythm）。清醒时的背景节律婴儿通常为 4～5 Hz（δ 和 θ 波）,儿童为 5～8 Hz（θ 波）,成人为 8～10 Hz（α 波）;睡眠时浅睡期和深睡期的背景节律分别为 5～6 Hz（θ 波）和 2～3 Hz（δ 波）。

背景节律可以认为是中枢神经系统兴奋性的总体指标：随年龄增长（至成人期）频率加快，睡眠（尤其深睡）时频率减慢。额区和中央区明显快于 13 Hz 的 β 波，通常出现在以下几种情况：浅睡期呈 14 Hz 的纺锤波，该波突然出现或消失；紧张和焦虑的病人会出现 15～20 Hz 的波；使用对脑部有抑制作用的药物（如巴比妥类），会出现 18～25 Hz 的波。

（5）同步化和去同步化：大量神经细胞在电活动过程中建立的在位相上、起止上的时空一致性，即为同步性，是构成脑电节律性的重要因素之一。同步化是指组群细胞间同步性活动的表现过程；去同步化则是指神经元回路中细胞活动失去了同步性，即既不能同时开始，又不能同时停止，而位相又不相同的相对独立的放电过程。

脑电同步性的研究已成为脑科学的重要研究领域。许很多研究发现，不同的认知活动过程会引起不同的脑电同步变化特征。Shaw 等发现在进行空间想象任务时多数右利手被试者左右脑间的脑电相干幅值增大，而多数左利手者则下降。Petsche 报道，语言、视觉、音乐等方面的创造性思维活动引起枕叶、额叶之间的脑电相干活动增强，认为这些活动与皮层—皮层间的长神经纤维系统有关。Jausovec 等研究发现，脑电 α 频带的相干与创造力水平有关，表现为远距离脑区之间的相干增强。Razoumnikova 等分析了不同认知条件下 4～30 Hz 范围 6 个频带的脑电相干幅值，发现与休息状态相比，辐合思维和发散思维均引起 α 频带的脱同步现象，且辐合思维引起 θ1 频带相干幅值增强，而发散思维则导致 θ1 和 θ2 频带相干减弱以及 β2 频带相干增强。

近年来，我国学者魏金河教授领导的研究组通过系统研究发现，脑电相干分布特征及其分布峰值与相干对覆盖距离是成反比的。这一研究成果对于了解脑电的同步特征有重要启示，即应当从脑神经网络这一巨系统的角度来考虑脑电活动，也即头皮上记录的脑电活动不是局部现象，而是广泛存在于网络系统的各个部分，各部分之间通过局部的和长距离的神经纤维形成复杂的耦联，因此，各频率的脑电活动（尽管可能有其最初的源）在整个网络系统中存在着基本的同步关系，彼此间的相位差在 0 附近。但在这样一个十分复杂的系统中，影响同步的因素很多，因而同步又表现出随机性。在对相干相位序列变化动态的研究中发现，相位值的变化是随机的，无明显的主频率成分，且不同频率及不同方向的相干对之间的相位波动呈现出相对独立性。各频率的脑电活动在不同脑区之间的同步关系无论在时间上还是在不同的空间方位上都是随机的。

二、影响脑电的因素

人类生命过程中整个机体特别是神经系统发生的全部变化都能反映在脑电图上。引起脑电图变化的因素主要包括以下几类：

（1）与脑发育情况和体质特点有关的因素：包括年龄差异和个体差异。大量研究表明，脑电与年龄大小密切相关，年龄越小则快波越少，慢波越多，且伴有基线不稳；年龄越大则快波越多，慢波越少。但在 50 岁以后，慢波有所回升，且伴有不同程度的基本频率慢波化。

（2）一过性、可逆性的脑电图生理变化：包括精神活动、外界刺激、意识变化、体内生化学改变等。我国科学家魏金河教授等研究认为，脑电的高频活动可能反映了一般注意状态，而信息加工过程中注意需求的动态变化则可通过 α 活动的变化来反映，也就是说，脑电 δ、θ 和 α 活动与认知加工的不同方面相关联。而在情绪研究方面，很多研究表明焦虑情绪会在皮层引起以去同步化活动为主的 β 节律，而愤怒情绪则以 α 活动为主，且在颞叶出现成串的 θ 波。

（3）病理变化：如脑部疾病，此时在脑电图上可以观察到与生理变化完全不同的病理波（如棘波），也可以出现与生理变化不易区别的病理波（如慢波）。

三、脑电的分类

（一）频率分类

通常以希腊字母来表示，一个字母代表一个频带。

1. Schwab 频率分类

δ 波　　　　　0.5～3 Hz
θ 波　　　　　4～7 Hz
α 波　　　　　8～13 Hz
中间快波　　　14～17 Hz
β 波　　　　　18～30 Hz
γ 波　　　　　31 Hz 以上

其中，δ 波和 θ 波称为慢波，β 波和 γ 波称为快波。

2. Walter 分类

δ 波　　　　　0.5～3.5 Hz
θ 波　　　　　4～7 Hz
α 波　　　　　8～13 Hz
β 波　　　　　14～25 Hz
γ 波　　　　　26 Hz 以上

（二）波形特征

α 波的形状通常分为类正弦波，半弧状和锯齿状，波幅平均为 30～50 μV，最高不超过 100 μV。一般以枕部最高，其次为顶、额部，最低在颞部。正常情况下应有明显的调幅现象。

β 波波幅约 5～30 μV，一般为 20 μV 左右。可见于全头部，且主要见于中央区及额区。

慢波(θ波、δ波)波幅较低,多为 10～30 μV,均不超过 50 μV。θ波主要散见于颞部,δ波仅散见于前头部。

(三)图形分类

正常人的脑电图通常包括以下几种:

1. α脑电图　α波占优势,特别是在枕、顶部。α波频率的变动范围不超过 1.5 Hz,多在 1 Hz 以内,占正常脑电图的大多数(图 1-14)。

2. β脑电图　占正常脑电图的 6% 左右。由 16～25 Hz、20～30 μV 的快波组成,α波仅是散在性或短暂发作,而β波一般出现于全部导联,但在额、中央区其波幅最高(图 1-15)。

3. 不规则脑电图　见于正常人的 10%。主要特点是α波不规则,调幅现象不明显,在额部波幅较高,频率变动范围在 3 Hz 以上。基本节律有时由α波和β波组成(图 1-16),混有少数波幅低于基本波的θ波。

4. 平坦脑电图　见于正常人的 7%,以肥胖者多见。α波波幅(不超过20 μV,以 10 μV 左右多见)和出现率均较低,β波振幅也很低(不超过 10 μV)。也可以混有少数波幅在 30 μV 以下的θ波,一般称为低电压脑电图,当快波较多时称为去同步化脑电图(图 1-17)。

5. α波与β波交替型脑电图　多见于老年前期。α波与β波交替出现,波幅大致相近。

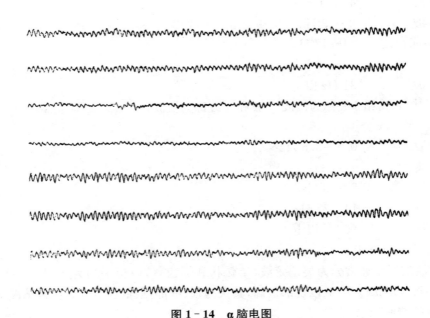

图 1-14　α脑电图

波幅:2.4 mm＝50 μV;纸速:12 mm＝1 s。自上而下分别为导联 1、2、11、12、5、6、7、8。(引自谭郁玲主编,临床脑电图与脑电地形图学,1999)

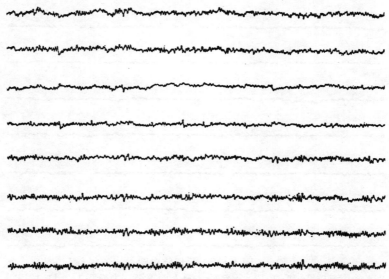

图 1－15　β 脑电图

波幅:2.4 mm＝50 μV;纸速:12 mm＝1 s。自上而下分别为导联 1、2、11、12、5、6、7、8。(引自谭郁玲主编,临床脑电图与脑电地形图学,1999)

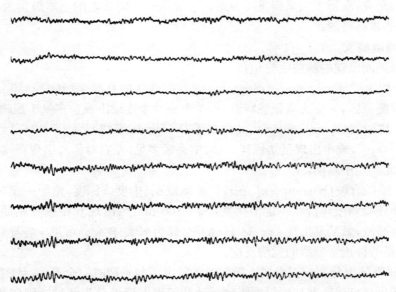

图 1－16　不规则脑电图

波幅:2.4 mm＝50 μV;纸速:12 mm＝1 s。自上而下分别为导联 1、2、11、12、5、6、7、8。(引自谭郁玲主编,临床脑电图与脑电地形图学,1999)

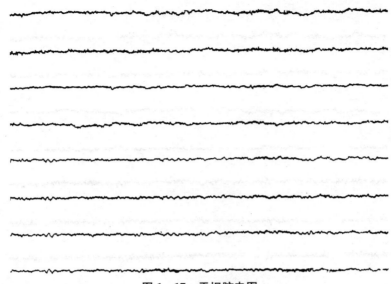

图 1 - 17 平坦脑电图

波幅:2.4 mm＝50 μV;纸速:12 mm＝1 s。自上而下分别为导联 1、2、11、12、5、6、7、8。（引自谭郁玲主编,临床脑电图与脑电地形图学,1999）

（四）睡眠脑电基本特点

迄今为止,已有很多学者利用 EEG、ERP、fMRI 等技术,进行了睡眠过程中认知活动的研究,取得了一系列重要成果。了解睡眠期间脑电的基本波形及其变化特征,是非常必要的。

1. 睡眠脑波

睡眠期间出现的脑波主要包括:

（1）驼峰波（hump wave）:3～8 Hz 的双驼峰样的高波幅（100～150 μV）波。常见于双侧顶区,又称为双顶驼峰波,可单个或数个连续出现。多见于浅睡期。

（2）纺锤波（spindle wave）:又称 Σ 节律（Sigma 节律）。频率 12～14 Hz,波幅 30～100 μV,成串出现呈纺锤样。顶、中央区多见（左右对称）,出现在浅睡期和中睡期,尤其是中睡期。

（3）K-综合波（K-complex）:在较深的睡眠期（中度或深度）给予一定刺激（内环境或外环境刺激）时,经一定潜伏期（50～100 ms）后出现双相或三相 2～5 Hz 的孤立性慢波,紧接着出现 12～14 Hz 的波,即为 K-综合波。可见于各导联,以顶区显著,是一种正常睡眠的觉醒反应。

2. 睡眠脑电分期　正常成人睡眠时的脑电图与觉醒时完全不同,且随睡眠的深浅而变化。自然睡眠过程根据眼球运动和睡眠深度可分为两种睡眠时相:慢波睡眠和快波睡眠。两种睡眠时相的主要脑电特征如下:

（1）慢波睡眠:即非眼球快速运动睡眠（non-Rapid Eye Movement sleep,

nREM），又称为正相睡眠（orthodoxical sleep）。可分为四期：

入睡期（Ⅰ期）：α 波波幅降低，波形紊乱。

浅睡期（Ⅱ期）：出现驼峰波（头顶部）和纺锤波（前头部和顶部）。

中睡期（Ⅲ期）：除纺锤波外，开始出现高波幅慢波。

深睡期（Ⅳ期）：1～2 Hz 以下、100 μV 以上的高波幅慢波。

（2）快波睡眠：即眼球快速运动睡眠（Rapid Eye Movement sleep，REM），又称为异相睡眠（paradoxical sleep）。近似慢波睡眠第 Ⅰ 期或觉醒期的脑电变化，为低波幅快波、θ 波及间歇性低波幅 α 波。

四、正常脑电特征和诊断标准

脑电图与年龄有密切关系。正确理解这种相关性，了解不同年龄的正常脑电图基本特征，不仅对阅读脑电图有重要意义，而且对认知神经科学研究也至关重要。

（一）婴儿（2～12 个月）

1. 觉醒状态脑电频率为 2～6 Hz，波幅为 20～50 μV，节律不整，基线不稳。

2. 6 个月以前以 δ 活动为主；6 个月后以 θ 活动为主，在顶枕部形成 3.5～5 Hz 的 θ 优势，闭眼时波幅可达 150 μV。

3. α 波和 β 波很少见。

4. 药物催眠时可以引出大量快波活动。

（二）小儿

小儿脑电图随年龄的增长有以下变化：① 频率由慢变快；② 由不规则变为规则；③ 由不对称变为对称；④ 波幅由低变高，又由高向正常人波幅过渡；⑤ 由不稳定变为稳定；⑥ 对光反应由无到有，再由有到反应正常。正常标准如下：

1. 基本频率应与年龄组频率带相符合：① 1～3 岁：3 Hz、4 Hz、5 Hz；② 4 岁：6 Hz 以上；③ 5 岁：7 Hz 以上；④ 6 岁：8 Hz 以上；⑤ 7～13 岁：频率如成年人（8～13 Hz），但有明显的不稳定性。

2. 觉醒时脑波的基本频率与同年龄组正常儿童的平均值相比，其频率差不慢于 2 Hz。

3. 慢波为非局限性的、无广泛性高波幅的 δ 波群。

4. 在过度换气中，脑波频率减慢、波幅升高，且两侧应大致对称。

5. 自然睡眠中不出现 50 μV 以上的广泛性 β 波。

6. 睡眠波一般应两侧对称，峰波、纺锤波、快波不是恒定地在一侧或局部缺如或减弱。

7. 觉醒或睡眠时均不出现棘波、棘慢波综合等发作波。

（三）成人

觉醒时的正常成人脑电图以 α 波和 β 波为基本波，间由少量散在的慢波组成。

1. 基本波

（1）以 α 波和 β 波为主，呈正常分布（α 波主要分布于枕、顶区，β 波主要分布于额、颞区）。

（2）两侧对称：左右对称部位的 α 波频率差不应超过 20%；左右对称部位的波幅差在枕区不应超过 50%，在其他部位不应超过 20%。

（3）波幅不应过高：α 波平均波幅应小于 100 μV，β 波应小于 50 μV。

（4）α 波在睁眼、感觉刺激、精神活动时有正常反应（衰减）。

2. 慢波　为散在的低波幅慢波，主要见于颞区，多为 θ 波。任何部位都不应有连续性的高波幅的 δ 波或 θ 波。

3. 觉醒或睡眠时不出现棘波、棘慢波综合等病理性发作波。

4. 睡眠脑波一般应左右对称。

（四）老年人

年龄在 60 岁以上老年人的脑电图，出现与脑成熟过程相反的变化，即有一定的老化现象：

1. α 波频率减慢，波幅降低，波形变坏，出现前头部优势化及广泛化的倾向，并出现过度同步化（随年龄增长而增加，70 岁后减小）；

2. 慢波和快波均增加，出现老年性快波（波幅高、波形尖、连续出现）；

3. 过度换气及声、光刺激等的诱发反应差；

4. 睡眠脑波部分缺如（如 20% 老年人的驼峰波缺如），大慢波和纺锤波的波幅常低于年轻人。

五、脑电的产生机制

在脑组织中除有在末梢神经中存在的动作电位外，还有其波形近似正弦形的不同频率的自发的节律性电位活动。对于脑电的产生，主要有神经元胞体或神经纤维锋电位组成学说（1953，Eccles）、顶树突动作电位学说（1951，张香桐）、顶树突触后电位学说。自张香桐提出树突电位学说后，有人认为他所观察到的树突电位系在皮层第一层内的水平细胞发生兴奋传到锥体细胞顶树突时产生的突触后电位。后来，Jung（1953）在神经药理的实验中证实，用弱电流刺激脑表面引起表面阴性波，或脑电图募集反应[①]的表面阴性波，均为锥体细胞顶树突的突触后电位，并可分为兴奋性突触后电位（Excitatory Postsynaptic Potential，EPSP）和抑制性突触后电位（Inhibitory Postsynaptic Potential，IPSP）两种。这两种电位与锋电位或动作电位不同，具有不传导、波幅低、不遵从全或无定律、可以重叠以及持续时间较长的性质。目前多数学者认为突触后电位是脑电活动的组成成分。

----

① 募集反应（recruitment）：指一种神经过程，连续的或延长的刺激从中增加了兴奋的神经细胞数。

动作电位　神经元兴奋时,其细胞膜对离子的通透性发生改变,主要是细胞膜对 Na^+ 的通透性选择性地突然升高,对 K^+ 的通透性也升高,但比 Na^+ 延长和缓慢,所以,Na^+ 很快从胞外向胞内扩散,使膜内正离子迅速增加,并抵消了原有的膜电位(休止电位),最后造成胞内的电位高于胞外,形成膜的极化逆转,此时产生的电位变化即称为动作电位或锋电位,呈阳性—阴性—阳性三相波。

突触后电位　神经元之间是以突触形式进行联系的,之间没有细胞质的连通。当神经冲动由突触前神经元向效应器(即突触后神经元)传导至突触时,储存于突触小体内小泡中的神经递质(如乙酰胆碱)被释放出来,通过突触间隙作用于突触后膜。递质与突触后膜中的受体结合,改变了突触后膜对离子的通透性,使其膜电位发生变化并产生局部电流。当这种局部电流积累到可以传播的强度时,兴奋即传给了下一个神经元(效应器)。这种电位的变化称为突触后电位。

EPSP 与 IPSP　突触后电位有两种类型。如果神经冲动到达突触后膜,增加其对 Na^+、K^+、Cl^- 的通透性,尤其是 Na^+ 的通透性,引起去极化性突触后电位,即称为兴奋性突触后电位(EPSP),其递质可能是乙酰胆碱;如果冲动到达突触后膜,增加其对 K^+、Cl^- 的通透性,引起突触后膜超级化,称为抑制性突触后电位(IPSP),其递质可能是 GABA。EPSP 和 IPSP 都是阈值下突触后电位。

在大脑皮层的 6 层细胞中,构成脑电自动节律的主要是锥体细胞,尤其是深层的大锥体细胞。大锥体细胞具有形成有效电场的特定条件:细胞排列井然有序,其顶树突更是平行排列;而且沿垂直于皮层表面的方向顶树突颇长,其实体表面积比细胞体大约 10 倍以上,接触面积将因此而大为增加;顶树突较粗,具有较低的阻抗。这样,在广阔表面积上众多突触点的电活动,若方向一致且阻抗又较低的话,就容易被总和成为一个有效电场,这时,即可记录到一个综合性的突触后电位。连续不断的综合性突触后电位即是脑电波的主体电活动。如果用实验的方法将第 5、6 层细胞破坏掉,皮层节律性电活动即消失。这进一步证实,脑电波与大锥体细胞是密切相关的。

另外,对脑电活动节律性的产生,神经元反馈回路学说认为:多数神经元及中间神经元形成闭合回路,当回路中某一神经元发生兴奋时,冲动可通过回路中中间神经元的作用,反过来刺激神经元本身,即通过所谓的反馈回路,产生一系列反复刺激,从而产生周期性反复性神经元放电。而且当一个神经元回路放电时,其电场可通过电场效应影响到邻近的神经元回路,致使皮层内为数众多的神经元回路同时放电同时停止(同步化)。而锥体细胞顶树突极为规则的排列,也有利于大量神经元同时产生突触后电位并总和起来形成强大的电场,使人们有可能从头皮上或皮层表面记录到这种电位。研究表明,不仅在大脑皮层内存在这种神经元回路,而且在大脑皮层和丘脑间以及丘脑内也有类似的神经元回路,这些对于脑电活动自发节律性的产生均有重大作用。

不论神经冲动的表现方式是节律性的还是非节律性的,它们都取决于神经细胞能量代谢过程所产生的电位水平，电位达到临界值时，细胞即行放电，形成脑电波。临界值的高低取决于细胞膜及其释放递质的化学特性；而达到临界值的速度则取决于细胞代谢的速度。也就是说，脑波的形成受细胞代谢的深入影响，当然，也受制于突触连接阻抗的大小以及漩涡性放电扩散能力的强弱，而脑波的同步化或去同步化就取决于它们的大小和强弱。

第三节　ERP 的概念和特点

与传统的心理学研究方法如行为观察、问卷、量表等不同，1965 年 Sutton 开创的事件相关电位（Event-Related Potentials，ERPs）[②]，为打开大脑功能这一"黑箱"提供了一个更为客观且简便可行的方法。

所谓 ERPs，即是当外加一种特定的刺激，作用于感觉系统或脑的某一部位，在给予刺激或撤销刺激时，在脑区引起的电位变化。在这里，将刺激视为一种事件（event）。对初学者而言，要理解和更好地应用 ERP 实验技术，对脑诱发电位（Evoked Potentials，EP）的基本知识有所了解是必要的。

一、脑诱发电位的特征和产生机制

诱发电位（EP）记录的是神经系统对刺激本身产生的反应。按刺激的种类可以分为听觉诱发电位、视觉诱发电位和体感诱发电位，也有嗅觉（图 1－18）和味觉等诱发电位。刺激种类不同，则诱发电位的基本波形特征亦有所不同。大量研究表明，ERP 的早期成分与认知活动也有密切关系，如听觉 P50、视觉 C1 和 P1 等，因此，在认知 ERP 研究中注意不同诱发电位的基本特征就显得尤为重要，尤其是认知活动通道特异性的研究。

听觉诱发电位（Auditory EP）是指听到声音刺激时在头皮上记录到的由听觉通路产生的诱发电位活动。其中，潜伏期 10 ms 内的几个很小的波，电位很低（$<1\ \mu V$），一般需要叠加 1 000 次以上才能分辨出来，反映的是听神经和脑干的电活动，是一种远场电位，称为脑干诱发电位（Brainstem Auditory Evoked Potentials，BAEP）；潜伏期 10～50 ms 或 80 ms 内的几个波（No、Po、Na、Pa、Nb）称为中潜伏期反应（Middle Latency Response，MLR），可能起源于丘脑非特异性核团、内侧膝状体和原始听皮质；其后的电位称为诱发电位的晚成分，是反映大脑

---

②　由于"potentials"为复数形式，因此事件相关电位的英文简称为"ERPs"而不是"ERP"。但由于"ERP"应用的广泛性，"s"也经常被省略掉。本书中的章节标题仍沿用习惯，标示为"ERP"，而在文中则根据行文需要，会使用"ERPs"，特此说明。

皮层投射区神经活动的电位,主要包括 N1 和 P2(图 1 – 19(a)、(b))。需要注意的是,听觉 P1 即潜伏期在 50 ms 的正成分,通常也称为 P50。P50 抑制反映了中枢神经系统的抑制功能,与感觉门控机制(sensory gating)密切相关。

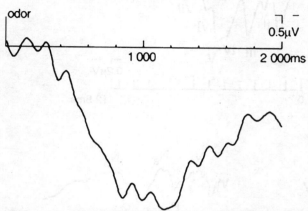

图 1 – 18　苯乙基醇诱发的化学感应(嗅觉)诱发电位
向下电压为正。记录部位:Pz;刺激间隔:33.6 s。(引自 Lorig & Radil,1998)

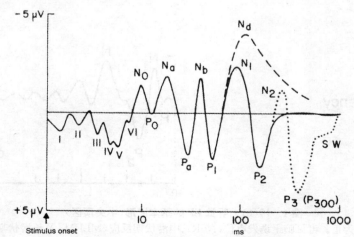

图 1 – 19(a)　听觉 EP 和 ERPs 的基本波形
向下电压为正。注意:时间轴为对数坐标。(引自 MS Gazzaniga 主编,沈政等译,认知神经科学,1998)

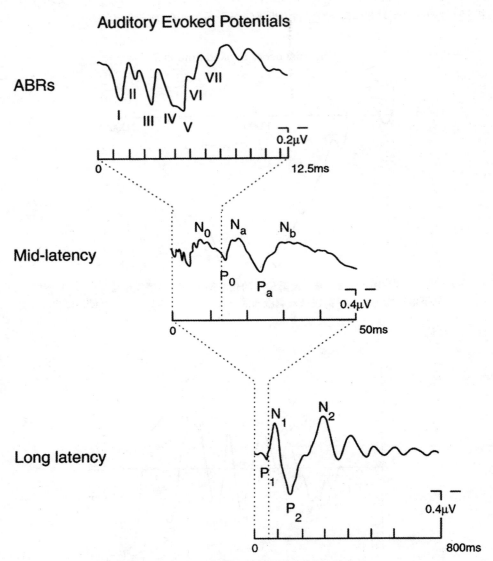

图 1 - 19（b）　听觉 EP 的基本波形（中央顶区）

向下电压为正。可见脑干诱发电位（ABR）、中潜伏期反应（MLR）以及长潜伏期反应。（引自 Picton & Smith，1978）

视觉诱发电位（VEP）是枕叶皮层对视觉刺激产生的电活动，属于长潜伏期的近场皮层电位。图 1 - 20 示棋盘格图形翻转诱发的 VEP 基本波形。

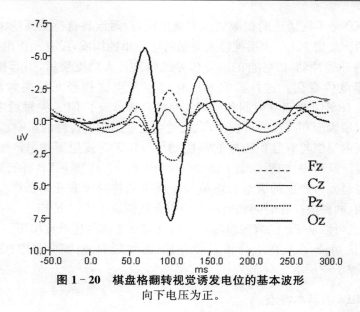

图 1 - 20　棋盘格翻转视觉诱发电位的基本波形
向下电压为正。

　　用电流脉冲刺激趾、指皮神经后肢体的大的混合神经干中的感觉纤维,在肢体神经、脊髓的皮肤表面和脑感觉投射区相应的头皮上记录到的电位变化,即为躯体感觉诱发电位,简称体感诱发电位(SEP)。SEP 在鉴别功能性或器质性感觉障碍方面有重要意义,主要反映髓鞘纤维传入系统的结构完整性和功能状态。SEP 包括一系列成分,开始于刺激后 15 ms,持续到 300 ms。图 1 - 21 示100 ms内的 SEP 波形特征。

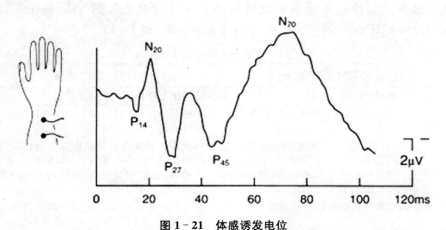

图 1 - 21　体感诱发电位
向下电压为正。刺激:4 mA 电流;刺激部位:左侧腕中神经;记录部位:右侧顶区。(引自 Desmedt & Brunko,1980)

皮层 EP 是不同通道的刺激到达大脑皮层后,激活各自感觉系统的皮层神经元而产生的。皮层 EP 由皮层神经元突触后电位单独构成,没有动作电位的成分。刺激产生的神经冲动,沿各自的感觉传导通路到达大脑皮层后,引起神经细胞及其树突的膜电位变化。这种膜的去极化过程发生在神经元的突触后,可以是 EPSP,或是 IPSP。二者在时间和空间上的组合就形成了 EP。突触后电位从发生源传导到皮层表面和头皮的过程中,也会受到这些组织电特性的影响。

由于颅内组织具有容积传导的特性,所以,脑干等皮层下构造产生的电活动也能从头皮记录获得,如听觉脑干诱发电位(BAEP)。皮层下 EP 可能是皮层下神经核团的神经元所产生的突触后电位和皮质下的传导束或丘系所产生的动作电位的混合物,两种电位在时间和空间上的组合就构成了皮层下 EP。

另外,也可以从 EP 的表现粗略推论出其起源于皮层还是皮层下。一般来讲,高波幅、潜伏期长、在头皮上分布局限的 EP 是皮层起源;而分布广、潜伏期短的 EP 多是起源于皮层下。

二、ERPs 的基本特点

ERPs 是一种无损伤性脑认知成像技术,其电位变化是与人类身体或心理活动有时间相关的脑电活动,在头皮表面记录到并以信号过滤和叠加的方式从 EEG 中分离出来。

对人脑产生的 ERPs 有多种分类,最初的分类方法是将 ERPs 分为外源性成分和内源性成分。外源性成分是人脑对刺激产生的早成分,受刺激物理特性(强度、类型、频率等)的影响,如听觉 P50、N1 及视觉 C1 和 P1 等;内源性成分与人们的知觉或认知心理加工过程有关,与人们的注意、记忆、智能等加工过程密切相关,不受刺激的物理特性的影响,如 CNV、P300、N400 等。内源性成分为研究人类认知过程大脑神经系统活动机制提供了有效的理论依据。Rockstroh B 等(1982)曾对 ERP 成分的主要特点,进行了初步总结(表 1-1)。

表 1-1　事件相关电位的主要特点

	外源性 ERP 成分	内源性 ERP 成分
A	短潜伏期(最大 100 ms)	峰潜伏期变化大(100 ms 至数秒)
B	不同的感觉形式,有不同的头皮分布	无感觉形式特殊性;随作业不同,头皮分布可变化
C	代表经典的感觉通路;电位时空模式决定于有关感受器和通道的完整与组成,电位成分主要反映低级结构的功能(如外周通道、脑干、丘脑水平)	不依赖于诱发事件的物理参数;根本不同的刺激,即使感觉形式不同,只要作业任务相同,可诱发出相同的内源性 ERP 成分
D	潜伏期与波幅依赖于物理刺激参数	诱发反应不是严格地决定于刺激,相同的物理刺激,对同一被试有时能或不能诱发出某一成分,且在刺激缺失时,如果缺失对被试有一致作用,也可诱发出电位成分

	外源性 ERP 成分	内源性 ERP 成分
E	与被试主观唤醒状态无关,在睡眠与昏迷时也可以诱发出 ERP	依赖于任务、指导语或实验设置诱发的心理状态和认知努力
F	高度的个体稳定性,或被试的自身可靠性	

与普通诱发电位相比,ERP 具有以下几个特点:

(1) ERP 属于近场电位(near-field potentials,记录电极位置距活动的神经结构较近);

(2) 一般要求被试实验时在一定程度上参与实验;

(3) 刺激的性质、内容和编排多样,目的是启动被试认知过程的参与;

(4) ERP 成分除包括与刺激的物理属性相关的"外源性成分",还包括主要与心理因素相关的"内源性成分",以及既与刺激的物理属性相关又与心理因素相关的中源性成分。

总之,ERP 不像普通诱发电位记录神经系统对刺激本身产生的反应,而是大脑对刺激带来的信息引起的反应,反映的是认知过程中大脑的神经电生理改变。ERP 的优势在于具有很高的时间分辨率,是研究认知过程中大脑活动不可多得的技术方法。由于大量研究表明"外源性成分"兼具有"内源性成分"的特征,即受到认知活动的影响,如视觉 P1/N1 注意效应、听觉 P20～50 注意效应、面孔识别特异性成分 N170 等,目前已经很少将 ERPs 的结果按照"外源性"和"内源性"进行解释,而通常采用认知加工的时间进程(如早期阶段、晚期阶段)来分析。

ERP 的产生机制与诱发电位(EP)的产生原理相似。一方面,包括皮质突触后电位;另一方面,还含有皮质下组织活动及轴突动作电位成分。下面举例说明相同刺激产生的普通 EP 与 ERP 的差异。

刺激信号为来自左右视野的红绿闪光,亮度适中,4 种闪光(左绿、左红、右绿、右红)随机出现,概率相等。EP 的记录要求受试者只注视视场中心的弱光恒亮的黄色 LED,对左右视场的闪光均不作任何反应;ERP 的作业任务为视觉选择反应,要求受试者对靶刺激进行更快、更准确的按键反应,取红色或绿色闪光为靶,在受试者中交叉,忽略非靶刺激。

结果如图 1-22 所示。视觉 EP 主要包括刺激后 300 ms 内的 P1 成分、N1 成分和 P2 成分,显然,P1 表现为明显的刺激同侧脑区(左脑区)优势,而 N1 则表现为明显的刺激对侧脑区(右脑区)优势,反映了大脑对视觉刺激的感知觉加工过程;而视觉选择反应的靶刺激 ERP 成分还包括显著的 P3 成分。将两种电位进行比较,可以清楚地看出,当对刺激赋予心理意义(选择反应)时,靶刺激 ERP 产生比 EP 幅值更高的同侧 P1 成分。

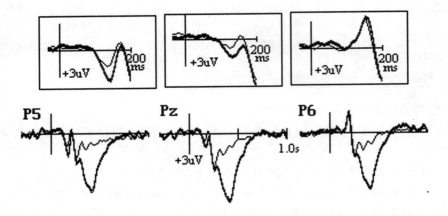

图 1-22　视觉闪光诱发电位(EP)与视觉选择反应 ERP 示例图

　　向下电压为正。粗线代表视觉选择反应任务中左侧视场的靶刺激诱发的 ERP,细线代表同一刺激序列的左视场刺激诱发的视觉 EP。视觉 EP 主要包括 P1、N1 和 P2 成分,视觉靶刺激 ERP 包含 P1、N1、P2 和显著的 P3。当赋予心理意义(选择反应)时,靶刺激会诱发更大的 P1 成分。

第2章 ERP 实验室及其设备

第一节 ERP 实验室的建立

ERP 实验室的选址、建筑、设备与陈设布置都应精心设计,以保证既能获得满意的记录,又使受试者感到舒适。实验室的建立一般需要具备以下几个特点:

(1) 实验室应尽量远离人群和车辆,远离电动设备、高频电辐射源(如医院的放射科、理疗科等),以免除外界声、电对脑电信号以及被试心理状态的影响。

(2) 实验室环境应保持安静,必要时可加用隔声设备和材料,如隔声板、双层玻璃窗、吸声门帘、吸声砖瓦等。

(3) 实验室应有良好的照明条件,并能够调节控制。一般只能安装几盏照度不同的灯,需要时可开关一盏或数盏灯。还要有一定的遮光设备。通常情况下,光线以暗淡柔和或半暗背景照明较为适宜,以利于被试精神放松、肌肉松弛。不建议光线完全黑暗。

(4) 实验室应有良好的通风及合适的温度,以免受试者焦躁、出汗或寒战。实验过程中,最好关闭空调设备,以减少噪声及其对脑电记录的干扰。实验室空气要保持干燥,否则,仪器设备会有受腐蚀和漏电的危险。

(5) 实验室应宽敞,最好分隔为被试间和主试间两间。洗头设备最好放置于主试间。主试间主要用于脑电监测记录,要有足够的空间用来摆放实验所需设备(刺激系统、脑电记录系统等)。被试间主要用于被试进行作业任务,以使被试感觉舒适为宜。可安装闭路电视监视被试实验过程,以及时观察和指导被试。

(6) 屏蔽的使用。接地金属屏蔽网可以对干扰源和记录仪进行屏蔽。但目前的 ERP 研究设备(如 Neuroscan)可以满足实验室不进行电屏蔽的要求。

(7) 实验室要有良好的接地,以减少干扰信号对脑电记录的影响。将接地线夹在水管或暖气管上的做法是不可靠且不可取的,因为这些管道网络会受到较强电流和磁场的干扰。

第二节　ERP 研究设备举例

作为研究机构,需要与国内外研究机构进行广泛的交流和合作,对仪器的选择是非常重要的。ERPs 研究需要高度精密和可靠的设备。下面以目前被广泛使用的 Neuroscan 脑电采集分析系统为例,简要介绍该系统的基本特点。

Neuroscan 系统具有全新的脑电研究方法,包括采用 DC(也可采用 AC 传统方法)采集脑电信号、在线实时分析(ERPs、脑电频谱分析、相干同步分析、溯源分析等)、通过 ICA/PCA(独立成分分析和主成分分析)的方法去掉 EEG 中的无效成分、实时观察偶极子的状态等等。

Neuroscan 的第二代放大器(SynAmps 2)在 4T 场强的磁共振系统中也能取得良好的脑电信号,对 EEG/ERP 与磁共振成像有机结合研究脑科学重大问题提供了有效的技术保证。以 Neuroscan 的 ESI 256 导系统为例,实际共 280 导,包括 256 导单极、16 导双极、8 导外接 High-level 输入,由 4 个放大器(SynAmps 2)组成(每个放大器 70 导,包括 64 导单极、4 个双极、两导 High-level 外接信号输入)。新放大器全部采用 USB 接口,只有书本大小(4.5 cm×18.7 cm×21.8 cm)。放大器的记录带宽从 DC 至 3 500 Hz;共模抑制比[①]为 108 dB(国际心理生理学会制定的 ERP 记录标准中明确规定放大器的共模抑制要大于 100 dB);256 导同时采集每导采样率达 20 000 Hz。比较高的低通(大于 3 000 Hz)以及高采样率(大于 10 000 Hz)使得 Neuroscan 系统记录和分析听觉脑干诱发电位等高频脑电成分成为可能。

Neuroscan 具有强大的软件分析功能,包括 Stim、Scan、Source、Curry 等,这些软件目前均可在 Windows XP 下运行,操作简便易行。其中,在线 ICA/PCA 分析、实时偶极子检测和定位分析,能够使研究者在实验过程中即时看到是否与预期的结果相似。CURRY 软件将脑成像的数据(MRI 或 fMRI、PET、CT 等)和脑电、脑磁(MEG)等数据相结合,进行精确的偶极子定位和皮层电流密度分析。同时,Neuroscan 可以和心理学实验的常用软件如 Eprime、Presentation 等兼容。

第三节　电极及其导联组合

从头皮记录脑电(EEG)信号,需要通过电极与头皮的有效接触进行记录。

---

①　共模抑制比(Common Mode Rejection Ratio,CMRR):又称辨差比、辨别比,指的是放大器对异相信号的放大倍数 Ad 和对共模信号的放大倍数 Ac 之比。CMRR 是放大器对共模信号抑制能力的指标。CMRR≥100 dB,可以在技术上基本解决市电(共模信号)影响,因此 ERP 实验目前已不需要屏蔽。

（一）电极

1. 电极的特性

电极是安放在头皮上的金属导体。头皮电位通过电极与导电膏传送至脑电记录仪。因为电极具有滤波器的作用，所以应慎重选用记录电极，以避免它们对ERP波形的影响。

电极与电解质相接触时，在接触面上即发生电化学变化，离子可以从电极表面迁移至电解质溶液中，也可以从电解质溶液迁移至电极表面。离子迁移的结果是在局部产生双层电荷，在电极表面聚集一种电荷，在紧邻的电解质中为相反的电荷。

双层电荷可以产生电极电位和偏置电位两种电位差。在EEG记录中应尽量将偏置电位降低到最低，如可以采用质量好、表面清洁的电极，平时将电极贮存于盐水溶液中，尽量使用短导线等等。

当电极置于电路中时，会产生微弱且稳定、能改变双层电荷的离子分布的电流。由于金、银和铂等纯贵重金属的惰性很大，这类电极的性质如同电容器，可因离子进出电解质溶液的难易程度不等而变为极化（极化电位会给予放大器以偏置电压，从而导致记录信号失真）。而使用无极化或可逆的极化电极，如金属-金属盐电极（如 Ag-AgCl 电极），离子进出电解质的难易程度相似，一般对快和慢变化的电流的通过不受限，所以用作头皮电位的记录最合适。在国际心理生理学会制定的ERP记录标准（Picton et al. ,2000）中，也明确提出推荐使用无极化电极。

2. 作用电极、参考电极与接地电极

安置在头皮上的电极为作用电极（active electrode）。记录到的脑电信号即是作用电极与参考电极的差值。

放置在身体相对零电位点的电极即为参考电极（reference electrode），也称为参考电极或标准电极。如果身体上有一个零电位点，那么将参考电极放置于这个点，头皮上其他部位与该点电极之间的电位差就等于后者的电位变化的绝对值。但这种零电位点理论上指的是机体位于电解质液中时，距离机体无限远的点，而实际上我们能够利用到的点是距离脑尽可能远的身体上的某一个点。因此，如果选躯干或四肢，脑电中就会混进波幅比脑电大得多的心电，这也是脑电记录使用耳垂、鼻尖或乳突部作为参考电极的原因。但鼻尖参考电极由于易出汗而产生基线不稳的伪迹，乳突部、下颌部等参考电极也可引起心电图、血管波动等伪迹（参考电极的选择及其相关换算见第5章第三节）。

另外，进行ERP研究尚需一个接地电极（ground electrode）。接地电极通常放置于头前部中点。该电极有助于排除50周干扰。

（二）电极导联与电极帽

脑电图的导联方法可分为使用参考电极的单极导联法和不使用参考电极而只使用记录电极的双极导联法。但在ERP研究中，一般使用单极导联记录脑电，使用双极导联记录眼电、肌电或心电。

1. 单极导联

将作用电极置于头皮上,参考电极取于耳垂(鼻尖或乳突)来记录脑电的方法,即为单极导联。如果参考电极部位选两侧乳突(或耳垂),则参考电极与头皮作用电极之间的联结(比较)方式主要有以下几种:

(1) 左侧头皮上的作用电极与左乳突(或耳垂)参考电极、右侧头皮上的作用电极与右乳突(或耳垂)参考电极相连接。

(2) 两侧乳突(或耳垂)的电极连接在一起并接地后,作为参考电极使用,与各个头皮作用电极分别连接(该方法已被新的方法所代替,即以单侧乳突或耳垂作参考电极、对侧乳突或耳垂作记录电极,然后转换为双侧乳突或耳垂为参考,详见本书第5章第三节)。

(3) 两侧参考电极交叉连接,即左侧参考电极与右侧作用电极连接,右侧反之。

单极导联的优点在于记录到的是作用电极下的脑电位变动的大致绝对值,波幅较双极导联为高且恒定。头皮上电极与大脑皮层表面之间存在着脑脊液、硬膜、颅骨、头皮等多种组织,由作用电极记录到的是电极下直径3～4 cm范围电活动的总和。

单极导联法的缺点在于参考电极点并不是绝对的零电位点,可以产生活化现象[①]。

2. 双极导联

双极导联是仅有两导作用电极,无参考电极的记录方法,其记录到的波幅值为两个电极之间的电位差。在ERPs研究中,通常用双极导联记录眼电、肌电和心电,以利数据处理时消除它们对脑电信号的影响(详见第6章)。

眼电常记录水平眼电(HEOG)和垂直眼电(VEOG),电极分别放置于两侧外眦(HEOG)和一只眼的垂直上下2 cm处(VEOG);肌电则是将两个电极放置于进行按键反应的前臂肌肉的上下两侧;心电记录则可以将两个电极放置于双侧锁骨下。

3. 电极安放

电极放置于头皮的位置,通常需要遵循以下几个基本原则:

---

① 参考电极的活化现象:以耳垂或乳突部作参考电极,当颞部有高波幅的异常波时,由于脑部各组织是一个容积导体,靠近颞部的参考电极会受到颞部电场的影响,并同时记录到这种异常电位,称为参考电极的活化。例如,颞叶癫痫常在颞叶记录到阴性棘波,如果这种棘波波幅较高,由于电场的远距离影响,可使放置于同侧耳垂或乳突的参考电极活化,从而记录到一个波幅略小的阴性棘波,而在同侧或两侧额、顶、枕则可记录到一个周期较长、波幅较低的阳性棘波(黄远桂、吴声伶,临床脑电图学,1984)。

(1) 该位置必须是具有解剖生理意义的脑的某个部分；

(2) 放置电极的数目由实验目的或要求来决定，并不是越多越好；

(3) 电极位置可以根据不同的实验要求自由选择，但不宜过分特殊。

10—20 电极导联

目前，EEG 研究中通常采用国际脑电图学会标定的 10—20 电极导联定位标准（每个电极与邻近电极离开 10% 或 20% 的距离）。该国际标准的基本原则如下：① 电极位置应根据颅骨标志的测量加以确定，尽可能与头颅的大小及其形状成比例；② 电极的标准位置应适当分布在头颅所有部位；③ 电极位置的名称应结合脑部分区（额、颞、顶、枕）；④ 应进行解剖学研究，确定标准电极下是哪个皮层分区；⑤ 用国际通用阿拉伯数字标示电极：位于左侧的是奇数，右侧的是偶数，零点（zero）代表头颅正中位，A1、A2 代表左右耳垂。接近中线的用较小的数字，较外侧的用较大的数字。

表 2-1　10—20 电极导联系统电极名称匹配一览表

部　位	英文名称	电极代号
前额	Frontal pole	Fp1、Fp2
侧额	Inferior frontal	F7、F8
额	Frontal	F3、Fz、F4
颞	Temporal	T3(T7)、T4(T8)
中央	Central	C3、Cz、C4
后颞	Posterior temporal	T5(P7)、T6(P8)
顶	Parietal	P3、Pz、P4
枕	Occipital	O1、O2
耳	Auricular	A1、A2

注：Fz 为额中线；Cz 为中央头顶；Pz 为顶中线。T3、T4、T5、T6 即目前经常用到的 T7、T8、P7、P8。

10—20 系统的定位标准如下：

(1) 前后位：将从鼻根至枕骨粗隆的前后连线 10 等分，从鼻根向上量得第一个 10%，此点即为中线额极（FPz），从粗隆向上量取最后一个 10%，此点即为中线枕（Oz）。在 FPz 与 Oz 之间以 20% 为间距，从前至后依次定出中线额（Fz）、中线中央（Cz）和中线顶（Pz）。

(2) 横位：将左右耳廓最高点的连线 10 等分，从左右耳孔分别向上量取 10%，即为左中颞（T3）和右中颞（T4）；在 T3 和 T4 间以 20% 为间距，分别定出左中央（C3）和右中央（C4），而 Cz 在该线中点。

(3) 侧位：从 FPz 向后，分别通过 T3 和 T4 与 Oz 相连成左右侧连线。从 FPz 向左后量取第一个 10% 为左额极（FP1），向右后量取第一个 10% 为右额极（FP2）；从 Oz 向左前量取 10% 为左枕（O1），向右前量取 10% 为右枕（O2）；在 FP1 和 O1、

FP2 和 O2 之间,以 20%为间距定出左前额(F7)、右前额(F8)、左后颞(T5)、右后颞(T6)。T3 和 T4 分别位于两侧连线的中点。

(4) 左额(F3)和右额(F4),分别位于 Fz 与 F7 和 F8 连线的中点;左顶(P3)和右顶(P4),分别位于 Pz 与 T5、T6 连线的中点。

10—20 系统的特点是电极的排列与头颅大小和形状成比例,电极部位与大脑皮层解剖关系相符,且电极名称亦与脑解剖分区相符。按 10—20 系统电极放置法,左右各取 8 个点(额极、额、侧额、中央、顶、枕、中颞和后颞),中线取额、中央、顶 3 个点,左右耳垂(参考电极),共放置 21 个电极(见图 2-2~图 2-4)。在小儿记录中也可适当减少电极,而在成人记录中可按需要增加电极,如图 2-5 所示的国际临床神经生理联合会推荐的 10—20 电极扩展系统。

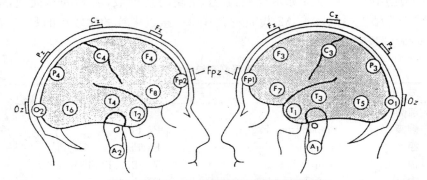

图 2-2   10—20 导联脑区对应图(侧面观)

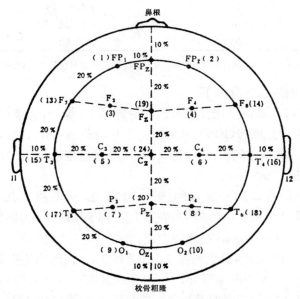

图 2-3   10—20 电极导联定位法

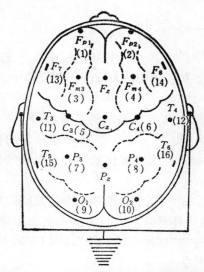

图 2-4 10—20 导联电极与脑区对应图（顶面观）
括号内的号码为常用的电极编号。(引自冯应琨，临床脑电图学，1980)

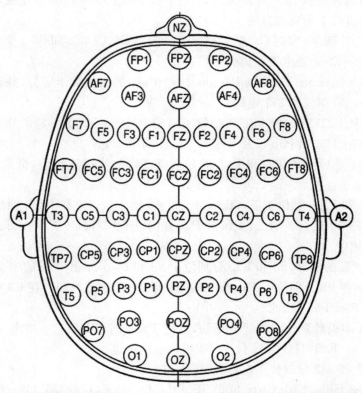

图 2-5 国际临床神经生理联合会（IFCN）规定的 10—20 导联扩展系统（顶面观）
(引自 Nuwer et al.，1998)

10—10 电极导联

1994 年美国脑电图学会对 10—20 系统电极配位法进行了修正,提出 10—10 系统电极配位法。该配位方法最初由 Chatrian GE 等于 1985 年提出,并于 1988 年进行了改进。

10—10 电极配位系统是 10—20 系统的扩展,共有 81 个电极(包括 10—20 系统的 21 个电极)(图 2-6~图 2-9)。10—10 系统配位的基本原则如下:

(1)国际 10—20 系统的标准电极位置和补充电极的位置的结合应与所有相关脑区相一致。

(2)补充电极放置于 10—20 系统的两个电极之间距离的中间或依次放置于 10—20 电极之间,分离这些补充电极的间隔基本上为相等的 10—20 系统头皮位置的 10％距离,基于此,称为"10％电极系统"。如 C5 放置于 C3 和 T3 距离的中点,C1 位于 C3 和 Cz 的中点。

(3)电极设计编排与其下的脑区相匹配。

(4)放置于多骨结构位置的少量额外电极,其设计标示与该结构相符。

10％系统在国际 10—20 系统的 21 枚电极基础上增加了 60 个电极,这些电极的安放排列有以下步骤和方法:

(1)从 T3 到 T4 穿过 Cz 的冠状线,分别放置 C5、C1、C2 和 C6 4 个电极,位置分别为原 10—20 系统电极距离的中点。

(2)将 N(nasion,鼻根)到 I(inion,枕骨粗隆)的矢状线十等分,共计 11 个电极(包括 10—20 系统的 3 个电极)。

(3)将从 Fp1(Fp2)经 F3(F4)、C3(C4)和 P3(P4)至 O1(O2)的连线等分,增加 F3a 和 F3p、P3a 和 P3p 以及 F4a 和 F4p、P4a 和 P4p。

(4)Fp1 至 O1(经 T3)和 Fp2 至 O2(经 T4)的半周连线上,分别增加 4 个电极。

(5)F1 和 F2 分别位于 F3 和 Fz、Fz 和 F4 的中点,P1 和 P2 分别位于 P3 和 Pz、Pz 和 P4 的中点,F1p、F2p、P1a 和 P2a 分别位于 F1 和 C1、F2 和 C2、C1 和 P1、C2 和 P2 的中点。

(6)在 C5 的前部,F5 和 F5p 分别位于 F3 和 F7、F3p 和 T3a 的中点;而在 C5 的后部,P5a 和 P5 分别位于 P3a 和 T5a、P3 和 T5 的中点。同样在 C6 前后部,增加电极 F6、F6p、P6a 和 P6。

(7)T1 电极放置于左侧 T3a 下面,且使 T3a 位于 T1 和 F5p 中点,T2 电极放置于右侧 T4a 下面,且使 T4a 位于 T2 和 F6p 的中点。

(8)M1 和 M2 分别位于左右乳突(mastoid)。

(9)电极 Cb1a、Cb1、Cb1p 位于 T5、O1a、O1 之下,且使 T5、O1a、O1 分别位于 P5 和 Cb1a、P3p 和 Cb1、P3p 和 Cb1p 的中点,同样,电极 Cb2a、Cb2、Cb2p 位于

T6、O2a、O2 之下。

（10）眶上电极 So1（supraorbital）和眶内电极 Io1（infraorbital）分别放置于左侧瞳孔正中垂直线的眶上和眶内部位，Lo1（lateral orbital）放置于距离左侧外眦的侧面 1 cm 处，电极 So2、Io2、Lo2 位于右侧对应位置。

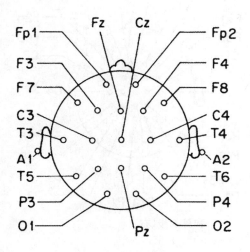
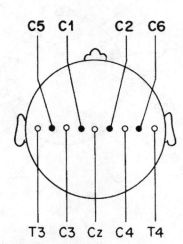

10—20 系统的电极安放位置（左）及 10—10 系统电极安放的第 1 步（右）
（引自 Chatrian GE，Lettich E & Nelson PL，1985，1988）

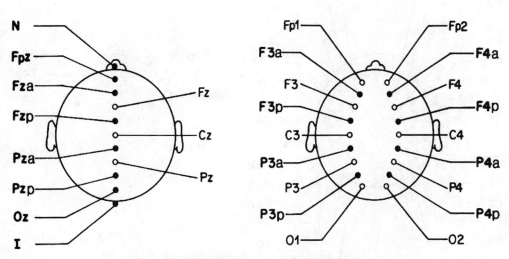

10—10 系统电极安放的第 2 步（左）和第 3 步（右）
（引自 Chatrian GE，Lettich E & Nelson PL，1985，1988）

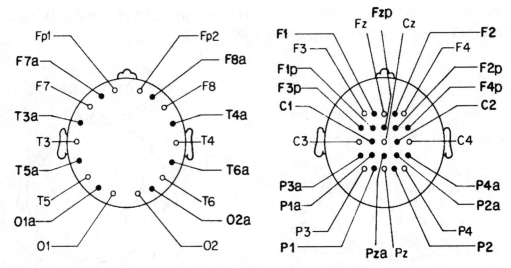

10—10 系统电极安放的第 4 步(左)和第 5 步(右)
(引自 Chatrian GE, Lettich E & Nelson PL, 1985, 1988)

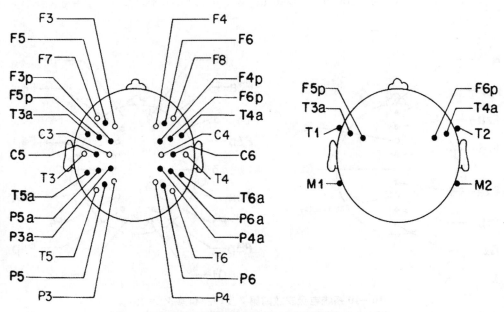

10—10 系统电极安放的第 6 步(左)和第 7～8 步(右)
(引自 Chatrian GE, Lettich E & Nelson PL, 1985, 1988)

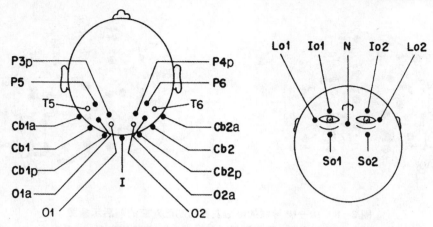

10—10 系统电极安放的第 9 步（左）和第 10 步（右）
（引自 Chatrian GE, Lettich E & Nelson PL, 1985, 1988）

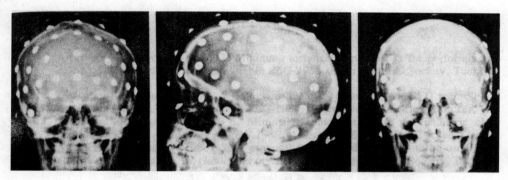

图 2-6　10—10 导联脑区成像示意图
（引自 Chatrian GE, Lettich E & Nelson PL, 1985）

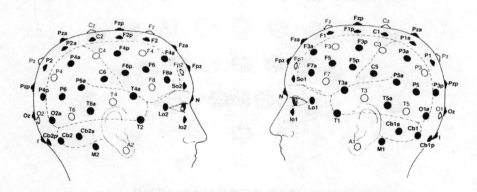

图 2-7　10—10 导联的电极安置与脑区对应侧面示意图
　　左图为右脑区，右图为左脑区。空心圆圈为 10—20 系统电极，黑色圆圈为 10—10 导联增加电极。（引自 Chatrian GE, Lettich E & Nelson PL, 1988）

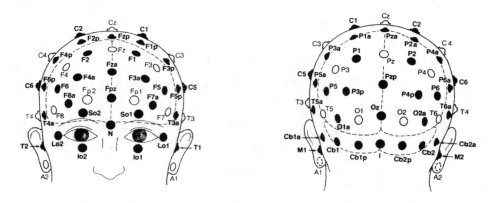

图 2 - 8　10—10 导联的电极安置与脑区对应的前后示意图

空心圆圈为 10—20 系统电极,黑色圆圈为 10—10 导联增加电极。(引自 Chatrian GE, Lettich E & Nelson PL,1988)

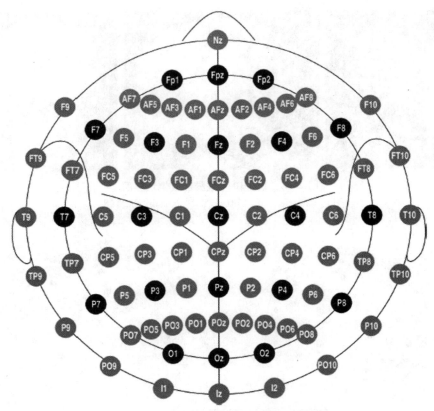

图 2 - 9　10—10 导联电极帽电极排列举例

黑色为 10—20 系统电极位置,灰色为 10—10 系统电极位置;Iz 和 Nz 分别代表枕骨粗隆 (Inion)和鼻根(Nasion)或鼻尖。(引自 Oostenveld & Praamstra,2001)

10—5 电极导联

在 10—20 和 10—10 系统的基础上，为进一步提高 EEG 记录的空间分辨率，满足 128 导甚至更多导联的标准化记录，Oostenveld 和 Praamstra(2001) 提出了 10—5 系统。在该系统中，包含了 10—20 和 10—10 系统的电极（图 2 - 10）。需要指出的是，10—5 系统电极位置的命名采用了类似于地理学命名的一些规则。例如，西北之间的中线方向（315°）为西北方向（North-West），而西北和北向之间的中线方向（337.5°）为西北偏北方向（North-North-West）。相似的，在 10—5 系统的电极位置的命名中，"CP" 指的是中央（Central）和顶区（Parietal）的中间区域，"CCP" 指的是中央（C）和中央顶区（CP）的中间区域。基于此，10—5 系统从前到后包括 AF、AFF、F、FFC、FC、FCC、C、CCP、CP、CPP、P、PPO、PO；而在 Fp(rontal pole) 和 AF 之间的区域被称为 AFp(作者认为比 FpA 更合适)，枕区（Occipital, O）和 PO 之间命名为 POO，而不是 OPO。在 10—10 和 10—20 系统的基础上，对左右相邻电极之间增加的电极的命名增加字母 "h"(half)，代表相邻电极的中间位置，同时电极数字以较大值命名。例如，Cz 和 C1 之间的电极为 C1h(不是 Czh)，C3 和 C5 之间为 C5h，CP3 和 CP5 之间为 CP5h，C3h 和 CP3h 之间为 CCP3h。

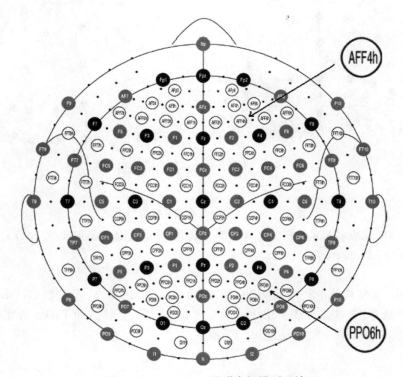

图 2 - 10(a)　10—5 导联电极排列系统

黑色为 10—20 系统电极位置，灰色为 10—10 系统电极位置，白色为扩展的 10—5 系统导联位置。（引自 Oostenveld & Praamstra(2001)）

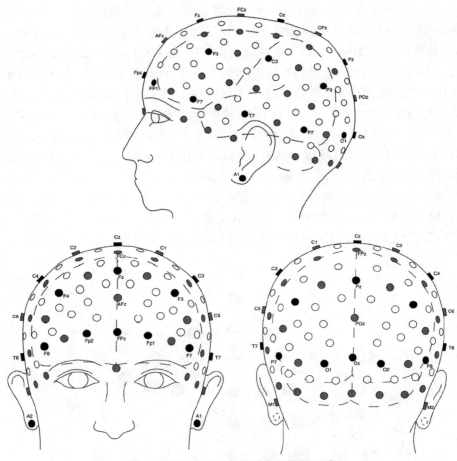

图 2 - 10(B) 10—5 导联电极排列系统

白色圆圈代表扩展的 10—5 系统导联位置,具体电极命名参照图 2 - 9(a)。(引自 Oostenveld & Praamstra,2001)

另外,尚有其他电极放置方法,如 Gibbs 法(图 2 - 11)、Aird 法、Gastaut 法、Bickford 法等,但这些方法多用于医学临床或基础脑电研究,而 ERPs 研究推荐使用 10—20 系统、10—10 系统或 10—5 系统。

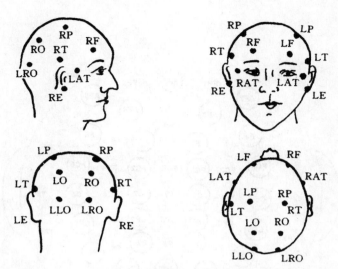

图 2-11　Gibbs 法配位示意图

Gibbs 法的特点是电极数目少，用目测即可进行放置，操作简便。两耳垂电极连线作为参考电极。额(RF/LF)：成人眉上 3～4 cm，矢状线外 3 cm 处；颞(RT/LT)：眶上缘向外耳孔方向引一条与眶下缘—外耳孔连线的平行线与通过外耳孔的冠状线的相交点；顶(RP/LP)：颞与头顶中央(相当于百会穴)连线的中点；低枕(LLO/LRO)：枕外粗隆向外向上各 2～3 cm 处；枕(RO/LO)：顶与低枕间连线的中点；前颞(RAT/LAT)：瞳孔与外耳孔连线的中点。

4. 电极帽

目前，在 ERPs 研究中，EEG 大多用电极帽进行多导联记录(图 2-11)，例如，Neuroscan 系统包括 32 导、64 导、128 导和 256 导以及 512 导的电极帽，并且根据被试头颅大小分为不同型号，其电极均采用 Ag/AgCl 烧结的合金电极，可以保证慢电位的可靠记录，不受极化电位的影响，且这种电极的表面不易受损，从而不必定期对电极进行氯化处理。实验记录时，可根据需要选择适合被试头颅的电极帽。图 2-12 示 Neuroscan 系统 64 导联电极帽的电极排列位置。需要注意的是，在多导联(如 64 导、128 导等)记录时，使用 P7、P8、T7、T8 电极名称，其分别对应早期 10—20 系统导联的 T5、T6、T3、T4 电极位置。

另外，在进行 EEG/ERP 与 fMRI 等脑成像联合研究中，可使用 Neuroscan 的 MagLink 电极帽(MagLink Electrode Cap)，见图 2-13。与正常电极和电极帽不同，MagLink 电极帽的每个电极都附带有一个 6.8 kΩ 的电阻，这样可以减小磁共振中磁场对被试的伤害。此外，不含铁的碳光纤电极的应用也是 MagLink 电极帽和电缆安全性的一个重要方面，电极帽的所有电缆的编织还可以将环路电流的产生降低到最低程度。

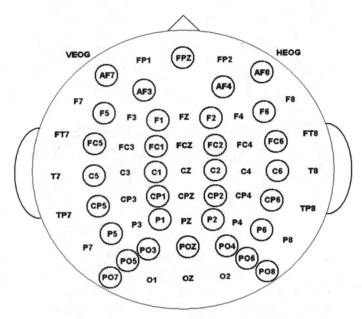

图 2 - 12　Neuroscan Quik—Cap 32/64 导电极帽记录电极排列示意图

圈内电极为 64 导所需电极。

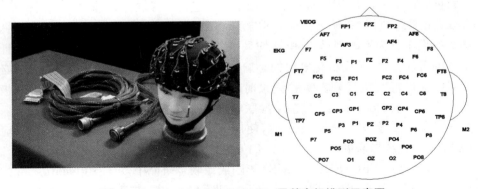

图 2 - 13　MagLink Electrode Cap 及其电极排列示意图

左图：MagLink Electrode Cap；右图：MagLink Electrode Cap 电极排列。

第3章　ERP 成分简述

目前,ERP 的研究已深入到心理学、生理学、医学、神经科学、人工智能等多个领域,发现了许多与认知活动过程密切相关的成分。例如,英国神经生理学家 Walter 等首次报道的慢电位成分(Contigent Negative Variation,CNV),与人脑对时间的期待、动作准备、定向、注意等心理活动密切相关;Sutton 等在识别不同声调时记录到一个潜伏期约 300 ms 的正波(P300),大量研究结果表明 P300 是与注意、辨认、决策、记忆等认知功能有关的 ERP 成分,现在已广泛应用于心理学、医学、测谎、神经经济学等领域;Näätäen 等采用相减的方法首先提取出失匹配负波(Mismatch Negativity,MMN),并提出了注意的脑机制模型和记忆痕迹理论,成为注意研究的前沿问题;Kutas & Hillyard 首先观察到反映语义认知加工过程的 N400,围绕 N400 的一系列研究,促进了对人脑语言加工脑机制的认识,而且,N400 的发现不仅在于使 ERP 增加了一个具有特定意义的成分,更重要的是将 ERP 成功地运用到了语言心理学,给语言心理学注入了新的活力,使探讨语言加工的脑机制成为可能。

本章对国际上已经发现和命名的 ERP 成分进行了简要归纳,基于本教程的主要目的,对某些成分的记录和分析方法也进行了简述。然而,如果需要对每个成分的意义和实验方法进行更为详细的了解,建议读者阅读相关文献。需要注意的是,事件相关电位(ERPs)的"事件(event)"指的并不只是"刺激(stimulus)",尽管大部分情况下是这样的(详见第 4 章 ERP 实验设计及注意事项)。

第一节　ERP 早期成分

ERP 的早期成分通常指的是刺激开始后 200 ms 以内的电位变化。虽然 ERP 早期成分具有通道特异性,如视觉和听觉的早期 ERP 成分具有显著不同的波形特征,但和诱发电位(Evoked Potentials,EP)不同,认知心理活动对早期 ERP 成分也有显著影响,特别是在注意的认知神经科学的研究中,发现了显著的早期 ERP 注意效应,在早选择与晚选择的理论之争方面作出了重要贡献。

视觉 ERP 早期成分

如图 3-1 所示，视觉 ERP 早期成分通常包括 C1、颞枕区的 P1 和 N1/N170、额中央区的 N1 和 P2。

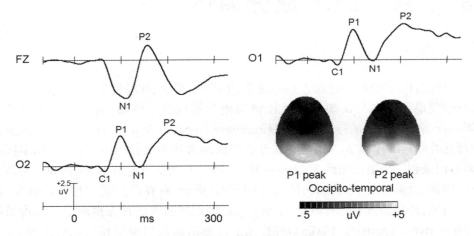

图 3-1　视野中央呈现的视觉刺激（鲜花）诱发的 ERP 早期成分

向上电压为正。

C1　是最早出现的视觉 ERP 成分。其主要特点包括：① 通常在头皮后部中线或偏侧电极位置幅度最大；② C1 之所以没有明确地命名为正性（P）或负性（N），是由于 C1 的极性随着视觉刺激呈现的位置而发生变化，如下视野的刺激诱发的 C1 为正性（positive going），而上视野的刺激诱发的 C1 为负性（negative going）；③ 水平视野中线的刺激可能只诱发出很小的正性 C1 或者没有明显的 C1；④ C1 通常开始于刺激呈现后的 40～60 ms，峰值潜伏期约为 80～100 ms，不同实验室的结果有时也有所不同；⑤ C1 对刺激的物理属性非常敏感，如对比度、亮度、空间频率等，但不受注意的影响；⑥ 溯源分析发现 C1 产生于初级视皮层 V1（纹状皮质）。

P1/N1 注意效应　在颞枕区电极记录位置，C1 之后紧跟着的是 P1 成分，通常在偏侧枕区（如 O1、O2）幅度最大，峰值潜伏期在 100 ms 左右，但受到刺激对比度的显著影响。研究发现，头皮后部的 P1、N1 以及额区的 N1 均受注意的显著影响，表现为幅值的增强（图 3-2）。基于 P1 的发生源在外侧纹状皮质，目前一般认为，当视觉信号从纹状皮质传导到周围的外侧纹状皮质时才开始受到注意的影响，此时约为刺激后的 100 ms 左右。需要注意的是，头皮后部分布的 P1 和头皮前部分布的 N1，虽然在潜伏期上相似，而且均受到注意的影响，但并不是一个成分的极性反转，或者说，二者可能反映了不同的心理生理机制。

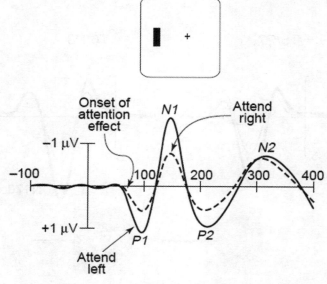

图 3-2　视觉 ERP 的早期 P1/N1 注意效应
向下电压为正。(引自 Luck 等,1998)

P2　通常情况下,额中央区的 N1 成分之后有一个显著的正成分,潜伏期在 200 ms 左右,即 P2,也有研究称之为 P2a(Potts et al.,1996)。该成分和靶刺激的早期识别有关,往往伴随着头皮后部 N2b 的产生。但是研究表明,头皮前部分布的 P2a 和头皮后部分布的 N2b 具有不同的机制。N2b 通常和任务以及刺激频率均相关,但 P2a 反映的只是与任务相关的加工(Potts et al.,1996;Potts & Tucker,2001)。

在头皮后部,N1 之后有一个明显的正成分或者正走向(positive going)的潜伏期在 200~300 ms 的 P2。在复杂视觉刺激如面孔和文字的 ERP 研究中,头皮后部 P2 的潜伏期往往在 250 ms 左右,因此也有研究将其称为 P250(Milivojevic et al.,2003;Zhao & Li,2006),该成分和头皮前部的 P2 具有不同机制,可能与视觉信息的早期语义加工有关。

N170/VPP　面孔是一种内容非常丰富的非语言刺激,可提供性别、年龄、表情和个体特征等信息。面孔识别比物体识别在人类的生长发育过程中发展得更早,人类刚一出生就倾向于将面孔与其他物体区别开来。面孔识别是人类社会生活中的一项重要功能,对模式识别、计算科学、人工智能等应用基础研究,对脑损伤及老年痴呆病人面孔记忆的缺失原理的研究以及临床应用等均有重要意义。ERP 的高时间分辨率,有利于研究面孔加工的时间特点,验证面孔加工的时间过程。研究发现,在颞枕区(特别是右侧颞枕区),面孔诱发出比对其他非面孔物体更大的负波,由于该负波在刺激后 170 ms 左右达到峰值,故称为 N170(Bentin et al. ,1996;图 3 - 3)①。

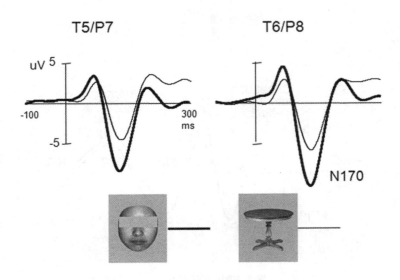

图 3 - 3　面孔诱发的 N170

　　向上电压为正。面孔产生比桌子更大的右侧颞枕区分布的 N170(修改自 Gao et al. ,
2009)。P7 和 T5、P8 和 T6 分别属于同一电极位置。

　　自 N170 被发现以来,国际上开展了大量研究,发现 N170 不受面孔的熟悉
度、种族、性别等信息的影响,虽然有研究发现老年人的面孔比青年人的面孔诱发
出更大的 N170,但这种增大可能是基于老年面孔中更多的皱纹所致,即是低水平
视觉信息加工的结果。尽管最近有研究发现 N170 受面孔表情的影响,但并未得
到普遍证实。有趣的是,面孔翻转引起 N170 的潜伏期延迟和(或)幅值的增大,认
为是面孔的整体加工受到影响的结果(图 3 - 4)。最近研究发现,N170 的翻转效
应(幅度的增大)是由于眼睛的存在,即孤立的眼睛引起比整个人脸更大的 N170,
但和面孔翻转导致的 N170 幅度相似(Itier et al. ,2007)。另外,N170 不受面孔特
征的二级空间结构关系(second-order configuration)的影响。总之,到目前为止,
普遍认为 N170 效应反映了面孔特异性的早期知觉加工,即面孔和非面孔的区别
(basic level category)。另外,除了 N170,当以双侧乳突或耳垂记录以及转换为平
均参考时,面孔刺激产生显著的额——中央区分布的(Vertex Positive Potential,
VPP)成分,潜伏期为刺激呈现后 150~200 ms(见第 5 章图 5 - 16)。由于 VPP 和
N170 具有相同的性质,且具有相同的皮层发生源,因此,VPP 可能属于 N170 在
额区的极性反转(Joyce & Rossion,2005)。

---

　　①　本书所有的面孔刺激均将眼睛区域掩盖。

在进行面孔 N170 特异性的实验研究中，通常采用任务无关的被动实验方案（passive detection paradigm）。例如，给被试随机呈现面孔、物体（如建筑物、小汽车）和鲜花 3 类刺激，其中面孔和物体的出现概率均为 40%，而鲜花的出现概率为20%。要求被试对鲜花（即靶刺激）进行按键反应或计数，这样面孔和物体都属于非靶刺激，可以有效地观察二者知觉加工的区别（Bentin et al.，1996）。有研究也采用对刺激呈现的朝向进行判断的作业任务，这时，面孔和物体的知觉加工属于任务不相关的维度（Itier et al.，2007）。也有研究采用 n-back 的实验范式，要求被试对指定的靶刺激进行判断，要考察的视觉刺激为非靶刺激。

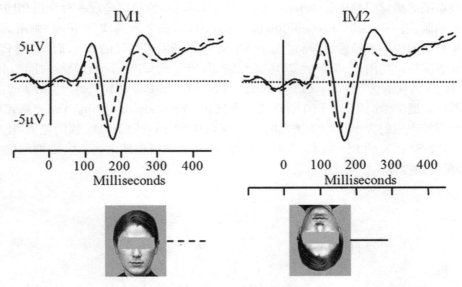

图 3-4　面孔 N170 的翻转效应

向上电压为正。面孔翻转引起 N170 的幅度增大和潜伏期延迟。（修改自 Sagiv & Bentin，2001）

为了防止视觉刺激的撤反应对 N170 的影响，视觉刺激的呈现时间通常采用200～300 ms，即 N170 出现后刺激图片消失。另外，由于 N170 分布于颞枕区，实验研究中经常采用鼻尖做参考，也有实验室采用双侧耳垂做参考（如 Eimer 的实验室）或者离线转换为平均参考（如 Rossion 的实验室）。基于 N170 的脑区分布特性，应该重点观察和分析颞枕区的电极（如 P7/P8、PO7/PO8、P9/P10），而不是枕区部位（如 O1/O2）的电极。统计分析时，需要将半球（左和右）作为一个因素进行方差分析。同时，除了分析 N170，其前的 P1 也需要注意，以确定所观察到的N170 的差异是否基于 P1 的变化。再者，当采用双侧耳垂或乳突为参考电极时，对 VPP 进行测量和分析也是完全必要的。

听觉 ERP 早期成分

听觉 ERP 早期成分主要包括脑干诱发电位(BAEP)、中潜伏期反应(MLR)和 P50、N1 等(见第 1 章图 1-19)。本章重点介绍 P50 和听觉早期注意效应。

P50 听觉 ERP 成分中 MLR 之后在顶区产生一个幅度较小但较为稳定的正成分,峰值潜伏期在 50 ms 左右,称为 P50,也称为听觉 P1。通过对在猫身上用深部电极记录的 P50 进行分析,发现 P50 起源于上行网状结构和丘脑。

由于 P50 的稳定性及其不易受情绪和认知等因素的影响,科学家采用配对刺激(paired-stimulus)或训练—测试范式(conditioning-testing paradigm)研究中枢神经系统的感觉门控机制(sensory gating)。实验中,给被试呈现一对性质相同的听觉刺激,前一个为训练(conditioning)刺激 S1,后一个为测试(testing)刺激 S2。如果被试的中枢神经系统抑制功能正常,S1 可以诱发出明显的 P50,而 S2 的 P50 会显著降低。如图 3-5 所示,双耳输入 85 dB SPL 的短声(click),持续时间 4 ms,S1 和 S2 的间隔为 500 ms,ITI 为 10 s。与 S1 诱发的 P50 相比,S2 产生的 P50 显著降低。通常情况下,以 P50 的训练—测试比(conditioning-testing ratio)来评估感觉门控作用的大小,即 S2 诱发的 P50 波幅与 S1 诱发的 P50 波幅的比值,比率越大,即 S2 诱发的 P50 越大,表明抑制能力差,感觉门控缺陷,反之,则抑制能力强,感觉门控强。

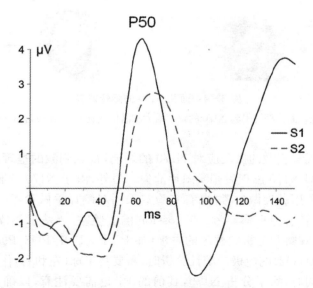

图 3-5　听觉 P50 的抑制作用

向上电压为正。(引自 Marshall et al.,2004)

听觉 ERP 早期注意效应   听觉 ERP 成分中,最具有代表性或通道特异性的早期成分是 N1,即在刺激开始后 100 ms 左右记录到的负成分。该成分全脑区均可记录到,但往往以额中央区幅度最大。N1 受刺激物理属性的影响较大,如随着声音刺激强度的增大,N1 波幅增大,潜伏期缩短;随着短音频率的增高,N1 波幅会有所降低。

虽然 N1 似乎是孤立的听觉 ERP 成分,但实际上它是由多个子成分构成的。① 颞上成分(superatemporal component):起源于颞上,峰潜伏期在 100 ms 左右,前脑区(Fz)波幅最大,且随着刺激强度的增大而波幅增大。② T 复合波(T-complex):包括 90～100 ms 的正波和 140～150 ms 的负波,颞中区记录波幅最大,可能起源于颞上回听觉联合区。③ 非特异性成分(non-specific component):峰潜伏期在 100 ms 左右,顶区记录波幅最大,可能源于额叶运动皮层和前运动皮层。

在听觉选择注意的 ERP 研究中,Hillyard 等(1973)用双耳分听的实验模式,在选择性地注意某一耳信号的过程中记录到一个增大的负波 N1。实验中,呈现给被试 4 种声音刺激,如左耳标准刺激(800 Hz,50 dB SPL,持续时间 50 ms)、左耳偏差刺激(840 Hz)、右耳标准刺激(1 500 Hz)、右耳偏差刺激(1 560 Hz),刺激间隔在 250～1 500 ms 内随机。要求被试注意指定耳的偏差刺激(如左耳的偏差刺激),忽略其他所有刺激。结果发现,注意耳的标准刺激相对于非注意耳的标准刺激产生显著增强的 N1,即"N1 注意效应"(图 3-6,图 3-7)。该工作创造性地记录到了注意通道与非注意通道的 ERP,在选择性注意的 ERP 研究中具有很大的影响。

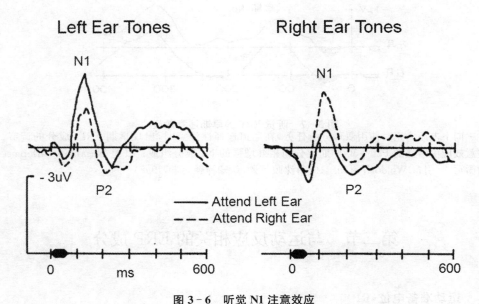

图 3-6   听觉 N1 注意效应

向下电压为正。(引自 Knight et al.,1981)

为探索听觉选择性注意发生的时间进程,Woldorff 等进一步研究发现,听觉脑干诱发电位不受注意影响,而中潜伏期成分(P20~50,刺激后 20~50 ms)则表现出明显的注意效应。目前认为,P20~50 是最早受注意影响的成分。通过多导 ERP 记录的脑成像以及脑磁图(MEG)的研究表明,P20~50 发生在听皮质(包括初级听皮质),说明 P20~50 发生在听觉信息加工的早期阶段,是支持注意选择性发生在加工早期的有利证据(图 3-7)。

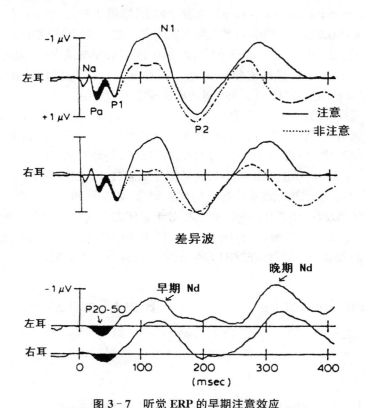

图 3-7 听觉 ERP 的早期注意效应

向下电压为正。使用双耳分听任务,在通道选择性注意时,出现早期 ERPs 成分的调节。注意效应由增强的 P20~50 早期成分和相继增强的 N1 成分组成;Nd 是 Negativity difference 的简写。(引自 Woldorff et al.,1987;沈政等译,认知神经科学,1998)

第二节　与运动反应相关的 ERP 成分

运动准备电位(RP)

Kornhuber 和 Deecke 于 1965 年发现,主动或有意运动产生的脑电位包括运动反应前的准备电位(Readiness Potential,RP)或(Bereit Schafts Potential,BSP)(即开始于反应开始之前800 ms左右的缓慢的负慢电位)以及其后的运动反应电位(Motor Potentia,MP)和反应后电位(Re Afferent Potential,RAF),而在被动运动条件下,则只有MP和RAF,没有RP或BSP产生(图3-8)。一般情况下,RP和RAF分别反映了运动的准备和执行,均以中央顶区(运动皮层)分布为主,而且通常在肢体运动对侧电极记录的幅值更大,表现为偏侧化准备电位(Lateralized Readiness Potential,LRP)和偏侧化运动电位(Lateralized Reafferent Potential,LRAF)。大量研究表明,LRP可以用来推断在反应时任务中被试是否和何时进行运动反应(Gratton et al.,1989;De Jong et al.,1988;Gehring et al.,1992;Gratton et al.,1988;Kutas & Donchin,1980)。LRP的经典记录位置是C3′和C4′(标准国际10—20系统C3、C4电极前方1 cm),很多研究也采用C3、C4电极。

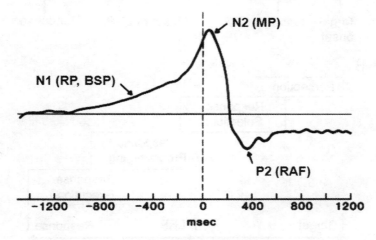

图3-8　与运动反应相关的ERP成分

向下电压为正。(引自Kornhuber & Deecke,1965)

在LRP的记录和提取过程中,实验设计要保证所观察的偏侧化电位是与运动相关的,而不是其他脑活动的偏侧化。以左手运动为例,一方面要在反应正确的前提下,用右侧运动皮层位置(如C4′)的ERP减去左侧对应电极(C3′)的ERP;另一方面,要将左手运动和右手运动的LRP进行平均,以消除和运动无关的偏侧化电位。以C3′和C4′记录电极为例,左手和右手运动的电位分别设为C3′LH、C4′LH和C3′RH、C4′RH(L、R和H分别代表left、right和hand)。读者可以按照下面的公式进行LRP的计算(Coles,1989):

$$LRP = [(C4'LH - C3'LH) + (C3'RH - C4'RH)] \div 2$$

LRP可以是刺激锁时(stimulus-locked),即根据刺激出现的时间点进行测量；也可以是反应锁时（response-locked），即根据被试运动反应开始的时间点进行测量。当受试者能够做出正确反应的时候，如果某种实验条件影响了反应前的时间，刺激锁时 LRP 的分析清楚地反映了该实验条件之后、运动反应之前的时间；如果实验条件没有改变运动前的加工，而是影响了运动反应本身的时间，则反应锁时分析可以发现 LRP 更早地开始于反应之前，表明需要更长的时间进行运动反应的建立和形成（图 3-9）。

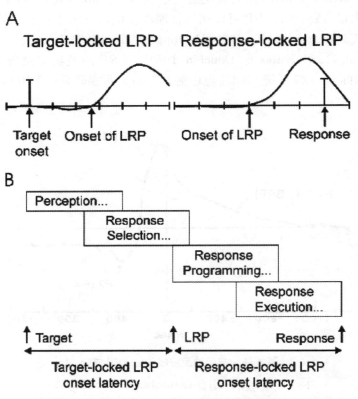

图 3-9 对靶刺激进行反应的刺激锁时（target-locked）和反应锁时（response-locked）LRPs
向下电压为正。（引自 Roggeveen，Prime & Ward，2007）

基于其独特的机制，LRP 已经被广泛地应用到认知科学的实验研究中。例如，在神经语言学研究中，LRP 被用来观察人们阅读或听语言过程中首先加工的是哪种语言信息，发现句法信息比语音信息得到更快的加工（van Turennout，Hagoort & Brown，1998）。LRP 也被用来研究认知加工和运动加工的关系，如Roggeveen、Prime 和 Ward（2004，图 3-10）应用 LRP 研究了年老化导致的反应减慢是基于运动障碍还是认知障碍，发现年老化导致的反应减慢主要是由于反应准备和执行速度减慢，而不是认知加工速度减慢。

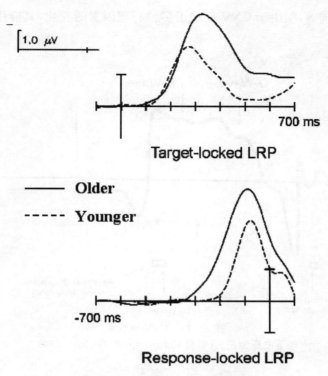

图 3 - 10　年老化对 LRPs 的影响

向下电压为正。（引自 Roggeveen，Prime & Ward，2007）

关联性负变（Contingent Negative Variation，CNV）

除了运动准备电位外，与运动准备和执行相关的另一个重要的 ERP 成分是（Contingent Negative Variation，CNV）。CNV 由 Walter 等于 1964 年首次报道。典型的 CNV 实验范式是"S1—S2"范式，即先呈现一个警告信号（S1，warning stimulus，如闪光或短音），要求受试者进行按键准备，经过一定的时间间隔（如 1.5 s）给出命令信号（S2，imperative stimulus，如另一种闪光或短音），要求受试者对该信号尽快做出按键反应，则在 S1 和 S2 之间会产生电位的负向偏移，即 CNV。CNV 幅值在中央区和额区最大。图 3 - 11 为典型的 CNV 示意图。Loveless 等（1974）研究认为，CNV 包含两个子成分：早期的朝向波（Orienting Wave，O-wave）和晚期的期待波（Expectancy Wave，E-wave）。我国学者魏景汉（1984，1985，1986，1987）设计了无运动二级 CNV 实验范式（详见第 8 章），对 CNV 的机制进行了系统研究，提出了 CNV 心理负荷假说，认为 CNV 涉及期待、意动、朝向反应、觉醒、注意、动机等多种心理因素，而不是单个心理因素的结果。目前，CNV 已广泛应用于医学临床认知功能的评价，如痴呆、帕金森氏症、癫痫、精神分裂症、焦虑、慢性疼痛等,但由于 CNV 反映了多种心理因素的变化,其应用受到了一定限制。

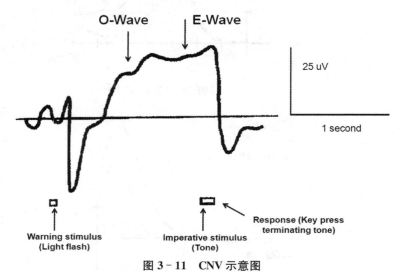

图 3 - 11　CNV 示意图
向下电压为正。(引自 Rohrbaugh & Gaillard,1993)

第三节　失匹配负波(Mismatch Negativity,MMN)

脑的信息自动加工亦称"脑的自动加工"、"脑对信息的自动加工",其长期被实验科学所忽视,然而它是一种普遍存在的现象。如人的行为受着脑的控制,是脑功能的表现,行为自动化是脑信息自动加工的结果。

听觉 MMN(Auditory Mismatch Negativity,AMMN)

MMN 于 1978 年为 Näätänen 等首先报道。其典型实验范式是,令被试双耳分听,即只注意一只耳而不注意另一只耳的声音。结果是,无论注意耳还是非注意耳,偏差刺激(小概率出现的纯音,如 1 008 Hz)均比标准刺激(大概率的纯音,如1 000 Hz)引起更高的负波。偏差刺激与标准刺激的差异波中约 100~250 ms 之间的明显的负波,即为失匹配负波(Mismatch Negativity,MMN)。由于偏差刺激出现的概率很小,且与标准刺激差异甚小,因此在由标准刺激和偏差刺激组成的一系列刺激中,偏差刺激乃是标准刺激的一种变化,偏差刺激引起的差异波MMN 就是该变化的反映。由于这一刺激变化可以在非注意条件下产生,MMN反映了脑对信息的自动加工(图 3 - 12)。

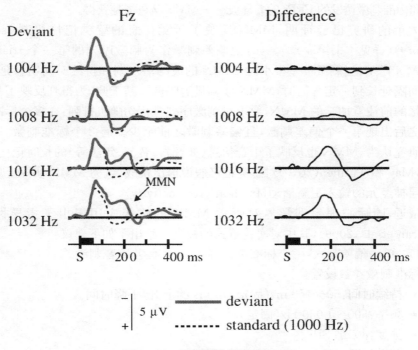

图 3 - 12　不同听觉频率的 MMN

偏差刺激的概率为 20%。随着偏差程度的增大，MMN 幅度增大，潜伏期缩短。向下电压为正。（引自 Sams et al.，1985）

　　脑对信息的自动加工能力是脑的一种奇特的高级功能，对人类具有重要价值。MMN 的发现为脑的信息自动加工提供了难得的客观指标，由此不但客观地、物质地证实了人脑信息自动加工的存在，而且可以利用 MMN 研究一些困难而重大的问题，如人脑自动加工的广度、深度和脑机制等。这是当前人工智能、生命科学等众多学科均需解决的问题。研究表明，MMN 的脑内源有两处，一为感觉皮质，一为额叶，因此，MMN 的研究通常以鼻尖做参考电极，双侧乳突为记录电极。另外，MMN 可以反映出感觉阈限附近的外界变化。大脑这种对刺激变化的自动加工机制，在非随意的朝向注意或对声音环境变化的注意转移过程中，均起着重要的作用。此外，在无意识、不能取得主诉（如患者为婴儿或处于昏迷状态等），给疾病的诊断带来困难时，MMN 可以发挥独特的诊断作用。

　　听觉 MMN 实验通常采用视觉分心任务建立听觉信息的非注意条件，如简单视觉区分任务、观看无声或者声音很小的影片、阅读一本书。一般情况下，在非注意条件下，只要刺激序列中包含两种或两种以上在某些特征上存在不同的刺激类型，且其中一种刺激出现概率较大（一般在 70%~80% 以上，标准刺激，standard），用于形成感觉记忆模板，其他的刺激以小概率呈现（一般在 20%~30% 以下，偏差刺激，deviant），这样，偏差刺激和标准刺激诱发的 ERPs 的差异波——MMN 就可清楚获得。

大量的研究已经证明,MMN 反映了听觉信息的感觉记忆机制(sensory memory)(详见本书第 4 章)。如:把偏差刺激作为刺激序列的第一个 trial,就没有 MMN 产生;当刺激偏差很小时,MMN 的波峰潜伏期和持续时间明显延长;当刺激间隔延长到一定程度时,MMN 波幅显著降低。基于此,为得到反映了基于感觉记忆的前注意加工的 MMN,要求对刺激序列进行伪随机排列:在多个标准刺激出现之后出现第一个偏差刺激,且偏差刺激之前至少要有 2 个标准刺激。另外,也有研究认为,MMN 也反映了语音信息(如音素、音节、句法等)的长时记忆痕迹。最近,May 和 Tiitinen(2010)对感觉记忆假说提出挑战,认为 MMN 实际上反映的是皮层神经元的输入更新活动(fresh-afferent activity)。

最近,国际心理生理学界对听觉 MMN 的临床应用提出了指导性意见(Duncan et al.,2009),其中对实验范式的标准化给出了如下建议:

(1)单一偏差范式:一个标准声音刺激,一个偏差声音刺激。

标准刺激参数设置:
- 持续时间:50～150 ms(固定),5 ms 的上升/下降时间。
- 频率:500～1 000 Hz(固定)。
- 强度:80 dB SPL。
- 刺激间隔(ISI):500～1 000 ms(固定)。
- 位置:中线(双耳同时输入)。

偏差刺激参数设置:在频率或强度上比标准刺激增加或减少 10%;持续时间 MMN 的偏差刺激通常比标准刺激的持续时间要短(如 75 ms 的标准刺激,30 ms 的偏差刺激;150 ms 的标准刺激,100 ms 的偏差刺激);方位 MMN 的偏差刺激通常位于中线左侧或右侧 90°。

概率:偏差刺激 10%～20%,每个偏差刺激前至少有两个标准刺激。

(2)优化实验范式(详见本书第 4 章 ERP 实验设计):一个标准刺激,多个偏差刺激。

标准刺激:包括 500 Hz、1 000 Hz 和 1 500 Hz 3 种正弦分音的和音,且 1 000 Hz 和 1 500 Hz 的强度比 500 Hz 分别低 3 dB 和 6 dB。
- 持续时间:75 ms,5 ms 上升/下降。
- 强度:听阈以上 60 dB。
- 刺激间隔(ISI):500 ms。
- 位置:中线(双耳同时输入)。

偏差刺激:
- 持续时间:25 ms,5 ms 的上升/下降时间。
- 频率:50% 的偏差刺激的频率比标准刺激高 10%,50% 的频率比标准刺激低 10%。
- 强度:50% 的偏差刺激的强度比标准刺激高 10 dB,50% 的强度比标准刺激低 10 dB。

• 位置：50％的偏差刺激位于中线左侧 90°，另一半位于中线右侧 90°，两耳时差 800 μs。

• 间隙：在标准刺激 75 ms 的中间 7 ms（1 ms 的上升/下降时间）。

概率：标准刺激 50％，5 种偏差各为 10％。

被试取舒适坐位或卧位，睁眼。清醒的被试可以采用主动或被动实验方案，如要求被试进行一项有趣的视觉作业任务（如看默片或阅读一本书）。记录电极至少要有 Fz、Cz、C3、C4 和双侧乳突，以鼻尖为参考。

视觉 MMN（Visual Mismatch Negativity，VMMN）

MMN 是否也存在于其他感觉通道（如视觉、体感），目前尚未得到明确的结论。近年来，视觉 MMN 的研究得到了长足的发展，发现视觉刺激的颜色、空间频率、对比度、运动方向、形状、线条朝向、刺激的空间位置、简单刺激的绑定、刺激的缺失以及刺激序列的偏差变化等等均可以诱发出 VMMN。2009 年在匈牙利布达佩斯召开的 MMN 国际会议上，举行了首次 VMMN 的专题讨论会，将 VMMN 的研究和应用推向了高潮。

在探讨是否存在 VMMN 的研究中，争论的主要焦点在于视觉信息加工的非注意纯度，由于视觉呈现和听觉信息加工的不同，尽管可以采用掩蔽技术，但仍然很难保证不注意所看到的视觉刺激。为提高 VMMN 研究中的非注意纯度，我国学者魏景汉等（Wei et al.，2002）在前人研究的基础上，基于 CNV 的实验范式，创建了一个很有特色的研究 MMN 的实验模式——"跨通道延迟反应"，从而使 MMN 的研究更为可靠，更有说服力，亦更为深入（图 3-13）。实验中，要求被试完成两项试验，注意听觉通道和注意视觉通道。视觉刺激和听觉刺激分别包含 3 种刺激：偏差刺激、标准刺激和反应命令信号。视觉偏差刺激为一幅彩色风景图片；标准刺激为对比度减小的同一幅图片；反应命令信号为快速实现的小红十字。听觉偏差刺激为 1 000 Hz 的短纯音，标准刺激为 800 Hz 的短纯音，反应命令信号为微弱的咔声（click）。在每一个标准刺激和偏差刺激之后都跟随一个反应命令信号，在刺激信号和反应命令信号之间随机插入 0～2 个非注意通道的刺激信号。标准刺激和偏差刺激出现的概率分别为 17.5％和 82.5％，刺激间隔在 500～700 ms 随机。将偏差刺激的 ERPs 减去标准刺激的 ERPs，可以得到 4 种 MMN，即注意和非注意条件下的听觉 MMN 和视觉 MMN。不管是注意听觉通道还是视觉通道，均要求受试者在听到或看到所注意通道的偏差刺激和标准刺激后，先进行按键准备（如标准刺激按左键、偏差刺激按右键），待听到或看到微弱的反应命令信号后，再尽快按键（标准刺激和偏差刺激都按键）。由于在反应命令信号出现前，受试者尚处于紧张地捕捉不知何时出现的微弱命令信号的状态，难以分心注意到此时出现在非注意通道的刺激，可以有效地提高非注意纯度，结果如图 3-13

所示。注意条件下（即注意视觉通道）的 VMMN 有两个峰，在颞枕区幅度最高，而非注意条件下（注意听觉通道）的 VMMN 只有一个峰，以额区幅度最高。

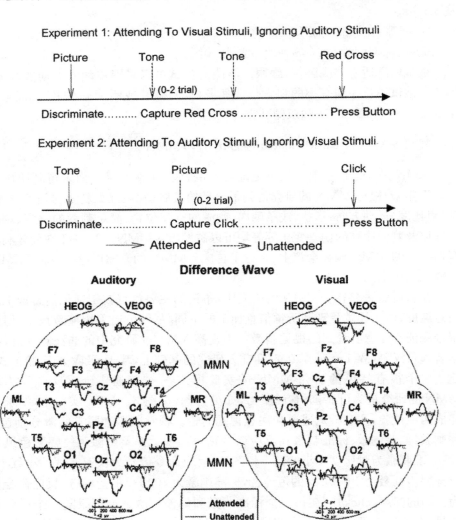

图 3-13 视听跨通道延迟反应得到的 AMMN 和 VMMN

向下电压为正。（引自 Wei JH et al. , 2002）

　　VMMN 是否和听觉 MMN 具有相似的感觉记忆机制呢？为有效地回答这个问题，一些学者采用等概率的刺激序列作为对照，发现可以产生基于记忆比较的 VMMN。采用听觉 MMN（control-MMN）的实验范式（详见第 4 章），Czigler 等（2002）发现视觉通道存在基于感觉记忆的 MMN。要求受试者注意视野中央的大小随机变化的十字，当十字的大小发生变化时，尽快按键。视野的背景刺激为不同颜色的光栅,告诉受试者光栅是为了增加视觉显示效果。实验包括两种刺激序列:Oddball序列和等概率序列(即Control序列)。在Oddball序列中,标准刺激(如红色光栅)和偏差刺激(如绿色光栅)的概率分别为87.5%和12.5%;在Control序列中,包含8种不同颜色的光栅(其中包括Oddball序列中的标准刺激和偏差刺激),概率分别为12.5%。以红色标准刺激为例,Oddball序列中,由于标准刺激的概率很大,会产生对红色光栅的记忆痕迹,当小概率的绿色光栅(偏差刺激)出现时,与已经形成的红色光栅记忆痕迹进行比较,从而产生MMN,称为Oddball-MMN。但是,由于红色和绿色具有显著不同的物理属性,其早期ERPs成分(如P1、N1、P2)会有所不同,这种差异势必会和Oddball-MMN有所重叠,而且大脑对偏差刺激的不应(refractory)效应要小于标准刺激,因此,难以确定Oddball-MMN是否真正地反映了基于感觉记忆比较的MMN。在Control序列中,由于所有的刺激都是等概率呈现,不会产生由于大概率呈现某一种刺激导致的记忆痕迹,因此,如果存在真正的基于记忆比较的VMMN,将Oddball-MMN中的偏差刺激(绿色光栅)ERPs减去Control序列中的绿色光栅的ERPs,应该会得到一个明显的差异成分,称为Control-MMN。结果如图3-14(a)所示,刺激呈现后120~160 ms,在头皮后部存在一个基于记忆匹配比较的VMMN。最近,日本学者Kimura等(2009)更好地控制了视觉刺激的不应效应,发现线段朝向的Oddball-MMN包括颞枕区的两个负成分,一个是在100~150 ms左右,没有半球偏侧化优势效应,另一个在200~250 ms左右,右半球优势分布;而Control-MMN只包括第二个成分。作者认为,100~150 ms的早期Oddball-MMN反映的是偏差刺激和标准刺激不应效应的区别,而200~250 ms的负成分才是真正的基于感觉记忆的VMMN(图3-14(b))。

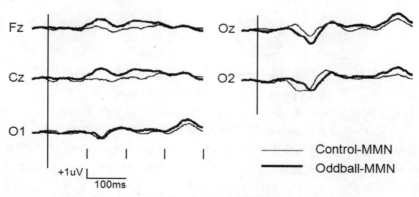

图3-14(a)　基于记忆比较的视觉MMN之一
向上电压为正。(修正自Czigler et al.,2002)

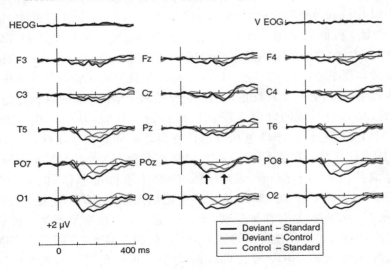

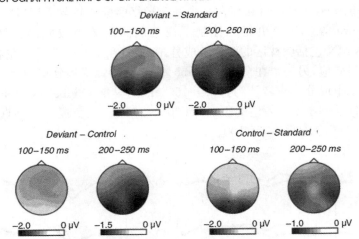

图 3 - 14(b)　基于记忆比较的视觉 MMN 之二

向上电压为正。Oddball MMN：Deviant-Standard，有两个峰；Control MMN：Deviant-Control，一个峰；Control 和 Standard 的差异波和 Oddball MMN 的第一个峰一致。由于 Control 和 Standard 的区别仅在于物理属性和不应性，没有记忆比较，因此，Oddball MMN 的早期负成分（100～150 ms）反映的更可能是视觉的不应性，而晚期负成分（200～250 ms）反映了记忆比较，是真正的 VMMN。（修正自 Kimura et al.，2009）

简单视觉刺激诱发的 VMMN 已经得到了很多研究的证实，但复杂视觉刺激（如面孔表情）的偏差也可以产生 VMMN。赵仑等（Zhao & Li，2006）采用修正的"跨通道延迟反应"实验范式，发现面孔表情可以产生显著的颞枕区分布的

VMMN,命名为表情 MMN(Expression-related MMN,EMMN;图 3-15)。

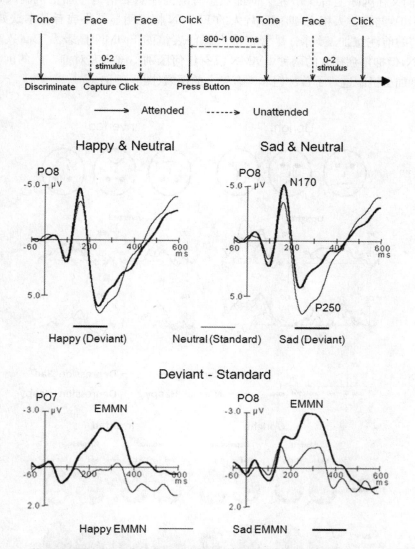

图 3-15　视听跨通道延迟反应得到的悲伤和高兴表情诱发的 EMMN(Expression MMN)
向下电压为正。(修改自 Zhao & Li,2006)

实验范式如图 3-15 所示。视觉标准刺激为中性面孔(概率为 75%),偏差刺激
为高兴和悲伤面孔(概率均为 12.5%)。听觉刺激包括 1 000 Hz 和 800 Hz 的短纯音
(概率均为 50%)以及微弱的反应命令信号咔声(click)。在每一个短纯音之后都跟
随一个咔声,之间随机插入 0~2 个面孔刺激。与中性面孔相比,悲伤表情(150~
400 ms)和高兴表情(150~350 ms)均诱发出显著的右侧颞枕区优势分布的 EMMN,

但以悲伤 EMMN 更为突出。在随后的研究中，以表情卡通图片诱发的 EMMN 为指标，他们又在国际上首次研究了抑郁症患者的前注意表情信息加工机制（Chang et al. , 2010）：与正常人相比，抑郁症病人的 EMMN 幅度明显减小或者基本缺如，表现为显著的前注意加工缺陷；尽管正常人悲伤表情的 EMMN 显著大于高兴表情的 EMMN，但抑郁症病人的两种 EMMN 没有任何区别。该研究对抑郁症的前注意表情信息加工机制进行了首次但非常有意义的探索（图 3－16）。

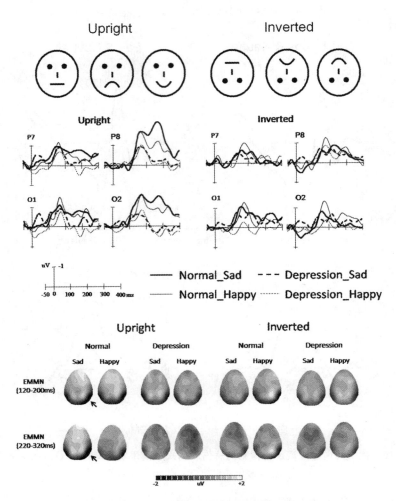

图 3－16　抑郁症患者表情信息前注意加工的障碍

向下电压为正。（修正自 Chang et al. , 2010）

第四节　N2 家族

在 P300（详见第五节）的研究中，P300 之前通常会有一个潜伏期在 200～
300 ms 的较大的负波或者说是第一个负成分（视觉 N1、听觉 N1）之后的第二个负
波（图 3-17）。在选择注意的任务中，由于靶刺激诱发的 N2 和 P3 之间的重叠效
应，顶区的 N2 往往不如额区清楚。实际上，N2 至少包括两个子成分：N2a 和
N2b。N2a 实际上即是前面提到的 MMN，N2b 则和靶刺激的识别有关（图 3-17
中的 N2 即为 N2b）。然而，大量研究发现，不同脑区、不同的作业任务或者不同的
通道，N2 具有不同的表现和意义（Folstein & Van Petten，2008）。下面对常见的
具有特殊意义的 N2 成分进行简述。

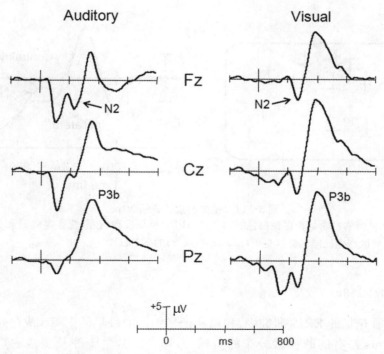

图 3-17　听觉和视觉靶刺激诱发的 N2 成分（N2b）
向上电压为正。

N2pc（N2-posterior-contralateral）

在视觉搜索任务中，如一个特征的搜索时间不因干扰项的增加而减慢，则该
特征被认为是可以"pop out"，属于可以平行搜索的视觉基本特征。研究发现，在

所搜索的靶刺激位置对侧的头皮后部电极记录部位,产生比同侧记录部位更大的 200～300 ms 的负成分,称为 N2pc(N2-posterior-contralateral)(Luck & Hillyard,1994;Eimer,1996;Woodman & Luck,1999)。如图 3-18 所示,要求被试搜索判断是否存在白色的"T",ERP 结果发现,在颞枕区电极记录部位,白色"T"的对侧脑区产生比同侧脑区更负走向(negative going)的 N2pc。该成分被认为是反映了视觉搜索过程中对靶刺激的空间选择性加工和(或)对周围干扰项(非靶刺激)的抑制加工(Eimer,1996;Luck & Hillyard,1994;Woodman & Luck,1999,2003),是与视觉空间注意分配相关的唯一的 ERP 指标。基于 MEG 的溯源分析发现,N2pc 源于外侧纹状体(Hopf et al.,2000)。

最近,研究者采用视觉搜索的空间提示作业任务,进一步表明 N2pc 和注意的转移无关,而是反映了注意转移完成后的空间选择注意机制,同时,N2pc 也可能在某种程度上反映了任务相关的靶刺激特征的空间特异性加工,该加工发生在对靶刺激的选择加工之前(Kiss,van Velzen & Eimer,2008)。

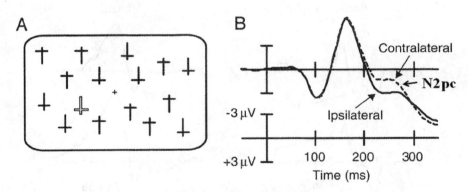

图 3-18　视觉搜索任务的 N2pc

　　要求被试搜索判断是否存在白色的"T"(A);ERP 结果发现,在颞枕区电极记录部位,白色"T"的对侧脑区产生同侧脑区更负(negative going)的 N2pc(B)。

N250/N250r

在面孔记忆的 ERPs 研究中,和面孔记忆相关的最早的 ERPs 成分是刺激开始后 250 ms 左右的颞枕区分布的负成分,即 N250,由于涉及刺激的重复效应(repeat effect),因此也称为 N250 重复效应(N250 repetition effect),简称 N250r。利用重复启动实验范式(repetition priming paradigm),熟悉面孔的重复比陌生面孔的重复产生更大的 N250r(Pfutze et al.,2002;Schweinberger et al.,2002),而当启动刺激和靶刺激之间插入多个干扰刺激时,面孔的 N250r 反应完全消失(Schweinberger et al.,2004)。到目前为止,N250r 被普遍认为是反映了长时记忆中面孔知觉表征存储的最早的 ERP 成分(图 3-19)。

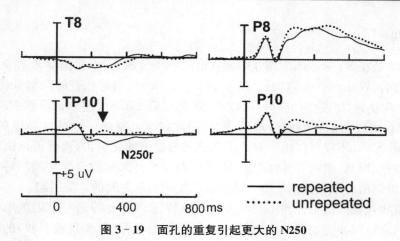

图 3 - 19　面孔的重复引起更大的 N250

向上电压为正。（引自 Trenner et al. ,2004）

　　N250 和面孔的熟悉度密切相关,是面孔熟悉度的特异性指标(Tanaka et al. ,2005),可能反映了面孔的再认识别机制(Bindemann et al. ,2008)。N250 和物体的分类加工也密切相关,且受影响视觉刺激分类的因素(如视觉刺激所包含的图像交互信息的量)以及分类区分加工的难度所调控(Harel et al. ,2007;Philiastides et al. ,2006;Philiastides & Sajda,2006)。Scott 等(2006)研究了专家化物体分类水平的 ERPs 表征,发现基本分类水平(basic level category)(如猫头鹰和水鸟)和次级分类水平(subordinate level category)(如长耳猫头鹰、灰鹰;美洲苍鹭、白鹭等)的训练,均引起 N170 的增大,只有次级分类水平的训练导致 N250 的增强(图 3 - 20)。

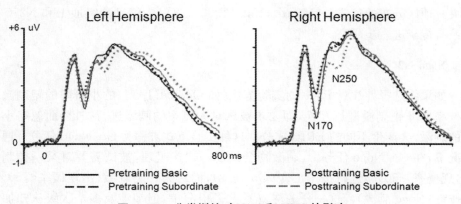

图 3 - 20　分类训练对 N170 和 N250 的影响

　　向上电压为正。基本分类水平(basic level category)和次级分类水平(subordinate level category)的训练,均引起 N170 的增大,只有次级分类水平的训练导致 N250 的增强。(引自 Scott et al. ,2006)

N270

N270 是在 S1~S2 匹配作业中诱发出的一个负成分,由我国学者王玉平率先发现并命名(Wang et al. ,1998;Wang et al. ,2000)。当被比较的两部分信息(S1和 S2)存在差异,即发生冲突时,可以在 S2 出现后 270 ms 左右记录到 N270。由于 N270 仅由存在差异的刺激对所诱发,因此,N270 反映了大脑对冲突的加工。研究表明,N270 不仅可以由一对数字彼此间的数值冲突引出,而且可以由刺激物之间的颜色、形状、朝向等冲突引出;既可以由两个外来的刺激物之间的特征冲突引出,也可以由外来刺激信息与人脑内源产生的信息之间的冲突引起。

刺激物包含的信息往往不是单一的简单特征,Wang 等研究了加工单一特征冲突和联合特征冲突的差异。如图 3 - 21 所示,简单特征(颜色或形状)的冲突引起显著的 N270,而联合特征冲突(颜色和形状都不同)引起的 N270 有所减小,特别是其后产生了显著的 N400。作者认为联合特征冲突导致的 N270 的减小是由于注意联合特征时的 P300 较小所致,而不是影响 N270 本身。通过大量的研究,王玉平等认为,只要相互比较的两部分信息之间存在冲突,就会在头皮记录到N270,它只与冲突有关,而与被加工的刺激是什么关系不大,且不受刺激概率的影响,是一个恒定的内源性成分,反映了大脑通过比较识别和加工信息冲突的过程。然而,不同类型的信息冲突产生的 N270 可能反映了不同的冲突加工机制,如颜色信息冲突产生的 N270 可能分布在全脑区,而空间位置冲突产生的 N270 则主要分布于头皮后部。有趣的是,对复杂刺激不同维度信息的冲突并不一定只诱发出N270。Zhang 等发现相对于简单特征(形状)冲突,面孔身份信息的冲突产生N270 以及 N450;而 Münte 等发现面孔身份特征的冲突诱发出开始于刺激后150 ms 的额中央区分布的负成分,但表情的冲突却产生开始于刺激后 350 ms 的中央—顶区分布的负成分(Münte et al. ,1998)。总之,信息冲突加工和 N270 的关系有待于进一步研究。

Nogo-N2

如果将选择性注意 P300 的实验范式(如 Oddball 序列)的小概率的靶刺激和大概率的非靶刺激进行互换,即要求被试对大概率的刺激进行按键,而忽略小概率的刺激,会产生不同的 ERPs 成分。这种实验范式被称为 Go/Nogo 任务。通常情况下,在 Go/Nogo 任务中,刺激物会被逐一快速呈现,被试需要对某一类刺激(出现概率≥50%)进行按键反应(Go 刺激),而对另一类刺激(出现概率≤50%)不按键(Nogo 刺激)。这一任务尽管看上去很简单,但却涉及多个次级认知加工过程,包括刺激的辨别、运动准备、反应抑制和行为监控等。在这一过程中,Nogo刺激诱发出潜伏期为 200~300 ms 比 Go 刺激下更明显的负波,即 Nogo-N2,主要分布在额中央区(fronto-central),称为 N2 的 Nogo 效应(图 3 - 22),常用 Nogo-

N2 波幅减去 Go-N2 波幅的差异波 N2d 作为该效应大小的指标(Bokura et al.，2001)。有些 Go/Nogo 的研究认为，Nogo-N2 反映了一种自上而下的抑制机制，即对既定反应倾向的抑制(Kim et al.，2007)。虽然在心算任务中，Nogo 刺激比 Go 刺激会产生更大的 N2，这种 N2 的 Nogo 效应在外显的反应被抑制的作业任务中也是存在的(Bruin & Wijers，2002；Pfefferbaum et al.，1985)，而且，当反应压力增大(如加快反应速度)，Nogo-N2 幅度增大(Jodo & Kayama，1992)，重要的是，虚报率较小的被试比虚报率较大的被试产生更大的 Nogo-N2，表明 Nogo-N2 的幅度和成功的抑制反应具有一定的相关性(Falkenstein et al.，1999)。也有研究发现，当 Nogo 刺激和靶刺激具有相似的特征时，会触发对错误反应的准备，此时，Nogo-N2 幅度增大(Azizian et al.，2006)，提示 Nogo-N2 与认知控制(cognitive control)有关。还有研究认为，Nogo-N2 反映的是对冲突的监控(Nieuwenhuis，2003；Donkers & Boxtel，2004)。

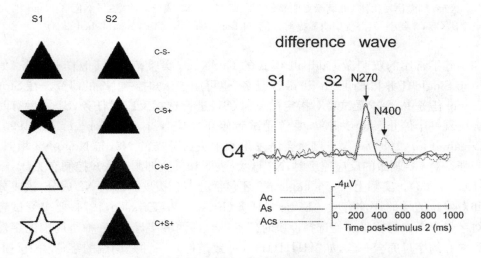

图 3－21　简单特征冲突和联合特征冲突引起的 N270 和 N400

　　C－S－：S1 和 S2 的颜色及形状都一致；C－S＋：S1 和 S2 的颜色一致，形状不一致；C＋S－：S1 和 S2 的颜色不一致，形状一致；C＋S＋：S1 和 S2 的颜色及形状都不一致；Ac：注意颜色，判断 S1 和 S2 的颜色是否一致；As：注意形状，判断 S1 和 S2 的形状是否一致；Acs：注意颜色和形状，判断 S1 和 S2 的颜色及形状是否都一致。差异波(difference wave)由不一致条件下的 ERPs 减去一致条件下的 ERPs 所得。(引自 Wang et al.，2004)

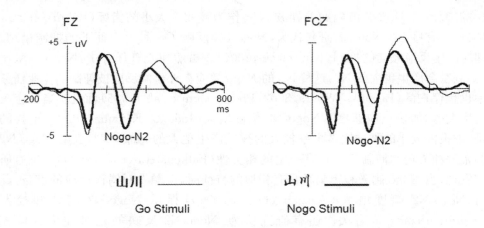

图 3-22 Go/Nogo 任务中 Go 刺激和 Nogo 刺激诱发的 ERP 波形(额区)

向上电压为正。要求被试($n=16$)对黑体字(Go)尽快尽准确地按键,对楷体字(Nogo)不按键。Nogo 刺激诱发出比 Go 刺激更明显的 N2,即 Nogo-N2 成分。注意:虽然额区 Nogo-P3 的幅度比 Go-P3 要小,但潜伏期明显提前。(引自 Dang, Gao & Zhao, unpublished data)

除了常用的双刺激 Oddball 模式的 Go/Nogo 实验范式,其他作业任务(如 Stop Single 任务和 Eriksen Flanker 任务)也可用于认知控制 N2 的研究。在 Stop Single 任务中,要求受试者对指定的刺激(S1)进行选择反应时任务,S1 之后有时会出现一个停止(stop)刺激,要求受试者停止反应(e. g., De Jong et al., 1990; Logan et al., 1984)。停止刺激会诱发出额中央区分布的 N2,与 Nogo-N2 相似,当强调对 Go 刺激的反应速度时,N2 增大,表明和反应抑制或认知控制有关(Band et al., 2003)。实际上,Stop-single N2 还包括分布于头皮后部的 N2 成分,该成分和对停止信号的评价有关。Eriksen 任务(Eriksen & Eriksen, 1974)要求受试者对字母串中央的字母进行选择反应时任务。包括两种字母串:一种是周围的字母和中心的字母完全一致,如"HHHHH"(一致条件);一种是周围的字母和中心的字母不一致,如"SSHSS"(不一致条件)。与一致条件相比,不一致条件的反应时延迟,诱发出中央区或额—中央区分布的对刺激呈现概率不敏感的 N2(Bartholow et al., 2005; Coles et al., 1985)。

ERN(Error-Related Negativity)/FRN(Feedback-Related Negativity)

在反应时任务中,如果以反应为触发,相对于正确反应的刺激,被试错误反应之后 100 ms 以内在前脑区会记录到一个幅度增强的负成分,称为反应锁时的错误相关负波(Response-locked Error Related Negativity, ERN;图 3-23),也称为 Ne。ERN 的峰值通常在错误反应后 50~60 ms。目前通常认为,ERN 反映了特异性的对错误的觉察,与 ACC(Anterior Cingulate Cortex)的活动有关。

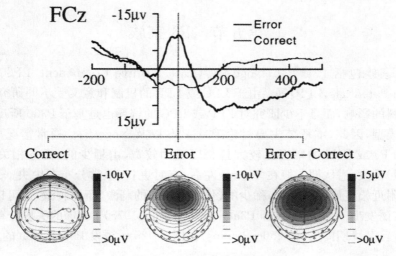

图 3 - 23　ERN 示意图

向下电压为正。上图：反应锁时的正确和错误反应的 ERP 波形，纵轴为反应开始（FCz）。下图：反应后 56 ms，正确反应、错误反应以及错误与正确差异波的地形图，可见 ERN 为显著的额—中央区分布。（引自 Yeung et al.，2004）

如果以反馈刺激（Feedback Stimuli）为触发，负性反馈相对于正性反馈诱发出幅度更大的峰值在 250 ms 左右的负成分，称为反馈负波（Feedback-Related Negativity，FRN；图 3 - 24）。FRN 主要分布在额—中央区，与反馈刺激的感觉通道无关。在赌博任务中，赔付比盈利产生更大的 FRN。但 FRN 似乎与赔付的多少无关，也就是说，FRN 反映的只是盈利还是赔付的区别，或者说只是好或坏的评价。虽然 FRN 和 ERN 具有相似的机制，但 FRN 是否也起源于 ACC，并未得到有效的证明。相反，有研究认为，在 Flanker 任务中，FRN 的发生源比 ERN 更要靠前（引自 Taylor et al.，2006）。

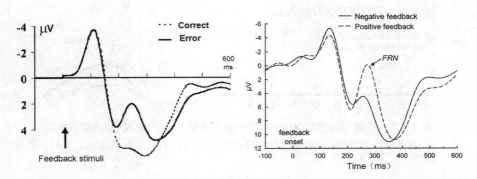

图 3 - 24　FRN 示意图（Cz）

向下电压为正。（左：引自 Holroyd & Coles，2002；右：引自 Nieuwenhuis et al.，2002）

第五节　P3 家族

　　P3 家族包括 P3a、P3b、Nogo-P3、(Late Positive Component，LPC)、(Late Positive Potentials，LPP)等。由于 LPC 或 LPP 的机制和意义受不同研究任务和刺激材料的影响，而且不少研究对 LPP 或 LPC 的解释也是基于 P300 所反映的基本认知模型，因此，本章节主要讨论 P3a、P3b 以及 Nogo-P3。通常情况下，P300（也称为 P3 或 P3b）的幅度比较大且跨度范围较宽，由稀少的、任务相关的刺激（靶刺激）诱发，潜伏期一般在 300 ms 左右，有时更长，通常分布在中央—顶区，且以中线附近幅度最大。另外，稀少的、任务不相关的刺激（新异刺激）也可以在 300 ms 左右诱发出一个正成分，即 P3a(Squires et al.，1975)。P3a 的头皮分布比 P3b 更靠前，且潜伏期提前（如 250~300 ms）。图 3-25 示诱发 P3b 和 P3a 的示意图。

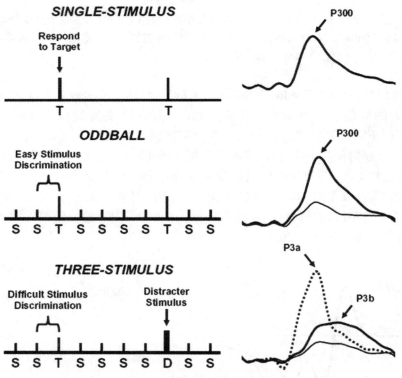

图 3-25　干扰项诱发的 P3a(虚线)和靶刺激诱发的 P3b(粗线)诱发示意图
3 种条件下均要求被试对靶刺激进行按键。(引自 Polich & Criado，2006)

P3b

　　自 1965 年 Sutton 发现 P300（也称为 P3b）以来，其一直是 ERP 研究的重要内容。当被试辨认"靶刺激"时，在头皮记录到的潜伏期约为 300 ms 的最大晚期正波即为 P300。P 代表正波"positivity"，300 代表潜伏期 300 ms。诱发 P300 的常用实验范式为"Oddball"范式，包含两种刺激类型，让被试对其中一种刺激（靶刺激）进行按键或计数。如果靶刺激呈现的概率比较小（Oddball），就会诱发出显著的 P300（Duncan，Johnson & Donchin，1977）。

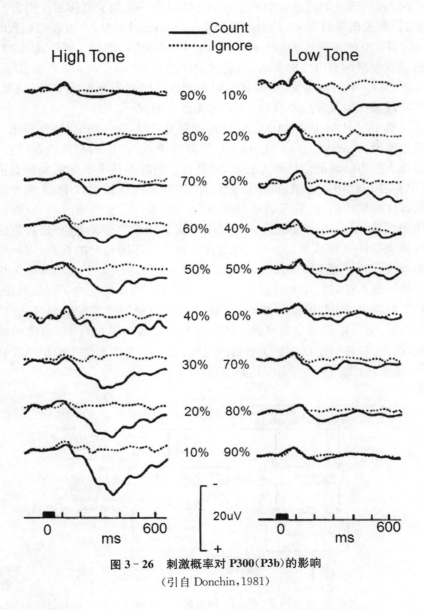

图 3 - 26　刺激概率对 P300（P3b）的影响

（引自 Donchin，1981）

大量研究表明，P300 受主观概率、相关任务、刺激的重要性、决策、决策信心、刺激的不肯定性、注意、记忆、情感等多因素的影响。图 3-26 示刺激概率对 P300 的影响：靶刺激呈现的概率越小，P300 的幅度越大，且与音调的高低无关。Dochin (1981)认为靶刺激的概率小于 30% 即可诱发足够大的 P300，而潜伏期不受概率的影响。刺激间隔(ISI)也会影响 P300 的幅度，ISI 越大，P300 幅度越大，但潜伏期无明显变化(Picton & Stuss,1980；Woods & Courchesne,1986)。ISI 和相邻靶刺激的间隔对 P300 幅度的影响和概率的影响具有一定的交互作用。当 ISI 为 6 s 或更长时，刺激概率对 P300 的影响就很小了(Polich,1990)；当相邻靶刺激的间隔为 6~8 s，P300 的概率效应消失(Gonsalvez & Polich,2002)。另外，P300 的幅度也受所诱发刺激的突出性的影响，如刺激的情感效价(Keil et al.,2002；Yeung & Sanfey,2004)。到目前为止，普遍认为知觉和注意因素显著影响 P300 的幅度，而刺激的物理属性以及反应本身对 P300 的幅度影响较小。

基于概率对 P300 影响的事实以及其他相关资料，Donchin(1981)提出了背景更新理论模型(context updating model)以解释 P300 产生的心理机制：以一定方式贮存在人脑中的环境信息称为表征，它是人任何时候从事认知活动所必需的信息库，贮存在记忆中。背景(或工作记忆)泛指在某一认知过程中，人脑中原有的与认知客体有关的信息，它是表征的一部分。当某一信息出现时，一方面人脑要对之作出反应，另一方面要根据它对主体所从事任务的意义大小，通过将之整合到已有的表征中去形成新的表征，对现有背景进行不同程度的修正，以调整应对未来的策略。当环境连续变化时，背景亦要不断进行修正。Donchin 认为很可能就是与这一修正有关的加工过程产生了 P300，P300 的波幅反映了背景修正的量，背景修正得越大，P300 的波幅亦越大。由于该理论模型能较好地解释 P300 的一些实验结果，因而得到较多的支持。Albert Kok(2001)通过对 P3 幅值的综合比较研究，认为 P3 幅值是信息加工容量的指标，反映了受注意和工作记忆联合调控的事件(刺激)分类网络的活动(图 3-27)。

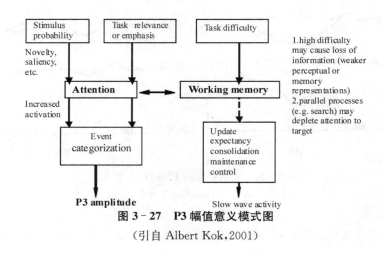

图 3-27 P3 幅值意义模式图

(引自 Albert Kok,2001)

刺激概率和 P300 幅度的反比关系提示 P300 只有在刺激已经被评价和分类后才得以产生，即反映了对刺激的评价和决策过程。研究表明，分类任务越难、刺激越复杂，则 P300 的潜伏期越长，甚至可以达到 1 000 ms（图 3 - 28）。需要注意的是，虽然 P300 的潜伏期与刺激的评价有关，但与反应的选择、执行和完成无关（McCarthy & Donchin，1981；Magliero et al.，1984）。因此，通过对 P300 潜伏期的分析，可以将反应时分解为刺激评价（P300）和反应产生两个部分（Duncan，Johnson & Kopell，1981；Verleger，1997；Spencer et al.，2000）。

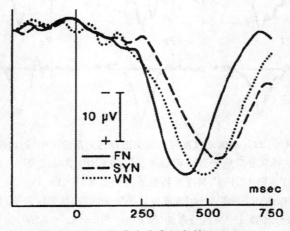

图 3 - 28 不同难度分类任务的 P300(Pz)

FN：名字判断（David 和 Nancy）；VN：名字的性别判断；SYN：判断是否是 prod 的同义词。P300 的潜伏期随着任务难度的加大而延长。（引自 Kutas et al.，1977）

也有研究发现，P300 的幅度只和靶刺激的选择有关，而和刺激的区分无关（Zhao et al.，待发表数据）。图 3 - 29 示视觉选择反应和视觉选择区分反应 P300 的比较。视觉刺激为等概率随机呈现在左右视野的红绿闪光刺激，间隔随机（1.5～2.3 s，平均为 2.0 s）。指定红光或绿光为靶信号，在被试中平衡交叉。

作业任务包括：① 选择反应：对规定的靶信号进行按键反应，忽略非靶信号。② 选择区分反应：对规定的靶信号进行方位区分，左侧靶刺激按左键，右侧靶刺激按右键，忽略非靶信号。

在整个实验过程中，要求被试注视中央的黄灯，仅用余光注意两侧的红绿闪光信号。从图 3 - 29 的结果可以看出，两种作业任务的靶刺激诱发的 P300 成分几乎完全一致，区别仅在于选择区分反应的靶刺激诱发出更大的额—中央区分布的 N2 成分和额—中央区分布的慢波（Negative Slow Wave，NSW）。由于选择注意和选择区分任务的主要区别在于后者除了对刺激进行选择还包括对刺激的方位区分，而左右方位的区分概率是完全相等的，因此，该结果提示，在上述作业任务中，视觉选择反应中 P300 的产生与选择（刺激分类）密切相关，而与方位的区分无关。

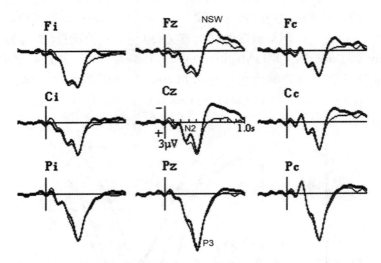

图 3-29　视觉选择反应与视觉选择区分反应 ERP 的比较

　　粗线代表视觉选择区分反应任务中靶刺激诱发的 ERP，细线代表同一刺激序列的选择反应靶刺激诱发的 ERP。Fi、Ci、Pi 代表视觉刺激的同侧脑区，Fc、Cc、Pc 代表视觉刺激的对侧脑区。可以看出，两种作业任务的靶刺激 P3 成分几乎完全一致，区别仅在于选择区分反应的靶刺激诱发更大的 N2 成分和额—中央区分布的（Negative Slow Wave，NSW）。

　　然而，在上述实验中，虽然相对于选择注意任务，选择区分任务的难度增大，反应时延长，但仅从任务的指导语中，我们难以确定受试者的认知策略，即是先进行颜色的选择，再进行方位的区分，还是先进行方位区分，再进行颜色的选择，抑或是同时进行。虽然早期的研究表明颜色和方位的选择性注意在认知加工的早期阶段是可以分离的，但是否影响到决策加工阶段，或者说上述研究发现的 P300 对方位区分的不敏感性，有待于进一步研究。

　　对于 P300 起源的研究，已经进行了大量的工作。Halgren 等（1980）研究发现，在海马结构和杏仁体内可记录到与头皮相似的 P300 波形，这些电位具有概率特异性、任务特异性、无感觉模式特异性，皮质表面未发现有极性逆转现象。而在海马和海马回、杏仁体之间短距离移动电极即可观察到电位极性逆转现象。另外，在记录到这些电位的同时，海马、杏仁体、海马回内均可记录到相应的神经放电。他们认为，在认知过程中，边缘系统的神经活动产生或影响了 P300。其后，很多研究亦得出了类似的结果。边缘系统尤其是海马是 P300 的起源之一的观点已得到了多数学者的重视和认同。但究竟还有哪些神经结构与 P300 的产生有关，它们之间的相互作用方式如何，至今仍然是一个有待解决的难题。P300 的产生是人脑多个部位共同活动的结果，没有任何一个单一的脑结构能解释不同认知任务实验条件下 P300 的产生。P300 可能是多起源的,边缘系统尤其是海马可能是 P300 的起源之一,另外,颞顶联合区、部分丘脑结构也可能参与 P300 的产生。

另外,有学者对神经递质和 P300 之间的关系进行了研究。这些研究多侧重于多巴胺、5-羟色胺、胆碱能神经系统与 P300 的关系。结果表明,P300 和胆碱能神经元活动有关。由于胆碱能神经的活动和记忆有关,记忆障碍者 P300 异常,信息精加工困难,且可导致编码障碍。

P300(P3b)自发现以来,已经得到广泛的医学临床应用。其实验基本要求如下(Duncan et al.,2009):

1. 刺激

包括两种刺激:一种为偏差刺激(靶刺激);另一种为标准刺激(非靶刺激)。

(1)听觉刺激:纯音、环境声音、口语等。

频率:1 000 Hz(靶刺激)和 500 Hz(非靶刺激)。

刺激呈现时间:50～150 ms,5 ms 上升/下降时间。

强度:70 dB SPL。

(2)视觉刺激:颜色、图形、字词、图片等。

刺激呈现时间:50～150 ms,刺激应该是能够被知觉到的。

刺激间隔:1～2 s(固定间隔或间隔随机),当任务较难时,可以延长间隔。

刺激的变化:刺激物理属性或者刺激的意义。不管怎样改变,刺激仍然可以分为两类,如高或低纯音、男性或女性。

概率:0.1～0.2(靶刺激),0.8～0.9(标准刺激)。

2. 任务

被试取舒适坐位,睁眼,测查其认知或神经精神功能。

主动或被动任务:需要被试注意刺激,同时测量行为数据,如要求被试对靶刺激按键。

3. EEG 记录和分析

电极导联:至少包括 Fz、Cz、Pz、VEOG,根据头皮分布可以适时地增加电极。

参考电极:以鼻尖或一侧耳垂(或乳突)做参考,在离线分析时后者要转换为双侧耳垂或乳突参考。

记录带宽:0.01/0.05～100 Hz。

叠加次数:最少要 36 次。

数字滤波:在得到 ERPs 之前,不需要进行数字滤波,为更好地呈现结果,可以对最终的 ERPs 数据进行 12 Hz 的无相移低通数字滤波。

测量:一般进行峰值和峰值潜伏期测量,进行平均波幅的测量和分析也是可以接受的。

P3a/Novelty P3

在 P300 的传统实验研究中发现,在典型的刺激(如短纯音、字母等)构成的刺激序列中,偶然出现的新异刺激(novelty,如狗叫、色块等)也会引起显著的 P300,称为 P3a 或"Novelty P3"。Novelty P3 的潜伏期较短,头皮分布较为广泛,最大波幅位于额叶后部,比反映了靶刺激注意加工过程的 P3b 明显靠前。新异刺激不是一般的刺激或环境变化,而是一种未预料到的突然的刺激,它以产生朝向反应[①]为特征。现已公认,Novelty P3 是朝向反应的主要标志。通常情况下,为保证刺激的新异性,新异刺激出现的概率要小于或等于靶刺激出现的概率。脑损伤的研究表明,P3b 和 Novelty P3 具有不同的发生源和心理生理机制(图 3 - 30)。

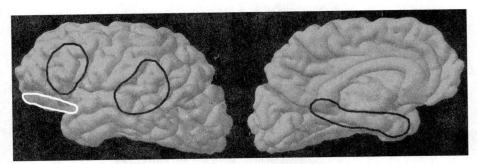

图 3 - 30 P3a(Novelty P3)和 P3b 的发生源
脑损伤研究发现,白色区域和黑色区域分别代表 P3a 和 P3b 的发生源。

研究表明,外侧顶叶和前额叶的损伤对 P3b 影响较小,颞顶联合区的损伤可引起 P3b 的显著降低。然而,虽然外侧顶叶对 Novelty P300 没有显著影响,但前额叶和颞顶联合区损伤则使 Novelty P300 显著减小。图 3 - 31 示海马损伤对 P3b 和 Novelty P300 的影响。实验中,要求被试对下列 3 个通道的靶刺激分别进行按键:

听觉通道:标准刺激为 1 000 Hz、60 dB HL、持续 50 ms 的短纯音,靶刺激为 1 500 Hz、60 dB HL、持续 50 ms 的短纯音,新异刺激为计算机产生的复杂声音、铃声、动物叫声等等;标准刺激、靶刺激、新异刺激出现的概率分别为 80%、10% 和 10%;所有刺激均随机出现,间隔 1 s。

视觉通道:标准刺激为正三角形,靶刺激为倒三角形,新异刺激为乱线条或图画;标准刺激、靶刺激、新异刺激出现的概率分别为 80%、10% 和 10%;所有刺激持续 50 ms,随机出现,间隔 1 s。

体感通道:标准刺激为叩击食指,靶刺激为叩击环指,新异刺激为电刺激正中

---

① 朝向反应的本质是一种非随意注意,其注意对象原本不是心理活动的指向者,只是由于突发刺激具有足够的强度和新异性,心理活动被动地被它吸引了过去,这种心理活动的指向性是不随意的、主观不能控制的。朝向反应把非注意对象变成了瞬间注意的对象,如果这一对象是有意义的,则需进一步加工。可见,朝向反应能使机体觉知与应对不测事件,使之优先进入认知加工,对机体具有重要的保护意义。

神经部位的皮肤；标准刺激、靶刺激、新异刺激出现的概率分别为 84％、10％和 6％；所有刺激持续 50 ms，随机出现，间隔 1 s。

从图 3‑31 中可以看出，海马损伤导致各通道的 Novelty P300 显著减小，但对 P3b 影响不大。

需要注意的是，当靶刺激和标准刺激的区分难度较大，而与靶刺激和标准刺激的物理属性差别较大的干扰刺激（也称为非靶刺激）重复出现时，尽管其新异程度不够，也会诱发出相似的 P3a 成分（Polich，2003）。该成分的潜伏期比 P3b 提前，脑区分布相对于 P3b 也更为靠前（尽管不是明显的额区分布）。有研究认为，相对于新异刺激，应用重复出现的干扰项可以减少刺激类型间的物理属性的差异，在 P3a 的研究中具有一定的优势（Bledowski et al.，2004）。实际上，在早期的研究中，为区别于任务相关的靶刺激诱发的 P300（即 P3b），在无任务作业的大概率呈现的标准刺激序列中，稀少的偏差刺激（注意：不是新异刺激）会产生一个中央—顶区分布、潜伏期较短的 P300，也称为"P3a"。大约 10％～15％的正常青年人中，听觉 Oddball 任务均可诱发出该 P3a（Polich，1988），而没有任何作业任务参与的合适的视觉刺激也可以诱发出类 P3a 成分（Jeon & Polich，2001）。

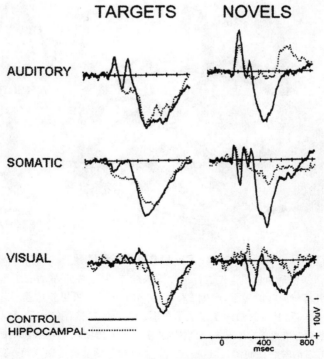

图 3‑31　海马损伤对 Novelty‑P3（Fz）和 P3b（Pz）的影响
向下电压为正。（引自 Knight，1997）

　　头皮分布有一定的差异，Novelty P3 和 P3a 可能是一个成分在不同刺激条件下的不同表现，反映了相同的心理生理机制。最近，Polish(2007)对 P3a/Novelty P3 和 P3b 进行了归纳和总结：P3a 反映了刺激驱动的自下而上的前脑区注意加工机制，而 P3b 反映了任务驱动的自上而下的颞—顶区注意和记忆机制（图 3-32）。

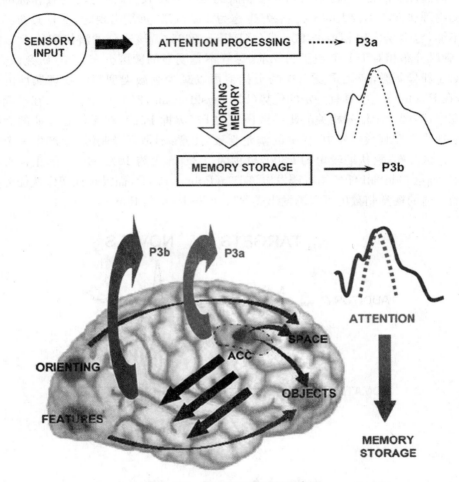

图 3-32　P3a 和 P3b 机制示意图

　　上图：P300 认知模型示意图。先进行感觉输入加工，基于注意驱动的工作记忆的变化（新异刺激的觉察）引起前额叶的激活，产生 P3a，而工作记忆的背景更新过程引起颞—顶区激活，产生 P3b。下图：P3a 和 P3b 的脑活动模型示意图。刺激信息被存储在受 ACC 监控的前额叶工作记忆系统，当对标准刺激（大概率）的集中注意受到干扰项或靶刺激识别的影响时，P3a 通过 ACC 以及相关结构的活动而诱发，这一注意驱动的神经活动被传递到颞—顶区，启动记忆相关的存储机制，P3b 即通过颞—顶区的活动而产生。（引自 Polish，2007）

Nogo-P3

如前所述,在 Go/Nogo 任务中,刺激物被逐一快速呈现,被试需要对某一类刺激(出现概率≥50%)进行按键反应(Go 刺激),而对另一类刺激(出现概率≤50%)不按键(Nogo 刺激)。这一任务尽管看上去很简单,但却涉及多个次级认知加工过程,包括刺激的辨别、运动准备、反应抑制和行为监控等。在这一过程中可观察到两个主要的 Nogo 刺激诱发的 ERP 成分,除了 Nogo-N2(见第二节 N2 家族)外,Nogo 刺激还在 Nogo-N2 后产生一个清楚的 P3 成分,即 Nogo-P3,潜伏期在刺激出现后 300～600 ms,在前额区比 Go-P3 幅值更大(Nogo-P3 的前部化效应)(图 3－33)。大部分研究认为,Nogo-P3 与反应抑制有关,反映了对外显 Go 刺激反应的抑制,是抑制性加工晚期阶段的指标。也有研究者认为,由于 Nogo 刺激出现时没有按键动作,也就没有运动电位的影响,因此导致 Nogo-P3 的波幅相对 Go-P3 更大。

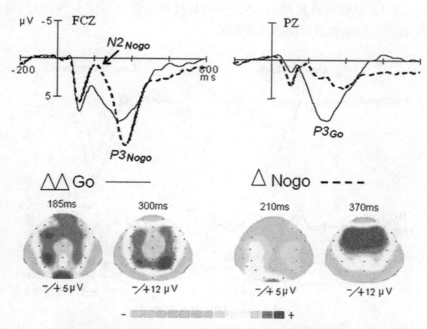

图 3－33　Go/Nogo 任务中 Go 刺激和 Nogo 刺激诱发的 N2 和 P3
(修改自张炳蔚、许晶、赵仑,2006)

第六节　语言加工相关的 ERP 成分

关于语言理解和产生的电生理研究实际上涉及了各种 ERP 成分,如 N1、P2、

MMN、Nd、PN、P3 以及 LRP 等等。经典的语言理解相关的 ERPs 成分主要包括 N400、词汇加工负波(Lexical Processing Negativity，LPN)也称为频率负波 (Frequency-Sensitive Negativity，FSN)、左前额负波(Left Anterior Negativity， LAN)、句法加工正波(Syntactic Positive Shift，SPS)也称为 P600、句尾加工负波 (Clause-Ending Negativity，CEN)等。

LPN(Lexical Processing Negativity)/FSN(Frequency-Sensitive Negativity)

King 和 Kutas(1998)发现，在视觉呈现词汇后 200~400 ms，出现一个与词频相关的分布于左前额的负成分(Lexical Processing Negativity，LPN)，该成分的潜伏期和词频高度相关($r=0.96$)，又称为(Frequency-Sensitive Negativity，FSN)。词汇使用率越高，FSN 的潜伏期越短。需要注意的是，由于该成分和其他成分如 P2、N400 重叠，必须进行高通数字滤波(如 4 Hz)剔除低频成分后，才能清楚地看到(图 3-34)。尽管也有其他 ERP 成分的幅度和词频有一定关系，但只有 LPN 或 FSN 表现出词频和潜伏期的显著相关。

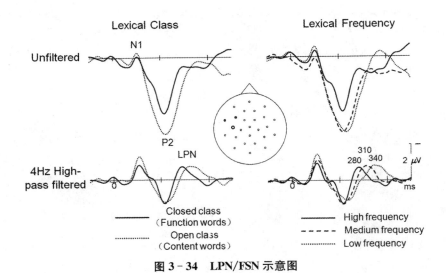

图 3-34 LPN/FSN 示意图

向下电压为正。记录位置：左前脑区。上图：带宽(0.01~100 Hz)，未进行滤波；下图：4 Hz 高通数字滤波。(引自 King & Kutas，1998)

N400

在语言加工相关的 ERPs 成分中，研究最广泛的是 N400。1980 年，Kutas 和 Hillyard 在一项语句阅读任务中，发现语义不匹配的句尾词引出一个负电位，因其潜伏期在 400 ms 左右，故称之为 N400(图 3-35)。

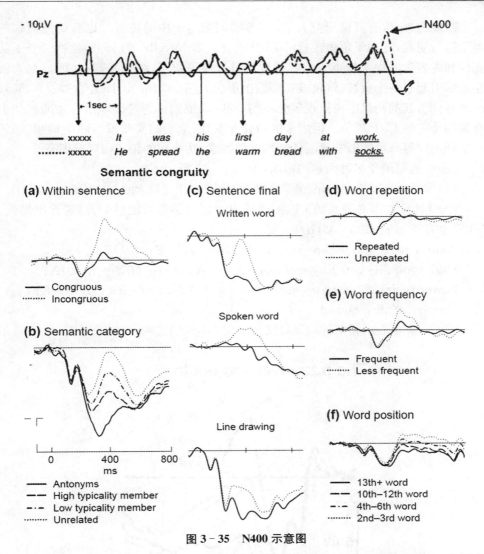

图 3－35　N400 示意图

向下电压为正。视觉通道 N400（引自 Kutas & Hillyard，1980）以及影响 N400 的因素。（引自 Kutas & Federmeier et al. ，2000）

　　N400 的研究方法主要有以下几类：① 句尾歧义词：当句子最后一词出现不可预料的歧义时，歧义词与正常词相减可以得到顶区分布的差异负波 N400。② 相关词与无关词：按词性、语义或形、音等可将词分为相关词与无关词，无关词产生明显的 N400。③ 词与非词：对正常拼写的词与拼写错误的非词或假词进行分类，非词或假词产生一个明显的 N400。④ 新词与旧词：当被试辨认出现的词是新词还是旧词时，首次出现的新词产生明显的 N400。⑤ 图片命名：被试的作业任务是命名或辨别图片的异同，意义不同的图片诱发出明显的 N400。

除此之外，也有其他研究方法，如考察词在句子中的位置。也有研究对词的类型进行研究，发现了值得注意的 ERP 成分。如 Nevelle 等（1992）首次考查了功能词和内容词的加工特点。他们给被试呈现英语句子，结果发现，功能词在大脑左前部引起了一个负波，该负波在刺激出现后大约 280 ms 出现最大的波（N280），而内容词引起的则是中央—顶区分布的 N400。他们认为，N280 是与功能词加工有关的特定的 ERP 成分。但后来的研究者发现，他们的实验没有匹配词频、词长与单词类别等有可能影响词汇认知加工的因素，功能词的频率相对都很高。

N400 的幅值受多种因素的影响，如图 3 - 35 所示。

（1）不管在句中还是句尾，语义背景无关词都产生比较大的 N400（图 3 - 35(a)）。

（2）N400 对语义关系的失匹配或冲突程度都是非常敏感的，随着程度增大，N400 也有所增强（图 3 - 35(b)）。如：

Antonyms，e. g.，*the opposite of black*…*WHITE*；

High typicality category members，e. g.，*A type of bird*… *ROBIN*；

Lower typicality category members，e. g.，*A type of bird*…*TURKEY*；

Unrelated/mismatched；

图 3 - 36 也表示相似的句尾歧义程度对 N400 的影响。

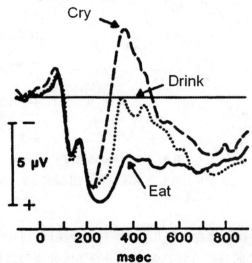

图 3 - 36　句尾词歧义程度对 N400 的影响（Pz）

向下电压为正。视觉呈现。Best completion：The pizza was too hot to *eat*；Related anomaly：The pizza was too hot to *drink*；Unrelated anomaly：The pizza was too hot to *cry*。N400 随着歧义程度的增大而增大。（引自 Kutas & Van Petten，1988）

（3）图 3 - 35(a)表示 N400 效应在各种通道均可观察到（见图 3 - 35(c)）。

（4）句中词的重复会减小 N400 的幅值（见图 3 - 35(d)）。

（5）高频词的 N400 小于低频词（见图 3 - 35(e)）。

（6）N400 也反映了句子理解过程中上下文关系的重构（见图 3 - 35(f)）。

（7）N400 对正字法、音韵和音位形态也比较敏感。

听觉语言 N400 一般以双额、额中央波幅最大（Connolly,1992,1995），溯源分析发现听觉语言 N400 的发生源位于听皮质的附近。早期的研究发现,视觉语言 N400 以右侧颞顶枕波幅最高（Kutas,1988）。但近年来的研究表明,N400 可能具有多源性,是多个部位共同作用的结果。如 Simos(1997)偶极子定位发现视觉语言 N400 起源于左颞叶海马、海马旁回及后颞新皮质区域；采用颅内电极（McCarthy & Nober et al.,1995)在颞中叶可以记录到清楚的 N400 的成分,认为 N400 起源于双前中颞叶结构,包括杏仁核、海马及海马旁回、前下颞皮质双侧外侧沟和纺锤形回前部等(图 3 - 37)。

最近,国际心理生理学界对 N400 的临床应用提出了以下指导性意见（Duncan et al.,2009）：

1. 影响 N400 的刺激因素

词的一致性（congruity）、语义联系（semantic relationships）、词频（word frequency）、词的具体性（concreteness）、正字法（orthographic）、词的邻近性（neighborhoods）等的不一致均可产生 N400。

词出现的概率也是很重要的,以语义违反为例,一般要求违反和正常情况等概率出现。

词的重复性也会影响 N400 的大小（即 N400 的重复效应）。

刺激的呈现时间以被试能够正确觉察为准。

刺激的间隔（Inter-Stimulus Interval,ISI）：视觉通道的 ISI 不要长于正常阅读速度,较长的 ISI 如 400～600 ms 也是允许的,这有助于分离连贯词的 ERPs 成分；听觉通道要求连贯阅读,或者在重点的词之前有所停顿。

2. 被试和作业任务

被试一般取舒适坐位,睁眼,用标准化的测试方案进行利手测定,如 Edinburgh 利手测定量表（Oldfield,1971）。同时,被试的健康状况也要进行评定和测查。实验任务可以采用对刺激的主动或被动注意任务。

3. EEG 记录

电极至少要包括 Fz、Cz、Pz、F3/T3、F4/T4、P3/T7、P4/T8 和双侧乳突或耳垂,离线转换为双侧乳突或耳垂做参考。记录带宽建议 0.01/0.05～100 Hz。Epoch 的基线为 100～200 ms,至少分析刺激后 900 ms 的数据。

刺激叠加次数与实验任务有关,但最好在 40 次以上。

在得到 ERPs 波形前,不建议对数据进行数字滤波,可以用 15 Hz 的低通滤波改善 ERPs 的呈现。

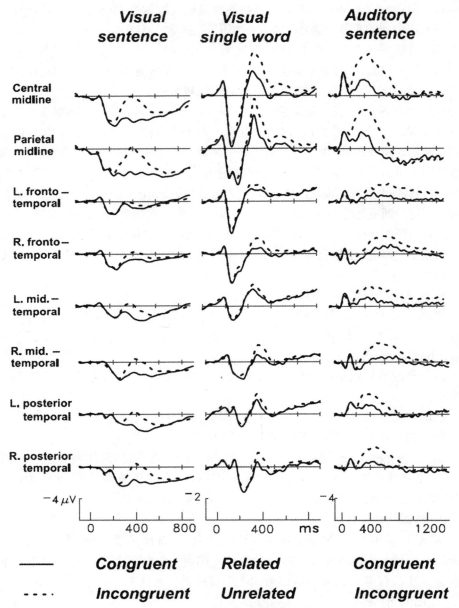

图 3 - 37　不同条件下 N400 的脑区分布

向下电压为正。（左：引自 Van Petten，1993；中：引自 Luka & Van Petten，2005；右：引自 Van Petten et al.，1999）

ELAN、LAN、P600/SPS

有很多 ERPs 研究通过词类违反考察句法加工的机制，发现词类句法违反产生潜伏期为 300～500 ms 的左前负波(Left Anterior Negativity，LAN)，也有研究发现 LAN 的潜伏期为 100～300 ms(图 3 - 38)。Friederici(1996)认为，出现在 100～300 ms 的早期左前负波(Early Left Anterior Negativity，ELAN)是词类违反导致的，而出现在 300～500 ms 的左前负波是由形态句法加工导致的。

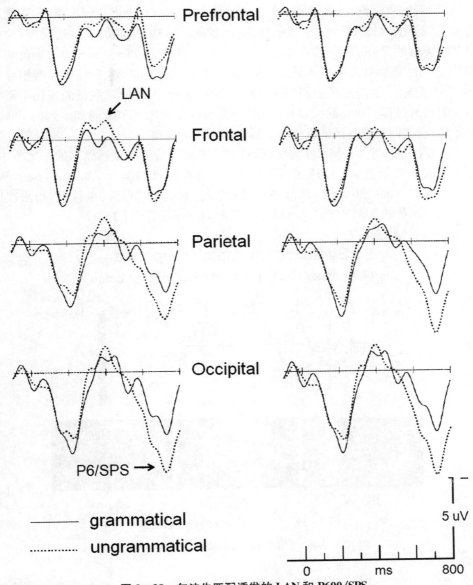

图 3 - 38　句法失匹配诱发的 LAN 和 P600/SPS

向下电压为正。(引自 Coulson，King & Kutas，1998)

除了 LAN 和 ELAN 外，研究最多的句法加工的 ERP 成分是 P600（e. g.，Neville et al.，1991；Osterhout & Holcomb，1992；Hagoort，Brown & Groothusen，1993；Friederici et al.，1996）。当被试阅读包含句法歧义的句子时，会产生不同于 N400 的晚期正波，这种正波被称为 P600，也称作句法正漂移（Syntactic Positive Shift，SPS）。产生 P600 的一般前提条件是句法约束的违反，例如"The broker persuaded to sell the stock was sent to jail"。研究发现，不同语言及不同类型的句法违反（短语结构违反、数的一致违反、性的一致违反等）均可以产生类似的 P600/SPS 效应（图 3-38）。有研究认为，P600/SPS 的大小反映了句法整合的难度（Coulson et al.，1998）。脑损伤的研究发现，左侧额叶损伤导致 P600 幅度减小，而基底核损伤病人出现了预期的 P600，说明基底核的损伤不影响句子的理解过程。也有研究发现，布罗卡失语症患者出现了减弱和延迟的 P600/SPS 效应，表明布罗卡区的损伤会导致句法加工的障碍。

需要注意的是，以 MMN 为指标，研究发现句法是可以自动加工的。实验中，要求被试观看默片，听觉通道呈现句法正确和违反的句子，如 We come/We comes，并以 come 和 comes 做对照。结果发现，有语境"We"的条件下，句法违反产生更为显著的 MMN（Pulvermüller & Shtyrov，2003）（图 3-39）。

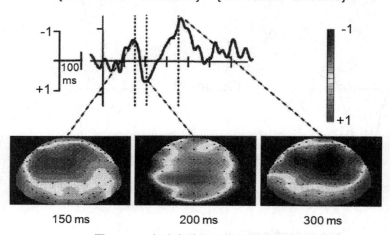

图 3-39　句法自动加工的电生理证据

向下电压为正。（引自 Pulvermüller & Shtyrov，2003）

然而，近年来，P600/SPS 与句法加工相关的观点受到了一定的挑战。虽然句法违反一般会产生 P600/SPS，但语义和词汇加工的失匹配对 P600 也有很大的影响，特别是在对真实事件的认知加工过程中，基于经验知识的违反也会产生前额区 N400 和顶区 P600/SPS 的变化,而且这两种成分是可以分离的(图 3 - 40)。

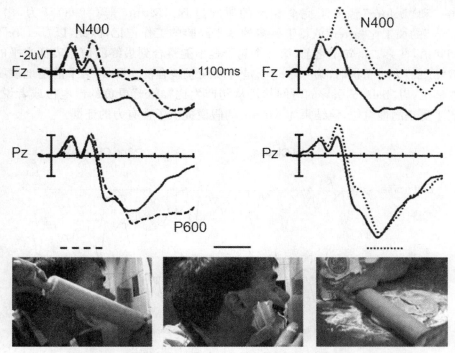

图 3 - 40　对真实场景的理解过程中额区 N400 和顶区 P600/SPS 的分离

向下电压为正。(引自 Kuperberg,2007)

慢电位(Slow potentials)

除了传统的词汇、语义、句法的 ERP 研究外,研究者对句子整体加工的时间进程也进行了深入的探索。由于句子中每个词汇都会产生明显的 ERP,相互之间会发生成分的重叠,而与句子整体加工相关的电位更可能涉及低频成分,因此,通常会对记录的原始脑电进行低通滤波(Kutas & King,1996)。这些慢电位是句子加工过程中总体的电位偏移,广泛分布于头皮前部和后部,且具有偏侧化优势。例如,枕区的负成分对字类(word class)不敏感,但与特异性的视觉特征的加工相关;相反,在颞前区电极记录位置,该成分和词汇分类有关。不管是逐字阅读还是正常语音阅读,句子中动词的出现都会产生一个左半球分布的正成分。在视或听语言过程中,句子结束时产生的负慢电位被统称为句子结束负波(Clause Ending Negativity,CEN)。CEN 有时在左颞和左侧中央区记录位置更为清楚。

也有研究比较了长时记忆对句子加工的影响。图 3 - 41 表示时间状语"after"和"before"对句子加工的影响。在现实生活中,事物的发生和发展在时间上往往是序列加工模式，也就是说，当前发生的事件有时会引发将来的事件。语言经验告诉我们，时间状语通常会引导我们注意到演讲或阅读中的特定事件，其中，"after"和"before"触发了完全相反的时间进程。Mtinte 等（1998）认为，由于"before"的加工比"after"依赖于更多的基于经验的工作记忆，因此，以"before"为时间状语，在第二个句子之前，第一个句子是不能整合到最终的信息表征水平的，而以"after"为时间状语，第一个句子是可以独立整合的。ERP 结果清楚地表明，在左额区，以"before"引导的时间状语从句产生比"after"更负的慢电位或者说后者产生更正的慢电位，该结果为 Mtinte 的假说提供了强有力的证据。

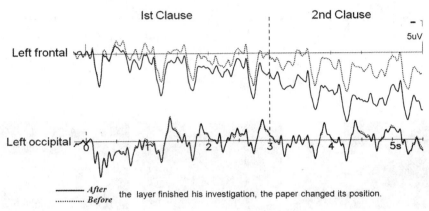

图 3－41　工作记忆对句子加工的影响

向下电压为正。尽管句子中单个词的 ERP 相互重叠，但仍然可以清楚地观察到两个句子加工的区别，特别是在前额区，在首词出现后 300 ms 左右出现显著的慢电位的差异。（引自 Münte et al.，1998）

语音失匹配负波（Phonological Mismatch Negativity，PMN）

Rugg（1984）采用 same-different 实验范式，发现听觉刺激的语音失匹配也诱发出了显著的 N400。而其后的研究发现，听觉句尾词语音失匹配诱发的 N400 之前有一个峰值潜伏期在 270～300 ms 的负成分，称为语音失匹配负波（Phonological Mismatch Negativity，PMN）[①]，反映了听觉言信息的语音加工。1994 年，Connolly 和 Phillips 采用 4 种实验条件将 PMN 和 N400 进行了分离。

（1）语音和语义失匹配共存（Phoneme Mismatch-Semantic Mismatch condition），PMN 和 N400 都会出现，如：Joan fed her baby some worm *nose* (**milk**)。

---

①　PMN 所指的失匹配和 MMN 的失匹配具有不同的机制，前者是等概率条件下的条件违反加工，而后者是 Oddball 范式中小概率刺激的出现与大概率刺激形成的记忆痕迹之间的失匹配。

（2）语音失匹配、语义匹配（Phoneme Mismatch-Semantic Match condition），只出现 PMN，如：They left the dirty dishes in the **kitchen** (**sink**)。

（3）语音匹配、语义失匹配（Phone Match-Semantic Mismatch condition），只出现 N400，如：Phi put some drops in his **icicles** (**eyes**)。

（4）语音、语义均匹配（Phoneme Match-Semantic Match condition），PMN 和 N400 均不出现，作为对照条件，如：At night the old woman locked the **door**。

如图 3-42 所示，N400 和语音失匹配负波（PMN）是完全可以分离的，也就是说，口语语境产生了显著的早期加工效应，即语音失匹配负波（PMN），该研究为口语理解的机制及其广泛应用（如儿童语音发展和语义发展的分离）提供了客观指标和依据。

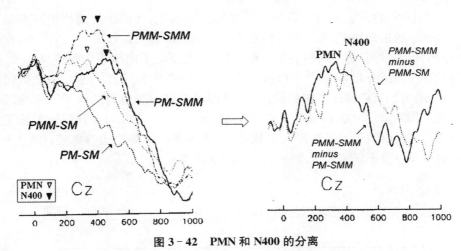

图 3-42　PMN 和 N400 的分离

向下电压为正。（引自 Connolly & Phillips,1994)

CPS（Closure Positive Shift）

在书面语阅读过程中可以借助标点符号和段落标记切分句子或者语篇，而在日常口语交流和理解过程中只能依赖韵律边界来切分连续的语流。近年来，有关韵律研究发现了一种和语调短语边界加工相关的 ERP 成分——（Closure Positive Shift, CPS）（Steinhauer et al.，1999）。在 Steinhauer 等的实验中，以听觉通道呈现给被试包含语调短语（IPhs,intonational phrases)的 3 种德语句子，例如：

A. ［Peter verspricht Anna zu arbeiten］IPh1 ［und das Büro zu putzen］IPh2
Peter promises Anna to work and to clean the office.

B. ［Peter verspricht］IPh1 ［Anna zu entlasten］IPh2 ［und das Büro zu putzen］IPh3

Peter promises to support Anna and to clean the office.

C.　*　［Peter verspricht］IPh1　［Anna zu arbeiten］IPh2　［und das Büro zu putzen］IPh3

Peter promises to work Anna and to clean the office.

A 和 B 为正确的句子，而句子 C 为韵律句法违反句。要求被试完成句子理解任务或韵律适合性判断及理解任务。在句子 A 中，名词短语"Anna"是第一个动词"verspricht"的宾语，属于一阶 IPh；相反，在句子 B 中，"Anna"是第二个动词"entlasten"的宾语，属于二阶 IPh。在德语中，对"Anna"的理解从句法上只需要消除第二个动词的歧义，即句子 B 中的"entlasten"。根据句法—韵律图式理论（syntax-prosody mapping），句子 A 和 B 的不同在句法匹配之前即有所表现，这一点通过语调短语的不同以及重读就可以得到证明。

一致表明，被试意识到了 C 句的韵律句法失匹配，其错误的韵律边界削弱了被试对句子的正常加工，表明韵律信息影响了句法的加工。如图 3-43 所示，在语调短语中止的时刻，诱发出显著的正慢电位，认为反映了韵律边界的特异性加工，称为 CPS。该成分以双侧中央顶区分布，中线附近最为显著。进一步的研究发现，CPS 的出现只依赖于纯粹的韵律信息（即对语调短语边界的认知），而与其他语言信息如音素、句法、语义等无关（Pannekamp et al.，2005）。我国学者杨玉芳的研究组对汉语句子水平的研究发现，短语边界和韵律短语边界都能诱发 CPS，但在韵律词边界不能诱发该成分（Li & Yang，2009）。

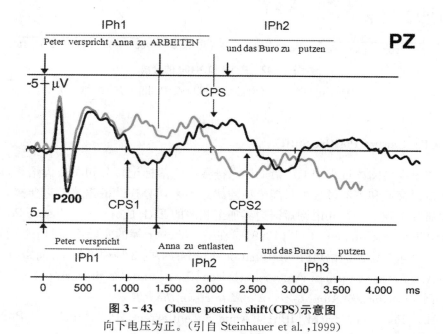

图 3-43　Closure positive shift（CPS）示意图

向下电压为正。（引自 Steinhauer et al.，1999）

第七节　与记忆相关的 ERP 成分

记忆是人类最基本和最重要的功能之一。通常情况下,记忆指的是对所获得的信息进行编码(encoding)、存储(storage)和提取(retrieval)的过程。以经典的学习—再认实验范式,可以将记忆过程分为编码阶段和提取阶段进行研究。在学习阶段(编码阶段)呈现一系列的刺激物让被试记忆,随后将学过的刺激物混在未学过的刺激物中一一呈现,要求被试判断各刺激物是否学习过(提取阶段)(Sanquist et al. ,1980)。

Dm 效应(Difference due to memory,Dm)

利用上述的学习—再认实验范式,在学习编码阶段,将正确记忆和未正确记忆的刺激物诱发的 ERPs 分别叠加平均,能够正确记忆的 ERP 相对于未正确记忆的 ERP,产生更大的正慢电位,这种正电位差异被称为相继记忆效应(subsequent memory effects;Sanquist et al. ,1980)。1987 年,Paller 等将这种效应称为"记忆差"(difference due to memory),简称 Dm 效应(图 3 - 44)。大量研究表明,Dm 效应受编码任务类型的调节,如语义编码的 Dm 效应大于非语义编码的 Dm 效应。需要广泛而复杂语义加工的任务(深加工),与仅仅涉及刺激的结构或物理特征的任务(浅加工)相比,前者的 Dm 效应更强。也有研究发现,情绪图片的 Dm 效应比中性图片的 Dm 效应明显增大。如图 3 - 45 所示,正性或负性情绪图片比中性图片产生更大的正慢电位,同时,400~600 ms 的 Dm 效应也表现为情绪图片的更大。

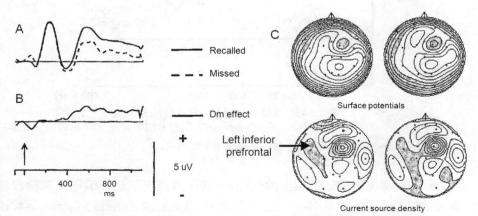

图 3 - 44　Dm 效应(Friedman & Johnson,2000)

向上电压为正。A. 编码阶段能够记住和不能记住的项目诱发的 ERPs;B. 差异波 Dm 效应;C. 500~800 ms 和 810~1 100 ms 的头皮电压地形图和电流密度图。A 和 B 为左前额记录的 ERP 数据。

　　早期研究发现，偶然出现的刺激项目（deviant，偏差刺激）可能会被优先编码，因此会被更好地记住（Donchin & Fabiani，1991；Fabiani et al.，1986，1990；Fabiani & Donchin，1995；Karis et al.，1984）。实际上，不管是物理属性还是语义层面的偏差刺激都会诱发出显著的 P300，而该 P300 的幅度和自由回忆的绩效密切相关。如图 3-46 所示，死记硬背（rote）条件下（即要求被试按照反复背诵的方法进行记忆）记住的偏差项目词比不能记住的 P3 幅值更大，即 Dm 效应，且该效应发生在各个脑区，而这种 P3 的差异（Dm 效应）在技巧性记忆（elaborate，即要求被试为了提高记忆效果，把几个词构成故事或图像进行联想记忆）时基本缺如，仅在额区表现出更大的正慢电位，该正慢电位可能与技巧记忆的有效程度有关。

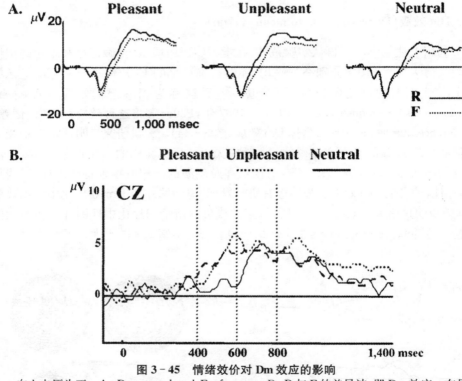

图 3-45　情绪效价对 Dm 效应的影响

　　向上电压为正。A. R＝remembered，F＝forgotten；B. R 与 F 的差异波，即 Dm 效应。在早期时间窗口 400～600 ms，情绪图片的 Dm 效应显著大于中性图片。（引自 Dolcos & Cabeza，2002）

　　另外，根据偏差刺激记忆加工的机制，一些学者提出了记忆编码的两阶段模型：特征的偏差首先诱发出 N400，随后产生与背景更新加工相关的 P300。尽管该模型和 Tolving（1996）提出的新异刺激记忆编码模型不完全一致，但均认为记忆编码可以分为两个阶段。为支持这一模型，Fernández 等（1999）以癫痫病人为被试，使用脑内电极记录方法，观察到两种不同的 Dm 效应：首先为出现在嗅皮层的开始于 300 ms 左右的 N400,其后为出现在海马内侧的开始于 500 ms 左右的晚正成分(图 3 - 47)。

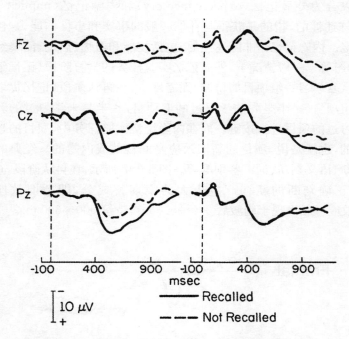

图 3 - 46　死记硬背(左图)和技巧性记忆(右图)的 Dm 效应
向下电压为正。(引自 Donchin & Faniani,1991)

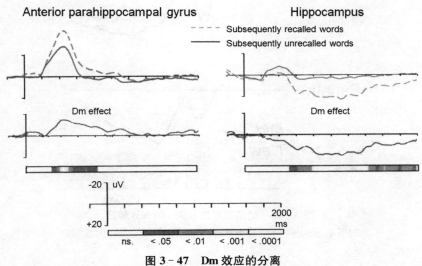

图 3 - 47　Dm 效应的分离
向下电压为正。(修改自 Fernández et al. , 1999)

新旧效应(Old-new effect)

记忆可以分为外显记忆(explicit memory)和内隐记忆(implicit memory)。外显记忆是陈述性的,指的是获得与存储一般的事实和事件的能力,包括情景记忆和语义记忆。内隐记忆是非陈述性的,包括技能和习惯、启动、简单经典条件反射、非联想学习等。一般情况下,外显记忆实验任务的学习阶段(记忆编码阶段),要求被试先认真学习一组项目如单词,无需反应;在再认阶段(记忆提取阶段),给被试呈现一组项目(一半是先前学习过的旧项目,一半是未学习过的新项目),要求被试对学习过的项目进行按键。而在内隐记忆实验任务中,项目的新旧判断是任务不相关的,也就是说,项目的新旧效应是间接的或内隐的。经典的实验范式包括词汇判断、语义判断、词汇鉴别等等。图 3-48 所示,在再认阶段,正确识别的旧词相对于正确判断的新词产生更大的晚期正成分,即新旧效应(old-new effect)。该效应一般出现于刺激后 300~500 ms,持续 300~600 ms。

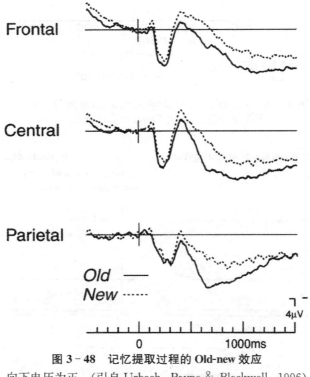

图 3-48 记忆提取过程的 Old-new 效应

向下电压为正。(引自 Urbach, Payne & Blackwell, 1996)

近年来,许多文献报道新旧效应为多种成分的混合,在时间进程上首先是额中央区 N400(300~500 ms)的减小(额区新旧效应),其次是 500~800 ms 的顶区晚正成分 LPC 的增大（顶区新旧效应），第三是右侧额区 300～1 900 ms 的负慢电位或正慢电位（图 3-49）。由于额区新旧效应主要分布于额区及中央区，其头皮分布与以往报道的由语义歧义诱发的 N400 成分（主要分布于中央顶区）有所不同，也有人将其称为 FN400 新旧效应。Friedman 等认为，FN400 新旧效应与熟悉感有关，反映的是将测试词与记忆中所有学习信息进行整体熟悉度的比较和判别的过程，而顶区新旧效应则与回忆过程有关。

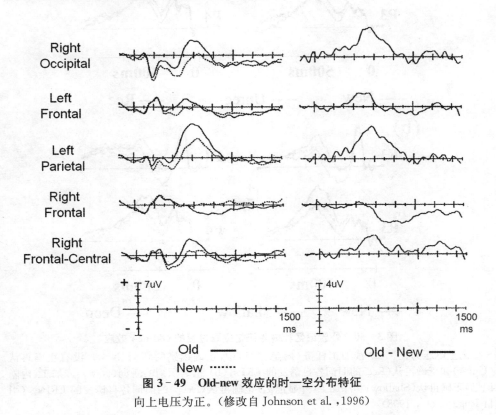

图 3-49　Old-new 效应的时—空分布特征

向上电压为正。（修改自 Johnson et al. ,1996）

为有效地分离重复效应和新旧效应，Rugg 等（1998）对内隐和外显记忆的提取过程进行了比较。在外显记忆条件下，采用经典的词汇学习再认任务；而在内隐记忆条件下，要求被试判断词汇表达是否具有生命性。结果表明，词汇的重复效应（repetition）调控外显记忆任务中的 N400 和 LPC，但只影响内隐记忆任务的N400。由于 N400 重复效应（N400 repetition effect）的额中央区分布的成分在内隐记忆中仍然非常明显，Düzel 等（1997）认为该成分实际上反映了独立于再认过程的重复效应。另外，以新旧效应为指标，Rugg 等（1998）发现内隐记忆和外显记忆具有质的区别。在外显记忆的提取阶段，相对于新词，学习过的旧词产生了 3个功能上可以分离的成分，其中一个反映了内隐记忆的自动识别过程（图 3-50）。

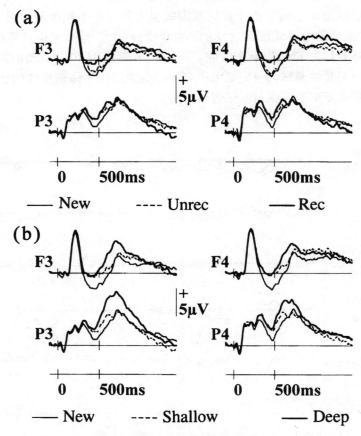

图 3 - 50　外显记忆和内隐记忆提取过程的 Old-new 效应

　　向上电压为正。(a)浅加工任务(内隐记忆)中,正确识别的新词(New)、正确再认(Unrec)和没有正确再认(Rec)的旧词各自诱发的 ERPs;(b)正确识别的新词(New)、浅加工(内隐记忆)正确再认(Shallow)和深加工(外显记忆)正确再认(Deep)的旧词各自诱发的 ERPs。(引自 Rugg et al.,1998)

第八节　其他 ERP 成分

VSR(Voice-Sensitive Response)

　　Levy、Granot 和 Bentin(2001)研究发现,人类的声音可以产生特异的 ERPs 成分——VSR(Voice-Sensitive Response)。

　　实验中包括 13 种乐器和 4 名歌手(男女低、中或高音)演奏或唱出 4 种基频的乐音(表 3-1)：A3(220 Hz)、C4(261.9 Hz)、D4(293.6 Hz)和 E4(329.6 Hz)。其中,钢琴声音作为靶刺激(概率 10%),要求被试对靶刺激进行按键反应,忽略其他声音。图 3-51 的 ERP 结果表明,相对于乐器演奏的乐音,刺激后 260～380 ms,歌手唱出的乐音诱发出显著的正电位 VSR(Voice-Sensitive Response),该成分比靶刺激诱发的 P3 潜伏期提前,脑区分布更为靠前。而在其后的研究中发现,人类声音虽然可以诱发出和新奇刺激 P3 以及 P3a 相关的成分,反映了注意资源的消耗或者人类声音更加吸引注意,但 VSR 更可能反映了人类声音的特异性,而不是基于听觉背景的新异性(Levy,Granot & Bentin,2003)。

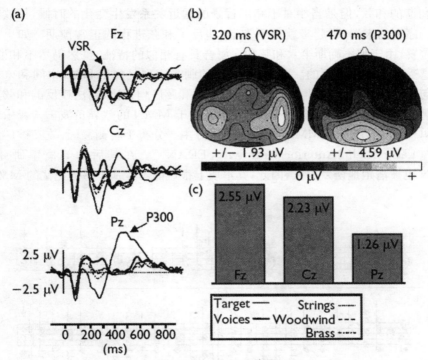

图 3-51　VSR 示意图

向上电压为正。(a) 钢琴(靶)、人声和乐器声音诱发的 ERPs；(b) VSR 和靶刺激 P300 的头皮分布；(c) VSR 与乐器产生的 ERPs 成分的波幅差异。

表 3-1　诱发 VSR 的刺激类型

Strings(弦乐器)	Woodwind(木管乐器)	Brass(铜管乐器)	Singers(歌手)	Target
Violin	Flute	C Trumpet	Alto	Piano
Viola	English Horn	French Horn	Mezzo Soprano	
Cello	Eflat Clarinet	Tenor Trombone	Bass	
Bass	Bassoon	Tuba	Baritone	

(引自 Levy,Granot & Bentin,2001)

ERAN（Early Right-Anterior Negativity）

21 世纪初，Koelsch 等（Koelsch，Gunter，Friederici & Schröger，2000）将听觉 MMN 的理念应用到音乐认知的研究中，发现音乐句法规则（music-syntactic regularity）的失匹配也能诱发出类似 MMN 的神经生理反应。

如图 3-52 所示，刺激由和弦序列构成，每个刺激序列包括 5 种和弦。研究主要考察 3 种和弦的加工：① 规则音乐句法的和弦；② 在和弦结构的第 3 个位置（即中间位置）出现句法违反；③ 在和弦结构的末端（即最后位置）出现句法违反。需要注意的是，句法违反的和弦即那不勒斯第六和弦，当单独演奏时实际上是正常的和谐的和弦，但是当相对于和声背景的远近关系发生变化的时候，如放在和弦结构序列的末端，听起来就很不和谐，违反了和弦进程的正常预期。如果放在中间位置，由于那不勒斯第六和弦和次属音具有相似的特征，虽然仍然不和谐，但听觉感受上是可以接受的。实验中，50% 的刺激序列是规则和弦，中间和末端位置的句法违反的和弦序列各占 25%。与规则和弦序列相比，句法违反的和弦产生了显著的峰值潜伏期在 150～180 ms 的类似于 MMN 的差异负波——音乐句法 MMN（music-syntactic MMN）。由于该成分主要分布于右侧额区，故又被广泛地称为"（Early Right Anterior Negativity，ERAN）"。在其后的等概率研究中，ERAN 也被清楚地诱发出来，因此，其本质上很可能不是基于感觉记忆的 MMN。

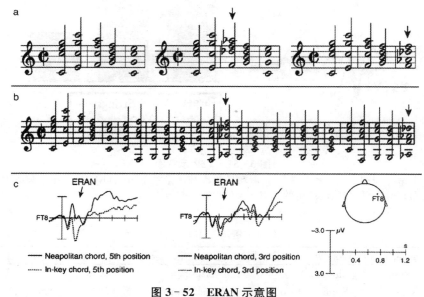

图 3-52 ERAN 示意图

向下电压为正。（引自 Koelsch，2009）

自 ERAN 被发现以来,国际上很多学者对其和 MMN 的关系以及 ERAN 的特异性机制进行了大量的研究。到目前为止,普遍认为 ERAN 反映了聆听音乐时大脑对音乐句法结构的自动加工,而音乐句法结构中包含的抽象的和复杂的规则性与人类长时记忆所形成的表征有关。ERAN 在很多方面都和 MMN 具有相似性,特别是在电位的极性、头皮分布、时间进程以及对听觉信息失匹配程度的敏感性和音乐训练后的影响等方面。然而,ERAN 和 MMN 也有很大的不同。Koelsch(2009)认为,二者的主要区别在于:MMN 反映的是当前即时(on-line)的听觉信息之间的失匹配;而 ERAN 反映的是与已经存在于长时记忆中的音乐句法结构规则的失匹配加工。也就是说,MMN 涉及的多是感觉信息本身,而 ERAN 则更多地与高级认知有关。这也可能是 ERAN 的发生源主要位于额叶,较少涉及颞叶,而 MMN 在额叶和颞叶都有发生源的原因(图3-53)。实际上,大量研究表明,MMN 也可以由基于经验和长时记忆的信息(如语义、句法等)所诱发,因此,MMN 和 ERAN 的关系有待于进一步确认。

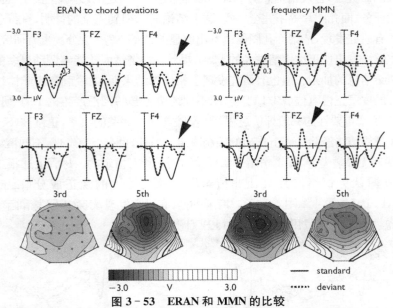

图 3‑53　ERAN 和 MMN 的比较

向下电压为正。上排:第 3 个位置(和弦中间位置);下排:第 5 个位置(和弦末端位置)。两个位置的 MMN 没有显著区别,而 ERAN 在第 5 个位置显著大于第三个位置,反映了音乐加工的特异性。(节选自 Koelsch et al. , 2001)

情绪加工相关的 ERPs 成分

情绪(emotion)是指人类个体受到某种刺激所产生的一种身心激动状态,是情感的外部表现,它的产生不是自发的,而是由内部或外在的刺激引起的。在心理学研究中,情绪比一般的认知活动更为复杂,更多地涉及社会环境与文化。大量实验证明,尽管没有明确的与情绪加工本身相关的 ERPs 成分,但有一些成分可以从某一个侧面反映情绪加工的过程,如 N2nogo、P3nogo、ERN、FRN 等。有研究表明,中性情绪和负性情绪(愤怒、悲伤等)对引发听觉 P300 起正性作用,而愉快等正性情绪对听觉 P300 则起负性作用。

我国学者魏景汉成功研究了情绪的独特的 ERP 实验方法,即"猜测 CNV 实验模式",使关于人类情绪性质的 ERP 研究得以开展起来。正情绪使心理负荷解脱波(Extrication of Mental Load,EML)波幅增高、潜伏期缩短,负情绪则产生相反的变化(详见本书第 8 章:ERP 实验研究举例)。

到目前为止,研究更多的是对情绪刺激的认知和理解。在记忆试验中,负性和正性情绪单词较中性情绪单词的 ERP 新旧效应显著加强,表明单词的情绪成分对语义记忆过程有显著影响。

大量研究表明,N170 反映了特异性面孔加工的早期阶段,即面孔和非面孔的区分。但近年来的研究发现,表情信息对 N170 的幅度也产生一定的影响,但由于不同研究采用的作业任务、面孔图片等不完全一致,这一结论尚未得到完全的证明,有待于进一步的研究。有研究发现,情绪面孔图像诱发出明显的枕部 N270 成分。也有研究发现,负性表情能够诱发出比正性表情更大的 P300,提示负性情绪面孔能够调动更多的神经结构参与情绪信息的加工。但也有研究发现了相反的结果,即愉悦刺激比非愉悦刺激诱发了更大的皮层正慢电位(P3/LPP)。用不同情绪色彩的词汇产生的 ERP 研究表明,P2 反映对情绪重要性的一般评价过程,P3 反映与任务相关的决策,正慢波(SPW)则反映个体在既往情绪经验基础上作出的控制决定。另外,也有报道发现,不同情绪刺激的 P300 潜伏期无显著差异,提示情绪刺激评价时间是相对恒定的。尽管上述报道不完全一致,但普遍认为情绪图片会比非情绪图片诱发更大的晚正成分(Late Positive Potential,LPP)(见第 4 章图 4 - 13)。有趣的是,有研究发现,相对于朋友和陌生人的面孔照片,恋人的照片诱发出幅度更大的 LPP(图 3 - 54)。

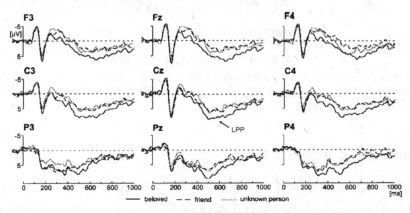

图 3 - 54 恋人照片诱发出更大的 LPP

向下电压为正。(引自 Langeslag et al. ,2007)

EFRPs（Eye-Fixation-Related Potentials）

与 EEG/ERP 不同，传统的眼动技术是通过记录眼动轨迹（注视点、注视时间、眼跳等）来研究认知过程的。由于 ERP 和眼动都具有比较高的时间分辨率，将二者有机地结合，必将更好地揭示大脑的认知活动过程。下面举例说明。

在阅读过程中，一个重要的问题是相邻的两个词是平行（同时）加工的还是序列加工的。回答该问题的一个可能途径即是探讨近窝区对中央凹影响的效应（Inhoff，Starr & Shindler，2000；Kennedy，Pynte & Ducrot，2002；Murray，1998）。一般情况下，对第二个词的加工会影响所注视词的加工，即阅读近窝效应。Baccino 和 Manunta（2005）率先在国际上应用 ERP 和眼动同步记录分析的方法，对阅读中的近窝现象（parafoveal processing）进行了研究。由于研究的是与眼睛注视点相关的认知活动，故称之为（Eye-Fixation-Related Potentials，EFRPs）。作者认为，EFRPs 可以用来分离影响阅读的知觉、注意、认知等因素。实验中，屏幕中央首先出现一个注视点"＋"，然后注视点被一个词对所代替（词对右侧为"＋"）。该词对包括一个启动词（位置和"＋"一致）和一个靶词（在启动词的右侧）。根据靶词的特性，可以分为 3 种词对：靶词和启动词语义相关（如"horse-mare"）；靶词和启动词语义不相关（如"horse-table"）；靶词为假词（如"horse-twsui"）。要求被试首先注视中央"＋"，"＋"消失后，按照从左到右的顺序阅读每一个词对的两个词，然后将目光迅速移动到右侧的"＋"，最后对语义是否相关进行按键判断（图3-55）。眼动结果表明，与语义无关的词对相比，眼睛对语义相关词对的注视时间显著缩短，而 ERP 结果发现，颞枕区的 N1（潜伏期 119 ms）反映了真词和假词的区别，P2 成分（潜伏期 215 ms）与语义的相关性有关，而右侧额中央区的 P140 表现为语义无关词产生比假词更大的幅值，可能和对靶词的注意转移及其知觉分类有关，而且对正字法比较敏感。作者认为，EFRPs 有助于分析阅读过程中的早期认知加工的时间进程。

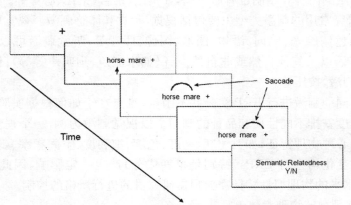

图3-55　眼动和 ERP 结合——近窝效应实验
（引自 Baccino & Manunta，2005）

第*4*章　ERP 实验设计及注意事项

　　ERPs 是观察脑功能的重要窗口。但是，不同的认知领域研究的 ERP 的波形特征不完全一致，如听觉选择注意的 ERP 早期成分是在刺激后出现潜伏期 100 ms 左右的负成分 N100 以及潜伏期 50 ms 左右的正成分 P50，而视觉选择注意的 ERP 早期成分则包括枕区分布的负成分 C1（潜伏期 60～70 ms）、正成分 P1 和负成分 N1，且在前部记录位置的波形与枕区记录的波形不一致，即主要表现为负成分 N1。因此，实验设计中需注意的首要问题即是要尽可能了解所研究领域的 ERPs 的基本特征，包括主要成分的周期、频率、分布等等，这样，有助于实验设计选择合适的记录参数，进行有效的刺激编排。下面对 ERP 实验设计中需注意的一些问题进行介绍。需要注意的是，不同的研究所涉及的实验任务和设计会有很大的区别，因此，建议读者能够举一反三，结合自己的研究工作确定合适的实验设计。

一、实验设计需注意的问题

（一）刺激的设置

　　ERP 研究要根据不同的实验目的和要求确定选用合适的刺激，如 MMN、CNV、P300、N400 等成分的研究都对刺激的内容和编制有不同的要求，而不同研究领域对刺激的内容和编制也有所不同，如情绪、语言、记忆、心算等。

　　ERP 研究常用的刺激类型主要包括视觉、听觉和体感刺激。视觉刺激可以有不同强度和色调的光、单词、语句、图形、图像、照片等；听觉刺激可以有短声、纯音、语音、言语以及其他自然或非自然声音（如水流声、狗叫声等等）；体感刺激有电流、机械刺激、按压等。

　　选用不同的刺激进行 ERP 实验并不困难，难点在于如何根据实验目的，从信息含量的角度安排不同性质和品种的刺激。以视觉刺激为例，一个视觉刺激包含多个维度的心理物理特征，如对比度、亮度、色度、饱和度、空间频率、刺激朝向等，这些特征的变化均会对 ERPs（特别是早期成分）产生一定影响，因此，一般情况下，这些低水平的物理属性特征需要根据研究目的进行严格的控制。

　　1. 视觉刺激的物理参数

　　（1）对比度（contrast）

对比度指的是一幅图像中明暗区域最亮的白和最暗的黑之间不同亮度层级的测量。差异范围越大代表对比越大,差异范围越小代表对比越小。好的对比度(120∶1)就可显示生动、丰富的色彩;当对比度高达300∶1时,便可支持各阶的颜色。

（2）亮度（luminance）

可见光的波长范围为380～780 nm。亮度是外界辐射在我们视觉中反映出来的心理物理量,指的是物体单位面积上的发光强度,其度量单位是"尼特"。

（3）空间频率（spatial frequency）

视觉刺激所包含的空间频率信息也会显著影响 ERP 的早期成分。如图 4-1 所示,面孔的低空间频率信息对 N170 影响较小,而高空间频率信息严重影响了 N170 的波形特征、潜伏期和幅度。

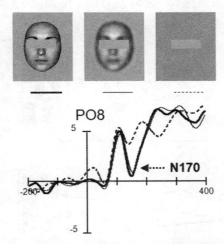

图 4-1　空间频率信息对面孔 N170 的影响

左:broad band frequency;中:low frequency;右:high frequency。

（4）色彩的三要素——色相、明度、纯度

色相:即色彩的相貌和特征。自然界中色彩的种类很多。色相指色彩的种类和名称,如红、橙、黄、绿、青、蓝、紫等等颜色的种类变化就叫色相。

明度:也称为色阶,指色彩的明暗程度。颜色有深浅、明暗的变化,比如深黄、中黄、淡黄、柠檬黄等黄颜色在明度上就不一样,紫红、深红、玫瑰红、大红、朱红、橘红等红颜色在亮度上也不尽相同。这些颜色在明暗、深浅上的不同变化,是色彩的另一重要特征,即明度变化。色彩的明度变化有许多种情况,一是不同色相之间的明度变化,如白比黄亮、黄比橙亮、橙比红亮、红比紫亮、紫比黑亮;二是在某种颜色中加白色,亮度就会逐渐提高,加黑色亮度就会变暗,但同时它们的纯度（颜色的饱和度）就会降低;三是相同的颜色,因光线照射的强弱不同也会产生不、同的明暗变化。

纯度:指色彩的鲜艳程度,也叫饱和度。原色是纯度最高的色彩。颜色混合的次数越多,纯度越低,反之,纯度则高。原色中混入补色,纯度会立即降低、变灰。物体本身的色彩,也有纯度高低之分,西红柿与苹果相比,西红柿的纯度高些,苹果的纯度低些。

(5) 视角

视角是观察物体时,从物体两端(上下或左右)引出的光线在人眼光心处所形成的夹角。物体的尺寸越小,离观察者越远,则视角越小。正常眼能区分物体上的两个点的最小视角约为 1 分,也就是六十分之一度。就人的视觉范围而言,10°以内是视力敏锐区,即中心视野,对图像的颜色及细节部分的分辨能力最强;20°以内能正确识别图形等信息,称为有效视野;20°~30°,虽然视力及色辨别能力开始降低,但对活动信息比较敏感,30°之外视力就下降很低了(如图 4-2 所示)。

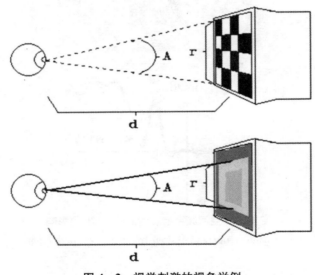

图 4-2 视觉刺激的视角举例

视角的计算公式为:

$$A=(360/2\pi)\times(r/d)\approx57.3\times(r/d)$$

2. 听觉刺激

(1) 声音刺激分类

纯音:也称作单音。从主观感觉判断是指有明确的单音调感觉的声音,从物理现象判断是指声压随时间作正弦函数变化的声波。曲线平滑,不易引起撤反应,在听觉 ERP 实验中常用。

复合音:从主观感觉判断是指有多音调感觉的声音,从物理现象判断是指含有多个频率成分的声波。

乐音：指能引起明确的音调、音色等感觉的声音。通常指乐器或歌唱发出的声音。

语音：人类所特有的带有明确含义的声音。已有研究发现了加工人类声音的特异性 ERP 成分 VSR(详见第 3 章)。

白噪声：指在较宽的频率范围内，各等带宽的频带所含噪声能量相等的噪声。由于各频率成分的能量分布均匀，类似于光学中的白光形成原理，故顶面为白噪声。

短声：一种宽频的瞬态刺激声，是听觉生理实验和听觉诱发电位常用的刺激声。

短音：实质上是滤波短声，是方波电脉冲(或单一的正弦波)经过窄带滤波器滤波以后通过的刺激声。

短纯音：一种纯音信号，通过窄带滤波器的选通程序使其达到至少 2 个周期上升/下降时间和 1 个以上周期的持续时间。

(2) 声音刺激的物理参数

声压级：某点的声压级，是指该点的声压 P 与参考声压 $P_0(2×10^{-5}$ Pa)的比值取常用对数再乘以 20 的值，用 dB 或分贝表示，通常以 SPL 作为符号。

声强级：某点的声强级是指该点的声强 I 与参考声强 $I_0(10^{-12}$ W/m$^2)$ 的比值取常用对数再乘以 10 的值，也用分贝或 dB 表示。

频率：声音音调的高低(音高)用物体振动的频率大小表示，单位为 Hz，音调随频率增高而增高。

3. 体感刺激

电刺激(方波脉冲电流)是体感诱发电位(SEP)的最佳刺激法。其主要优点是：刺激操作简便，易于定量控制和测量，所诱发的 SEP 波幅较高，波形清晰，可重复性好。

电脉冲的方波时程常用的范围是 0.1～0.2 ms。但是在周围神经病损时，由于兴奋性低，则方波时程需较长，如 0.5 ms 或更长些，但这会造成局部组织的损伤。

在时程为 0.1～0.2 ms 时，表面电极的刺激电量约 4～20 mA 即可引出清晰的 SEP(一般上肢刺激电量值较下肢略低)。

刺激频率可根据各自的研究需要设定，如 1 Hz、2 Hz、5 Hz 等。

(二) 刺激序列的编排

在刺激序列的编排上需注意以下几点：

(1) 刺激的持续时间(duration)：刺激的持续时间不同，刺激产生的诱发电位会有一定的区别，而且，持续时间对作业任务的难度也有影响，从而导致任务相关的 ERP 成分的不同。因此，进行不同刺激类型的 ERP 比较，一般情况下，要保证刺激的持续时间一致。

（2）刺激间隔:刺激之间的间隔时间通常包括 SOA 或 ISI。SOA 指的是从前一个刺激的起点到后一个刺激的起点(onset-onset, stimulus onset asynchrony);而 ISI 指的是从前一个刺激的止点到后一个刺激的起点(offset-onset, interstimulus interval)。另外,ERPs 研究中经常会用到 ITI(intertrials interval),指的是一个 trial 的间隔(图 4-3)。

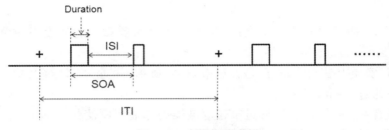

图 4-3　刺激间隔举例

刺激间隔的设置要根据实验目的来进行,但是不建议间隔太长,应以被试能够完成作业任务为宜。另外,在研究目的和实验任务的具体要求下,应尽可能做到间隔随机化,如在 800~1 200 ms 内随机(平均为 1 000 ms)。

（3）刺激概率是刺激编排的重要因素之一,刺激生成的概率不同,将对 ERP 波形产生显著影响。

（4）刺激序列的随机性:已有研究表明,刺激序列的内部结构(即刺激编排模式)对 P300 的生成有显著影响。如果不是进行序列内部结构的 ERP 研究,建议刺激序列要进行随机或伪随机排列。

（5）特殊研究领域刺激序列的编排要根据不同的实验要求来进行,这种编排往往与实验心理学、认知心理学相关实验的刺激排列有相似之处,如记忆的 ERP 研究、情绪的 ERP 研究、面孔识别的 ERP 研究等。

（三）刺激代码的输出

任何 ERPs 实验设计,其刺激(或事件)的呈现必须和脑电的记录同步,只有这样,才能根据事件类型对脑电数据进行分段、叠加、平均,以得到与事件相关的 ERPs 波形。目前常用的刺激编排软件有 Neuroscan 的 Stim 系统、Eprime 软件、Presentation 软件等。如果应用 Stim 系统,由于和 Neuroscan 的放大器具有很好的一致性,可以非常方便地直接编写刺激或事件代码(不需要编程),Neuroscan 放大器即可以同步记录事件代码。如果应用其他 Eprime 或 Presentation 软件,则需要进行"Inline"语句的编写,输出脑电放大器能够识别的事件代码(并口或串口)。以 Eprime 并口输出到脑电放大器为例:

假设用 Eprime 调用的刺激名称为"Stimuli",则需要在刺激呈现之前编写

"Inline"语句：

WritePort ＆H378,0

Stimuli. OnsetSignalData＝c. GetAttrib("code")

其中,"code"为在程序中已经定义的刺激类型代码。

在整个程序之前要对上述代码以并口方式输出到放大器,需要编写"Inline"语句：

Stimuli. OnsetSignalEnabled＝True

Stimuli. OnsetSignalPort＝＆H378

Stimuli. OffsetSignalEnabled＝True

Stimuli. OffsetSignalPort＝＆H378

经过上述两种 Inline 语句的编写,放大器即可同步记录到刺激呈现时的刺激代码。

（四）实验范式举例

到目前为止,ERPs 的研究已经深入到多个领域,包括社会认知、认知语言学、神经经济学、脑—机接口等等,形成了各种类型的实验范式。下面介绍几项研究的实验范式,以期读者特别是初学者能够对 ERP 实验范式有一个总体的了解（也可参照本书第 9 章）。

1. P300 研究

P300 是一个内源性成分,最初发现的经典 P300 成分可在 Oddball 实验模式下产生（参照本书第 3 章）。那么如何设计和编排一个 Oddball 序列来产生 P300 呢?

首先,需要了解 P300 产生的基本要素特征,以确定采用视觉刺激、听觉刺激、体感刺激还是跨通道刺激,以及选择哪种任务模式,如单任务作业、简单选择反应、双任务作业等等。

其次,制定和生成刺激。以视觉图片刺激为例,图片可以通过绘图软件绘制,也可以扫描或拍摄生成图片,只要满足 ERP 设备所能识别的刺激模式即可。视觉图片刺激的生成,需要考虑视觉刺激参数的选择：照度、对比度、亮度、视角。

第三,要充分了解 Oddball 模式的基本要点,即：对同一感觉通路的一系列刺激由两种刺激组成：一种刺激出现的概率很大,称为标准刺激（standard stimuli）；一种刺激出现的概率很小,称为偏差刺激（deviant stimuli）,令被试对小概率的偏差刺激进行反应（靶刺激,target）。

第四,随着研究的日益深入,Oddball 模式也有了一些新的变化,产生了新的类型,如：3 种刺激物,除大概率的标准刺激外（如 70%）,有两种小概率的偏差刺激（各占 15%）,其中一个要求被试进行反应,为靶刺激,另一个不反应,为非靶刺激;加入偶然出现的概率更小的新异刺激（如某种异样的刺激）等等（参考第 3 章 P300 成分介绍）。

在此,我们以标准的两刺激 Oddball 模式为例。图 4 - 4 示两种大小为 3 cm×

4 cm 的图片，其中一幅为高对比度的图片，另一幅为对比度低的同一幅图片。

图 4-4 视觉图片刺激和刺激序列举例
左图：对比度低；右图：对比度高。

假设，高对比度的图片为偏差刺激，概率可设为 15％；低对比度的刺激为标准刺激，概率为 85％。要求被试对偏差刺激进行按键反应，忽略标准刺激。需要注意的是，Oddball 标准模式的小概率通常要小于 30％，且不能连续出现或连续出现不超过 2 个。

刺激的持续时间可设为 50 ms，刺激间隔 ISI 设为在 800～1 000 ms 内随机，刺激呈现在屏幕中央（如果研究空间注意，则需要按实验要求设置刺激的呈现位置），刺激排列呈伪随机或随机排列。最终刺激排列模式如图 4-5（上）。

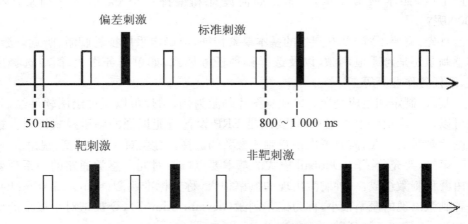

图 4-5 标准 Oddball 刺激排列（上）和等概率规则序列（下）示意图

如果要研究序列内部结构对 P300 的影响，则可以通过改变刺激序列的编排来实现，如采用等概率规则序列。仍然利用上述刺激类型，两种视觉图片出现的概率都是相同的（50％），但靶刺激和非靶刺激出现的顺序是有规律的，是规则的。如图 4-5（下）所示，排列模式为"非靶—靶—非靶—靶—非靶—非靶—非靶—靶—靶—靶"。由于主观概率的不同，规则序列靶刺激诱发的 P300 成分比随机序列的靶 P300 的幅值显著减小,而且 P300 成分表现出明显的位置效应,即不同位置的靶刺激诱发的 ERP 有显著差异(Lu et al.,1999;图 4-6)。

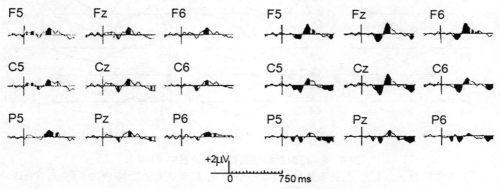

图 4-6　等概率随机序列和规则序列 ERP 的差异波

向上电压为正。左:靶 ERP 的差异波;右:非靶 ERP 的差异波。可见,随机序列比规则序列产生更大的 N2 和 P3,特别是非靶刺激。(引自 Lu et al.,1996)

需要注意的是,刺激的缺失也会诱发 P300。在 Oddball 序列中(图 4-7),如果在靶刺激出现的位置,没有任何刺激出现,以靶刺激缺失的时刻做触发,进行叠加平均,也会产生 P300,但是没有明显的与刺激的物理属性相关的早期成分(图 4-8)。该结果表明,P300 是一个纯心理波,同时也充分地说明 ERP 不单是"刺激"(stimulus)相关电位,而是"事件"(event)相关电位。

2. 视觉工作记忆研究

Durk Talsma 等(2001)用 ERP 和反应时结合,研究了视觉工作记忆中的信息加工过程。下面简单介绍其刺激的生成和编排。

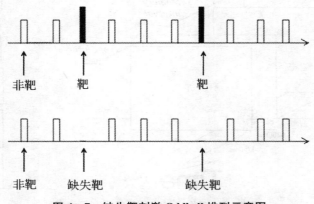

图 4-7　缺失靶刺激 Oddball 排列示意图

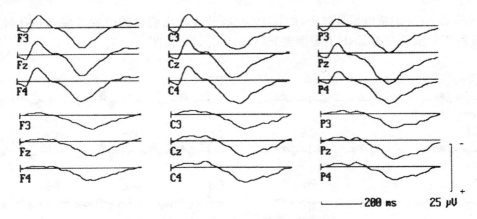

图 4 - 8 靶刺激和缺失靶刺激诱发的 P300

向下电压为正。上图：靶刺激诱发的 P300；下图：靶刺激缺失诱发的 P300。（引自 Tarkka & Stokic，1998）

呈现的刺激如图 4 - 9 所示。每个 trial 以分别位于中心注视点的左右两条垂直线开始。这些线作为提示物，呈现时间为 1 250 ms。随后，在线的两侧同时呈现两个多边形（持续时间 1 000 ms，水平视角 5°）。如果某一侧提示线的颜色为红色，那么，要求被试记住同侧的多边形；如果为绿色，则忽略该侧图形；如果两条线均为红色，则两个图形都要求被试记住。这样，有助于区分记忆负荷（低记忆负荷：记忆一个图形；高记忆负荷：记忆两个图形）。图形消失后，仅呈现注视点 1 500 ms。然后，在注视点的左右等概率随机呈现测试图形（水平视角 5°，呈现时间 500 ms），要求被试判断是否是前面提示记忆的多边形（按"Yes"或"No"）。

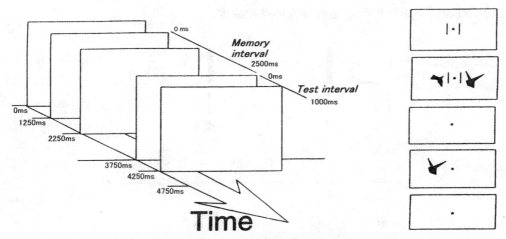

图 4 - 9 工作记忆刺激及其排列示意图

（引自 Durk Talsma et al.，2001）

共包括12种不同的 trial 类型(即刺激类型):提示(左、右、双侧)×视场(左、右)×记忆(记和不记)。每种刺激类型都有100个 trial,共计1 200个 trial。随机分为25组,每组48个 trial。

3. MMN 研究

(1) 基于感觉记忆机制的前注意加工的 MMN 实验范式

大脑可以在无意识情况下自动觉察刺激的变化,MMN 即是这种自动化加工的重要指标。通常情况下,MMN 是用小概率的听觉刺激诱发的 ERP 减去大概率听觉刺激诱发的 ERP,由于听觉特异性的 ERP 早期成分如 N1 受刺激物理属性的影响,即两种听觉刺激诱发的 N1 有所不同,而 MMN 的时间范围通常在100~250 ms 的时间窗内,因此,MMN 可能混杂了 N1 的区别。更重要的是,由于神经元对刺激的反应存在不应效应(refractory effect),而随着刺激的重复次数越多,不应效应增大,因此,MMN 可能是大脑对标准刺激和偏差刺激不同的不应效应所致,由于后者的不应效应小,所以产生了 MMN,也就是说,MMN 不是基于感觉记忆的模板失匹配,而是由于对偏差刺激和标准刺激进行反应的神经元不同的不应状态(如 N1 的不应效应)。那么如何用精巧的试验设计来对上述假说进行验证呢?Jacobsen 和 Schröger(2001)设计了 Oddball 刺激序列的对照条件,对 MMN 的感觉记忆痕迹假说提供了可靠的证据。实验范式如下:

刺激包括10种不同频率的纯音,500、550、605、666、732、805、886、974、1 072、1 179 Hz,每种纯音都比上一个纯音频率增加10%,持续时间50 ms(5 ms 上升/下降),70 dB SPL,刺激间隔 SOA 为500 ms。要求被试观看卓别林的默片如《摩登时代》。

包括3个实验条件:① 低方向偏差(Oddball):500 Hz 为偏差刺激(概率10%),550 Hz 为标准刺激(90%)。② 高方向偏差(Oddball):1 179 为偏差刺激(概率10%),1 072 为标准刺激(90%)。③ 等概率条件(control condition):所有10种频率,每种频率的概率均为10%。每种条件包括1 500个刺激。这样,Oddball 条件下的偏差刺激(500 Hz 或1 179 Hz)和 Control 条件下相对应的刺激(500 Hz 或1 179 Hz)具有相同的物理特征且概率也相同,所不同的是 Oddball 条件下只有一种标准刺激,而 Control 条件下有9种刺激,且频率的变化程度(500~1 179 Hz)比 Oddball 条件(550~500 Hz;1 072~1 179 Hz)更大。因此,和标准刺激的高不应性相比,Oddball 条件下的偏差刺激的不应效应实际上要高于 Control 条件。这样的话,如果 MMN 反映的是记忆痕迹的失匹配,那么,Oddball-MMN(偏差刺激减去标准刺激)应该包含 N1 的不应效应和失匹配效应,而 Control-MMN(Oddball 的偏差刺激减去 Control 条件下的相同的刺激)则主要是失匹配效应,但也可能包含与 Oddball-MMN 相反的 N1 不应效应。图4-10的结果表明存在一个反映了感觉记忆的前注意加工的听觉频率 MMN。

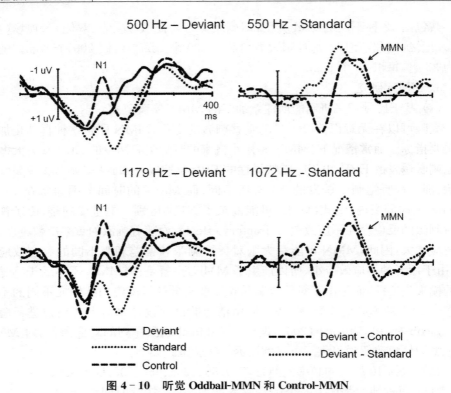

图 4-10 听觉 Oddball-MMN 和 Control-MMN

向下电压为正。左图可见幅度显著不同的 N1，control 刺激的 N1 幅度最大，standard 刺激 N1 最小；右图的两种差异波中可见方向相反的 100 ms 左右的 N1 不应效应，其后是真正的 MMN。（修改自 Jacobsen & Schröger，2001）

（2）MMN 的优化实验范式

经过科学家多年的探索和求证，听觉 MMN 已经成为研究前注意加工和大脑信息自动加工的重要指标，然而，由于对诸如强度、频率、持续时间、方位等不同听觉信息的加工有着不同的机制，因此，如何在短时间内高效地记录到强度、频率、持续时间、方位等多种 MMN，就成了制约 MMN 应用的一个瓶颈。2004 年，Näätänen 等发展了一个优化的 MMN 实验范式，可以在短时间内（如 15 min）完成 5 种不同的听觉 MMN 的记录。

标准刺激是由 500 Hz、1 000 Hz 和 1 500 Hz 3 种正弦分音组成的谐音，且 1 000 Hz 和 1 500 Hz 的强度比 500 Hz 分别低 3 dB 和 6 dB，谐音的持续时间为 75 ms（5 ms 上升/下降），强度为受试者听阈以上 60 dB。双耳通道同时输入声音刺激。

偏差刺激包括以下 5 种：

① 持续时间偏差（duration）：25 ms（5 ms 上升/下降）。

② 频率偏差（frequency）：50% 的偏差刺激的频率比标准刺激高 10%（即正弦

分音分别为 550、1 100、1 650 Hz),50%的频率比标准刺激低 10%(即正弦分音分别为 450、900、1 350 Hz)。

③ 强度偏差(intensity):50%的偏差刺激的强度比标准刺激高 10 dB,50%的强度比标准刺激低 10 dB。

④ 位置偏差(location):50%的偏差刺激位于中线左侧 90°,另一半位于中线右侧 90°,两耳时差 800 μs。

⑤ 间隙偏差(gap):在标准刺激 75 ms 的中间停止 7 ms(1 ms 上升/下降)。

图 4 - 11 示出传统 Oddball 序列(只产生一种 MMN,序列(a))和两种优化范式(在每种范式下,前 15 个刺激均是标准刺激)。优化范式标准刺激的概率为 50%,5 种偏差各为 10%,每一类偏差刺激均不连续出现。优化范式序列(b)中的 SOA 为 500 ms,标准刺激和偏差刺激相邻出现,5 个偏差刺激的出现顺序伪随机出现,且同一类的两种偏差不连续出现,3 个 block,每个 5 min,合计大约 15 min。优化范式序列(c)的 SOA 为 300 ms,相邻个偏差刺激之间为 3 个标准刺激,3 个 block,每个 6 min,合计大约 18 min。要求被试观看自己选择的默片。

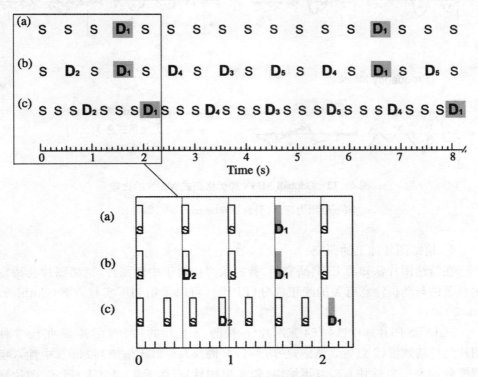

图 4 - 11　听觉 MMN 的优化范式排列示意图

(a) 为传统的 Oddball 实验范式;(b)和(c)为优化范式序列。(引自 Näätänen et al.,2004)

图 4 - 12 示 3 种 MMN 的比较。与传统的 Oddball MMN 相比,优化范式(b)

的 MMN 至少在幅度上是没有显著区别的，而范式（c）的 MMN 幅度减小，可能是由于 SOA 较短所致（Schröger，1996）。优化范式为在短时间内观察多个 MMN 提供了可能，使其更有利于临床研究和应用（参见本书第 3 章）。

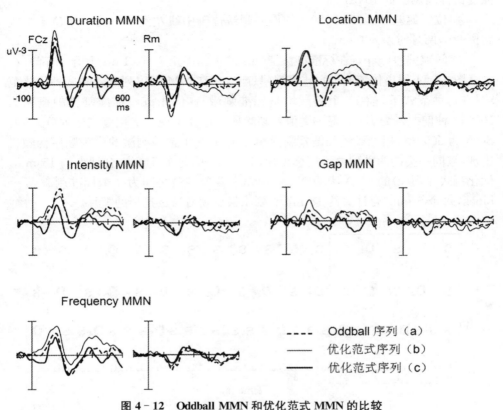

图 4‐12　Oddball MMN 和优化范式 MMN 的比较

向下电压为正。（引自 Näätänen et al. ，2004）

4. 情绪图片加工的研究

在情绪图片认知的 ERP 研究中，普遍认为相对于中性图片，情绪图片会诱发出显著的与动机注意有关的晚正成分（LPP）。可以采用如下实验方案（Cuthbert eta，2000）：

从 IAPS 图片库中选择 54 张图片（愉快的、不愉快的和中性的各 18 张）。3 种图片的情绪效价（9 点量表测定）平均为 7.4（愉快）、5.0（不愉快）和 2.7（中性），唤醒度分别为 5.8（愉快）、6.4（不愉快）和 2.9（中性）。如图 4‐13（上）所示，图片呈现时间为 6 s，要求被试注意观看图片，图片消失后，对图片进行效价和唤醒度的判断。ERP 结果如图 4‐13（下）。

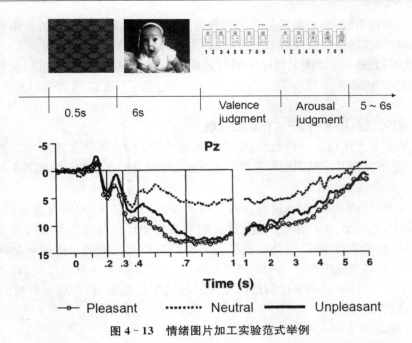

图 4-13　情绪图片加工实验范式举例

向下电压为正。相对于中性图片,情绪图片诱发出更大的晚正成分(LPP)。(修正自 Cuthbert et al,2000)

二、特因条件下的 ERP 研究

随着科技的发展,某些特殊因素或环境(航空、航天、航海等)的脑功能研究越来越受到重视。那么,在这些特因环境条件下,如何进行 ERP 研究呢? 下面以航天脑科学研究为例,来说明特因条件下 ERP 研究设计需注意的一些问题。

尽管很多研究表明短期或长期的航天飞行对脑功能产生了一定的影响,但并不清楚航天中的脑认知加工过程是否与地面有根本的区别,即是否产生了一种与航天微重力环境相适应的新的脑认知加工过程。由于良好的时间分辨率,利用 ERP 技术,可能会在一定程度上对这一问题进行揭示。

在技术条件允许的条件下,航天飞行中可以进行选择注意 ERP、面孔认知 ERP 等多方面的研究。但在实验设计和结果分析中,要充分考虑航天环境对感知觉的影响。以视觉选择反应 ERP 研究为例,考虑到航天飞行对视知觉的影响(如视错觉),需要进行视对照设计,即不进行任何操作反应,只让受试航天员注视视觉刺激。这种任务比较简单,仅调动脑内与视觉感觉、感知有关的神经结构,在航天条件下测试的结果将有助于分析失重等因素对视觉感知系统功能活动的影响。视觉选择反应(可以采用 ERP 常用的实验范式)要求受试航天员对靶刺激进行计数或按键等操作,该任务的完成调动了脑的视觉感知系统、脑对刺激信号进行主动注意的功能系统、脑对刺激信号进行分类判断的功能系统以及脑的决策与产生主动反应（如按键或拨开关）的功能系统。将选择反应的 ERP 与视对照 ERP 进行比较，就可以在一定程度上排除空间与地面实验视觉感知的差异，可以更好地观察航天飞行中脑对外部刺激进行信息加工的过程，了解脑功能和认知活动的变化。

1. 航天飞行中 ERP 研究存在的问题

在地面上无法创造一种长时间、真正的航天环境，尤其是失重环境。进行空间 ERP 的研究同其他航天医学生理学的实验研究一样，存在着一些困难和问题。

（1）实验技术设备方面

航天中进行实验的测试仪器设备受航天条件的限制，必须符合重量轻、体积小、易操作、电耗小、无污染、不受失重影响等技术要求。与前述的航天医学影像系统一样，航天 ERP 测试设备与地面设备也是有很大差别的。地面认知神经科学的 ERP 研究多采用 Neuroscan 记录系统，但该设备如果不经过改进，将无法直接用于航天飞行中，必须设计制造出更为轻便适用且可靠，符合航天环境的 ERP 测试记录系统。

（2）受试者方面

航天飞行中，航天员的数目有限，不可能安排很多的时间和精力进行 ERP 方面的研究。航天中需要进行的医学研究项目很多，分配到每项实验中的被试少，参加实验的被试数往往不能满足实验的要求。而且，尽管航天员都必须通过训练，达到航天飞行的要求，但他们的基本情况参差不齐，年龄差异较大，不同国家的航天员还不可避免地带有国与国之间的文化差异，这些对 ERP 的结果都将产生一定的影响。因此，从这些小样本的实验中得出的 ERP 结果只能是推断性的，不易发现群体变化的规律。这是在实验设计中要特别注意的。

（3）实验条件和影响因素

航天飞行中的实验条件不易控制，影响实验的因素比较多。在飞行中，航天医学的研究一般作为附加任务，ERP 的研究亦不例外。它是在保证航天员健康和完成其他任务的前提下进行的一项工作，所采用的实验设计及刺激参数的选择不能诱发航天运动病及其他生理心理障碍，否则就可能影响实验研究的深入。而个体差异、飞行天数、测量生理指标的时间、航天中的饮食结构、预防药物和防护措施的使用及其他物理因素等都可能影响实验结果。

航天环境中影响脑功能的因素往往不是单一的，这些因素的交互作用效应在 ERP 结果的分析中要给予充分考虑。例如昼夜节律的变化：航天中 90 min 的昼夜变化，改变了地面 24 h 昼夜节律的变化规律。作为航天特因环境的重要组成部分，昼夜节律的变化亦会对脑功能产生一定的影响。因此，如果只研究单一因素如失重对脑功能的影响，则需要有充分的预备实验，做出合理的实验设计，科学地确定测试指标和测试程序，以便尽可能地排除昼夜节律对实验结果的影响，尽管这样,对结果的分析仍要考虑到这一点,或者在实验设计时尽可能地安排对照实验。

由于要保障航天员的身体健康,在飞行中需要多种防护措施,这些防护措施的采用往往掩盖了航天环境对 ERP 真实的影响,如抗航天运动病药物等预防药物的使用。这些预防药物,对 ERP 本身可能会产生一定的影响。目前已经出版的 ERP 研究手册(Picton et al.,2000),要求对正常受试者的研究,应确保受试者没有服用任何影响认知过程的药物,所以,在对航天飞行中 ERP 的数据分析和实验设计中应考虑到预防药物水平的可能影响。

2. ERP 实验设计中应注意的问题

(1) 样本含量问题

样本含量,即样本大小,是要观察例数的多少。这是在医学科研工作中,无论是抽样调查、临床观察或实验研究,都要慎重考虑的问题。样本太少,使应有的特点不能显示出来,难以获得准确的研究结果,结论也缺乏充分的根据;但样本例数太多,也会增加实验工作的困难,不必要地浪费人力、物力和时间。因此,在研究之前,有必要事先注意到样本含量问题。

在地面进行 ERP 研究,可以采用大样本的实验设计,这样有利于发现某些因素对 ERP 影响的规律性。但在航天研究中,根据 ERP 实验的要求去决定进行航天飞行的航天员的数量,显然是不合适的,研究人员只能根据拟飞行的航天员的数量,来考虑实验设计。航天中 ERP 的研究同其他航天医学实验研究一样,属于小样本研究,而且该样本的含量可能会少到 1 个或 2 个航天员。因此,必须正确地进行实验设计,对少量的研究数据进行科学的评定。

在进行小样本 ERP 研究的实验设计时应注意以下几个问题:① 在自变量(环境因素,如失重)作用前,明确因变量(ERP)的可能变化范围。② 注意 ERP 指标的可靠性。可靠性是指在一定情况下,所测指标得出的结果应可重复,如不能重复,将难以得出令人信服的结论。在实验前,要对 ERP 的重复性进行反复实验,确定其可重复后才能应用。③ 由于样本太少,要加强地面预实验,以便尽量明确哪种 ERP 成分独立性强、稳定性好。

小样本实验结果的处理一般采用图和统计学相结合的方法,ERP 研究更要注意图的使用,ERP 波形要清晰可靠。在实验人数或次数少的情况下,一般是画出 ERP 指标—时间变化的曲线图,以分析航天飞行对每名被试影响的动态特征。但从图中得出的结果只能提出一些假说,不能作为结论。为了增加 ERP 结果分析的可靠性,飞行中要进行重复实验,即一方面可以增加每次实验的刺激事件数量,另一方面尽可能地进行多次实验记录。

(2) 自身对照设计

在数理统计中,同一批研究对象前后测量结果的比较(自身对照)或经过配对的实验结果,是理应用个别研究的方法来处理的。在进行航天飞行对人体生理系统包括脑功能影响的研究时,主要是观察航天环境与地面环境对航天员的影响的差异,再加上航天飞行的人数少、飞行中的工作程序复杂、其他任务重及其他因素的影响,航天中的 ERP 研究需采用自身对照的方法,即对每个受试航天员飞行前、飞行中各阶段、飞行后的 ERP 进行比较,以观察航天飞行对 ERP 的影响。飞行前航天员的基础值很重要。脑功能状态受影响的因素很多,如睡眠、疲劳、情绪等,应多测飞行前的基础点,以便充分了解该航天员的脑功能基本状态和认知活动特点。由于航天飞行中多种因素的干扰,在做结论时应慎重,尽可能进行全面的讨论。

(3) 实验设计的标准化

在航天医学研究中,如失重生理效应,美国和前苏联、俄罗斯在进行航天和地面研究时,各自采取了不同的实验设计,由于实验对象、方法、取样时间、食品选用等不同,影响了实验结果的分析和讨论,这也是航天医学实验出现不一致结果的原因之一。很多国家的科学工作者都呼吁制定有关各类实验研究的国际性的、统一的、标准化的实验设计标准。在某个领域或某个实验系列的研究中,逐步形成局部的设计标准,在目前看来还是可能的。为便于科学家准确理解实验,甚至可以重复实验,且使所公布的实验数据易于在不同的研究之间比较,国际心理生理研究学会(Picton et al. ,2000)已提出 ERP 的记录标准和研究结果公布标准,航天中的 ERP 研究可按照该标准进行实验。

3. ERP 实验记录中需要注意的问题

(1) 航天员的主动反应

ERP 实验不同于普通的诱发电位,它需要受试者的主动参与。在选择注意 ERP 的研究中,其实验范式往往需要受试者进行按键或拨开关等手控操作,尽管要求操作时要轻微。航天飞行中,因重力的消失,与重力有关的肌肉传入冲动、前庭器官传入冲动、触觉及内感受器传入冲动均减少,这样将会影响到航天员的空间定向和运动控制能力。尽管经过了地面的长期模拟训练,航天员在地球重力情况下形成的习惯,在航天失重环境下仍会成为一种干扰,致使航天员出现运动协调障碍,在运动或作业时常常出现用力过度、肌肉工作不协调、肌肉紧张度过高等现象,而按键或拨开关时手指的过度运动,很可能对 ERP 的记录和波形产生影响。因此,在实验设计和结果分析中要充分考虑到这一点。例如,在选择反应 ERP 研究中,可以设立全反应对照实验,即让受试航天员对所有的刺激均按键或拨开关,将选择反应的 ERP 与全反应 ERP 进行比较,可以在一定程度上排除空间与地面实验手控操作的差异。

(2) 记录电极的数量

目前,ERP 研究时的记录电极导联越来越多,有的已达到 128 导或 256 导。实验中,为保证电极与头皮接触良好,佩戴电极帽的操作耗时往往比较长,被试也感到比较疲劳。而航天医学的实验要求方案简便可行,且不能对航天员产生不良影响。由于失重时航天员肌肉运动协调能力的下降,电极帽的佩戴操作比地面要难,耗时会更长,如果是航天员自己操作,将会更困难。显然,在当前的技术条件下,在航天中进行128导或256导的记录是不适宜的。因此,一方面要加强航天员的地面训练,以熟练操作,一方面实验设计不能有太多的记录电极,满足实验的最低要求即可。

第5章 ERP 实验过程及注意事项

第一节 实验前准备

一、被试

（一）被试的选择

ERP 研究的主要是人类的脑认知活动过程或脑功能状态,因此,被试的选择对研究结果的可靠性、普遍性具有重要影响。一般情况下,正常被试的研究要注意被试的性别、社会背景、受教育情况等。另外,还要注意利手问题,尤其在需要被试进行按键或拨开关的作业任务中。世界上有 90％以上的人是用右手来执行有高度技巧性的劳动,称为右利手;而另一类人群由于主要用左手来执行有高度技巧性的劳动,称为左利手。利手的形成主要受先天素质的影响,即在胚胎时期及胎儿发育时期中枢神经系统的微观结构特征的差异性导致了利手的差异。但人们的利手并不是一降生就稳固了的,而是随着个体的成长发育逐渐稳定的。由于遗传因子对后代中枢神经系统的配置结构有影响,所以父母的利手性与子女的利手是密切相关的。Kutas(1980,1985,1987)和 VanPetten(1990)在研究语言刺激引发的 N400 波形中发现,视觉 N400 波幅分布的不对称性很大程度上受受试者利手家族史的影响:将纯粹右利手者作为受试者,以阅读语句的形式引出的 N400 波具有右半球的波幅偏侧优势效应;而具有左利手家族史的右利手者所产生的 N400 波幅的半球不对称性则不甚明显。

ERP 的实验研究,如果进行组内比较,能够用于最后分析的被试的数量最好多于 15 人,而进行组间比较,被试的数量则需要更多。如澳大利亚 R. Barry 教授领导的研究组进行的 ADHD 儿童的 ERP 研究(2003),正常组和患者组的被试数量均为 30 人。当然,一般情况下,15～20 人的组间比较也是可以接受的。特别是在一些特殊人群的研究中,如宇航员、奥运金牌运动员等,大样本检验肯定不合适,此时,可以根据不同的研究需求,相机减少被试入组数量,但最后的组间分析以及结论要慎重。实际上,在这种情况下,可以开展有效的个案研究。国际心理生理学会的 ERP 出版标准(Picton 等,2000)中,对被试的选择提出了详细的指导原则(详见本书第 8 章)。

(二)小儿 ERP 实验注意事项

第 1 章已经讲到,小儿脑电图与成人不同,有其特殊性,对其描记方法、阅读和判定,均须具备特殊的知识。其主要特点是小儿时期脑波正处于发展阶段,可看到脑波的发展过程,且易受内外各种因素影响,这点无论是基础还是临床都必须重视的。

小儿 ERP 研究需注意以下几点:

(1)设计刺激方式及刺激程序时必须考虑到不同年龄阶段儿童中枢神经系统的发育特点及心理发育特点。如 2 岁以前小儿第二信号系统发育尚不完善,不宜设计以语言作为刺激诱发程序。学龄前儿童不识字,不宜设计以字、词等为刺激诱发程序。在设计以声、光为刺激程序时,必须考虑不同月龄小儿视感知与听感知的发育水平。

(2)设计刺激程序时间不宜过长。刺激程序时间的设计过长,小儿不能耐受,不能坚持完成试验,势必造成失败,以能完成最少叠加次数且获得最佳波形为宜。

(3)设计窗口分析时间要长。如成人 P3 成分定义为 300～800 ms 内的正相被,儿童 P3 的定义至今仍有争议。为不遗漏任何内源性成分,研究儿童 ERP 窗口分析时间要长。

(4)要注意观察各波在不同部位的演变规律。最理想的是能在同一个体上跟踪观察数年,获得波形演变的完整过程,但目前尚缺乏有关系统研究。

小儿 ERP 的记录描记方法有其特殊性,对小儿进行脑电图描记,比成人要困难得多,尤其是婴幼儿、智力障碍儿童,检查时很难合作,要特别注意。

由于小儿不理解脑电图检查是怎么回事,所以他们多半是带着紧张不安甚至恐惧的心情来到检查室。为此,要尽可能将检查室布置得温馨些,注意墙壁的颜色和壁画的内容,放些玩具,准备舒适的床和椅子,安装空调,给孩子提供一个安静、愉快的环境。这样可以消除恐惧,容易使受试儿童进入放松的状态。

安放电极要尽可能在短时间内完成,不使小儿感到痛苦及不快。3 岁以上的小儿,原则上可用 10—20 国际电极安放法安放电极,或应用电极帽(Neuroscan 有适用于不同头颅大小儿童的电极帽)。婴幼儿可适当减少。

(三)临床病人的准备

将 ERP 应用于临床研究,建议选择成熟的 ERP 设计范式进行研究,如 Oddball、Go/Nogo、MMN、CNV、面孔识别范式等等。

对于 ERP 在临床上的应用,需注意的是 ERP 研究要符合临床脑电记录对病人的准备和要求(在正常被试的 ERP 研究中亦适用)。

(1)不少药物对脑电图有影响,如咖啡因、苯丙胺、麻黄素等中枢兴奋剂能使 α 波减少;巴比妥类、水合氯醛、副醛等镇静剂及眠尔通、利眠宁、安定等安定剂能引起快活动；利血平、氯丙嗪、三氟拉嗪等不仅能产生快或慢活动，还有可能促使癫痫样放电；苯妥英钠等可抑制癫痫灶周围脑组织的放电。因此，除长期服用抗癫痫药物的病人之外均应在检查 24～48 h 停用一切抗惊厥类药物。

（2）患者如果在受检前一日洗头，则不要用油、护发素等（油污过多和头皮电阻值过大，会导致波形失真或引起 50 周干扰）。

（3）血糖过低会影响脑电的检查结果，故宜饱餐后 3～4 h 做检测。

（4）在检查前要向病人解释清楚，此项检查无损伤无痛苦，以解除病人的思想顾虑和恐惧心理，消除精神紧张、焦虑不安等。

（5）成功的记录要求被检查者安静、少动与良好的合作。

二、预约被试

以正常被试研究为例，ERP 研究与心理行为研究有相似之处，需要预约被试。ERP 研究中，要根据实验要求预约被试，如果以大学生作为研究对象，应避免与实验目的不利的科系，如研究心算的脑机制，被试最好不要选择大学数学系的学生作被试，除非是对不同数学思维能力的群体进行比较研究。

要求被试在参加实验前应有充分休息，能始终保持清醒，注意力高度集中。这一点很重要，如果被试在实验前无良好的休息，或进行了剧烈的体力或脑力活动，则会对实验结果的一般性和规律性产生影响。

三、实验器材和记录报告的准备

实验用器材除专用的 ERP 设备（放大器、刺激器、显示器、电极/电极帽等）外，尚需准备好附属物品，如棉签、胶纸、酒精棉球、磨砂膏、剪刀、钝形针头注射器、纸巾等。

另外，需要准备打印好的被试调查表格和实验记录表格，内容主要包括：

（1）被试基本情况（包括年龄、性别、智力水平、利手等）；

（2）实验中被试精神状态、配合情况；

（3）实验步骤记录；

（4）坏电极情况记录；

（5）数据处理中的问题记录。

第二节　ERP 实验过程及相关问题

一、EEG 记录前准备

1. 被试填写被试情况表格。进行左右利手的判定，视力和听力（听觉实验中必须)测试。如果可能,尚需进行智力水平测试。

2. 如果被试未提前洗头,则要求被试进入实验室后,尽快洗头并吹干(使用中性洗头膏)。

3. 主动讲解 EEG/ERP 记录,使被试了解实验的科学性和无损伤性(如同临床上的脑电记录),并说明导电膏无毒、无害、水溶性好、极易清洗。

4. 向被试交代实验操作内容,详细讲解指导语,使其能够积极配合实验。

5. 提醒实验过程中应注意的问题,如放松、少动等。需要说明的是,要告诉被试实验中间可以休息,但要在实验前上厕所;考虑到限制眨眼导致的伪迹可能更大,可以要求被试在自然放松的前提下尽量少眨眼,但不能限制被试眨眼。

二、电极安放或佩戴电极帽

1. 根据实验要求和被试特征确定电极位置和数量

如果仅研究某个脑区的 EEG/ERP 变化,可以在该区安放多个电极,电极位置可以基于国际 10—20 系统进行扩展。例如,在中央—顶区的 Cz 周围密集安放多个电极,研究该区的电位变化或溯源分析;如果被试为脑损伤或一侧脑创伤病人,也可以根据研究目的和要求在不同位置安放电极,而不必都用多导电极帽记录脑电。另外,在特因环境条件下,如航空航天飞行中,电极的安排可以根据 10—20 系统或 10—10 系统有所减少。

2. 一般情况下的正常被试,都可使用多导联电极帽,这样,使电极安放更规律、更可靠,有利于研究比较。

佩戴电极帽前,必须测量被试的头围,根据头围大小选择不同大小的电极帽。Neuroscan 的 Quik-Cap 电极帽大小有以下几种:新生儿(34～40 cm)、婴儿(42～48 cm)、儿童或小号(48～54 cm)、中号(54～62 cm)、大号(62～68 cm)。

3. 佩戴电极帽

如图 5-1(左)所示,首先从前向后戴上电极帽,然后确定电极帽 Cz 点的安放位置是否正确,即矢状线和冠状线的连线之中点,确定该点后,将电极帽往前后调整,保证中线电极与头皮矢状线一致,最终使电极帽端正、紧密地戴在头上。也有实验室按照图 5-1(右)所示,首先确定 Fp1 和 Fp2(可以让助手或受试者双手固定),然后将电极帽由前向后佩戴。然而,不管哪种方法,都要保证电极帽和被试头围的大小相吻合,否则会出现电极定位不准的问题。比如,如果电极帽太大,采用图 5-1(左)的方法,虽然保证了 Cz 点的位置正确,但会出现额区电极太靠前,以至于距离眼睛区域太近,而头皮后部电极太靠后,导致 Oz 低于枕骨粗隆;而采用图 5-1(右)的方法,虽然可以保证额区 Fp1 和 Fp2 的位置正确,但会使得其后所有的电极位置后移,为后续数据分析的可靠性带来困难(如地形图或溯源分析)。需要注意的是,参考电极的安放需要根据不同的研究进行有效的选择,详见本章第三节"参考电极的选择和转换"。

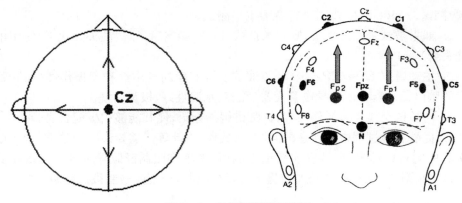

图 5 - 1　电极帽佩戴示意图

4. 在摩擦皮肤角质层时（双乳突、眼睛上下左右、额头皮肤或鼻尖等），应讲明使用的材料和目的，尽量轻擦。重点是参考电极的摩擦，如双侧乳突或鼻尖，必须保证阻抗足够低；如果以前额皮肤接地，更需要将接地电极的阻抗降低，以减少 50 周干扰。

5. 注射导电膏时每个电极注射约 0.5 ml 即可，不可太多，以防导电膏外溢而导致电极间的串联，这一点在应用 128 导或 256 导电极帽时尤为重要，为此，导电膏不能太稀，要保证黏稠。

要熟练掌握导电膏的注入方法，保证在尽可能短的时间内完成。经过训练后，通常 64 导电极帽的佩戴和导电膏注入在 10 min 内即可完成。

人工耳蜗植入的听觉脑电记录要求

在评价听力障碍人群的听觉系统及脑高级功能方面，ERPs 具有独到的优势，越来越受到基础和临床研究的重视。然而，当对耳蜗植入的人群进行听觉电生理测试时，基于人工耳蜗的信号发生机制，人工耳蜗产生的信号伪迹具有明确的锁时（time-locked）特征，这样必将对 ERPs 结果的分析带来很大的影响，必须对人工耳蜗产生的伪迹进行剔除，才能得到有效的 ERPs 数据。如图 5 - 2 所示，人工耳蜗植入后，由于受到人工耳蜗放电的影响，200 ms 前主要表现为显著的人工耳蜗放电伪迹，虽然在 FC4 导联可以看到在 P2 的时间范围内和对照组有相似的变化，但原始波形中难以看到基本的 ERPs 成分。

除了在离线分析时对人工耳蜗放电伪迹进行矫正（如 PCA/ICA），在 EEG 记录的时候，也可以采用一些方法尽量降低人工耳蜗放电产生的伪迹噪声。图 5 - 3 为人工耳蜗植入后言语刺激诱发的 ERPs 结果，尽管耳蜗伪迹（幅度在 100～2 000 μV）主要分布于人工耳蜗植入附近的电极记录位置，但对其他电极位置的信号记录也有不同程度的影响。那么，如何在 EEG 记录过程中有效地减少耳蜗伪迹噪声呢？一个非常简便易行的方法是控制电极导线的走向（Singh et al.，2004）。图 5 - 4 示两种电极导线走向对 EEG 记录的影响。将导线沿人工耳蜗植入位置的对侧方向连接放大器,可以有效地减少人工耳蜗的伪迹噪声,使伪迹噪声尽可能地局限在耳蜗附近。

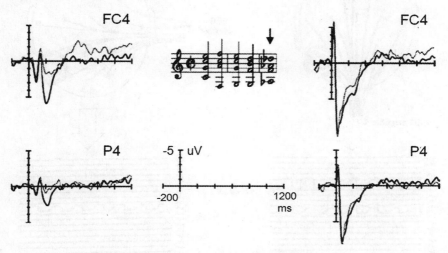

图 5-2　人工耳蜗植入与音乐认知

向下电压为正。左图:正常对照被试;右图:人工耳蜗植入者。乐音呈现时间为 30 ms,粗线和细线分别代表规则和不规则的弦乐音。对照组被试可见显著的 P1、N1 和 P2 成分,不规则乐音产生较小的 P2;人工耳蜗植入后,由于受到人工耳蜗放电的影响,200 ms 前主要表现为显著的人工耳蜗放电伪迹,虽然在 FC4 导联可以看到在 P2 的时间范围内和对照组有相似的变化,但原始波形中难以看到基本的 ERPs 成分。(引自 Koelsch et al., 2004)

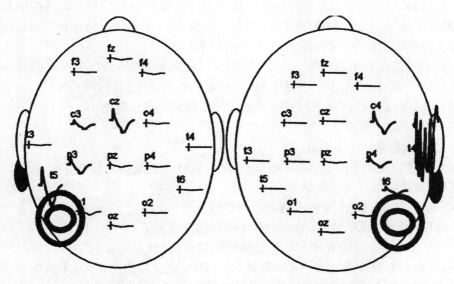

图 5-3　人工耳蜗植入后记录脑电时的伪迹分布

(引自 Singh et al.,2004)

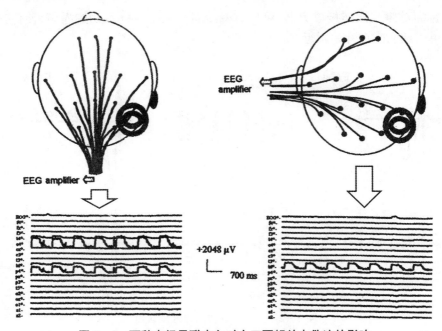

图 5-4　两种电极导联走向对人工耳蜗放电伪迹的影响

(引自 Singh et al. ,2004)

三、脑电记录参数

(一) 电阻

在记录位置,皮肤与电极之间的阻抗是记录脑电的重要环节。电极帽佩戴好后,即可通过"Impedance"观察阻抗,也可以根据 Neuroscan 的 Syamp 2 型放大器壳体表面的电阻标示来确定阻抗是否降到要求。

通常要求皮肤阻抗低于 5 kΩ。如果采用高阻抗采样,会产生很多的高频干扰,包括 50 周干扰。国际心理生理学会制定的 ERP 记录标准(Picton et al. ,2000)明确提出,EEG/ERP 研究中不推荐使用高阻抗记录脑电。

(二) 记录参数的设定

1. 放大倍数(Ad,Gain)

放大倍数又称为增益(Gain)。电压放大倍数一般是指对异相信号的电压放大倍数,其数值以分贝(dB)表示:

1 dB＝20 log A,A 为放大倍数的绝对值

在以往的 ERP 研究中,脑电的放大倍数通常要大于 50 000,EOG 的放大倍数减小 1/2 或 2/3。但随着放大器采样精度的提高,尤其是随着数字放大器的广泛使用,目前脑电放大倍数已经显著降低,在 ERPs 论文写作中,可以不报告放大倍数,只需说明放大器名称即可。

2. 带宽(Bandpass)

选择带宽的目的在于使脑电放大器仅放大拟研究频带的 EEG 信号,而频带外的噪声等干扰信号不放大。这一过程是通过模拟滤波器来实现的。

模拟滤波器是对连续信号[①]以模拟方式进行处理。按功能可以分为高通、低通和带通滤波器。

(1) 高通的选择:如果选用交流采样(AC),则带宽的高通(high pass)应尽量低,比如 0.01 Hz 或 0.05 Hz。

也有研究用到 0.1～40 Hz 的带宽,这样的设置可以研究早期 ERP 成分(如视觉 P1、N1,听觉 P1、N1 成分),但不利于研究晚期 ERP 成分,如 P3、SW、N400、CNV 等等,主要原因在于,时间常数的大小直接影响脑电记录和 ERP 波形是否失真。

所谓时间常数(Time Constant,TC),是对频带宽度[②]中低端频响的一种描述方式,即

$$TC = 1/(2\pi f_L)$$

式中:f_L 为低端频响值。

图 5-5 清楚表达了时间常数和 ERP 的关系。时间常数的变化,对 ERP 中 200 ms 前的早期高频成分影响不大,但对晚期成分(如 P3、SW)产生了显著影响,TC 越大,慢电位的波幅衰减越小。0.1 Hz 的高通对 ERP 慢电位成分的影响有多大呢? 下面计算说明:

高通(低端频响)为 0.1,则时间常数为 $TC = 1/(2\pi \times 0.1)$,约为 1.6。

设慢电位的周期为 1.5 s(如语言认知),则

$$\tan\varphi = 1/(2\pi \times f \times TC) = 0.1 \times 1.5 = 0.15$$
$$\cos\varphi = 0.989$$

信号损失为 $1 - 0.989 = 0.011$,即 1.1%。

如果用 0.01 Hz 的高通采样,则 TC 为 16,$\tan\varphi$ 等于 0.015,$\cos\varphi$ 为 0.999 9,信号损失仅为 0.01%。

以 Neuroscan 放大器为例,该脑电放大器可以做到 DC 采样,保证了慢电位的记录,但同时也会出现记录过程中慢电位的漂移,因此,数据采集软件中可以进行 DC 矫正,以保证数据记录的真实可靠性。选择"DC correction",输入一个漂移值的百分数,当超过该值时,即进行自动 DC 矫正,如输入 80(%),即表示一旦 DC 漂移超出这个值时,即自动矫正;Neurosan 的 SynAmp 2 已对自动 DC 矫正默认设置。

---

① 模拟信号是指在规定的连续时间内,信号的幅值可以取连续范围内任意数值的信号,是时间连续、幅度连续的信号。脑电信号及其他医学传感器产生的信号,一般都是模拟信号。

② 频带宽度:放大器能够正常放大的信号的频率范围,定义为 $1/\sqrt{2}$(约 0.7)倍 Ad(放大倍数)时,相应高低频率之间的频率范围。低端频响(F_L)即高通(high-pass)值,高端频响即低通(low-pass)值。

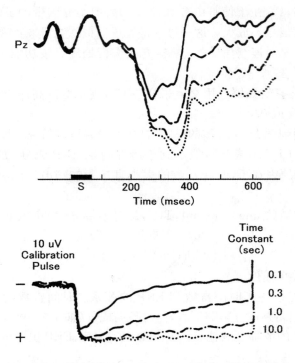

图 5-5　时间常数（Time Constant）对 ERP 波形的影响
（引自 Cacioppo，Tassinary & Bertson，2000）

（2）低通的选择：为了使信号记录不失真，建议将低通设置为所观察脑电频率成分的 2 倍以上。比如，想不失真地记录 100 Hz 的脑电成分，那么带宽低通最好不低于 200 Hz。不管 AC 还是 DC 采样，低通（Low pass）均可以设置为 100 Hz 或更高（如 200 Hz）。前述的 0.1～40 Hz 的带宽，虽然可以得到 ERP 的早期成分，但不利于研究其他高频成分的脑电在认知活动中的重要作用。已有大量研究表明，40 Hz 稳态反应、60 Hz 脑电以及 90 Hz 脑电都与注意、思维等高级认知活动密切相关，因此，在放大器性能满足的条件下（如 Neuroscan 的采样带宽为 DC～3 500 Hz），低通可以高一些（如 100 Hz 或更高），这样，既可以看到 ERP 成分，又可以用同一批脑电数据进行 EEG 的研究，如事件相关的功率谱、相干同步研究等，而这一点往往被 ERP 研究者所忽略。将 ERP 和 EEG 自身的变化特征相结合，将是脑电研究的一个重要方向。

3. 采样率（A/D Rate）

采样率即采样速度，每秒所采集的点数。理论上，采样率越大越好。但采样率过大，也会使脑电数据呈几何基数增长，不利于后期离线分析处理。选用 500 Hz 或 1 000 Hz 的采样率对一般的 ERP 成分是足够的，但如果研究如听觉脑干诱发电位和中潜伏期反应的感觉诱发成分，则需要较高的采样率。以听觉脑干诱发电位为例,由于其主要成分(Ⅰ~Ⅴ波)主要在刺激后 10 ms 内产生,如果采样率为 1 000 Hz,即 10 ms 内仅可采集到 10 个点,显然,10 个数据点对 5 个波的分析是远远不够的。Neuroscan 放大器 SynAmp 2 的每导采样点可达 20 000 点,从而保证了脑干诱发电位的良好记录(见本书第 7 章之图 7-7)。

4. 陷波(Notch)

应用陷波滤波通常是为了消除市电干扰(中国为 50 Hz)。但陷波滤波对脑电其他成分的记录亦有显著影响,同时,在真实脑电中的 50 Hz 成分也被剔除了,从而导致波形失真,因此,应设置为"Off"。ERP 记录标准(Picton et al. ,2000)中明确提出"不推荐使用陷波滤波"。当然,如果实验室环境较差,市电干扰难以去除,也可以采用陷波 50 Hz 处理。

四、实验预记录

进行脑电研究,正式实验前的预记录非常重要,一方面可以观察脑电记录是否正常,另一方面可以缓解被试的紧张情绪。

可以采用下面步骤进行预记录:

(1) 脑电基本波形是否正常;脑电基线是否平稳;有无 50 Hz 干扰,如果某导联干扰很大影响了记录,则可能是该导联阻抗较高所致,也可能是接地电极阻抗较高导致(详见下面的伪迹介绍)。需要注意的是,不同导联的脑电模式应该不同,如果不同的导联脑电波动完全一致,则有可能是导联间的短路所致,应马上予以清理。

(2) 让被试进行眼睛动作(闭眼—睁眼、转动眼球、水平扫视),观察眼动对脑电的影响,以判断电极安置是否合适,如:脑电和眼电的方向是否一致,是否是前部脑电受眼电影响较大等等,如果出现不符的情况,则要及时查找原因;观察闭目时 α 活动是否出现,是否符合正常脑电标准,而睁眼时是否出现 α 活动的抑制。

(3) 如果记录了心电,则需要观察心电的基本波形是否正常、节律是否稳定以及其心跳周期。

(4) 如果记录了肌电,则需要让被试进行按键反应,以观察肌电记录是否正常。

(5) 让被试作充分的练习,以及刺激的产生和按键反应是否正确等。

五、实验正式记录

被试充分练习、熟悉实验任务后,即可以开始正式实验的记录。实验过程中,要注意实验室光线(半暗背景照明)、声音干扰等情况。同时,应事先留有足够的记录空间,记录时应特别注意脑电文件名的创建是否正确,是否符合要求。另外,实验开始后,应通过脑电记录判断被试是否真正理解指导语,如有问题及时解决。注意:先点击"Save"存盘,记录一小段时间(可以是 1~3 min)的安静脑电后再呈现刺激,也就是说,多存储一些无作业任务的脑电数据,这样做的好处是,一方面可以保证离线分析时 EEG 数据与行为数据的合并,另一方面,有助于对认知条件下与安静状态下的脑电进行比较研究。

在正式记录过程中，一个非常重要的问题即伪迹的判断识别。只有正确识别伪迹，才有可能在记录过程中及时发现并解决问题。如果伪迹很大，难以记录到稳定的脑电，且经过调试后，仍无法很好地记录，可以及时替换被试。这种情况的出现多是由于被试自身特征所决定的，如紧张、多动等等。下面对脑电记录中出现的常见伪迹予以描述。

伪迹（artifact）是指脑电描记中不是起源于脑部的电活动干扰：

$$
伪迹（Artifacts）\begin{cases}
肌电伪迹 \\
50\ Hz\ 或\ 60\ Hz\ 干扰 \\
眼动伪迹 \\
血管性伪迹（心电和脉搏） \\
出汗 \\
电极故障 \\
电极移动 \\
导线断裂 \\
附近设备造成的突然电压冲击 \\
脑电仪器的故障 \\
与呼吸有关的运动、哭泣、吸吮、颤抖或吞咽等
\end{cases}
$$

（一）肌电（EMG）伪迹

头颈部肌肉的运动（肌电）是产生脑电伪迹的主要原因之一。这种肌电伪迹的特点是频率快（20 Hz～1 kHz），波幅较高（以毫伏计量），常表现为连续性的各种频率的尖头脉冲，还可表现为密集爆发的尖头脉冲（图 5－6）。头部的 EMG 伪迹主要来自额、颞、耳后、枕及颈部肌肉的收缩，如颈部肌肉紧张（枕部导联）、吞咽（肌电伪迹常出现在各导联，以颞部导联显著）、皱眉（额前部导联）、咬牙等运动是头部 ERP 干扰的最多见原因。肌电也可 1～2 个散在性地出现，这时易误认为是棘波。

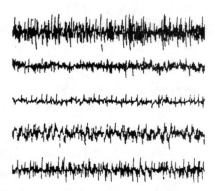

图 5－6　肌电伪迹
头皮下肌肉收缩。由上至下分别为 F8、F4、Fz、T4、T3。

为避免肌电干扰,一方面要缓解被试紧张情绪,采用舒适体位;另一方面,根据肌电出现的部位,告诉被试尽量避免产生肌电的某种动作。另外,增加平均处理的刺激次数,也可以通过改善信噪比来提高 ERP 的清晰度(图 5-7)。当然,也可以离线对数据采用低通滤波方法消除高频干扰(详见第 6 章第三节)。

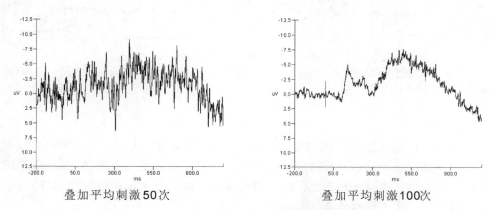

叠加平均刺激50次　　　　　　　　　　叠加平均刺激100次

图 5-7　平均叠加次数与肌电伪迹的关系
随叠加次数的增加,EMG 伪迹明显减少。

（二）50 周（Hz）

脑电图伪迹还可能来自 50 Hz 市电(中国)。这种伪迹可从头皮电极检出,特别是电极电阻很高的时候。高电阻是因为头皮上未被清除的油脂、脏污或死亡皮肤所引起的电极接触不良导致。如果所有导联均出现 50 周交流干扰,则可能是由于地线不良或外部高频干扰所致,也可能来自接地电极或参考电极阻抗过高。值得注意的是,高电阻可以检出任何种类的伪迹,而不仅仅是 50 周一种。只要出现的伪迹正好是每秒 50 周,就可以确定这种伪迹就是 50 周干扰(图 5-8)。

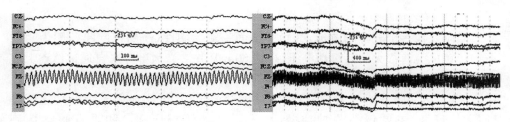

图 5-8　50 周伪迹
左图为 1 s 的原始脑电波形,Fz 记录点出现共计 50 个正弦样波,即 50 周;右图为同一批脑电数据,共计 4 s,50 周密集,看起来像一条黑线。

（三）电极移动

任何电极在头皮上移动,甚至是轻微的移动都会引起伪迹产生。例如,当被试取仰卧位或头后部靠在椅背上,则枕部电极与枕头或椅背相接触,这样,每次呼吸时,被试头部上下运动,使枕部电极产生轻微的摇动,这种电极摇动就会产生电极移动的伪迹(图 5-9)。

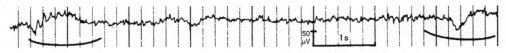

图 5-9　电极移动伪迹举例

下面画线的部分即是由于电极移动导致的缓慢波动。(引自 JR Hughes 著,马仁飞译,临床实用脑电图学,1997)

（四）出汗性伪迹

出汗会引起皮肤电阻的改变,从而产生一种非常缓慢(0.2~0.5 Hz)类似于基线漂移的电位活动,即出汗性伪迹。另外,出汗还会引起电极松动,形成非常缓慢的脑电波动。多见于易于出汗的额颞部电极。如果参考电极下皮肤出汗,则引起所有导联产生出汗性伪迹(图 5-10)。

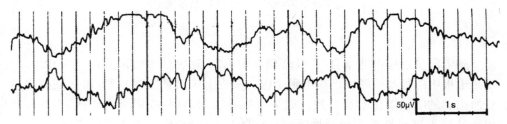

图 5-10　出汗性伪迹举例

导联 1 和 2 由于出汗导致高波幅、不规则的缓慢波动。(引自 JR Hughes 著,马仁飞译,临床实用脑电图学,1997)

（五）眼动伪迹

眼睛好像一个充电的电池,其角膜表面一侧为阳性(+),视网膜一侧为阴性(-)。该电池有很大的持续性电压(高达 60 mV 左右),大部分来自通过色素上皮的电位。眼球运动时,会在脑电图上产生明显的偏转(因为眼球不动时为一静止的直流电位,而眼球运动时,则变为活动的交流电位,可明显影响脑电),这就是"眼动伪迹"。主要包括两种类型:水平眼动伪迹(HEOG)和垂直眼动伪迹(VEOG)(图 5-11)。当然,眼睛的其他运动也会严重影响脑电的记录,特别是前额区记录电极位置,如旋转眼球、不同方向的扫视、眼球不规则运动等等。

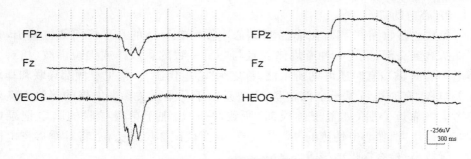

图 5 - 11　眼动伪迹举例
左：垂直眼电（VEOG）；右：水平眼电（HEOG）

（六）血管性伪迹

血管性伪迹至少包括以下两种：

1. 脉搏波伪迹

在这种情况下，电极位于一个随心脏跳动而搏动的血管附近，每次血流的冲击均引起电极周围组织的轻微运动，每次心跳也使电极本身发生轻微的移动。伪迹的波动与脉搏同步出现，呈尖波样或大慢波样。如果耳垂或乳突参考电极导线绕过颈部，则可能会引起所有导联的脉搏波伪迹。如果将电极从跳动的血管上轻轻移开，或重新安放头部位置，即可纠正这种伪迹（图 5 - 12）。

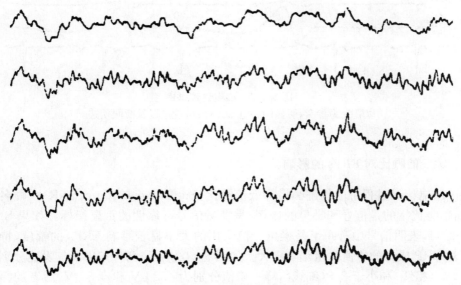

图 5 - 12　血管波伪迹举例
以耳垂为参考。可见各导联均出现 90 次/分的节律性慢波（血管波伪迹）。波幅：2.4 mm＝50 μV；纸速：12 mm＝1 s。（引自谭郁玲主编，临床脑电图与脑电地形图学，1999）

2. 心电伪迹

每次心脏收缩都伴随出现心电图，心电图可在身体的几乎任何部位检出，并可能扩展到头部，呈现一种有规律的且与心跳一致的棘波样或尖锐样波（相对于心电图的 R 波），有时还可见到 T 波，称之为"心电伪迹"。常见于颞部导联和耳垂无关电极，有时也可见于全部导联，主要是由于耳垂无关参考电极的接触不良或参考电极靠近心脏（如置于颈根部）所致，往往出现于单极导联的脑电记录中（图5－13）。消除心电伪迹的办法主要有：改变被试体位或头位；将耳垂参考电极的位置放高；检查接地电极等。

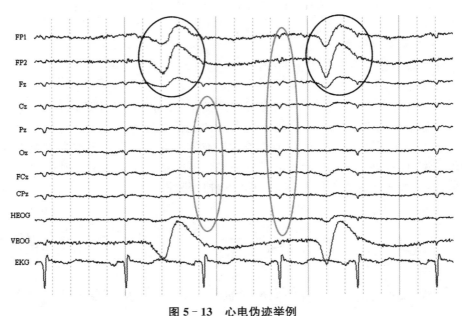

图 5－13　心电伪迹举例
以乳突为参考，明显的心电 QRS 波群伪迹以及眨眼伪迹。

六、信噪比对 ERPs 的影响

脑电记录过程中的伪迹必将降低信噪比（Signal-Noise-Ratio，SNR）。顾名思义，信噪比指的是信号和噪声的比例，是衡量信号可靠性的重要指标。如果 SNR 为 2∶1，表明信号中有一半是噪声。信噪比的大小显著影响 ERPs 的幅度，特别是对 ERP 成分的峰值测量影响更大。如图 5－14 所示，两种条件下信噪比分别大于 212（粗线）和小于 2.5（细线），峰—峰值分别为 4.2 μV 和 5.3 μV，后者的幅值增大了 25%，显然由于噪声过大所致。

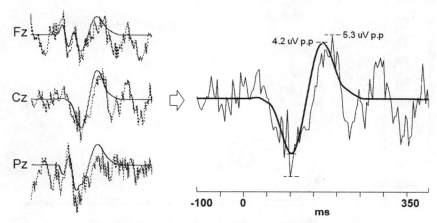

图 5-14　信噪比对 ERPs 波幅的影响

粗线:最大 SNR>212;细线:最大 SNR<2.5。

　　信噪比的高低对 ERPs 成分的溯源分析也有显著的影响。如图 5-15 所示,随着信噪比的增大,偶极子溯源分析结果的可靠性显著增加。

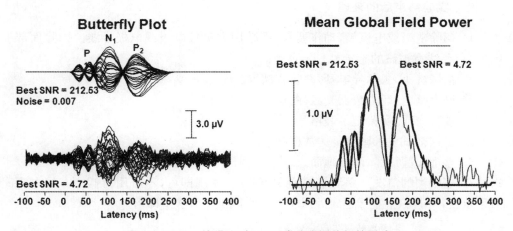

图 5-15(a)　信噪比对 ERPs 成分溯源分析的影响

　　两种信噪比对听觉 ERPs 波形的影响。可见,高信噪比时的蝴蝶图所示的各导联的 ERPs 以及 GFP 波形光滑,成分清晰;低信噪比时,尽管有相似的波形,但成分的清晰程度受到噪声的显著影响。

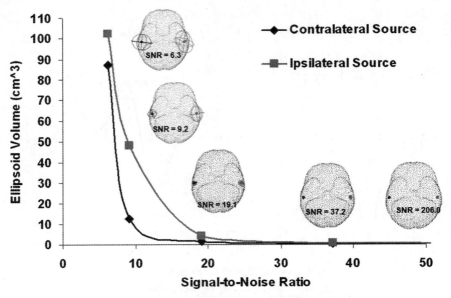

图 5 - 15(b)　信噪比对 ERPs 成分溯源分析的影响

　　信噪比对听觉 N1 成分的溯源分析的影响,随着信噪比的增大,偶极子定位的可靠性显著增强。

七、实验结束后的整理

　　1. 摘除电极或电极帽,动作要轻,严禁用力牵扯电极或电极导线。摘除面部电极时,要注意被试的感觉。

　　2. 被试洗头,去除导电膏,并防止感冒。

　　3. 刻录脑电、行为数据光盘,备份。

　　4. 填写完成"实验记录表格"。

　　5. 根据被试要求讲解行为数据结果。

　　6. 整理实验用品,清扫地面。

　　7. 电极帽的清洗　用清水浸泡 10 min 后冲洗即可,不可用力揉搓。导电膏溶于水后,将其晾干置于通风处风干或用吹风机凉风吹干即可。

第三节　参考电极的选择和转换

　　将参考电极放在什么位置,才能将参考电极的活动降到最低,获得最真实的基线(近似于 0 的)信号呢? 一般情况下,参考电极的选择可以是双侧乳突(连线)平均、耳垂(连线)平均、前额中心电极、鼻尖、下颚、非头部的胸椎、踝关节和膝盖等等,也可以将所有头皮脑电极位置记录的电压的平均值作为参考,即平均参考

（average reference）。虽然对参考电极位置的争论是纯方法学的，但它也具有非常重要的理论意义。实际上，由于不同的参考位置会对数据记录产生不同的影响，在同一实验程序采用不同的参考位置将会产生不同的实验结果。如图 5 - 16 所示，以鼻尖参考得到的面孔刺激诱发的颞枕区分布的 N170 显著高于双侧乳突平均参考的 N170，而（Vertex Positive Potential，VPP）则表现为后者更为显著。由于高级视觉加工（如面孔）往往在枕—颞皮层，以鼻尖作为参考电极比乳突更有利于观察该区域的认知加工机制。

　　基于对参考电极位置、方向与偶极子发生器位置之间的复杂关系及电信号通过头骨的传播特性的考虑，Katznelson（1981）认为解决参考电极选择的最好方式就是对所报告的每一组数据都使用两种或两种以上不同的参考电极模式，并从中确定结果上的相同点，然后进行分析，得出相对可靠的结论。但是，这种方法并未得到广泛使用。目前，较为常用的头部参考是耳垂或乳突的连线或平均，相对较少使用的是鼻尖和下颚参考以及平均参考。

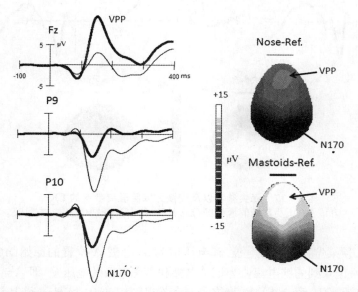

图 5 - 16　双侧乳突参考（粗线）和鼻尖参考（细线）记录的面孔 N170 的比较

　　向上电压为正。以鼻尖参考得到的面孔刺激诱发的颞枕区分布的 N170 显著高于双侧乳突参考，而 VPP 则表现为后者更显著。

双侧耳垂或乳突为参考

　　耳垂或乳突的连线或平均作为参考是将每个参考电极都放置于一侧耳垂或耳后的乳突上，然后将两个电极的连线或平均作为一个参考信号，这种方法在EEG/ERP 的研究中（尤其是听觉 ERPs 的研究）已经被广泛地使用。然而，在信号放大之前将两个电极连线在一起，理论上是强行将两个信号相等对待。这一缺陷将会产生一个低电阻通道，使得整个头皮的电压分布得到改变。因为如果两个电极的电阻不相同，电流将更易流向其中一方，并将有效的参考位置转移向电阻更低的位置，因此影响有效的头皮电压分布并改变了对称性。但是，需要指出的是，因为皮肤阻抗明显高于大脑阻抗，这种影响实际上并不严重。

相比较而言，选取左右乳突或耳垂电极信号的平均数作参考，被认为是比连线法更好的方法，它可避免分布失真。为实现这一目标，可以以鼻尖或头顶做参考电极，而将双侧乳突或耳垂作为两个单极导联的记录电极，然后在离线分析中从各导联的脑电数据中减去双侧乳突的平均数（图 5－17）。其原理如下：

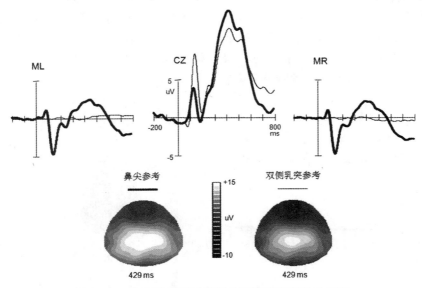

图 5－17　鼻尖参考以及转换为双侧乳突参考的 ERPs
向上电压为正。P300 及其峰值地形图分布；ML 和 MR 分别代表左、右乳突。

设以头顶某位置为参考电极，其电压值为 x，电极 A 位置的原始脑电信号幅值为 A，那么所记录到的脑电幅值为记录电极和参考电极的电压差，即 $A-x$，设为 a；

左右乳突或耳垂记录的原始信号幅值分别为 Lamp 和 Ramp，其记录到的信号幅值分别为 $l=Lamp-x$ 以及 $r=Ramp-x$；

转换为双侧乳突或耳垂的平均数为参考后，A 位置的信号幅值为

$$a'=A-(Lamp+Ramp)/2$$
$$=(a+x)-(l+x+r+x)/2$$
$$=a-(l+r)/2;$$

左侧乳突 $=l-(l+r)/2$
$$=(l-r)/2;$$

右侧乳突 $=r-(l+r)/2$

$=(r-1)/2$。

（显然，左右乳突的代数和为零）

另外，也可以将一侧乳突或耳垂做参考电极，而将对侧乳突或耳垂做记录电极，然后从各导联的脑电数据中减去对侧乳突或耳垂记录信号的1/2(图5-18)。其原理如下：

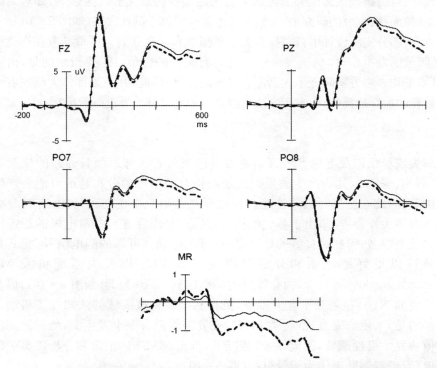

图5-18 左侧乳突参考（粗虚线）以及转换为双侧乳突参考（细线）的ERPs
向上电压为正。MR代表右侧乳突。注意：MR和其他导联记录的电压比例尺不同。

设以左侧乳突或耳垂为参考电极，其原始电压值为Lamp，电极A位置的原始脑电信号幅值为A，那么所记录到的脑电幅值为记录电极和参考电极的电压差，即A－Lamp，设为a；

右乳突或耳垂记录的原始信号幅值分别为Ramp，其记录到的信号幅值分别为r＝Ramp－Lamp；

转换为双侧乳突或耳垂的平均数为参考后，A位置的信号幅值为

a'＝A－(Lamp＋Ramp)/2

　＝(a＋Lamp)－(Lamp＋Ramp)/2

　＝a＋Lamp/2－Ramp/2

　＝a－r/2。

　　虽然临床脑电检查大多使用耳垂作参考电极，但有研究发现当实验时间超过 1 h，耳垂参考会降低信号记录的稳定性和可靠性。不过，也有实验室一直采用耳垂参考，如著名的面孔识别研究专家 Eimer 教授的实验室。但是，耳垂/乳突平均参考有其难以忽略的自身缺陷。Goldman(1950)和 Katznelson(1981)研究发现，耳垂/乳突平均参考将邻近脑区的活动作为了基线。由于耳垂/乳突参考邻近颞枕部发生器，所以会对以研究该部位邻近区域为目的的某些特定实验产生影响，如对高级视觉加工（如面孔识别）的研究中，大量的发生源被定位于颞枕皮层（如图 5 - 16 所示）。当然，在大部分实验设计中，耳垂/乳突参考都是非常有效的。耳垂参考在视觉诱发电位、听觉诱发电位、体觉诱发电位上均具有重要的价值。需要指出的是，由于乳突/耳垂平均参考方法降低了大脑左右半球的差异，因此，并不是评估大脑左右半球功能差异的最好选择（鼻尖参考方法可以更好地对半球差异进行分析）。

鼻尖参考

　　鼻尖或鼻根以及下额参考都是将参考电极放置于邻近颅骨通路的位置（口、喉咙、眼窝、鼻窦），其所产生的低阻抗通路将对电信号的分布特征可能会产生潜在的影响，因此在使用时需要注意。但在做某些研究中也是可行的，有时是必需的。尽管鼻尖作参考时，由于鼻尖的特点（高耸、易出汗等），参考电极的稳定性可能不如乳突参考，但经过良好的处理，仍然可以记录到可靠的脑电信号，尤其是鼻尖记录可以更好地记录和分析早期视知觉 ERP 以及失匹配负波 MMN (Mismatch Negativity)。以面孔特异的早期成分 N170 为例（如图 5 - 16），以鼻尖参考得到的 N170 显著高于乳突参考，更有利于观察该区域的认知加工机制。更为重要的是，大量研究发现，听觉 MMN 在乳突附近有一个发生源，所记录到的电压幅值会发生极性翻转，因此，一般情况下，听觉 MMN 的记录和分析以鼻尖作参考电极，而以双侧乳突作为记录电极（图 5 - 19）。

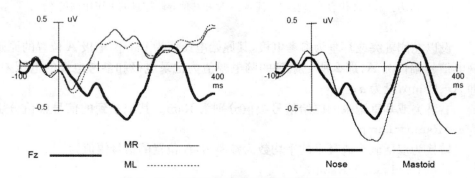

图 5 - 19　参考电极对听觉频率 MMN 的影响

　　向上电压为正。左图：鼻尖参考，ML 和 MR 分别代表左、右侧乳突；乳突 MMN 发生明显的极性翻转。右图：Fz 位置鼻尖（粗线）和双侧乳突（细线）记录的 MMN 比较。由于双侧乳突的 MMN 发生极性翻转，即为正电压，因此，双侧乳突记录的 MMN 幅值比鼻尖记录的 MMN 幅值增大。

平均参考

所谓平均参考(average reference),指的是在用普通参考电极记录 EEG 后,求出全部记录点的平均值,以各记录值减去该平均值后的差值作为实际的脑电数据。其目的在于实现参考电极的电位恒定或为零。其依据是,假设人脑和颅骨是均匀的圆球体,球体表面均匀放置足够的记录电极,偶极子位于球心。该方法的优点是可以进行某些脑电求源的逆运算。其缺点在于它是基于理想的头颅条件和假设的偶极子计算出来的,与真实情况相差很大,因此它所带来的误差是不容忽视的。实际上,无论多精确的平均参考也只是一个理论上接近的零点,且依赖于传感器的数量和位置。从前额或前部信号取得精确的采样是相对困难的,因为大脑并不是一个真正的球体,所以在大脑上的电极排列也并不能像在球体上一样完全合适。因此,任何平均参考都必然更有利于中央和后部、侧部和背部位置(图 5 - 20)。

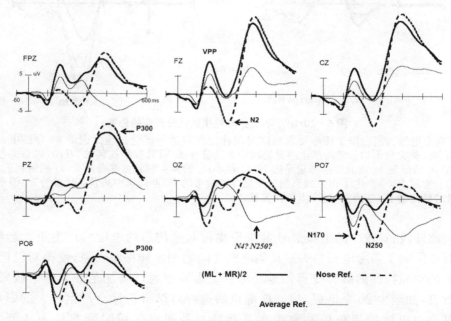

图 5 - 20(a) 不同参考对视觉区分反应的影响

作业任务要求被试对面孔的表情进行区分反应,所示为悲伤表情的 ERPs。记录 64 导脑电。可见,乳突、鼻尖和平均参考均产生明显的额中央区分布的 VPP 和颞枕区的 N170,以鼻尖参考的 N170 幅值最大,而乳突参考记录的 N170 最小;乳突和鼻尖参考均可清楚地观察到颞枕区分布的 N250,且以鼻尖参考的 N250 幅值更大。非常值得注意的是,尽管鼻尖和乳突参考的 P300 幅值相近,但平均参考对 P300 产生了很大的影响,虽然 3 种参考平均的 P300 均以中央顶区优势分布,但平均参考时额区和颞枕区的 P300 消失,同时颞枕区分布的 N250 缺失,产生了峰值在 400 ms 的负成分(潜伏期与 P300 的相似)。该负成分既不是 N400,也不是 N250 的延迟,实际上是由于平均参考所导致的"ghost potential"。因此,尽管平均参考对早期成分的基本模式影响不大,但对晚成分产生了显著的影响,从而给数据分析以及对 ERP 成分的理解带来很大的困难,且不利于与以往研究以及不同实验室之间进行对照和比较。

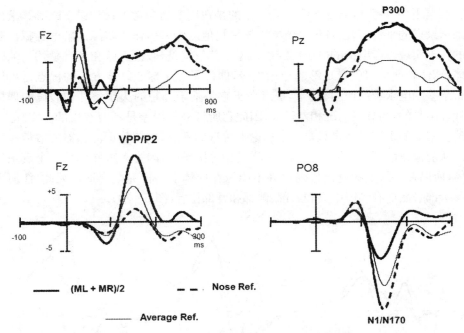

图 5 - 20(b)　不同参考对视觉区分反应的影响

　　向上电压为正。作业任务要求被试对面孔的种族进行区分反应。记录 64 导脑电。可见,乳突、鼻尖和平均参考均产生明显的额中央区分布的 VPP 和颞枕区的 N170,以鼻尖参考的 N170 幅值最大,而乳突参考记录的 N170 最小;尽管鼻尖和乳突参考的 P300 幅值相近,但平均参考对 P300 产生了很大的影响。虽然 3 种参考的 P300 均以中央顶区优势分布,但平均参考时额区的 P300 消失,且产生负向偏移。

　　此外,相对较少的电极信号参与平均将对平均后的电信号产生更大影响,同时也影响了参考电极与头皮其他电极之间的相位和振幅关系,使得对已记录数据的空间特性的解释变得困难。尽管该影响可通过增加足够大的电极采样来改善,如至少 20 个电极,但电极部位的选择对结果仍然会产生较大的影响,尤其是在电极排列疏松并集中在某些特异的孤立区域时影响更为显著(图 5 - 21)。

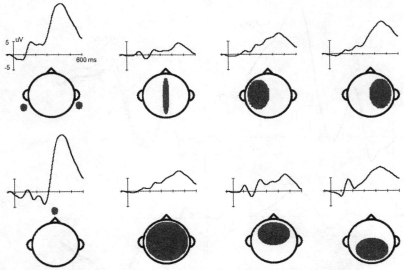

图 5 - 21　平均参考时电极导联部位对 ERPs 波形(Pz)的影响

向上电压为正。鼻尖和乳突参考示 Pz 位置的视觉 P300,而进行平均参考时,平均参考电极部位的选择直接影响 ERPs 波形,且相对于鼻尖和乳突参考,均发生明显的失真。上排从左至右:乳突、中线平均参考、左侧电极平均参考、右侧电极平均参考。下排从左至右:鼻尖、全脑平均参考、前部电极平均参考、后部电极平均参考。注:由于乳突与 Pz 之间的距离比鼻尖和 Pz 之间更近,因此,Pz 点记录的 P300 在鼻尖参考时比乳突参考有所增大。

　　另有研究者对平均参考提出批评,因为平均参考法可能会产生"ghost potentials"(幽灵电位),即难以预料的 ERP 成分,从而干扰了 ERPs 成分的正确理解和分析,导致错误的结论(Desmedt et al. ,1990)。需要注意的是,在特定皮层区域的研究中(如颞枕区的面孔识别),往往会根据研究需要在该区域增加一定数量的电极,此时平均参考将严重影响 ERPs 成分的解读。如图 5 - 22 所示,乳突参考的结果显然不受导联数量的影响;尽管与乳突参考相比,平均参考产生了明显的"ghost potentials",从而对枕颞区认知机制的分析和理解带来了很大的困难和有可能错误的结论,但是如果记录电极在头皮表面具有相似的均匀分布,62 导联和 30 导联的全脑平均参考后的结果差别不大。然而,为更好地考察颞枕区的加工,当增加颞枕区的电极数目(如 PO7、PO8、PO6、PO5 等),其平均参考的结果相对于均匀分布的 62 导联和 30 导联产生了很大的变化,从而为结果的可靠分析带来了很大的困难。事实上,虽然真正意义上的中性电位点(零)的缺乏同样表现在其他参考电极中,但对平均参考的影响更为显著,尤其是平均参考方法的使用和分析要求所有导联的 EEG 信号在任何条件下都要保证可靠的记录。实际上在多导联情况下,往往会由于某种客观或主观的原因,导致某个或某些导联的 EEG 信号不稳定,这样势必会对平均参考的结果产生一定的影响。

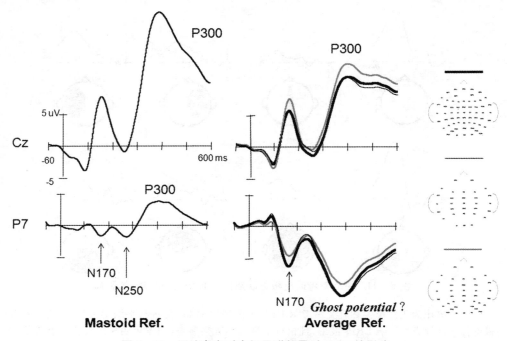

图 5 - 22　平均参考时电极导联数量对 ERPs 的影响

　　向上电压为正。乳突参考的结果不受导联数量的影响。而进行平均参考时,平均参考电极数量和部位的选择直接影响 ERPs 波形。如右图的黑粗线(62 导)和细线(30 导),电极均匀分布在头皮表面,此时两种平均参考的结果差别不大。但是当重点考察的区域(如图示颞枕区)电极数量增加,其平均参考的结果会产生很大的变化。注意:与乳突参考相比,平均参考产生了明显的"ghost potentials",从而对枕颞区认知机制的分析和理解带来了很大的困难和有可能错误的结论。

　　也有学者认为,在某些特定的 ERPs 研究中,平均参考也是可行的(尤其是溯源分析)。Joyce 和 Rossion(2005)比较了乳突、耳垂、鼻尖以及平均参考(64 导)条件下的面孔 N170,认为在导联数目足够多且均匀分布在头皮表面的情况下(如 64 导、128 导等),平均参考方法在观察 N170 的分类和半球差异方面更合适,且有利于额区 VPP 和颞枕区 N170 之间正负电位的平衡。然而,这种方法并未得到广泛的应用,很多研究者仍将鼻尖作为研究面孔早期加工(N170)的首选,也有研究者(如 Eimer)始终采用双侧耳垂参考(同时分析 VPP 和 N170)。

　　实际上,平均参考得到的结果并不是 ERPs 数据本身,势必会给研究结论带来不同程度的误差。下面举例说明:

　　设条件 A 和条件 B 在记录点 F 的原始电压值分别为 AF 和 BF,则两种条件下的差异为 a=AF−BF;

　　以鼻尖、头顶或双侧乳突或耳垂为参考电极时(设参考电极的原始电压值为 R),两种条件下记录的 ERPs 电压值分别为 AF′ 和 BF′,其中 AF′=AF−R,BF′=BF−R,两种条件下的区别为 AF′−BF′=(AF−R)−(BF−R)=AF−BF,可见结果和原始电压的差异 a 完全一致；

假设记录电极的导联数为 n，两个条件下各个导联的原始电压分别为 A1，A2，A3，…，AF，…An 以及 B1，B2，B3，…BF，…Bn，则以头顶某个电极为参考电极（R）记录后的电压值分别为：

An′＝An－R，Bn′＝Bn－R；

A 和 B 两种条件下的平均参考电压值分别为：

A′＝(A1＋A2＋…＋AF＋…＋An＋R)/n

B′＝(B1＋B2＋…＋BF＋…＋Bn＋R)/n

显然，两种条件下 F 点的 ERPs 结果转换为平均参考后的结果分别为：

AF′＝AF－(A1＋A2＋…＋AF＋…＋An＋R)/n

BF′＝BF－(B1＋B2＋…＋BF＋…＋Bn＋R)/n

因此，平均参考后 A 和 B 两种条件下的差异为

a′＝AF′－BF′

$\quad$＝[AF－(A1＋A2＋…＋AF＋…＋An＋R)/n]－[BF－(B1＋B2＋…＋BF＋…＋Bn＋R)/n]

$\quad$＝(AF－BF)－[(A1＋A2＋…＋AF＋…＋An＋R)－(B1＋B2＋…＋BF＋…＋Bn＋R)]/n

可见，只有在 A 和 B 两种条件下所有导联的原始电压完全相等的情况下，a′才等于 A 和 B 条件下的差异，显然，这是不可能的。因此，对平均参考结果的解释是需要慎重对待的（图 5-23）。

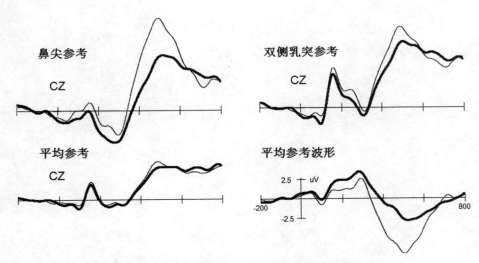

图 5-23　两种条件下不同参考转换后的比较

向上电压为正。条件 A（细线）和条件 B（粗线）在鼻尖参考和乳突参考时在 Cz 部位显著不同，但转换为平均参考（64 导记录后），两种条件没有明显的区别。主要原因在于两种条件下 64 导平均参考的电压值显著不同（右下图）。

　　总之，由于不同的实验室偏爱不同的参考电极位置，且相关的神经系统发生器的位置也仍旧未知，所以，了解如何选择参考电极位置以及不同的参考会对数据产生何种影响是非常重要的，其核心在于了解如何根据所选的不同的参考位置来解释数据结果。实际上，没有对所有实验条件都适用的完美的参考电极位置。一般情况下，乳突/耳垂参考更为常用，也更有利于分析和理解所得到的 ERPs 结果。而在研究发生源位于乳突附近的脑电活动时，则常常将参考电极放置在鼻尖（如 MMN、面孔识别等的研究）。另外，由于平均参考方法对 ERPs 成分的严重影响或扭曲，其在 ERPs 研究中的使用要非常慎重。

第 *6* 章　　EEG 数据的离线分析

第一节　离线分析的基本过程

所谓离线分析(Off-line),即是对记录到的原始生理信号进行再分析处理的过程。在 EEG/ERP 研究中,原始 EEG 数据的获得无疑是所有工作的第一步,只有得到完整可靠的原始数据,才有进行后期离线分析的可能。那么,得到可靠的原始数据后,如何进行离线分析以得到所需要的结果呢?

离线分析不是一个简单的操作过程,需要研究者具有一定的知识基础,如电生理学、电子学、计算机学等知识。同一批数据,可以根据不同的实验要求和目的得到不同的结果。例如,在用简单的 Oddball 进行的 P300 研究中,可以进行普通的 P300 成分研究,以观察 P300 成分的时域特征、时频(Time-Frequency)特征、脑区分布、偶极子溯源分析等,同时,也可以进行事件相关的功率谱(如 Evoked band analysis、Induced band analysis)、相干(Coherence)、同步(Synchronization)等分析,以观察大脑认知活动的其他方面。

一般情况下,进行 ERPs 研究时,为得到可靠的 ERPs 波形,对原始脑电数据的离线分析过程主要包括以下基本步骤[①]:

(1) 合并行为数据(Merge behavior data);

(2) 脑电预览;

(3) 伪迹剔除或矫正(Artifact rejection 或 Artifact correction),包括眼电(EOG)、心电(EKG)、肌电(EMG)等;

(4) 数字滤波(Filter)(根据具体情况和经验进行参数选择);

(5) 脑电分段(Epoch);

(6) 基线校正(Baseline correct);

---

① 为便于读者直观地了解脑电数据离线分析的操作界面和过程,本书所提到的 ERPs 离线分析以 Neuroscan 系统的软件分析(Scan 4.3)为基础,但这些步骤是读者特别是初学者应该掌握的 ERPs 数据离线分析的基本步骤。

（7）去除伪迹（Artifact rejection）；

（8）叠加平均（Average）；

（9）数字滤波（根据需要选择）和平滑化处理（Smooth）；

（10）总平均（Group Average）；

（11）波形识别、测量、统计分析、作图、完成论文、投稿。

一、合并行为数据（Merge behavior data）

行为数据（反应时、正确率）在传统心理学研究中具有非常重要的地位。在认知神经科学研究中，将电生理学数据与行为数据相结合，有助于进一步说明有关问题。下面举例说明行为数据在 ERP 实验研究中的重要性。

1. 面孔表情特征识别的研究

ERP 结果表明，面孔表情特征的分类加工（subordinate level category）相对于面孔/非面孔的分类加工（basic level category）产生了明显的表情识别特异性晚期正成分（图 6-1）。显然，这一结果是基于表情识别的反应时比晚期正成分的潜伏期明显延长的结果提出的，也就是说，在对表情特征进行识别的反应完成之前，出现了晚期正成分（LPC），因此，有理由认为该晚期正成分可能反映了面孔表情特征分析的晚期加工过程。倘若该正成分的潜伏期比反应时明显延长，也就是说，该成分是在表情特征识别反应之后产生，则说明该晚期正成分不是面孔表情特征加工的表征（赵仑等，2004）。

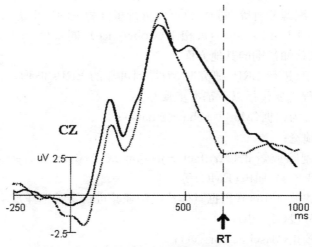

图 6-1　反应时（RT）和分类任务 ERPs 的关系
向上电压为正。虚线代表面孔分类（面孔/非面孔）；粗实线代表表情分类。

2. 面孔的结构编码和识别

Bentin 和 Deouell（2000）发现熟悉面孔的识别相对于陌生面孔产生显著的 N400

（Face-N400）。然而，作者进一步研究发现，Face-N400 的大小可能受到刺激加工的时间的影响，即加工时间越长，Face-N400 越大。基于此，作者预期那些表现为熟悉面孔比陌生面孔诱发更大 Face-N400 的被试对熟悉面孔的反应应该比陌生面孔更慢，相反亦然。结果发现，不管面孔是否熟悉，反应时越长，Face-N400 越大。作者进一步将所有的刺激分为快反应和慢反应两类。如图 6-2 所示，不管是熟悉面孔还是陌生面孔，反应较慢的刺激均比快反应的刺激诱发出更大的负电位。但该负电位比 Face-N400 的潜伏期要长，因此，更可能是晚正成分的负向偏移，反映了与 Face-N400 不同的机制。作者进一步将被试分为两组，一组被试对熟悉面孔的反应长于陌生面孔（Group 1），另一组被试对熟悉面孔的反应快于陌生面孔（Group 2）。然而与预期相反，如图 6-3 所示，两组被试在 Face-N400 范围的 ERPs 基本相似，即熟悉面孔（$-1.2\ \mu V$）诱发出比陌生面孔（$-0.6\ \mu V$; $F(1,22)=4.48$, $P<0.5$）更大的负电压。重要的是，在稍晚的时间范围内（500～700 ms），与预期相一致，出现了显著的熟悉度×组别的交互效应（$F(1,22)=5.5$, $P<0.5$）。

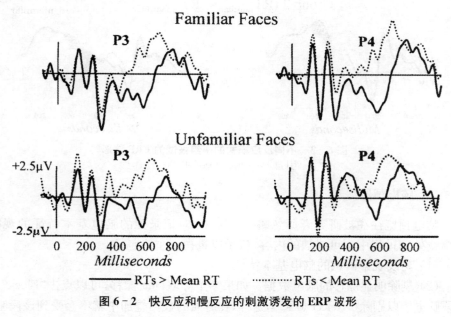

图 6-2　快反应和慢反应的刺激诱发的 ERP 波形

向上电压为正。（引自 Bentin & Deouell, 2000）

　　为有效地进行脑电数据和行为数据的合并，必须保证实验过程脑电记录的完整性，保证与每个刺激相关的 EEG 都能有效地记录。为此，可以在启动刺激呈现程序前，先存储一段时间（1～3 min）的脑电，一方面可以保证行为数据的完整性，另一方面可以得到被试的安静脑电数据，以便进行相关研究。

　　以 Scan 4.3 脑电分析软件为例，原始脑电文件（CNT 文件）都可以和 Stim 以及 Presentation、Eprime 等软件创建的行为数据文件进行融合，包括正确或错误反应的潜伏期（RTs），正确（correct）、错误（error）或丢失（missed）的刺激，反应触发的时间等等。

合并行为数据和脑电数据的优点在于可以根据不同的行为反应标准对脑电数据进行分类叠加，如观察不同反应时的 ERP 特征、观察正确反应和错误反应的 ERP 比较（错误反应引起的 ERN 成分，见第 3 章）等等。

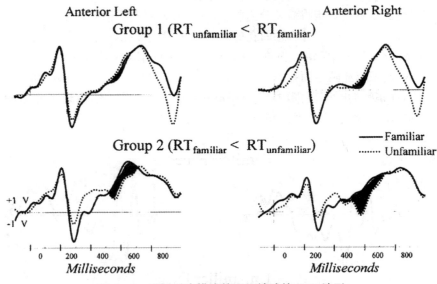

图 6 - 3　不同反应模式的两组被试的 ERP 波形
（引自 Bentin & Deouell，2000）

二、脑电预览

脑电预览往往被研究者所忽略。实际上，对记录到的脑电基本特征的观察，是离线处理过程中不可或缺的内容，应予以重视。主要包括：

（1）离线观察被试的脑电基本特征。

（2）剔除明显漂移的脑电数据。如果多个导联同时漂移，可以点击"Block"，对该段脑电予以剔除（"Reject lock"），这样，在后面的数据叠加中就不会受到该段脑电地影响了。如果某个导联漂移严重，属于明显的记录伪迹，可以将该电极设为"bad"或"skip"，这样其后的数据分析将不受该电极的影响。需要注意的是，如果大部分或所有导联记录的脑电数据稳定性均很差，基线漂移非常严重，应首先检查是否是接地电极和参考电极的问题（诸如粘贴不牢固、电极移动等等），如果不是，则可以将该被试的数据剔除，即所谓"宁缺毋滥"，以保证最后总平均数据的可靠性。

（3）观察眼电的幅值正负、眼电方向与脑电方向，以指导后面的去除眼电步骤。

（4）观察心电导联和肌电导联的基本特征和幅值大小以及对脑电影响的位置

和程度,以利后面的伪迹剔除。

三、伪迹剔除或矫正

眨眼、眼动、心电等信号对脑电记录都会产生显著影响。常用的方法主要有伪迹剔除(Artifact rejection)和伪迹矫正(Artifact correction)。尽管有学者认为应该采用将受影响的脑电完全剔除的方法(Artifact rejection),但这样会剔除很多有用的数据,因此,也有不少学者建议采用矫正的方法,如相关法、溯源分析法、主成分或独立成分分析法等等(详见本章第二节:记录伪迹的剔除)。

值得注意的是,如果采用 DC 放大器采集原始脑电,建议首先进行"DC offset correction"(Henninghausen, Heil & Rosle, 1993),然后再进行伪迹剔除。

四、数字滤波(Filter)

通常情况下,此时的数字滤波主要是消除 50 周或高频信息的干扰,从而提高信噪比。但是,是否应该进行数字滤波以及怎样进行,应根据基本波形特点和实验要求来确定(详见本章第三节:关于数字滤波)。

五、脑电分段(Epoch)

对连续记录的原始脑电数据进行分段,是进行 ERP 研究的重要环节。分析时程的选择应与实验设计中的刺激间隔密切相关,一般情况下,要能够包含需要观察和研究的各个 ERPs 成分,同时,还要包括刺激开始前的部分脑电,用于基线校正(见后)。有时,以反应触发进行叠加也是必要的,如错误相关负波 ERN、运动准备电位 LRP 等(详见第 3 章)。图 6－4(上)为 Epoch 的对话框示意图,选择的分析时程为－200～1 000 ms,即刺激前 200 ms 至刺激后 1 000 ms。由于采样率为 500 Hz,所以记录点数"Point"为 601。

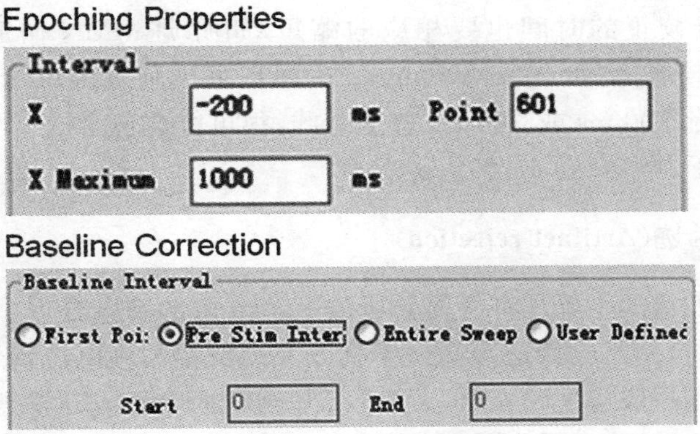

图 6－4 脑电分段和基线校正示意图

六、基线矫正(**Baseline correction**)

基线校正的作用是消除脑电相对于基线的偏离。ERP 研究中通常是将刺激前(Pre Stim Inter;图 6-4 下)的某个时间段的脑电进行基线校正,作为基础值(0),将刺激后的电位与该基线进行相减,得到新的电位值,在此基础上再进行叠加和平均,得出最后的 ERP 波形。图 6-5 示基线校正和未基线校正 ERP 的比较。很清楚,基线校正后,刺激前的波形在基线上下波动(平均为 0);而未经基线校正的波形,其刺激前的波形明显在基线以上或基线以下。

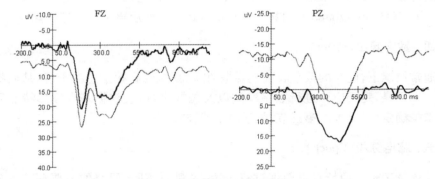

图 6-5 基线校正示意图
一个被试的 ERP 波形,叠加 46 次。虚线代表未进行基线校正,实线代表经过基线校正。

一般情况下,用于基线校正的刺激前时间长度通常为拟分析时程的 1/10～1/5,而且最好在刺激前的基线时间长度内,不包含上一个刺激产生的 ERPs。对间隔(SOA)为 1 000 ms 的刺激,常用的刺激前基线校正的时间长度为 200 ms,有时100 ms 也是可行的。当时间长度少于 100 ms 时,刺激前的基线的稳定性会相对降低,从而对 ERPs 波形的分析带来噪声。但需要注意的是,在 SOA 很短的情况下,用于基线校正的时间也要相应的缩短,如听觉 MMN 研究中,刺激间隔(SOA)可能比较短,例如 400～500 ms,此时可以采用刺激前 50 ms 作为基线,因为如果以刺激前 100 ms 或 200 ms 作为基线,很可能会包含前一个刺激的 ERPs成分,从而增加了噪声(图 6-6)。

七、去除伪迹(**Artifact rejection**)

去除伪迹的目的主要是将所要分析的 Epoch 内的脑电数据中的幅度较高的伪迹剔除(主要包括肌电伪迹等高频干扰以及高波幅的慢电位伪迹)。伪迹剔除的幅值设定范围一般为±50 μV～±100 μV。如选择±75 μV,则意味着 Epoch 内的每个点的脑电数据,只要电压绝对值超过 70 μV,则该段脑电即被剔除,不进行最后的叠加平均。

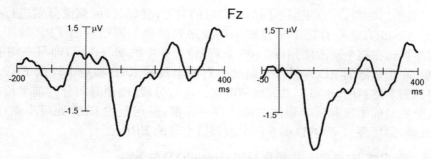

图 6-6　刺激间隔对基线校正的影响

在非注意条件下,听觉 800 Hz(60 dB SPL)短纯音诱发的 ERP。刺激间隔 SOA 为 500 ms。左:刺激前 200 ms 作为基线,包含了前一个刺激的诱发电位(尽管较小);右:刺激前 50 ms 作为基线。

在去除伪迹的过程中,电极("Channels")的选择需要特别注意,一般有以下几种选择方式:

(1) 选择除 EOG、EKG、EMG 外所有的脑电记录电极;

(2) 选择某些受伪迹影响较大的电极,如前部、颞侧等;

(3) 选择所要研究的电极。

如果选用第一种方式驱除的刺激或 trials 不多,进行平均叠加的次数足够得到稳定可靠的波形,则选用第一种方式为好,有利于提高脑地形图分析的可靠性。

八、叠加平均(Average)

根据研究目的和需要可以进行时域特征(Time Domain)或频域特征(Frequency Domain)的叠加。ERP 研究的是 EEG 的时域特征。如果进行频域特征研究(事件相关的功率谱、相干同步性特征等),则必须保证分段的采样点为 2 的整数倍,如 512、1 024 等。

如图 6-7 所示,进行叠加平均的类型包括 Trial、Type、Response、Latency、Correct、Sort on(Odd、Even、Random)等,建议读者根据不同的研究目的和要求,适时地选择需要进行叠加平均的类型,以得到不同的 ERP 成分。

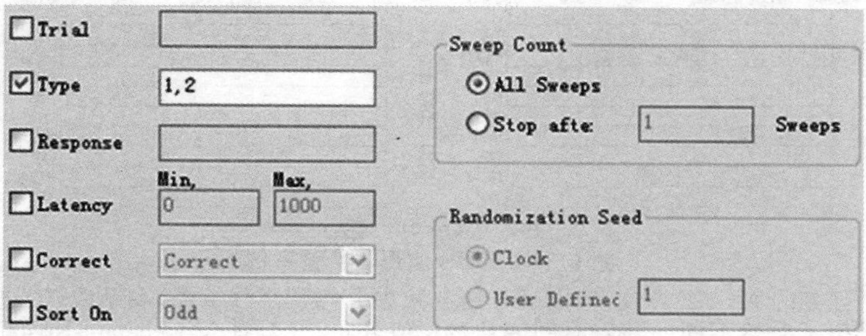

图 6-7　叠加平均对话框示意图

需要指出的是,可以根据不同的研究目的对不同时间段的刺激分别进行叠加（Sweep Count）,这样有助于研究整个刺激序列过程不同阶段的 ERP 特征。例如,观察被试在整个刺激序列（如 100 个刺激）任务中的学习作用,即可平均前 50 个和后 50 个刺激的 EEG,以得到刺激序列前半段的 ERP 和后半段的 ERP。当然,要达到上述目的,也可以对原始脑电文件进行分段,按照时间分为前半段和后半段,分别对前半段和后半段的刺激按同一标准（采用上述 ERP 处理步骤）进行数据处理,然后叠加平均,以得到前半段和后半段的 ERPs。

九、数字滤波（选择）、平滑化处理（Smooth）及总平均

为使 ERPs 波形光滑、剔除不必要的噪声以及便于波形识别和测量,通常对每个被试每种条件下的 ERP 根据目的和要求进行数字滤波（选择）和平滑化处理（Smooth）,具体要求详见本章第三节。

总平均的目的在于对所有被试的 ERP 或其他数据进行平均,如事件相关的功率谱、相干等,以得到总平均波形。以 Scan 4.3 分析软件为例,在"Transforms"菜单中点击"Group/Individual Avg"即可完成总平均。注意:如果需要进行 t 检验或 z 检验,则必须进行标准差计算（"Compute Standard"）,然后进行统计分析。图 6-8 表示在一项 ERP 研究中,对每个时间点的电压进行 t 检验,得出刺激呈现后随时间变化的显著性差异的变化。图 6-9 表示是否计算标准差的区别。

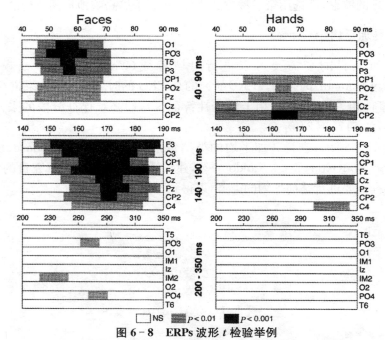

图 6-8　ERPs 波形 t 检验举例

对两种任务的 ERP 差异波（性别区分任务减去非性别区分任务）和基线（0）进行 t 检验。面孔和手产生了截然不同的随着时间变化的 t 值分布。（引自 Mouchetant-Rostaing, Giard, Bentin, et al., 2000）

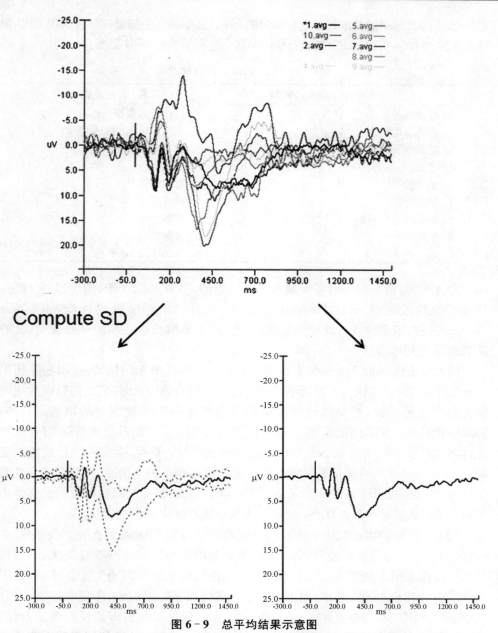

图 6-9 总平均结果示意图

　　上图：10 名被试的 ERP 波形（Pz）；下图左：计算标准差（Compute Standard）的平均结果，虚线为标准差；下图右：未进行标准差计算，则无标准差显示。

十、关于线性校正（Linear detrend）的使用问题

《ERP 实验教程》（赵仑，2004）第 4 章第一节"离线分析的基本过程"对从 EEG 原始

数据得到 ERP 结果的基本过程进行了说明，而《认知事件相关脑电位教程》（魏景汉、罗跃嘉主编，2002）一书对 EEG 离线分析的步骤也进行了描述，具体见表 6-1。

表 6-1　EEG/ERP 数据处理过程

《认知事件相关脑电位教程》	《ERP 实验教程》
1. 合并任务数据	1. 合并行为数据和脑电预览
2. 去除眼电伪迹	2. 去除眼电、心电、肌电伪迹
3. 对脑电分段	3. 数字滤波
4. 滤波	4. 脑电分段
5. 基线校正	5. 基线校正
6. 排除伪迹	6. 线性校正
7. 删除坏电极通道	7. 基线校正
8. 平均	8. 去除伪迹
9. 总平均	9. 叠加平均/总平均

　　总体而言，两本书中的步骤基本上是一致的，主要区别在于《ERP 实验教程》增加了线性校正（Linear Detrend）。那么，是否一定要进行线性校正（Linear Detrend）呢？很多读者对此感到疑惑，在此，对该步骤作进一步的补充说明，希望读者能够深刻体会。

　　线性校正（Linear Detrend）主要用来消除线性漂移带来的伪迹，可以剔除超出 Epoch 范围内的电位偏移。当所用的放大器的时间常数较大时，记录的脑电数据通常会混有这种伪迹，而突然的刺激波动也会产生一个缓慢恢复的慢波。另外，HEOG 会使前一颗区的记录部位出现慢电位的漂移。为了消除上述伪迹，线性校正先计算现有波形的"line of best fit"，然后再将其剔除。然而，我们在进行线性校正时，一个非常重要的问题是要判断出现的慢电位偏移是否是伪迹，只有在确定其为伪迹时，才能根据研究目的和要求进行该步骤。那么，怎样判断慢电位的偏移是否是伪迹呢？这需要研究者具有一定的伪迹判别能力以及 ERP 研究的经验。

　　图 6-10 是两组被试进行加法心算活动 CPz 点的 ERP 波形比较。很显然，经过线性校正后，尽管早期成分 N1、P2 的模式和组间差异未出现明显的区别，但幅度大小发生了很大的变化，尤其是两组被试正慢电位的区别消失了。那么，是否应该进行线性校正呢？显然，对该电极进行线性校正是错误的，主要有以下原因：两组被试 ERP 中，与心算相关的正慢电位，未出现显著的偏离基线的伪迹；两组 ERP 的比较结果很清楚，正慢电位有显著的区别，与预期一致，能够得到合理的解释；线性校正后，该记录位置的正慢电位的降支出现了尾部超出基线的现象，导致波形失真，且组间差异消失。因此，在进行慢电位的分析时，一定要对结果的可靠性进行分析，确定慢电位的区别是否来自直流漂移或慢电位伪迹。实际上，线性校正在某些方面类似于高通滤波，但后者对波形本身的特征影响较小，因此，如果研究目的是观察早期成分，想消除直漂和慢电位伪迹，则可以用无相移高通滤波

的方法进行校正（具体见本章第三节）。

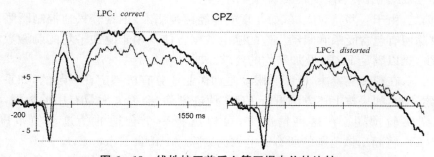

图 6-10　线性校正前后心算正慢电位的比较

左：未进行线性校正（正确）；右：进行线性校正（错误）。

　　总之，线性校正是剔除慢电位偏移伪迹的一种方法，它的有效利用，可以在某种程度上改善结果，但也会使结果失真，出现假阳性或假阴性。需要强调的是，是否需要进行线性校正（Linear Detrend），需要研究者对数据有很强的伪迹识别能力和相当的经验，也就是说，必须首先确定所得到的某个导联 ERP 波形中的慢电位偏移是否是伪迹，如果不能确定这一点，则不进行线性校正。再者，即使明确是慢电位伪迹，也未必要进行线性校正，完全可以采用"artifact reject"的方法将该段脑电剔除或将该导联设为不进行分析的坏电极，也可以采用高通滤波的方法将该慢电位伪迹滤除。如果所有导联或大部分导联全是慢电位伪迹，则可能是参考电极或接地电极未贴放牢固，也可能是电极帽不稳定等原因所致，此时，可以将该被试在统计分析中剔除。尽管国际上仍有实验室采用线性校正消除慢电位伪迹或直流漂移伪迹，但一般情况下可以不进行线性校正，可以这么说，不进行线性校正，可以按照前面提到的"基本步骤"进行数据分析，一般情况下是可靠的，但进行线性校正，则很可能会出现错误。因此，目前国际上已经不太采用线性校正的方法剔除伪迹了，希望读者能够深刻理解这一点，按照前面的"基本步骤"进行 EEG 离线分析，以得到所需的 ERP 波形。

第二节　记录伪迹的剔除

一、EOG 伪迹的剔除

　　眼睛运动是最常见的伪迹之一，尤其在多导联记录时，眼睛引起的伪迹往往是最棘手的问题。放置于前部和颞部的电极受眼睛伪迹影响较大，可以说，如果没有伪迹去除方法，眼睛伪迹对几乎所有的脑电记录都有影响。解决该问题的简单方法是剔除包含所有眼电的脑电部分（rejection），但这种方法至少有以下 3 种缺陷（Gratton，Coles & Donchin，1983）：

第一,将包含眨眼和眼动伪迹的脑电全部删除,可能会丢失具有代表性的刺激,导致 ERP 结果不能反映大脑真实的反应。

第二,由于一些特殊人群(如儿童或神经精神病人)很难轻松地控制眨眼和眼动,剔除所有包含眨眼和眼动伪迹的脑电数据将使得用于叠加平均的刺激数量明显减少,难以满足 ERPs 叠加平均的要求。

第三,在很多实验中,眨眼和眼动是和作业任务有机绑定在一起的,如系列视觉搜索实验,如果按上述方法进行 EOG 伪迹剔除,会丢失大量有用的数据,将难以达到实验预期。在这种情况下,可以选择一个合适的伪迹阈值范围,如 $\pm 100\,\mu V$,将超出该范围的所有脑电数据剔除(Artifact Rejection)。

然而,尽管该方法相比完全剔除眼动伪迹具有一定的优势,也被很多实验室广泛采用,但并不能将所有的伪迹都有效剔除(尤其是对眼睛缓慢移动导致的缓慢的慢电位伪迹,如关于系列视觉搜索的实验),从而使得到的 ERPs 结果中混有眼动(不一定是眨眼)伪迹成分(特别是前额部位的记录位置),给结果的可靠性和科学性分析带来一定的困难。

较为常用的剔除 EOG 伪迹的方法是对 EEG 进行矫正(correction),即从 EEG 信号中减去受 EOG 影响的部分。Semlitsch 等(1986)提出一种可靠有效的方法,即平均伪迹的逆行分析方法:

第一步,寻找眼电的最大绝对值(在下一步中,将用该最大值的百分数来定义 EOG 伪迹)。注意:在去除伪迹过程中,VEOG 或 HEOG 的滤波特性应该与 EEG 导联一致,否则会出现波形的失真。

第二步,构建一个平均伪迹。眼电导联超过 EOG 最大值某个百分数(如 10%)的电位被识别为 EOG 脉冲,然后对识别的 EOG 脉冲进行平均,并通过分别估算眼电导联和每导 EEG 的协方差(covariance)来计算传递系数(transmission coefficient):

$$b=cov(\mathrm{EOG},\mathrm{EEG})/var(\mathrm{EOG})$$

式中:b 为传递系数;cov 为"covariance";var 代表"variance"。

第三步,sweep 对 sweep,点对点地从 EEG 中减去 EOG,即:

$$矫正的\,\mathrm{EEG}=原始\,\mathrm{EEG}-b\times\mathrm{EOG}$$

可以对原始脑电文件和分段后的 EEG 文件去除眼电,但前者效果优于后者,这是因为,分段后的 EEG 文件中,眼动会出现在所选时间窗(Epoch)的任意位置,这就意味着很多时间窗内的眼动会出现得太早或太晚,而且,当眼动出现在两个时间窗之间的时候,将难以识别。由于眨眼的次数对构筑眼动平均伪迹有重要作用,因此,建议仅对原始脑电文件应用相关法去除眼电。

以 Scan 4.3 为例,可以选用"Ocular Artifact Reduction"以相关法去除眨眼伪迹,操作界面如图 6-11 所示。有时会遇到眨眼伪迹去不掉的情况,如果提示没有足够的眨眼("no enough blinks"),这时候往往是阈值(Threshold)和最少眨眼次数(Min)的选择问题。前面提到,眼电导联超过 EOG 最大值的某个百分比的电位被识别为

EOG,这里的百分数即是"Threshold"。经验表明,选择"10"对大部分数据均可有效去除眼电伪迹。但"Threshold"也可以根据情况进行调整,比如减小为5％或增加到15％等等。"Min"代表建立一个平均伪迹所需的最小数目,尽管"Min"越大,传递系数越准确,但也可以根据眼电次数的多少进行改动,如降低到15或增高到40等。总之,调试这些参数以去除眼电伪迹为最终目的(图6-12)。

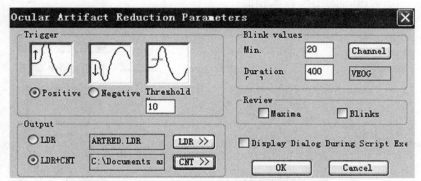

图6-11 VEOG伪迹矫正对话框示意图(Scan 4.3)

选择"Positive"还是"Negative"应根据实验操作和结果来定,如果眨眼的电位幅值为正值,则选择"Positive",否则选择"Negative"。推荐:眼电极贴放的位置最好保证与脑电方向一致。

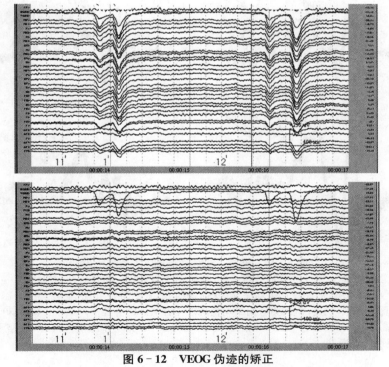

图6-12 VEOG伪迹的矫正

上图:VEOG对EEG的影响;下图:相关法去除VEOG伪迹的EEG。

　　图 6-13 示不同 VEOG 剔除方法的 ERP 结果比较。可见,以某个阈值范围剔除 VEOG 伪迹后的 ERPs 结果信噪比较低,仍然包含显著的 VEOG 伪迹,而应用平均伪迹校正方法可以显著增加叠加次数,提高信噪比,不包含明显的 VEOG 伪迹。但眨眼伪迹的这种影响主要发生在额区特别是前额区部位,在头皮后部电极,尽管眨眼伪迹剔除方法(rejection)的叠加次数较少,信噪比较低,但波形和矫正方法(correction)的结果基本相似。

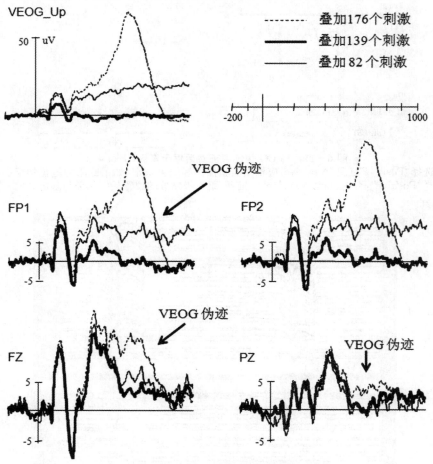

图 6-13　不同 VEOG 伪迹剔除方法的比较

　　虚线为未剔除 VEOG 的叠加平均结果(叠加 176 个刺激);细线分别是以±100 μV 的阈值范围剔除 VEOG 伪迹后的叠加平均结果(分别叠加 82 个刺激),可见信噪比较低,额区电极仍然包含显著的 EOG 伪迹;粗线为应用平均伪迹矫正方法后的叠加平均结果(叠加 139 个刺激),信噪比较高,不包含明显的 VEOG 伪迹。图中 VEOG_UP 指的是眼上电极(单极导联)记录的脑电,可见明显的眨眼。

特别需要注意的是,虽然眨眼伪迹剔除方法(rejection)有效地剔除了眨眼对脑电记录的影响,但仍然可以清楚地看到,前额区电极有一个缓慢的慢电位的正向偏移,而在 VEOG_Up 导联电压值达到 20 μV 以上。尽管没有足够的理由认为该慢电位是由于眼部区域运动(包括皮肤肌肉紧张等)导致的伪迹,但对该慢电位和认知活动的关系的解释,则需要非常慎重。笔者认为前额区的这种正向慢电位更可能来自眼睛部位的慢电位伪迹的影响。然而,不管以何种方法,最终叠加次数的绝对值并不是评价结果可靠性的唯一标准,笔者建议要同时考虑叠加次数占所研究的刺激数量的比例。如某种刺激呈现的总数为 200 次,但用于叠加的次数只有 70 次,尽管信噪比也很高,但所得的结果可能不能代表对该刺激加工的总体特征。一般情况下,建议叠加次数应在 60%～70% 以上,这样所得到的结果相对比较稳定可靠。

虽然上述 VEOG 矫正方法有着一定的优势,得到了普遍认可和应用,但近年来,该方法也受到了一定的批评(Luck,2005)。主要问题在于眼电电极记录到的信号中不仅包含眼电信号,还包含该电极记录到的脑电信号,尤其是单极导联记录时(图 6-14 上)。尽管一般都用双极导联记录眼电,即将上下(或左右)记录的电信号进行相减,以减少眼电记录中的脑电成分,但上下(或左右)眼电电极位置记录到的毕竟不是完全相同的信号,因此,双极导联所记录的眼电信号中仍然包含部分脑电信号(图 6-14 下)。在这种情况下,如果用伪迹矫正(correction)相关法去除眼电伪迹,则可能对最后的结果产生影响。一些实验室已经不采用矫正的方法,而是让被试尽量不眨眼或者减少眨眼,在离线分析时,只用伪迹剔除(artifact rejection)的方法剔除眼电伪迹。如 Eimer(2007)在 N2pc 的研究中,对分段后的 EEG 数据,以 ±30 μV 的阈值范围剔除水平眼电,以 ±60 μV 剔除垂直眼电,然后以 ±80 μV 的阈值范围剔除所有 EEG 导联的伪迹。

图 6-15 示应用 VEOG 相关矫正方法(细线)和直接伪迹剔除方法(粗线)的 ERPs 波形比较。VEOG 相关法按照阈值 10%,平均 VEOG 眼电 20 个,时间范围 400 ms,可以有效地剔除 VEOG 对脑电的影响,分段(Epoch)为刺激前100 ms 到刺激后 400 ms,以 ±80 μV 的阈值范围剔除所有 EEG 导联的伪迹;直接伪迹剔除法按照上述 Eimer 的方法,分别以 ±60 μV 和 ±30 μV 剔除垂直和水平眼电,然后以 ±80 μV 的阈值范围剔除所有 EEG 导联的伪迹。两种情况下叠加次数均有 60 次。ERPs 波形在头皮后部和颞枕区波形差别较小,而在额区差别较大。

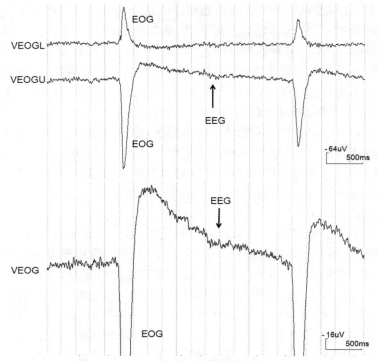

图 6 - 14　EEG 与单、双极导联记录 VEOG

　　上图为单极导联(VEOGL 和 VEOGU)记录的眼上和眼下电极部位的信号,可见不仅包含明显的眨眼眼电信号,还包含脑电信号;下图为 VEOGU 与 VEOGL 导联的差异值,即为双极导联记录的垂直眼电信号(VEOG),仍然可以看到幅值较小的脑电信号。注意上、下两图的幅值电压比例尺的不同。

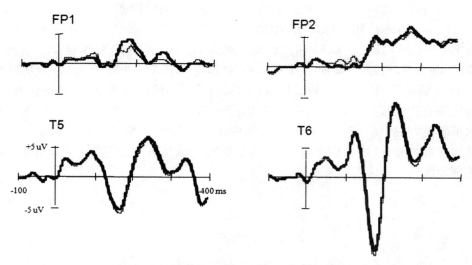

图 6 - 15　VEOG 相关矫正法(细线)和直接伪迹剔除法(粗线)的 ERPs 比较

　　另外一种去除眼电伪迹的矫正方法是成分溯源分析法（Berg & Scherg，1991，1994；Ille，Berg & Scherg，1997；Lins et al.，1993）。与计算 EOG 和 EEG 之间传递因子的方法显著不同，该方法需要计算每种眼动类型的源成分或"特征地形图"。这些源成分是与偶极子模型或基于主成分分析的脑活动的地形分布是密切相关的，可以产生一个发生源，将这个发生源应用到数据矩阵可以产生用来评估重叠的眼动和脑活动的波形。然后利用由源成分确定的传递因子，从所有的 EEG（和 EOG）导联减去所评估的眼动。这种方法有下面几方面的优势：首先，它可以提取比 EOG 导联更多的眼动信息；其次，允许 EOG 导联用于 EEG 信息的采集；第三，如果每种眼动产生不同的独立的源成分，它们的相关波形可以用来估算和表现眼动的重叠。例如，重叠了扫视的眨眼伪迹可以分解成独立的眨眼波形和扫视波形。尽管还需要双极导联监测眼动，但如果利用这种技术，对 EOG 电极精确定位就不重要了。为了获得用于补偿的足够的源成分，推荐使用 6 个或更多的眼周电极来监测 EOG。但这种溯源方法更适用于多导联（32 导或更多）记录。

　　近年来，基于独立成分分析（Independent Components Analysis，ICA）的眼电伪迹矫正方法受到了一些研究者的青睐（Jung et al.，2000；Joyce et al.，2004；见附一：脑电信号伪迹去除的研究进展）。采用 ICA 方法不仅可以去除眨眼和眼球运动伪迹，而且可以剔除肌电伪迹、人工耳蜗放电伪迹以及同时记录 EEG 和 fMRI 时的干扰等。

　　图 6-16 所示，基于 ICA 的方法可以有效地剔除眼电对脑电的影响，而且，4 个（眼上和眼下；左、右外眦）和 6 个眼周电极均比 2 个电极效果要好，但 6 个电极的效果并不比 4 个电极有显著的改善，因此，通常采用的眼上、眼下和左、右外眦的眼电记录方法是合适的，但需要强调的是，此眼电信号也是单极导联记录，因此是 4 个眼电单极导联，而不是 2 个双极导联。图 6-17 示用 ICA 方法对 ERPs 数据进行伪迹剔除的示意图，可见，ERPs 中的眨眼伪迹被有效地剔除（Scan4.3）。需要注意的是，ICA 方法的前提假设是伪迹活动的时间进程独立于 ERP 反应。显然，这很可能是一种错误的假设，尤其是在被试的眨眼和 ERP 活动具有相似的锁时关系或基本同步的情况下（这是经常会出现的）。例如图 6-17 所示的对靶刺激反应的 P3 的分析，很显然 P3 和眨眼伪迹是可以分离的，应用 ICA 方法可以剔除眨眼伪迹，然而当 P3 和眨眼具有相似的锁时关系时，剔除眨眼伪迹的同时会严重影响原始 P3 的可靠性。

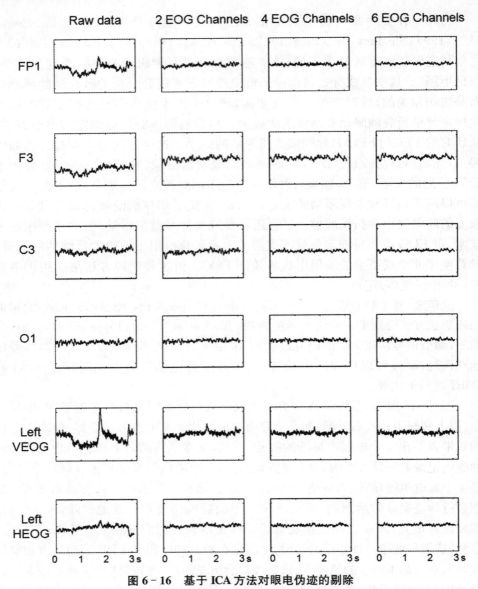

图 6 - 16 基于 ICA 方法对眼电伪迹的剔除

4 个(眼上和眼下;左、右外眦)和 6 个眼周电极均比 2 个电极效果要好,但 6 个电极的效果并不比 4 个电极有显著的改善。(修正自 Joyce et al.,2004)

到目前为止,尚未建立一个完全可靠的去除眼电伪迹的方法(见附一:脑电信号伪迹去除的研究进展),矫正方法(相关法/溯源法/ICA 方法)和直接伪迹剔除方法对眼电伪迹均有一定的效果,不同的实验室可以根据各自的实验要求和具体情况适时采用。考虑到矫正方法对最终结果的可能影响(尽管并不大),有不少实验室采用伪迹直接剔除的方法,但在这种情况下,对额区电位的分析要慎重,由于眼睛区域总体的缓慢的电活动(即便是不眨眼,有时也是存在的),可能会对额区特别是前额区电位的记录和分析带来困难,特别是当控制被试眨眼时,眼睛区域产生的缓慢的漂移,对前额区电极脑电信号记录的影响是非常大的,而且如果要求被试控制眨眼,也势必会带来额外的认知负荷,从而对结果的理解带来一定的困难。另外,当确实需要进行眼动伪迹矫正时,有的实验室优先采用溯源或 ICA 的方法(Luck,2005)。希望读者在各自的实验过程中对数据认真分析、归纳和总结,选择适合自己研究的方法。

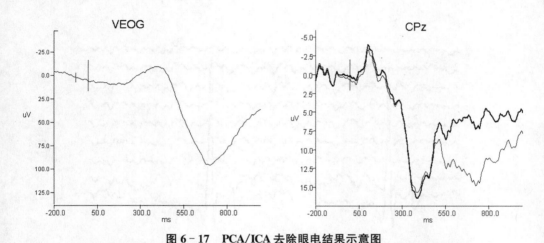

图 6-17 PCA/ICA 去除眼电结果示意图

左图:VEOG 总平均图;右图:细线为未去除 VEOG 伪迹的 P300 波形,粗线为 PCA/ICA 方法去除 VEOG 伪迹的 P300 波形。可见,PCA/ICA 方法明显去除了 VEOG 对 ERP 波形的影响。

二、EKG 伪迹的剔除

心电(EKG)对脑电记录也会产生一定影响,因此,有必要去除这种影响。EKG 伪迹的剔除也可以采用类似于 EOG 伪迹去除的相关法,即选择一个幅值阈值水平和间隔来确定 EKG 伪迹,并构建一个平均伪迹,然后从脑电信号中减去。如图 6-18 所示,实验中记录到很大的心电活动对 EEG 的影响。由于 EKG 脉冲超出了$-500\ \mu V$,所以,在进行心电伪迹剔除(EKG Noise Reduction)的时候,需要将 EKG 的阈值设为"-500",同时设定一个心电测量的时间范围(Interval),即从峰值前 200 ms(即-200 ms)持续到峰值后 400 ms。设置"10"为心电伪迹的Trigger 代码,叠加平均 5 个心电伪迹。结果如图 6-18(下),EKG 伪迹被有效地剔除了。

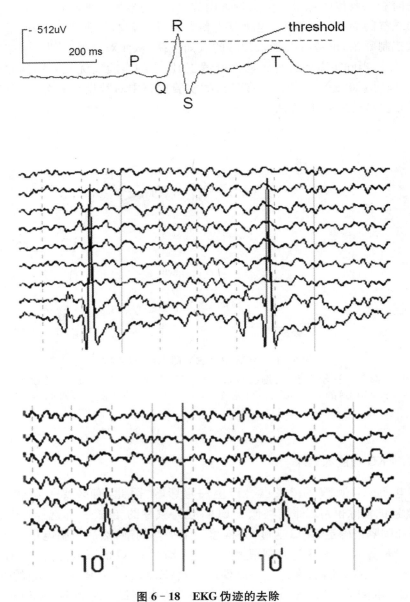

图 6 - 18   EKG 伪迹的去除

上图:EKG 示意图;中图:EKG 对脑电的影响;下图:去除 EKG 伪迹。

第三节 关于数字滤波

一、数字滤波的有关概念

脑电信号是连续量,而计算机只能识别数字量,因此,脑电记录中必须把模拟量(即连续量)通过 A/D 转换变成数字量,得到的脑电信号即为数字信号。

数字滤波器是一种把输入的时间序列 $X(n)$ 转换为更适合需要的时间序列 $Y(n)$ 的数字系统。通常由数字乘法器、加法器和延时单元组成。其功能是通过对输入的离散信号的数字代码进行处理,滤去输入信号序列中的某些频率成分,保留需要的频率成分,即"数字滤波",从而可以改变信号的频谱。

数字滤波器在某一频段对信号的衰减很小,而其他频段衰减很大。衰减小的频段称为通带,衰减大的频段称为阻带,通带和阻带之间的过渡区称为过渡带。理想状况下,通带的衰减为零,阻带的衰减为无穷大,没有过渡带,但实际上这种陡峭的滤波特性是无法实现的。

滤波器的实际衰减为:

$$\alpha(s) = -20 \log |H(S)|$$

单位为分贝(dB)。由于输出信号比输入信号的幅值小,所以 $\alpha(s)$ 总是为正值。

按通带和阻带的频段,滤波器可以分为高通(High pass)、低通(Low pass)、带通(Band pass)、带阻(Band stop)和全通 5 类。

低通滤波器对低于截止频率的低频成分衰减很小,而对高于截止频率的高频成分有很大的阻止作用;高通滤波器则与此相反。

带通滤波器对指定频段的频率成分衰减很小,而对小于和大于指定频率范围的频率成分衰减很大;带阻滤波器则与此相反。

全通滤波器可以均衡地通过所有频率信号,而不改变输入信号的幅值大小,只改变其相位,也称相位矫正网络。

根据数字滤波器单位冲激响应的序列长度是否有限对数字滤波器进行分类,是常用的分类标准之一。所谓单位冲激响应是指在零状态下输入信号为单位冲激 $\delta(n)$ 时的响应。数字滤波器的单位冲激响应为

$$h(n) = \sum_{r=0}^{M} b_r \delta(n-r)$$

$h(0) = b_0, h(1) = b_1, \cdots, h(M) = b_M$,当 $n > M$ 时,$h(n) \equiv 0$。

可见,这种滤波器的单位冲激响应的序列长度是有限的,称为有限冲击响应

数字滤波器（Finite Impulse Response Digital Filter, FIR 数字滤波器）。这种滤波器的输出只取决于有限个过去的和现在的输入，其主要特点是具有精确线性相位特性，而且具有绝对稳定的特性，运算有限字长所产生的输出噪声也较小，这些特点在医学生理学信号处理中很有用处。由于 FIR 滤波器一般采取非递归型算法结构，因此又称为非递归型数字滤波器。

如果常系数差分方程式中至少有一个 a_k 不等于零，则单位冲激响应 $h(n)$ 满足 $h(n)+ah(n-1)=\delta(n)$，得出 $h(n)=(-a)^n u(n)$。这时，$h(n)$ 序列长度是无限的，称为无限冲击响应数字滤波器（Infinite Impulse Response Digital Filter, IIR 数字滤波器）。这种滤波器的输出不仅取决于过去的和现在的输入，也取决于过去的输出。IIR 滤波器只能采取递归型算法结构，因此又称为递归型数字滤波器。它既存在不稳定问题，也不易做到线性相位，但它可用较少阶次获得较高的选择性，运算次数少，效率高。

由于 FIR 数字滤波器的转移函数是一个多项式，而 IIR 数字滤波器是一个有理式，因此两种数字滤波器的设计有着显著的差异。

前面提到，数字滤波器的滤波功能是相对的，即不可能完全滤除不需要的频率成分。这一点从图 6-19 即可清楚看出，即便滤波衰减强度增大到 96 dB/oct，也不能将高于 40 Hz 的频率成分完全滤除。

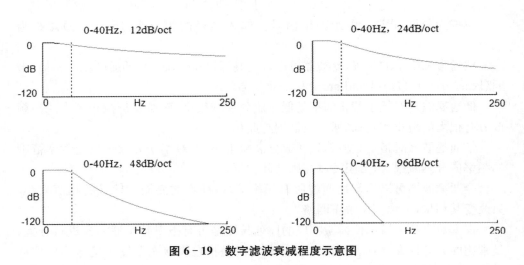

图 6-19　数字滤波衰减程度示意图

二、数字滤波器的应用

在 ERP 研究中，数字滤波主要是为了消除不需要的干扰，尤其是 50 Hz 的市电干扰。但如果采样时带宽的高端截止频率低于 50 Hz（如 0.01～40 Hz），那么，不推荐对脑电数据或 ERP 数据进行离线数字滤波；而对于用较宽的带宽（如

0.01～100 Hz)采集的数据,如果叠加平均后的波形中无明显的 50 Hz 干扰,亦不需要进行数字滤波。因此,一般情况下,不要盲目使用数字滤波,数字滤波的使用要根据具体的实验设计要求以及实验目的来确定。

常用的 EEG/ERP 数据分析软件可以对原始脑电数据、分段(Epoch)后的 EEG 数据以及 ERPs 数据进行滤波。对面孔识别的原始脑电数据(图 6-20)、未经滤波得到的 ERPs 数据(图 6-21(a))以及分段后的 EEG 数据(图 6-21(b))分别进行无相移数字滤波(Low Pass,16 Hz,24 dB/oct),可见,得到的最终 ERP 波形基本一致。

去除眼电后的脑电(.CNT)

无相移数字滤波后的脑电(.CNT)

平均叠加后的ERP波形(AVG)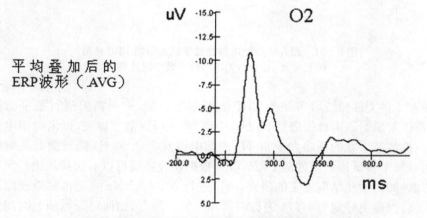

图 6-20 面孔识别脑电数据的数字滤波结果示意图

16 Hz(24 dB/oct)无相移低通数字滤波器。

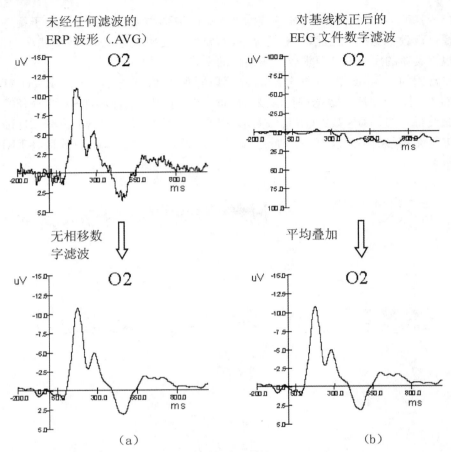

图 6‑21　面孔识别脑电数据数字滤波后的 ERP 波形
16 Hz(24 dB/oct)无相移低通数字滤波器。

　　尽管 3 种文件滤波后得到的 ERP 波形基本一致,如果需要进行数字滤波的话,推荐仅对原始脑电数据进行 50 Hz(中国)或 60 Hz 数字滤波,以消除市电干扰(仅对模拟滤波带宽的低通大于 50 Hz 的脑电以及未经 50 Hz 陷波滤波的脑电适用),而对每个被试每种条件的 ERPs 波形根据研究需要可以有选择地进行无相移数字滤波,如对面孔早期加工的研究,可以进行 0.8～17 Hz 的无相移带通滤波器进行滤波,以便更好地对 N170 进行测量和分析。那么,如何对原始脑电时间进行 50 Hz 数字滤波呢? 首先,需对原始脑电数据进行行为数据的融合和眼电/心电/肌电的去除,然后对处理后得到的脑电数据进行数字滤波。可选择高通 45 Hz、低通 55 Hz 的数字滤波器消除 50 Hz 的干扰。

　　以 Scan 4.3 软件为例,数字滤波界面主要包括以下需要注意的内容(图 6‑22):

　　"Class"——包括前面讲到的两种数字滤波器:FIR 数字滤波器和 IIR 数字滤波器。一般情况下,建议用 FIR 数字滤波器。当干扰用数字滤波器难以剔除时,可以考虑用 IIR 数字滤波器。需要注意的是,当用高于 12 dB 的 IIR 滤波器时要特别小心,尤其是在快速采样时。

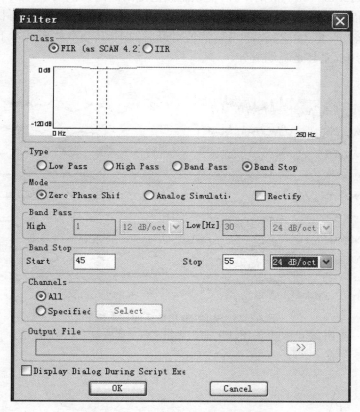

图 6 - 22　50 Hz 滤波参数设置示意图

"Type"——"High Pass"(高通,让高于设置频率的信号通过)、"Low Pass"(低通,让低于设置频率的信号通过)、"Band Pass"(带通,让介于设置频率之间的信号通过)、"Band Stop"(带阻,滤除设置频率之间的信号)。

"Mode"——包括"Zero Phase Shift filtering"(无相移数字滤波)和"Analog Simulation filtering"(模拟滤波)。无相移数字滤波可能比模拟滤波要慢,但对 ERP/EP 的潜伏期无影响;而模拟滤波器则会导致潜伏期的延长。离线分析时要选择无相移数字滤波(见后)。

在滤波前也可以根据需要选择"Rectify"(校正),该选项主要用于 EMG 记录,有助于鉴别 EMG 的触发。

用 FIR 数字滤波器消除 50 Hz 干扰,如图 6 - 22 所示,选择"Band Stop"——"Zero Phase Shift"——"Start"45、"Stop"55 Hz(24 dB/oct)滤波,对所有的导联均滤波。滤波结

果如图 6-23。显然，滤波消除了 50 Hz 的干扰，波形较滤波前更为光滑。

50 Hz 滤波前后的功率谱变化和 ERPs 结果清楚地表明（图 6-24），虽然滤波消除了 50 Hz(45～55 Hz) 的干扰，但该滤波范围附近的其他脑电高频成分亦受到显著影响，而对低频成分无明显影响。由于 ERP 通常研究的是脑电中的低频成分，因此，除波形更为光滑外，50 Hz 滤波对最后的 ERP 基本波形基本不会产生非常显著的影响，尤其是晚期成分。

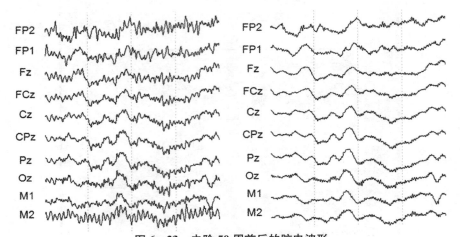

图 6-23　去除 50 周前后的脑电波形
左图：原始脑电；右图：FIR 带阻无相移数字滤波器滤波后的脑电。

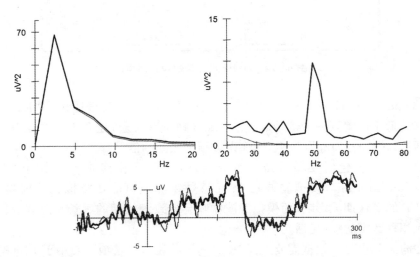

图 6-24　去除 50 Hz 前后的脑电功率谱及 ERPs 波形比较
记录电极为 Fz。粗线：带宽为 0.05～100 Hz，未进行任何滤波器滤波；细线：经带阻为 45～55 Hz(24 dB/oct) 的 FIR 无相移数字滤波器滤波。可见，未经数字滤波，ERP 波形不光滑，信噪比较低，功率谱在 50 Hz 处有一明显的峰；经带阻 45～55 Hz 的 FIR 数字滤波器消除 50 Hz 干扰，ERP 波形较光滑，信噪比较高，功率谱在 50 Hz 处为零。

三、滤波参数对 ERP 波形的影响

根据实验目的,有时需要对采集到的脑电数据或得到的原始 ERP 波形进行数字滤波。那么,应该怎样选择滤波参数呢?

(一)滤波器类型(Class)

图 6-25 示 FIR 数字滤波器和 IIR 数字滤波器对 ERP 影响的比较。可见,同样的无相移低通滤波设置(20 Hz,24 dB/oct)可引起不同的 ERP 滤波结果:与 FIR 数字滤波器相比,IIR 数字滤波器导致 ERP 波形的位相变化,潜伏期明显延长。一般情况下,为防止相位的变化,ERPs 的滤波选择使用 FIR 数字滤波器进行数字滤波。

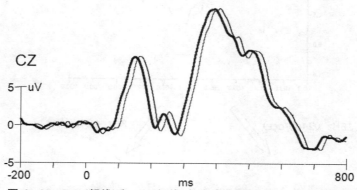

图 6-25　FIR(粗线)和 IIR(细线)数字滤波器对 ERPs 波形的影响

(二)滤波模式(Mode)

离线分析中的数字滤波要选用无相移数字滤波("Zero Phase Shift"),而不能用"Analog Simulation"滤波模式。

图 6-26 示种滤波的比较,显然,"Analog Simulation"引起了很大的相位偏移,导致各波的潜伏期明显延迟,波形失真。

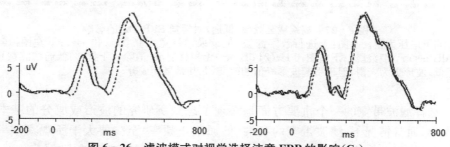

图 6-26　滤波模式对视觉选择注意 ERP 的影响(Cz)

实线:"Zero Phase Shift"滤波,虚线:"Analog Simulation"滤波。左图:8 Hz(24 dB/oct)数字滤波;右图:17 Hz(24 dB/oct)数字滤波。可见,"Analog Simulation"滤波产生了明显的相移,各波的潜伏期均延迟,且滤波带宽的高端截止频率(低通)越低,影响越大。

（三）滤波带宽对滤波结果的影响

滤波带宽对滤波结果有显著的影响。低通滤波截止频率越低,虽然波形更光滑(失真),但会引起波峰值的改变,尤其是 ERP 早期成分(图 6 - 27)。

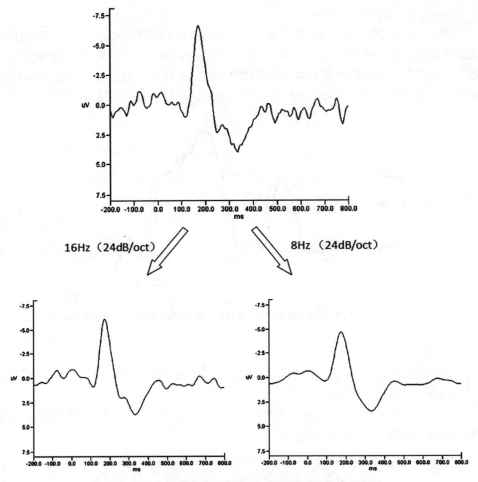

图 6 - 27　高端截至频率(低通)对视觉 ERP(Oz)的影响
向下电压为正。上图:未进行数字滤波(记录采样带宽为 0.05～40 Hz);下左图:16 Hz (24 dB/oct)无相移滤波;下右图:8 Hz(24 dB/oct)无相移滤波(消除 α 干扰)。低通滤波截止频率越低,波形更为光滑,但也引起波形峰值的改变,尤其是早期成分。

选择滤波带宽的一个重要方面是必须考虑到所研究的波形或成分的基本频率大小,通常情况下,滤波带宽的高端(低通截止频率)至少要大于所观察频率成分的 2 倍以上,而为了观察慢电位成分,低端(高通截止频率)则越小越好。

一般情况下,除非进行特殊分析(如 ERP 的时频分析,第 7 章第一节),数字滤波的高通截止频率不要高于采样时的带宽下限(高通)。例如,如果采样时的高通为 0.05 Hz,那么数字滤波的高通截止频率不能高于 0.05 Hz,否则将导致波形失真。若为 DC 采样,则数字滤波只能采用低通滤波器,即下限为 0 Hz。但是,当所感兴趣的成分只是较早期的成分如 N170、MMN 等的时候,可以考虑对 ERPs 数据进行高通滤波,以消除由于 ERP 成分重叠导致的慢电位对早期成分的影响,如面孔 N170 的滤波高通可以设为 0.8 Hz,但最好不要高于 0.8 Hz。需要指出的是,可以不选择对早期成分的高通滤波,但如果要选择,则一定要慎重选择高通的截止频率的大小,避免高通滤波对早期成分本身带来的波形失真。另外,在高通滤波后,切记一定要再次进行基线校正。

在听觉 P50 的研究中,由于 P50 的周期大约在 15~20 Hz,因此,数字滤波的高端可选为 40 Hz 或 45 Hz;而在视觉注意的 ERP 研究中,C1 成分的观察也需要注意高端的选择(至少要大于 30 Hz)。图 6-28 为视觉诱发电位的波形,点线为 40 Hz(24 dB/oct)、细线为 30 Hz(24 dB/oct)、粗线为 12 Hz(24 dB/oct)无相移数字滤波的结果,显然,12 Hz 滤波引起波形明显的失真,C1、P1、N1 都显著降低。

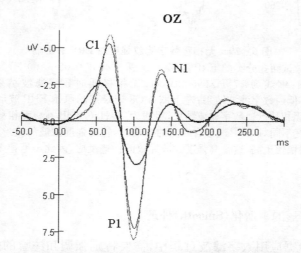

图 6-28 不同低通的无相移数字滤波器对视觉诱发电位波形的影响
点线为 40 Hz(24 dB/oct)、细线为 30 Hz(24 dB/oct)、粗线为 12 Hz(24 dB/oct)。

(四) 滤波(衰减)强度对滤波的影响

滤波衰减强度是滤波的基本要素之一,以 dB/oct 表示。强度不同对滤波结果有显著影响。

图 6-29 所示,一个被试面孔分类的原始 ERP 波形(采样带宽 0.05~100 Hz,未进行数字滤波,叠加 59 次)信噪比较低,受高频成分影响较大。经 17 Hz 无相移低通数字滤波器滤波后,波形明显光滑,成分易于识别,但滤波强度的不同对 ERP 波形的幅值(尤其是早期成分)产生了明显影响。滤波衰减强度可以根据干扰对波形影响的程度来确定,一般情况下可以选用 24 dB/oct。

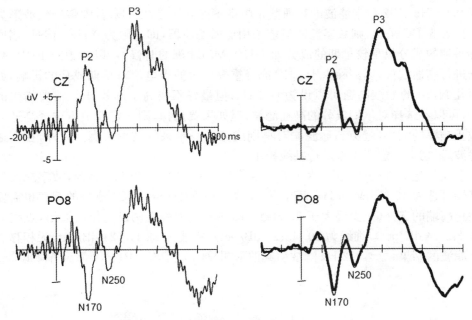

图 6-29　无相移数字滤波强度对 ERP 的影响

　　左上图：一个被试面孔分类的 ERP 波形（Cz），采样带宽 0.05～100 Hz，未进行数字滤波，叠加 59 次；右上图：细线为 17 Hz（96 dB/oct）无相移低通数字滤波结果，粗线为 17 Hz（12 dB/oct）无相移低通数字滤波结果；左下图：PO8 记录点的原始 ERP 波形；右下图：细线为 17 Hz（96 dB/oct）无相移低通数字滤波结果，粗线为 17 Hz（12 dB/oct）无相移低通数字滤波结果。可见，滤波强度不同对 ERP 波形有一定的影响：尽管高强度滤波的波形更光滑，但早期成分（如 N170、P2）的幅值更高，这是高强度滤波导致的伪迹反应，因此不推荐无目的地使用高强度数字滤波器。

四、关于波形的平滑化（Smooth）处理

　　在对脑电数据应用数字滤波过程中，需要特别强调和注意的是：不能以增加信噪比为目的而盲目进行数字滤波，也就是说不能依靠数字滤波器改变信噪比，尽管有效的无相移数字滤波可以使 ERP 波形更光滑。增加信噪比一方面要靠增加叠加平均次数，另一方面也可以通过平滑化（Smooth），即将相邻的数据点进行平均，使 ERPs 波形和成分更清楚（图 6-30）。"Smooth"的设置参数主要包括"Number of points"和"Number of passes"，前者指的是需要平均的相邻数据点的数量，后者指的是进行平滑化处理的次数。这些参数的设置要基于对 ERP 成分的理解和经验，不能盲目地追求波形的光滑。另外，应该对每个被试的 ERP 进行数据平滑化，以消除某些干扰，以便于 ERP 成分峰值和峰值潜伏期的测量。

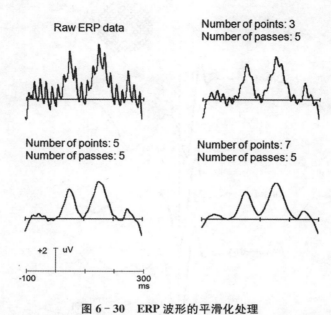

图 6 - 30 ERP 波形的平滑化处理

第四节 关于撤反应

在 ERPs 研究中,刺激或长或短总会持续一段时间(除非是研究缺失刺激的加工),尽管一般情况下只对刺激出现时所引起的诱发电位进行分析,但刺激消失(offset)时也会产生诱发电位,即"撤反应"。图 6 - 31 示视觉棋盘格刺激开始(onset)、消失(offset)以及翻转(reversal)产生的诱发电位(引自 Kriss & Halliday, 1980)。

通常情况下,在 ERPs 的研究中,"撤反应"的诱发电位比刺激出现时所引起的诱发电位要小得多。但如果刺激持续时间适宜,就会与刺激出现时的诱发电位混合,使诱发电位失真。如图 6 - 32 所示,面孔刺激的呈现时间为 300 ms,要求被试进行面孔识别作业任务。很显然,在头皮后部电极记录位置产生了明显的撤反应,而这种撤反应与 P3 重叠,从而对 P3 的测量和分析产生了很大影响。用 PCA/ICA 方法可以在一定程度上去除撤反应(图 6 - 32 右)。但这种方法往往只是相对的,并不一定能完全消除撤反应的影响,尤其是,由于 ERPs 成分之间本身的重叠,可能有一些子成分和撤反应具有相似的模式,在这种情况下,剔除撤反应的同时,也会剔除有价值的 ERPs 子成分,从而可能得出错误的结论。

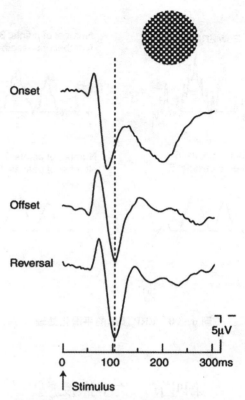

图 6‑31　视觉棋盘格刺激呈现、消失和翻转诱发的电位变化

(引自 Kriss & Halliday,1980)

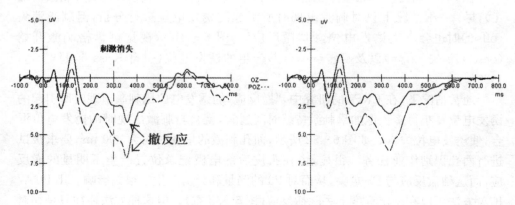

图 6‑32　ERPs 撤反应举例之一

　　向下电压为正。面孔刺激的撤反应。刺激呈现时间为 300 ms。左:撤反应;右:剔除撤反应。

为消除这种伪迹,一般情况下,根据研究的目的,可以采用以下几种不同的方法:

(1) 改变刺激呈现时间:一方面,延长刺激持续时间,在拟观察的 ERP 成分出现后,再使刺激消失(如果分析 N170,可以设计刺激持续时间为 250 ms 或 300 ms);也可以将刺激持续时间设计得短一些,在拟观察的主要成分出现以前使刺激消失。然而,这些方法也有一定缺陷,尤其是刺激呈现时间的长短可能会直接影响认知加工本身。

(2) 有实验室采用相减或矫正的方法,即利用持续时间足够长的刺激测出撤反应的潜伏期与波形,然后从混合的 ERP 波形中将其减掉,或者用 PCA/ICA 的方法将撤反应剔除。

(3) 如果研究不同心理条件下相同刺激的差异波,如 control MMN、选择注意负波等,由于撤反应已经减掉,可以不考虑撤反应的影响。

(4) 也有的研究考虑的是不同任务条件下相同刺激加工的区别,也可以不考虑撤反应的影响。如图 6-33 研究的是面孔和非面孔(手)在不同任务中加工的区别,虽然有明显的撤反应,但由于研究的重点不是 ERPs 成分的识别,而是认知加工的时间进程,因此,可以基于每个时间记录点的电压值进行平均幅值或面积测量分析(图中阴影区域),而不考虑撤反应本身的影响。

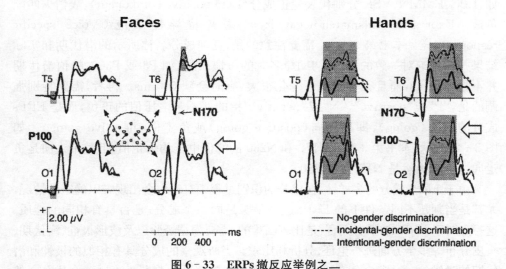

图 6-33　ERPs 撤反应举例之二

向上电压为正。刺激呈现时间为 300 ms,可见显著的分布于颞枕区的撤反应(白色箭头所指)。由于作者研究的是面孔和非面孔(手)在不同任务中加工的时间进程,而不是 ERP 成分本身,虽然有明显的撤反应,但不影响结果的测量和分析。(引自 Mouchetant-Rostaing et al.,2000)

总之,为有效地理解撤反应,研究者要对 ERPs 成分有足够的了解,确定撤反应的存在不是新的 ERPs 成分,如图 6-33,把 400 ms 左右出现的撤反应正波命名为"P400"显然是错误的。

第五节　ERP 数据的测量和分析

一、ERPs 成分的识别

根据对所要研究的 ERPs 成分的了解，从波形极性、潜伏期、头皮分布以及对实验条件变化的敏感性等多个方面，研究者可以确定不同条件下 ERPs 成分之间的一致性。

通常情况，ERPs 成分的命名以"P"代表"positive"，以"N"代表"negative"，其后为成分的潜伏期或第几个成分。如 N200 代表潜伏期在 200 ms 左右的负成分，N2 则代表第 2 个负成分。由于研究的广泛深入和研究者对各种成分的共同认知，对一些成熟的成分也经常将潜伏期的标示简化，如 N4、P3、P6，实际上和 N400、P300、P600 是一致的。也有不少研究者根据自己的数据对所观察到的特异性的 ERPs 成分进行命名，如 N270、N380、P580，分别代表峰值潜伏期 270 ms 左右的负波、峰值潜伏期 380 ms 左右的负波、峰值潜伏期 580 ms 左右的正波。又如，LPC、EMMN、VSR 分别代表晚正成分（Late positive component）、表情失匹配负波（Expression mismatch-negativity）、语音特异性反应（Voice specific response）（详见本书第 3 章）。需要注意的是，任何成分名称所示的潜伏期和实际结果并不是绝对一致的，只是初期命名时的习惯所致，如 P3 或 P300，峰值潜伏期并不是 300 ms，而且很多情况下变化很大，有时会到 600 ms。再者，需要特别强调的是，"P"或"positive"、"N"或"negative"指的并不是电压值的正负，而是 ERPs 成分的走向（going），即正走向（positive going）或负走向（negative going）。如图 3 - 20 所示（本书第 3 章），N170 和 N250 的峰值电压均为正值，但整个走向是负走向，因此，仍然是 N170 和 N250。

由于 ERPs 成分的多样性，在成分的识别过程中有时也会出现难以确定的情况，尤其是当判断不同条件下的 ERPs 成分是否是同一个成分，是否具有相同的性质。这一点对于 ERPs 初学者而言，是比较困难的，需要根据经验以及波形极性、潜伏期、头皮分布等多个方面进行论证、分析和比较。当所观察的成分具有相似的极性和潜伏期的时候（注意：头皮分布可能不同），可以比较容易地判断是否同一个成分。然而，当不同的刺激材料、作业任务或认知负荷对 ERPs 成分产生显著影响时，对成分的识别要慎之又慎。如图 6 - 34 所示，对刺激片段的分类在 100～300 ms 内产生显著的峰值在 270 ms 的负成分，Harel 等（2007）认为该成分是 N170 的延迟。然而，仔细观察 ERPs 波形可以看出，在该负成分之前有一个较小但显著的负走向成分，潜伏期在 170 ms，即 N170。因此，笔者认为，图中所示 100～300 ms 内的负成分应该包括 N170 和 N270，由于二者的重叠，导致 N170 不是非常清晰。基于此，可以得出对刺激片段的加工包括两个过程,首先是早期知觉分类过程(N170),当面孔的片段足够大(MI 5 级)时,已经可以认为是面孔的一部分,因此,产生更大的 N170;由于加工尚不充分,因此需要进一步的分类加工,从而产生更大的 N270。注意,该 N270 分布于颞枕区,和王玉平等发现的额中央区分布的反映了冲突加工的 N270 不是同一个成分(详见本书第 3 章)。

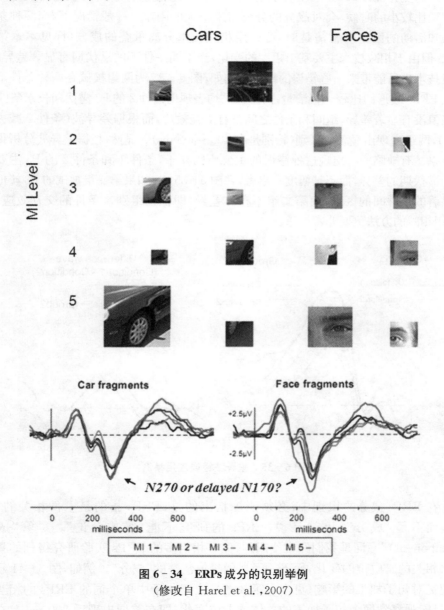

图 6 - 34　ERPs 成分的识别举例

(修改自 Harel et al. ,2007)

从对图 6 - 34 的分析可以看出,在 ERPs 成分的测量分析过程中,成分之间的相互重叠是一个需要特别注意的问题。由于 ERP 成分往往不是孤立存在的,而且几个 ERP 成分也可能同时发生(反映了大脑的平行加工特点)。在这种情况下,很难将头皮记录到的 ERP 活动归结为一个特殊的成分,从而为精确的峰值和平均波幅的测量带来困难。PCA/ICA 方法是解决 ERP 成分重叠的有效方法之一,但由于 ERPs 成分之间的变异性,PCA/ICA 方法有时也不能有效地将重叠的成分进行分离,尤其是当信噪比较小的时候,会对成分的分离带来很大的困难。一般情况下,当两种条件的认知活动的区别非常清楚时,可以用相减技术分离重叠的成分(详见本章第六节)。但由于相减技术主要基于幅度的变化,当不同条件下的潜伏期有显著差异时,相减技术也可能带来一些错误的结论。例如,图 6-35 为两组被试在两种条件下的额区 ERPs 波形的比较。很清楚,两组被试均表现出条件 2 的 P3 潜伏期长于条件 1,但峰值没有显著差异,组间和条件之间没有交互效应,而根据差异波(条件 2 减去条件 1),两组表现出显著的区别(特别是在 400～500 ms)。显然,根据差异波分析得出的结果是有缺陷的。出现这种错误的主要原因在于,条件 1 和条件 2 的 P3 主要表现为潜伏期的差异,而不是幅度。再者,在图 6-35 中,如果第一组被试的 P3 峰值具有显著的条件间的区别,而第二组不存在差异,即存在组别×条件的交互效应,此时,用相减的方法更要非常慎重。

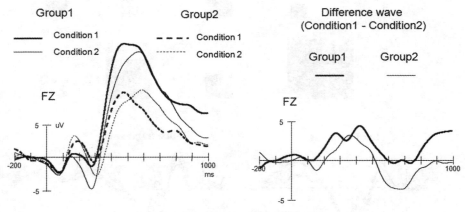

图 6-35 差异波错误应用举例

在 ERPs 成分的识别中,必须明确指出的是,ERPs 指的是事件相关的"电位",而不是"成分",也就是说,ERPs 的研究不能"唯成分论"。尽管"成分(component)"一词是我们经常使用的,但有相当多的 ERPs 实验研究得到的只是事件相关的脑电位的变化,而不是经典的峰值清楚的"成分"。例如,图 3-41 示长时记忆对句子加工的影响(见本书第 3 章),由于句子中单个词的 ERPs 的相互重叠,只能观察到两个句子加工的总体的电位变化,即在首词出现后 300 ms 左右出现显著的慢电位的差异。尽管该慢电位的变化也可以成为事件相关的一种"成分",但显然该成分和经典的 ERPs 成分是不一样的,希望读者能够深刻体会。再如图 6-36 所示的再认记忆过程中记忆编码阶段的 ERPs 数据模拟结果。虽然经典的记忆编码研究考察的是记忆项目诱发的 ERPs 的叠加和平均(详见本书第 3章),但在整个记忆编码过程中,可以看到一个缓慢的慢电位的变化,所有记忆项目的 ERPs 均在该慢电位的背景之上,且该慢电位和记忆负荷(深加工和浅加工)有关。认知负荷导致的慢电位的缓慢变化及其差异可能是今后的研究工作中要密切注意的。

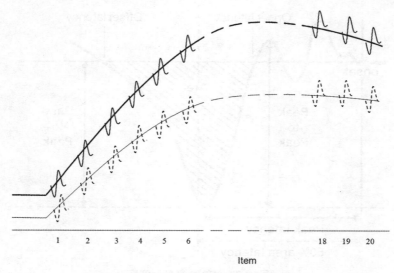

图 6-36　记忆编码阶段的慢电位变化

　　粗线:深加工(如记忆所有的单词);细线:浅加工(如对单词的词性进行分类)。可见,在整个记忆编码过程中,有一个缓慢的慢电位,所有记忆项目的 ERPs 均在该慢电位的背景之上,且深加工产生的慢电位幅度更大。(引自 Zhao et al.,unpublished data)

二、ERPs 成分的测量

　　由于 ERPs 成分通常以波峰的极性或走向和潜伏期来命名,因此,ERPs 成分的测量经常以波峰值和峰值潜伏期为主。如图 6-37 所示,峰值的测量主要有基线—波峰、峰—峰值测量两种方式。峰值潜伏期则通常是以刺激开始为起点,计算到达峰值的时间,也可以采用面积两分法进行潜伏期的测量(见后)。一般认为,波幅反映大脑兴奋性的高低,而潜伏期则是神经活动与加工过程的速度和评价时间。

　　当进行 ERPs 成分的峰值测量时,一般可以根据所有被试的总平均图确定测量的时间窗口(时间窗的选择不要包含其他成分),然后对每个被试的 ERPs 数据均按照该时间窗进行峰值和峰值潜伏期的测量。必须强调的是,对每个被试的数据都要认真检查一下,很可能有的被试的峰值不在所选择的时间窗内,此时可以对这些被试的 ERP 数据单独进行测量。如图 6 - 38 所示,根据 18 名被试的总平均图,以 130~190 ms 作为测量 N1 的峰值和峰值潜伏期的时间窗口。可见,大部分被试的 N1 峰值都在该时间窗范围内,但有几个被试(箭头所指)的峰值潜伏期不在该时间窗内。因此,需要对这几个被试的 ERPs 数据分别进行测量,以确定它们各自的峰值和峰值潜伏期。

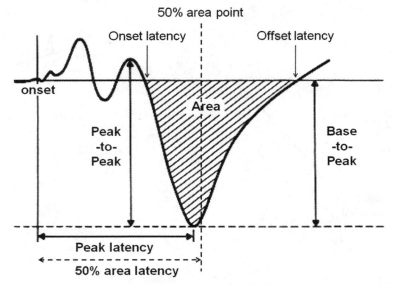

图 6 - 37　ERPs 测量示意图

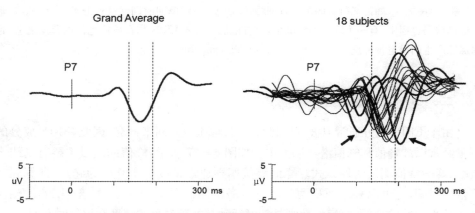

图 6 - 38　ERPs 早期成分峰值测量示意图

向上电压为正。大部分被试的 N1 峰值都在所选定的时间范围内,但有几个被试(箭头所指)的峰值潜伏期则例外,需要单独进行测量。

　　当进行波峰测量的时候,要密切关注数据的信噪比,信噪比直接影响了峰值和峰值潜伏期的测量。如图 6-39(a)所示,较之未经任何数字滤波的 P2,经过 20 Hz(24 dB/oct)无相移数字滤波后,波形变得更为光滑,所测得的 P2 的峰值明显减小,特别是潜伏期明显提前。因此,为提高对峰值测量的可靠性,需要选择合适的滤波参数,对每个被试的 ERP 数据进行无相移数字滤波,以提高信噪比。如 P3 或 N400 等的研究可以进行 12 Hz(24 dB/oct)、16 Hz(24 dB/oct)或 20 Hz(24 dB/oct)的无相移低通数字滤波,而 N170 的研究则建议选用 0.8 或 1 Hz(24 dB/oct)~17 或 20 Hz(24 dB/oct)的无相移带通滤波(详见本章第三节)。

　　当波峰不对称或者波形宽而平坦的时候,以波峰的最高点或最低点作为峰值和峰值潜伏期的测量值,很容易出现问题。Tukey 于 1978 年提出了一种有效的方法——中段潜伏期法(midlatency procedure):先找到特定电极的一段时间窗口内的最大波幅,然后观察波峰的前支和后支,找到等于最大波幅的某个百分数(如 70%)的数据点,其时间即为前、后潜伏期,然后对前、后两个潜伏期进行代数平均,其值可以作为波峰的潜伏期(图 6-39(b))。

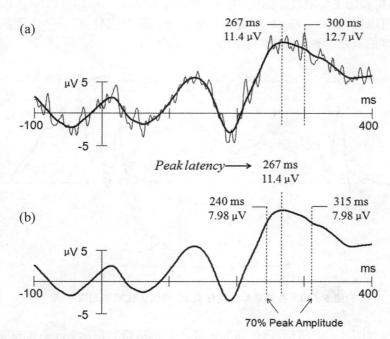

图 6-39　ERPs 成分峰值和峰值潜伏期测量举例

　　上图:信噪比对峰值测量的影响。细线为未经任何低通滤波的 ERP 波形;粗线为经 20 Hz(24 dB/oct)无相移低通数字滤波的 ERP 波形。可见,滤波后,信噪比增大,P2 的潜伏期明显提前,峰值幅度降低。下图:中段潜伏期测量法示例。中段潜伏期测量法的峰值潜伏期为 277.5 ms,该时间点的波幅为 10.5 μV。

除了峰值潜伏期测量外,对波形不清楚的电位成分也可以采用其他方法进行潜伏期测量。一种较为可靠的方法是面积两分潜伏期测量法(50% area latency measurement),即以能够将某个成分的波幅面积进行等分的时间点作为该成分的潜伏期(图 6-37)。与峰值潜伏期测量相比,面积两分法不受信噪比的严重影响,统计分析结果和总平均波形相吻合,且和反应时的关系更密切(Luck,1998;2005)。但是,该方法在选择波形面积计算的时候,也有很大的主观性,即用于面积测量的时间窗口的选择,并没有统一的标准。

不管用哪一种方法测量,不同电极位置相同成分的潜伏期总会有所差异。如果要测量的 ERPs 成分的脑区分布局限于少数电极,可以以该成分波幅最大的电极作为潜伏期的代表;如果该成分在脑区广泛分布,可以以电极之间的平均潜伏期为准,也可以以总场强(Global Field Power,GFP)波形的潜伏期为准,但后者有时会出现成分识别的困难,导致一些错误的结论(第 8 章图 8-1)。如图 6-40 所示,测量与视觉简单分类任务相关的 P3 的峰值潜伏期。虽然额区电极 P3 表现为明显的双峰,但 P3 峰值最大处位于 Pz,因此可以以 Pz 电极位置作为进行和反应时相关性检验的主要电极。然而,对 64 导联的(Global Field Power,GFP)结果进行分析,可以看出,在 500 ms 左右有一个更为显著的成分,似乎是由于额区或其他脑区 P3 的双峰导致,并不是真正的 P3 的潜伏期。

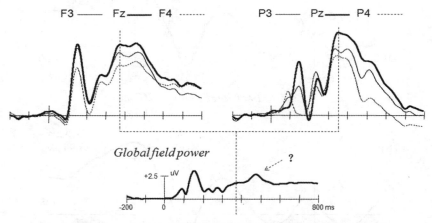

图 6-40 视觉简单分类任务 P3 峰值潜伏期的测量举例

另外,如图 6-37 所示,潜伏期的测量还包括测量始潜时(onset latency)和终潜时(offset latency),以评估不同条件下波形开始的时间以及持续时间(如 LRP 的研究)。以波形曲线的前支与基线的交点为始潜时测量点,波形后支与基线的交点为终潜时测量点。由于 ERPs 成分的相互重叠,经常会遇到所观察的波形与基线无交叉点。此时,可以对曲线做线性延长线,测量延长线和基线的交点时间,或者用 PCA/ICA 的方法将该成分分离出来,再进行始潜时的测量。

有学者认为,ERPs 成分的峰值幅度测量具有一定的缺陷(Luck,2005)。首先,波峰和 ERPs 成分实际上是两个不同的概念,也就是说,波峰的存在不代表 ERP 成分本身;其次,波峰受信噪比的影响比较大;再者,峰值的测量和统计结果往往与总平均图的结果不一致,从而对结果的解释带来很大的影响,有可能得出和平均波幅测量相反的结论(这一点尤为重要)。而且,有时在总平均图中,可能存在明显的峰,但在单个被试的数据中,峰值却往往不清楚(此时需选择平均波幅的测量)。因此,平均波幅的测量可能更为有效,不管是早期成分还是晚期成分,也不管峰值清楚还是不清楚。

实际上,在所测量的 ERPs 成分的波形不明显的情况下,一般需要计算该成分的平均波幅或面积。特别是,当解决不同被试之间波峰识别和潜伏期变化的问题时,测量某一时间段内波形的平均波幅是比较好的选择,此时,可以根据总平均图来决定合适的测量时间窗口。当测量慢电位时,平均波幅测量的时间窗口范围可以跨度数百毫秒。需要指出的是,虽然平均波幅的测量可以转换为面积测量,但仍推荐使用简单的平均波幅的测量。面积测量法计算的是两个时间点之间波的平均波幅与测量时间范围的乘积。如果研究者希望测量 ERP 成分的时程和波幅,测量面积的时间点应根据波形来确定,例如从某个波的起点到止点。在这种情况下,波形的识别和测量应十分小心,因为残留的噪声或对基线的确定都会使潜伏期发生很大的变化(参见第 8 章)。

平均波幅测量方法通常有固定间隔法、连续测量法、间断具体测量法等等。不管采用哪种测量法,均需以能够最终说明问题为原则。

固定法或连续测量法要求首先确定一段时间窗口间隔,如 50 ms,然后分别测量 0～50 ms、50～100 ms、100～150 ms 等等各段的平均波幅。应用较多的间隔时间窗有 20 ms、50 ms、100 ms、150 ms。在不同的时间范围内,上述时间间隔也是可以变化的,如在 ERP 波形的 300 ms 以前采用较短的间隔(20 ms 或 50 ms),在 300 ms 之后采用 100 ms 或 150 ms 的长间隔。这种平均波幅的测量方法比较客观,标准相对统一,便于不同实验室进行比较。但该方法只是关注了认知加工的总体的时间进程,忽略了对 ERP 具体成分的分析和比较,从而对结果的解释带来一些困难。目前,更多的实验室和研究倾向于间断具体测量法,即根据总平均图确定某一成分的测量时间窗口。尽管该方法主观性较大,不利于不同实验室进行比较,但由于其根据总平均图而定,故具有很强的针对性,因此,备受研究者的青睐。当进行平均波幅的间断具体测量时,应该首先考虑不同条件 ERPs 之间的相对变化和区别,从而可以指导平均波幅的测量和分析。

下面简要介绍一下用间断具体法进行平均波幅测量过程中的一些注意事项。希望读者能够举一反三,并根据自己的 ERP 数据选择有效的测量方法。

(1) 当进行平均波幅的测量时,为消除成分之间的重叠,用于平均波幅测量的时间窗口要窄一些(图 6-41),一方面要能说明成分的主要组成,另一方面不能涵盖其他 ERPs 成分。图 6 - 42 示对 P3/LPC 平均波幅的测量：(a) 测量时间窗口为与时间轴交点的起始和终止时间内的整个正慢电位成分，由于包含了 P2/N2 复合波，因此是不可取的；(b) 包含了部分 N1 成分，是不正确的；(c) 和 (d) 只涵盖了 P3/LPC 的前支和后支的部分电位，是不精确的；(e) 测量时间窗口太窄，只能代表 P3/LPC 的峰值变化，难以代表整个成分的平均波幅；(f) 是比较有效的测量时间窗口。

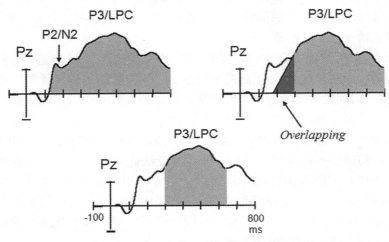

图 6 - 41　平均波幅测量(阴影区域)时的成分重叠

左：测量 P3/LPC 的平均波幅时间窗口包含了 P2 和 N2 成分；中：将 P3/LPC 前支的延长线与时间轴相交，可以清楚地看到 P2/N2 与 P3/LPC 成分的重叠(深色区域)；右：比较合适的 P3/LPC 的测量时间窗口。

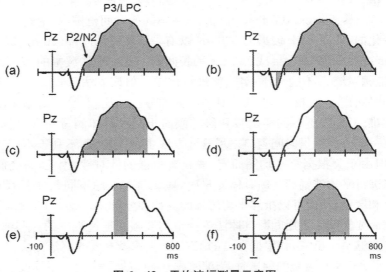

图 6 - 42　平均波幅测量示意图

（2）ERP研究主要是比较不同条件下ERP成分的差异，因此，平均波幅的测量可以根据不同条件下ERPs波形的变化来确定。图6-43示两种条件下成分X的平均波幅测量的几种可能情况。

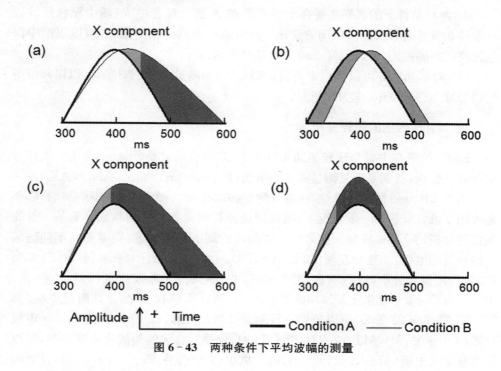

图 6‑43　两种条件下平均波幅的测量

　　a. 两种条件下的X成分的区别主要在于B条件的X成分后支延长，即B条件的X成分时间跨度明显延长（终潜时延长），幅度的显著差异如图中深色区域。此时进行平均波幅测量时，可以以图中深色区域的时间范围为测量时间窗（450～600 ms），但对前支的测量也是需要的（尽管波形图中显示无任何差异），因此，可以选择连续间隔测量法，如300～400 ms、400～500 ms、500～600 ms。

　　b. 两种条件下的X成分的区别主要是B条件的X成分潜伏期明显延迟，导致前支和后支均有显著差异（如图中浅色区域）。如果用300～400 ms和400～500 ms的时间窗口分别进行平均波幅测量和分析，将得出A在300～400 ms期间的X成分的幅度大于B，而在400～500 ms期间幅度小于B，这种结论显然是错误的。图6-36也表明了上述测量方法是错误的。此时，应该首先进行潜伏期的测量，如果峰值清楚，可以进行峰值的测量和统计，而平均波幅的测量则要根据各自的波形特征分别进行测量，如选择350～450 ms作为条件A的测量时间窗口，选择380～480 ms作为条件B的测量时间窗口。两种条件下是否选择相同的时间间隔，需要根据波形特征进行具体分析。

　　c. 和a情况有所不同，两种条件下的X成分的区别不仅在于B条件的X成分后支延长(终潜时延长),而且幅度在 X 的前支即显著大于 A 条件(图中深色区域表示差异非常显著)。此时进行平均波幅测量时,可以选择连续间隔测量法,如 300~400 ms、400~500 ms、500~600 ms。

　　d. 两种条件下的区别主要在于 B 条件的 X 成分显著增大(图中深色区域表示差异非常显著),没有潜伏期的变化。此时进行平均波幅测量时,可以以图中深色区域的时间范围(350~450 ms)为测量时间窗。

　　(3) 对早期成分可以采用平均波幅测量法,如测量 P1 或 N170,可以以峰值潜伏期加减 10 或 20 ms 作为时间窗。

三、ERPs 数据的统计分析

　　ERPs 的研究主要是比较不同条件下 ERP 成分的差异,因此最常用的统计方法是方差分析,特别是重复测量的方差分析(Repeated measures ANOVA)。

　　由于 ERPs 研究的特殊性,在进行测量和统计时,一个重要的问题是选择哪些电极用于统计分析。一般情况下,电极的选择与研究者的目的和兴趣有关。首先确定要分析的 ERPs 成分。如果对不同脑区的加工更感兴趣,则需要在不同脑区选择合适的电极,如选择左侧(如 F3、C3、P3)、中线(Fz、Cz、Pz)和右侧(如 F4、C4、P4)进行测量和分析,进行脑区(3 个水平:左、中、右)×电极位置(3 个水平:前、中、后)方差分析;当进行 MMN 的研究时,双侧乳突(M1、M2)及其附近电极(如 T7、T8、TP7、TP8 等等)可以分别进行测量分析,即脑区(2 个水平:左、右)×电极位置(3 个水平:M1/M2、T7/TP7、T8/TP8);如果对脑区的偏侧化不感兴趣,可以只测量中线电极(如 Fz、Cz、Pz、Oz),进行电极(4 个水平:Fz、Cz、Pz、Oz)和其他因素之间的方差分析,也可以只对所感兴趣的成分幅度最大的电极位置进行测量和分析。而对于脑区的整体变化,则可以以地形图的方式或地形图分析来表示。总之,对电极的选择需要和研究目的紧密配合。下面以 A、B 两组被试面孔早期加工的 ERPs 研究为例,说明数据测量和统计分析的相关问题。

　　以颞枕区 N170 为指标,分析 A、B 两组被试面孔加工早期阶段的区别。作业任务是对视觉靶刺激(鲜花)进行按键反应,忽略非靶刺激(面孔和桌子)。根据研究目的和 ERPs 总平均图,测量 P7、PO7、CB1、P8、PO8、CB2 电极位置的 N170 的峰值和峰值潜伏期,时间窗口为 120~200 ms。进行 2×2×3×3 四维重复测量方差分析:组内因素为刺激类型(2 个水平:面孔、桌子)、脑区(2 个水平:左、右颞枕区)、电极位置(3 个水平:P、PO、CB),组间因素为组别(2 个水平:A、B)。对自由度大于 1 的 p 值进行 Greenhouse-Geiser 矫正。多重比较应选用 Bonferroni-Dunn 方法,而不能选用最小差异检验法(LSD),因为后者会增加 I 型错误。需要注意的是,当所有的刺激类型都具有组间效应,如 A 组被试的面孔和桌子诱发的 N170 都比 B 组被试幅度增大,需要用"正常化"(Normalized)方法对两组被试的 N170 效应(面孔大于物体)进行处理(Sadeh et al.,2008;Gao et al.,2009)。

$$正常化 N170 效应 = (面孔_{N170} - 物体_{N170}) / (面孔_{N170} + 物体_{N170})$$

由于在某种条件下,面孔 N170 和物体 N170 的电压绝对值可能相同,但正负相反(如$-5\ \mu V$ 和$+5\ \mu V$),这样会导致分母为 0,N170 效应无穷大。因此,在实际运算过程中,可以采用(面孔$_{N170}$ - 物体$_{N170}$ + 0.5)/(面孔$_{N170}$ + 物体$_{N170}$ + 0.5),以得到最终的正常化 N170 效应。

对两组被试正常化处理后的 N170 效应进行 ANOVA 统计分析:组内因素为脑区(2 个水平:左、右颞枕区)、电极位置(3 个水平:P、PO、CB),组间因素为组别(2 个水平:A、B)。

相似的,对 N170 的脑区偏侧化效应,也需要采用正常化处理(Sadeh et al.,2008;Gao et al.,2009)。以左侧颞枕区 P7 和右侧颞枕区 P8 为例,即:

$$正常化脑区偏侧效应 = (P8_{N170} - P7_{N170}) / (P8_{N170} + P7_{N170})$$

正常化处理的合理性解释可以用以下两种情况进行说明:

(1)假设 A 组被试的面孔和桌子的 N170 幅度分别为$-15\ \mu V$ 和$-10\ \mu V$,面孔和桌子的 N170 的差异为$-5\ \mu V$;B 组被试的面孔和桌子的 N170 幅度分别为$-10\ \mu V$ 和$-5\ \mu V$,面孔和桌子的 N170 的差异也为$-3\ \mu V$。总体上,A 组被试的面孔 N170 和桌子 N170 都比 B 组被试增大,但二者的面孔 N170 效应(面孔减去桌子的绝对值)没有区别,从而可以得出两组被试面孔早期加工阶段(面孔 N170 效应)没有显著差异的结论。然而,由于两组被试的桌子 N170 具有显著差异,即面孔 N170 效应的"基线"显著不同,因此,只比较两组被试面孔效应绝对值的差异是不正确的。A 组被试正常化的面孔 N170 效应为$(15-10)/(15+10) = 1/5$,而 B 组被试的正常化 N170 效应为$(10-5)/(10+5) = 1/3$,显然,B 组被试具有增强的面孔 N170 效应,即两组被试面孔加工的早期阶段具有显著的差异。

(2)假设 A 组被试的面孔和桌子的 N170 幅度分别为$-18\ \mu V$ 和$-12\ \mu V$,面孔和桌子的 N170 的差异为$-6\ \mu V$;B 组被试的面孔和桌子的 N170 幅度分别为$-9\ \mu V$ 和$-6\ \mu V$,差异也为$-3\ \mu V$。总体上,A 组被试的面孔 N170 和桌子 N170 都比 B 组被试增大,但二者的面孔 N170 效应(面孔减去桌子的绝对值)也有显著差异,从而可以得出 A 组被试面孔早期加工阶段(面孔 N170 效应)比 B 组被试增强的结论。然而,A 组被试正常化的面孔 N170 效应为$(18-12)/(18+12) = 1/5$,而 B 组被试的正常化 N170 效应为$(9-6)/(9+6) = 1/5$,显然,两组被试具有相同的面孔 N170 效应,即两组被试面孔加工的早期阶段没有显著的差异。

另外,由于 ERPs 波形特征在不同电极之间的不同表现形式,进行不同条件下头皮地形图分析或者脑区分布的比较是必要的,尤其是在多导联记录的时候(注意:电极导联的分布要尽量均匀)。如果在不同的时间间隔和不同的实验条件下,脑内源活动的整合是相同的,那么相应的地形图表现也应是相同的。反之,则该部位脑内源的整合情况不同,地形图也有所不同。为有效地确定不同条件下 ERPs 成分的脑区分布是否相同,必须在进行地形图比较之前先去除该成分的波幅差异，以便消除波幅差异与地形图差异之间的混淆。一种减低混淆的方法是将不同条件下的 ERPs 数据"正常化"（Normalized）处理，即找出要分析的 ERPs 成分在每种条件下所有导联的最大值和最小值，然后将每个导联的幅值都减去最小值，所得到的结果再除以最大值和最小值的差值。然后，基于正常化处理后的比值（在 0～1 之间），进行电极位置×实验条件的方差分析（其中，电极包括记录的所有脑电电极导联，不包括坏电极和眼电、心电、肌电等非脑电电极），以确定不同条件下的 ERPs 成分是否存在地形图或脑区分布的差异。例如，对正常化处理后的 N2 进行电极（62 个水平）×刺激类型（2 个水平：A、B），如果没有刺激类型主效应，但存在电极主效应以及二维交互效应，则表明刺激 A 和 B 诱发的 N2 的脑区分布不同，进而表明两种刺激的加工可能涉及不同的脑内源；如果没有任何交互效应，则表明两种刺激产生的 N2 具有相似的脑区分布，可能涉及相同的脑内源。

四、ERPs 结果的呈现

在 ERP 研究论文的投稿过程中，一个非常重要的问题是作图。由于 ERP 研究的特殊性，图示 ERP 数据必须注意以下几个原则（详见本书第 8 章）：① 必须展示能揭示主要现象的平均 ERP 波形；② 应该表明 ERP 的时—空特征；③ ERP 波形必须包括电压和时间刻度；④ 必须清楚标记 ERP 波形的极性；⑤ 应该随 ERP 波形给出电极位置；⑥ 如果采用相减技术，应同时呈现原始波和差异波；⑦ 地形图要有清楚的图示，且应该用平滑化插值法和与电极数量匹配的分辨率进行绘图；⑧ 必须清楚标明头皮分布地形图的视点；⑨ 颜色不应使图的信息失真。常用的脑电分析软件（如 Scan 软件）中均配备有 ERP 作图功能，读者可以根据各自的需求学习使用。在此，笔者介绍另一种方便的作图方法。

根据研究目的，先将不同类型的 ERP 波形数据叠放在一起，以 Windows 图元文件格式（∗.wmf）输出。如想在图中呈现 Cz 电极的条件 A 和条件 B 的比较，可以先将两种条件的 ERP 波形放在一起（可以用不同的颜色）。然后，利用 PowerPoint 的"插入图片"功能（图 6－44 左），将 wmf 格式的图插入 PPT 中，此时可以根据需要随意改变图的大小。利用 PowerPoint 对图片的"取消组合"功能（图 6－44 左），将插入图片的所有组合形式取消，即可得到可以随意调试的 ERP 波形（地形图也可以采用该方法）。此时可以根据投稿要求任意改变波形的颜色、格式（如直线、虚线、粗、细等等）、坐标轴的长短等（图 6－44 左），并可以利用"插入文本框"的功能，增加所需要的图示（图 6－44 右）。可以根据杂志要求提供 pdf 格式的图像，或在存储时转换为任意一种图片格式，常用的有 TIF、BMP、GIF、JPG 等；或者将 PPT 里已经完成的图形拷贝到"画图（Paint）"工具中，再存储为所需图片格式。本书中未加出处的 ERPs 图均是采用该方法制作。

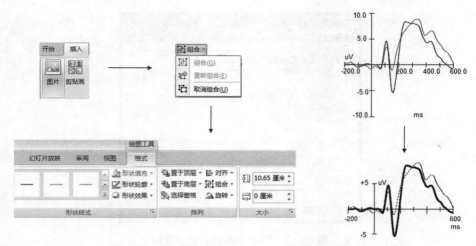

图 6‑44　利用 PowerPoint 进行 ERPs 图示的制作
左:插入图片、取消组合、绘图界面示意图;右上:原始 wmf 格式图片;右下:制作后可用于投稿的 ERPs 波形图。

第六节　相减技术的应用

相减技术在 ERP 研究领域具有重要地位。所谓相减,即是将两种任务或刺激类型的 ERP 波形进行相减,从而提取出更为纯粹、心理意义更为清楚的 ERP 成分,这种成分通常称为差异波。利用 Scan 4.3 软件中的"Subtract",可以轻便地得出两种 ERP 的差异波。要求两种 ERP 具有数目相同、标示一致的电极,而且 Epoch 的始/末时间以及采样点数均相同。如图 6‑45,打开一个 ERP 文件(.avg),选择"Transforms"下拉菜单中的"Subtract"选项,点击">>"选择要减去的 ERP 文件以及输出文件,然后点击"OK",即可得到两种 ERP 波形的差异波。如反映脑内信息自动加工的宝贵指标——MMN 成分,即是将非注意状态下的小概率刺激的 ERP 减去大概率刺激的 ERP 波形得到的差异波(图 6‑46);Wei JH、Zhao L 等(1998,2004)发现的与数字回忆相关的 ERP 负成分——(Number Recall Negativity,NRN),即是将选择心算的非靶刺激 ERP 减去选择注意非靶刺激 ERP 所得,且在听觉通道和视觉通道均有明显的 NRN 产生(图 6‑47)。

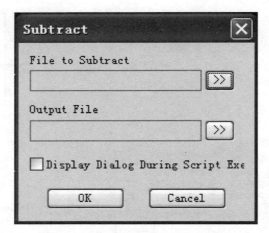

图 6－45　ERP 相减对话框示意图

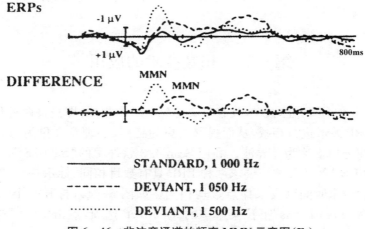

图 6－46　非注意通道的频率 MMN 示意图(Fz)

　　向下电压为正。标准刺激(1 000 Hz)出现的概率为 80％,两种偏差刺激(1 050 Hz 和 1 500 Hz)的概率均为 10％。要求被试集中于视觉区分任务。偏差刺激 ERP 减去标准刺激 ERP 得到的差异波,即为失匹配负波(Mismatch Negativity,MMN)。(引自 Alho et al.,1992)

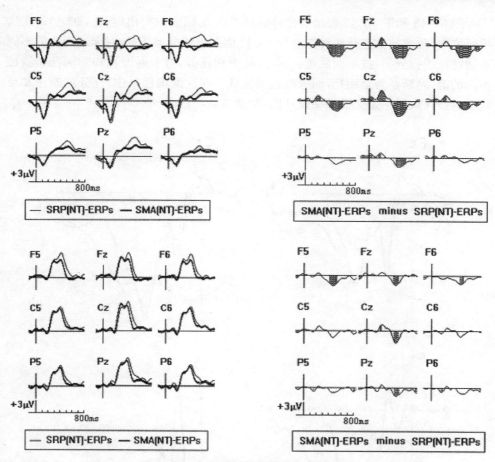

图 6－47　与数字回忆相关的 ERP 负成分

向下电压为正。上图为视觉通道，下图为听觉通道。SRP 代表选择注意，SMA 代表对同一刺激序列的选择心算，NT 代表非靶刺激。两种作业非靶刺激加工的主要区别是对前一个数字的回忆过程，这一过程的 ERP 表征即为潜伏期 400 ms 左右的差异波——（Number Recall Negativity，NRN）。（修正自 Wei & Zhao,1998,2004）

　　由于相减后的差异波形往往表现为峰值不十分明显的正向或负向偏移，难以精确测量峰值和峰值潜伏期，因此倾向于用平均波幅的测量作为指标。差异波的测量可以根据实验要求以及文献采用不同的方法，如固定间隔连续测量法、间断具体测量法等等。另外，也可以进行始潜时和终潜时的测量，以评估不同条件下差异波开始的时间以及差异波的持续时间。

　　运用相减技术，ERP 的实验设计是基础，也就是说，相减不是盲目地相减，而是为了更清楚地说明心理活动的过程，找出更有价值的 ERP 成分，或者是利用相减技术来解决原始波形不能观察到的成分。下面分别举例说明。

　　例 1　EPP：与表情特征晚期加工相关的 ERP 正成分（赵仑等,2004）

图 6-48 和图 6-49 表示表情特征加工成分 EPP 的得出(赵仑,2004)。在这项研究中,要求被试进行两种作业任务:① 面孔表情分类任务:对卡通面孔的不同表情特征进行分类,按不同的键。② 面孔识别任务:对卡通面孔和非面孔刺激按不同的键,判断是否是面孔,而忽略表情特征。在这两项任务中,任务的顺序和反应手(键)在被试中是交叉平衡设计的,刺激参数均相同。

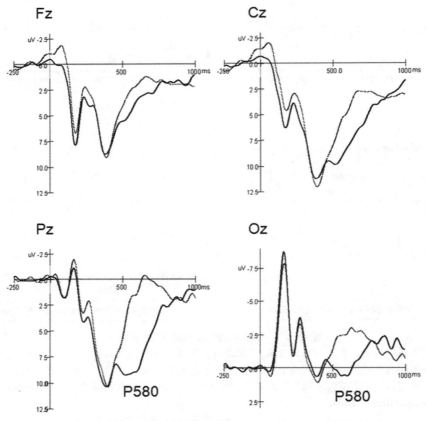

图 6-48　面孔识别(虚线)和面孔表情分类(实线)的 ERP 波形比较
向下电压为正。(引自赵仑,2004)

从图 6-48 可以清楚地看出,面孔识别的 ERP 成分包括面孔特异性成分 N170(枕区分布)和 VPP(中央分布)以及其后的 P200、N270 和 P400 成分,而面孔表情分类的 ERP 成分除上述成分外,更有一个显著的顶—中央区分布的 P580 成分,由于该成分在反应时以前即表现出来,因此该成分反映了表情特征的晚期加工。但从原始波形可以看出,该晚成分在不同脑区表现得不完全一致,如在额区未表现出明显的 P580 成分,而只是在 P580 范围内(450~800 ms)波幅比面孔识别更正,因此,并不能完全说明表情特征晚期加工的脑区特征。

图6-49示面孔表情分类ERP与面孔识别ERP的差异波形。可以看出，二者有一个非常明显的正差异。由于两种作业任务的区别非常清楚，即为表情特征的加工，因此，该差异成分可以说是表情特征晚期加工的表征，命名为（Expression Processing Positive，EPP），这一结果较之表情分类P580成分更有说服力。

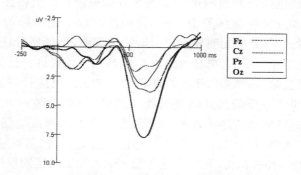

图6-49　面孔表情分类与面孔识别的ERP差异波——EPP

向下电压为正。EPP反映了表情特征的晚期加工。（引自赵仑，2004）

例2　WMN——非靶刺激加工过程中一个与工作记忆相关的视觉ERP负成分（赵仑等，2003）

选择注意作业任务中，对非靶刺激的加工不仅仅是简单判断为非靶的过程，而是一种复杂的积极加工过程，即除了对非靶刺激的物理感知和心理感知外，还与其后的任务反应模式有关，即可能涉及对工作模式的消除和重新提取等脑活动过程。有学者研究发现，等概率的视觉Nogo刺激（非靶刺激）引起比Go刺激（靶刺激）更大的前一中央脑区分布的200～400 ms范围的负成分（N2效应）和中央脑区优势的更大的P3成分，认为是由于非靶刺激加工中对靶刺激反应的抑制机制（N2）和运动负电位的缺失（P3）。Falkenstein等（1999）进一步研究认为，这种抑制发生在前运动水平（运动准备等），而不是运动水平。值得注意的是，上述研究均是将非靶刺激ERP与靶刺激ERP进行比较，其结论是相对于靶刺激的加工而言，且未进行反应模式复杂程度不同的非靶刺激的ERP研究。赵仑等（2003）通过对反应模式复杂程度不同的选择注意任务中的非靶刺激ERP的比较研究，发现了非靶刺激加工过程中与工作记忆相关的ERP负成分——工作记忆负波（Working Memory Negativity，WMN）。

视觉刺激面板距眼30 cm，面板中央有一直径5 mm的黄色发光二极管（LED），不闪动，其左右3 cm处各有一直径5 mm的红绿双色LED，视角11.5°。红绿闪光等概率随机出现，间隔亦随机（1.5～2.3 s，平均为2.0 s）。作业任务包括：① 选择反应（SR）：对规定的靶信号（T，红或绿，在受试者中平衡交叉），尽快、尽量准确地向右拨开关（开关为微动开关，力矩很小），忽略非靶信号（NT）。② 选择区分反应(DR):对来自左右视场的靶信号分别往左右侧拨开关,来自视场的靶信号往右拨开关,对非靶信号不反应。在整个实验过程中,要求被试注视中央黄灯,仅用余光注意两侧视场的红绿闪光信号。

图 6 - 50 示非靶刺激诱发的 ERP 结果。在该实验条件下,非靶刺激出现时,除感知过程外,还包括对刺激的进一步判断分析等过程。值得注意的是,从表面上看,选择区分和选择反应任务中,对非靶刺激的加工是一样的,即均判断为非靶,倘如此,二者的 ERP 应无明显差异。但结果表明,选择区分任务非靶 ERP 中产生了比选择反应非靶 ERP 更显著的 N2 成分,由于选择区分任务比选择反应任务的反应模式更复杂,该结果似乎支持非靶刺激加工的反应抑制假说。但根据反应抑制假说,如果任务反应模式的复杂程度不同,中央脑区的 P3 成分应有所不同。然而,本研究结果却清楚地表明,选择区分任务与选择反应任务的非靶 P3 均表现为中央脑区优势分布,二者在中央—顶区无显著差异,其区别仅表现在额区(F5、F6、Fz),因此,作者认为,两种作业非靶刺激的加工的区别仅用反应抑制是难以完全解释的。

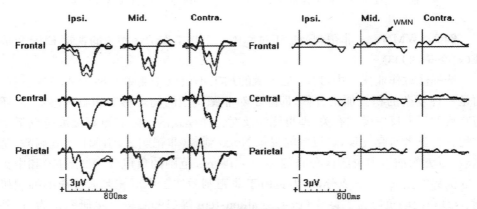

图 6 - 50　选择反应和选择区分的非靶刺激 ERP 总平均图和差异图

向下电压为正。左图:SR(细线)和 DR(粗线)任务中非靶刺激 ERP 比较;右图:DR 和 SR非靶 ERPs 的差异波,可见清楚的额区分布的差异负波——WMN。(引自赵仑等,2003)

作者进一步研究发现,与选择注意相比,选择区分任务的非靶 ERP 产生了明显的额区差异负波,正是这种差异负波的产生,导致了前述两种任务非靶 ERP 在额区的差异。作者认为,选择区分任务中这种非靶差异负波的产生与工作记忆中的信息加工过程相关:储存在工作记忆中的期待模式是对靶刺激进行反应,因此,当非靶刺激出现时,必然引起期待的混乱(冲突或矛盾),进而可能有一个对期待模式进行消除或重调的过程,最后对原有工作模式进行重新提取,进入对下一个刺激的等待状态。由于选择区分反应要求的工作模式比选择反应复杂,工作记忆中期待模式的混乱、消除、重新提取等过程更为复杂,而额区产生的差异负波可能即是这种过程更为复杂的一种反映,因此,作者将 100～700 ms 出现在额区的该差异负波称为工作记忆负波(Working Nemory Negativity,WMN)。WMN 出现在额区,与额区在工作记忆中的作用是一致的。这也说明了额区和中央脑区在非靶刺激加工中作用的不同,中央脑区可能主要是对非靶信号的特征加工(颜色,判断为非靶),而额区除了特征加工外,还有工作记忆模式重调的功能;而与 SR 作业的靶 ERP 相比,DR 作业靶 ERP 中没有产生额区 WMN,提示对期待模式的重调可能是额区非靶加工的主要过程。

例 3 Electrophysiologial evidence for a postperceptual locus or suppression during the attentional blink. (*Vogel EK et al.,1998*)

Attentional Blink 是指在多重刺激的快速系列视觉呈现刺激流中,被试对前一个刺激的正确辨认影响了其对后续刺激辨认的现象(Shapiro et al.,1992)。基本刺激序列模式如图 6-51:黑色字母刺激流的呈现速度为 10～11 个/秒(呈现时间 15 ms,间隔时间 75 ms)。target 前有 7～15 个字母,其后有 8 个字母,分别记为 probe 1～probe 8,target 为白色字母。probe 恒为黑色字母 X。一串刺激流中只有一个 target 和一个 probe。每串刺激流结束后,要求被试报告 target 的名称及 X 是否在其后的刺激流中出现。

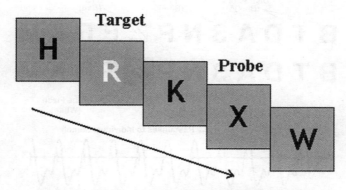

图 6-51 Attentional Blink 的基本刺激序列模式举例

AB 现象的脑机制如何? 是否反映了感知觉加工过程的抑制呢? 作者认为,P1 和 N1 成分反映的是感觉过程。大量研究表明,这两种成分受空间注意的调控,即呈现在非注意位置的刺激引起的 P1 和 N1 比注意位置要小。如果 AB 期间与此有相同的注意机制,则 AB 期间刺激诱发的 P1 和 N1 成分应比 AB 以外的刺激诱发的要小;如果 AB 反映的是后加工阶段,则 AB 期间不会出现 P1 和 N1 的抑制。然而,由于快速刺激流的刺激间隔太小,必然会导致相邻刺激诱发电位的重叠。为解决这种重叠问题,作者有效地采用了相减技术,简述如下:快速刺激流如图 6-52 所示,每个刺激流由 19 个字母和一个一位数数字组成(18 个非靶,2 个靶)。每个字母呈现 33 ms,间隔 50 ms,大约每秒呈现 12 个字母。每个刺激流中的非靶刺激为 A～Z(不包括 Y)的蓝色大写字母(CIE 颜色坐标为：$x=0.147$；$y=0.067$)，T1 是蓝色的数字($2\sim9$)，T2 为红色($x=0.636$；$y=0.344$)的大写字母。T1 为奇数或偶数的概率相等，T2 为元音或辅音的概率也相等。T1 总是呈现在刺激流的第 7 或第 10 个位置，而 T2 总是呈现在 T1 后的第 1、3 或 7 位置上(Lag 1、Lag 3、Lag 7)。刺激流最后一个字母消失后 500 ms，一个问题提示符号呈现 1 000 ms，要求被试进行作业反应，提示符号消失后 1 000 ms，下一个刺激流出现。其中有 50％的刺激流中，与 T2 重叠一个固定的白色正方形(flash)，并同时呈现和消失。要求被试进行两种操作：单一靶刺激和双重靶刺激。在双重靶刺激任务中，要求被试在刺激流后对 T1 和 T2 都要进行区分反应，表明 T1 是奇数还是偶数，T2 是元音还是辅音；在单一靶刺激任务中，要求被试忽略 T1，仅对 T2 进行判断反应。

　　行为数据表明，在第 3 个位置出现了明显的 AB 现象(图 6-53)。电生理数据可以得到所有刺激流的 ERP，如图 6-52 所示。显然，通过相减技术，可以得到白色正方形的诱发反应。研究该诱发反应在 AB 期间的表现特征，即可以得出 AB 与感知觉加工的关系。白色 flash 的 ERP 结果如图 6-54。由于在 3 个位置的 P1 和 N1 均无显著性差异，因此，AB 期间没有早期感知阶段的减弱或增强。

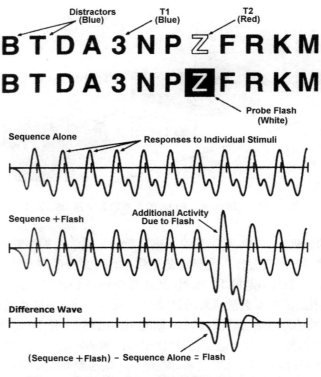

图 6-52　AB 的 ERP 研究的刺激排列和结果示意图

(引自 Vogel EK et al., 1998)

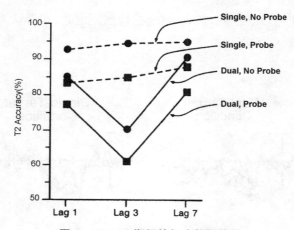

图 6 - 53　AB 期间的行为数据结果

可见在 Lag 3 位置出现了明显的 AB 现象。（引自 Vogel EK et al. , 1998）

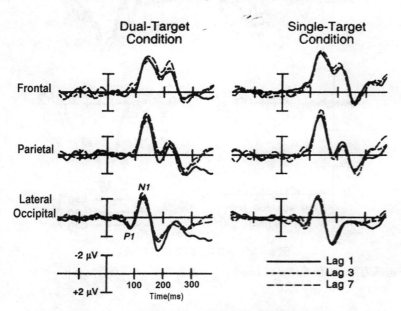

图 6 - 54　AB 期间 ERP 早期成分 P1 和 N1 的变化

向下电压为正。3 个位置的 P1 和 N1 无显著差异。（引自 Vogel EK et al. , 1998）

　　为继续探讨 AB 期间是否存在感知后加工的变化，作者又进行了 AB 期间 P3 成分的研究。刺激材料和编排除了以下不同外，均与上述实验一致：T2 为白色，其他字母均为黑色；15％的 T2 为字母"E"，85％为一些其他字母（随机选择）；要求被试对 T2 进行判断，"E"按键，其他字母不按键；没有探测的白色 Flash 出现。以 T2 字母的触发进行平均，得到 ERP 波形。靶刺激 T2 的 ERP 减去非靶刺激 T2 的 ERP 得到差异波，该差异波的主要成分即为反映靶刺激识别加工的 P3b。

图 6 - 55的结果表明,AB 期间,P300 完全被抑制。由此,作者认为,AB 期间感知后阶段加工减弱。

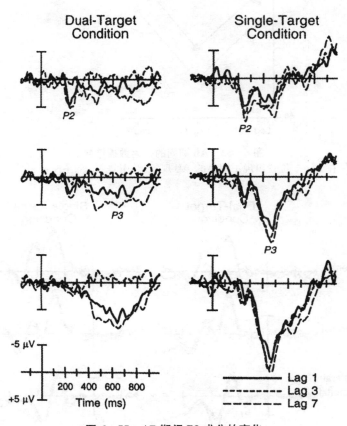

图 6‑55　AB 期间 P3 成分的变化

向下电压为正。双任务作业时 Lag 3 的 P3 显著抑制。(引自 Vogel EK et al. , 1998)

第7章　ERP分析技术和方法

第一节　ERP的时频分析技术[①]

由于ERP具有明显的时域特征,所以研究者多对ERP的时间性进行分析,而对ERP自身的频域特征关注不够。Basar等(1984,1985)建立了ERP的时频分析技术(time-frequency analysis)。ERP的时频分析是探讨研究ERP中随时间变化的频率成分,其目的在于观察特异性感觉和认知加工过程中与刺激(事件)具有锁时关系的频率特征。1984年,Basar等首先得到声音刺激缺失所诱发的平均ERP(P300),然后通过傅立叶变换,得到其频域特征。分别对刺激缺失前的EEG和刺激缺失后的ERP(P300)进行1~2.5 Hz、3~8 Hz和8~13 Hz的带通滤波,结果发现:与刺激缺失前的EEG活动相比,刺激缺失ERP表现为δ和θ活动的增强,内源性ERP成分中的α活动亦有所增强(图7-1)。

一、时频分析的具体过程

时频分析的主要对象为单次诱发或叠加平均生成的ERP波形。下面以面孔识别的ERP原始波形为例,说明ERP时频分析的操作过程。(注:面孔分类的原始ERP波形已经20 Hz(24 dB/oct)无相移低通数字滤波器滤波)

1. 面孔分类ERP的低频成分

以小于2 Hz的低频成分为例。选用FIR数字滤波器,选择滤波类型(Type)的低通滤波(Low Pass)和滤波模式(Mode)的无相移滤波器(Zero Phase Shift)。低通(Low pass)截止频率设为2 Hz(24 dB/oct),对所有的电极均进行数字滤波。也可以选择带通滤波(Band Pass),其高通(High pass)则选为0 Hz(24 dB/oct),低通(Low pass)仍为2 Hz(24 dB/oct)。其结果如图7-2中粗线所示。

[①] 本节讨论的主要是ERPs数据的频率特征,而不是事件相关的频域特征分析(如induced gamma band和evoked gamma band)。关于后者,读者可以阅读相关文献。

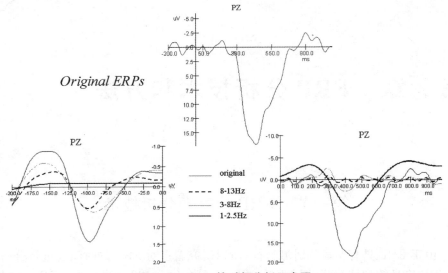

图 7 - 1　P300 的时频分析示意图

上图:原始 ERP 波形;下图左:刺激前 EEG 的时频特征;下图右:ERPs 成分的时频特征。

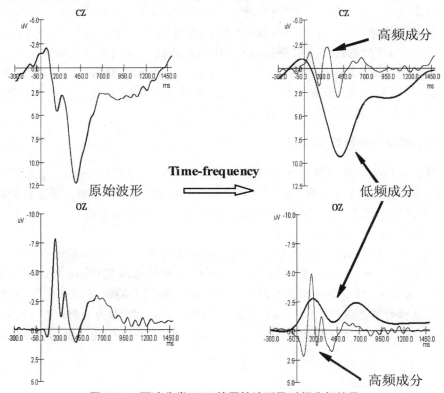

图 7 - 2　面孔分类 ERP 的原始波形及时频分析结果

左图:面孔分类的原始波形 0~20 Hz 无相移数字滤波(24 dB/oct);右图:粗线为 0~2 Hz (24 dB/oct)的无相移数字滤波结果,细线为 2~20 Hz(24 dB/oct)无相移数字滤波结果。

2. 面孔分类 ERP 的高频成分

以 2～20 Hz 的频率信息为例。选择滤波类型的带通滤波和滤波模式的无相移滤波器，高通设为 2 Hz(24 dB/oct)，由于本数据是经过 20 Hz 低通滤波后的数据，因此可以不选择低通滤波参数。如果原始 ERP 数据未经低通滤波处理，则可以同时选择低通(Low Pass)，设为 20 Hz(24 dB/oct)。其结果如图 7-2 中细线所示。也可采用相减的方法，即从原始平均 ERPs 中减去低频成分的 ERPs(必须保证是基线校正后的数据)。

二、时频分析研究举例

例 1　Event-related slow wave activity in two subtypes of AD/HD.(摘自 Johnstone SJ, et al.,2003)

研究表明，AD/HD(attention-deficit/hyperactivity disorder)儿童和正常儿童的低频 EEG 活动(如 δ 活动)有显著差异。而传统的 ERP 慢电位(SW, slow wave)分析研究发现，ADDh 和 ADDwo 儿童的听觉 ERP 中的正慢电位(PSW，600～900 ms)比正常对照组被试明显减小，枕区负慢电位(NSW，700～900 ms)比正常被试显著增强。作者以往的 ERP 时频分析研究表明，儿童和青少年的听觉 ERP 中与事件相关的低频活动成分的头皮分布有显著差异，在该项研究中，作者的主要目的是探讨 0.01～2 Hz 的 ERP 低频活动对 AD/HD 儿童以及亚型是否有诊断价值。

脑电记录的放电倍数为 50 000 倍，采样率为 256 Hz(12 位)，带宽为 0.01～35 Hz(−3 dB)。作业任务为听觉 Oddball 范式，刺激为 1 500 Hz 和 100 Hz 的短纯音(60 dB SPL，持续 40 ms)，ISI 为 1 300 ms，两种刺激的概率分别为 15% 和 85%。

对每个被试的每个记录点的靶刺激 ERP 进行两次无相移数字滤波。首先，进行截止频率为 12 Hz 的低通滤波，去除高于 12 Hz 的活动(如 β 活动)。与不进行数字滤波的 ERP(0.01～35 Hz)相比，12 Hz 的低通滤波对 ERP 成分幅值不会产生明显影响。而 Basar-Eroglu 等发现，3 岁儿童的 ERP 中无高于 8 Hz 的成分，基于此，作者将通过第一步得出的 ERP 作为原始 ERP(RAW ERP)；其次，对原始 ERP 分别进行 0.01～2 Hz 和 2～12 Hz 的无相移数字滤波，结果分别命名为"SW-ERP"和"RESIDUAL ERP"(图 7-3)。

0.01～2 Hz 的 SW-ERP 主要包括额区的负慢电位(ENSW)和顶区的正慢电位(LPSW)。有研究发现，事件相关的 δ 活动在 Oddball 实验中是非常敏感的，偏差刺激引起的 δ 活动比标准刺激明显增大。事件相关的 δ 活动反映了信号匹配和决策加工，而其他脑电频率的活动则与其他加工过程密切相关(α 活动：感觉加工；θ：集中注意)。

剔除 0.01～2 Hz 的慢电位后，各脑区的 RESIDUAL ERP 波形相近，更有利于将正常被试和患儿进行比较，而原始 ERP 中各脑区的成分变异性则较大。

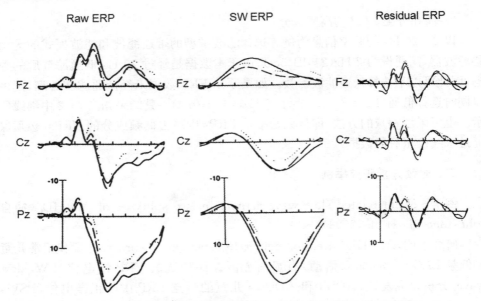

图 7 - 3　靶刺激的 Raw-ERP、SW-ERP 和 Res idual ERP 的总平均图

AD/HDin(dashed line), AD/HDcom(dotted line) and control groups(solid line). (引自 Johnstone SJ et al. ,2003)

与正常对照被试相比,事件相关的前部负慢电位(ENSW)和后部正慢电位 (LPSW)在 AD/HD 综合类型被试中显著减小,而在 AD/HD 非注意亚型中变化 不显著;2~12 Hz 的 RESIDUAL ERP 在 AD/HD 儿童与对照组间有显著差异, 但无 AD/HD 亚型的临床相关性,即亚型之间无显著区别。

结论:时频分析结果清楚地表明事件相关的慢电位活动(0.01~2 Hz)具有显 著的组间差异(AD/HD 儿童与正常儿童的比较,AD/HD 亚型之间比较)。时频 分析技术对临床和发展研究都有重要的应用价值,可以得到一些重要的、值得注 意的研究结果。

例 2　Sequential information processing during a mental arithmetic is reflected in the time course of event-related brain potentials. (引自 Iguchi Y & Hashimoto I,2000)

心算是一种非常复杂的脑高级活动,包括数字识别、数学运算、得数记忆存储 等多个方面。作者假设心算是一个复杂的序列信息加工过程,为验证该假设,进 行了 3 种心理作业 ERP 的比较研究。

视觉刺激包括数字和无意义的图形(图 7 - 4),ISI 为 1.3 s,要求被试进行如 下 3 种作业任务:① 对数字进行连续加法;② 计算数字呈现的个数;③ 计算无意 义图形呈现的个数。EEG 放大 10 万倍,带宽 0.05~500 Hz,采样率 2 048 Hz。 对得到的 ERP 进行 FIR 无相移低通数字滤波(150 Hz,45.7 dB/oct)。

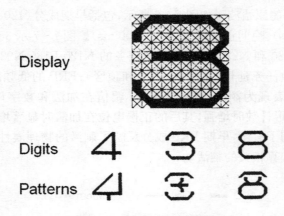

图 7 - 4　视觉刺激类型举例

（引自 Iguchi et al.，2000）

　　由于在该研究中，假设 ERP 波形是反映不同脑活动过程的早期高频成分和晚期低频慢电位成分的综合，因此分别探讨低频和高频 ERP 成分是必要的。图 7 - 5 示 ERP 波形的频谱分析，可见，低于 3.0 Hz 范围内有一个显著的峰，3.0～15.0 Hz 范围内有一些小峰。可以用 FIR 数字滤波器将低频 ERP 成分和高频 ERP 成分分离开来：对原始 ERP 波形进行低通滤波（3.0 Hz，−42.2 dB/octave），得到心算任务 ERP 的低频成分，然后，从原始 ERP 中减去低频成分，即可得到高频成分的 ERP 波形。

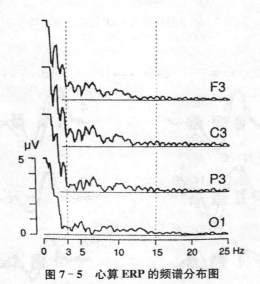

图 7 - 5　心算 ERP 的频谱分布图

（引自 Iguchi et al.，2000）

　　3 种作业任务的原始波形如图 7-6 所示,包括早期成分(120～200 ms)、中期成分(200～400 ms)、晚期正慢电位(400～800 ms)。图 7-7 示 3 种任务的高频成分,包括 N120、P180 和 N220,表现为加法任务的 N120-P180-N220 复合波的潜伏期比其他两种计数任务延长(左额区、中央和顶区);ERP 的低频成分,包括 P300 成分和正慢电位,表现为额区、颞区的 P300 幅值在加法和数字计数时无显著差异,均比无意义图形计数时增强,其后的正慢电位在加法时显著增强。据此,作者认为研究结果证明了假设,早期 ERP 成分反映了刺激的物理属性和数字意义,正慢电位反映了与心算相关的脑活动。

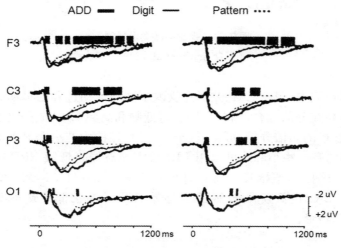

图 7-6　3 种任务的 ERP 原始波形比较
(引自 Iguchi et al.,2000)

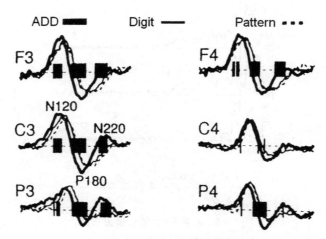

图 7-7　3 种任务的 ERP 高频成分比较
(引自 Iguchi et al.,2000)

第二节　短刺激间隔序列中 ERP 的重叠及其矫正[①]

用 ERP 进行认知研究的首要基本要素是需要呈现一系列的刺激,ERP 即是与刺激信号具有锁时关系的电位叠加平均的结果。在大量的 ERP 研究中,刺激呈现的速率往往比较低,即刺激间隔(ISI 或 SOA)较长,这样,在所得到的 ERP 就不会或很少会出现前一个刺激的 ERP 对后一个 ERP 的重叠影响,而在快速刺激序列(如每秒 10 次的刺激呈现),前一个刺激的 ERP 将会对后一个刺激的 ERP 产生严重影响。

用短 ISI 可以研究选择注意机制(Woldorff, Hansen & Hillyard, 1987; Woldorff & Hillyard, 1991);而用 ERP 研究快速刺激呈现时的序列效应,将会更好地观察感觉、知觉和认知加工过程;再者,现实生活中有很多环境刺激的呈现是非常快速的,如果不能解决快速呈现时 ERP 的重叠问题,那么,在实验室模拟环境刺激进行 ERP 研究,就很难进行下去。同时,高呈现速率会提高单位时间内 ERP 平均叠加的次数,从而提高信噪比。

解决快速刺激序列中刺激之间 ERP 的重叠问题,已经成为 ERP 研究的瓶颈。迄今为止,已有多种方法用来解决该问题。下面对其中几种方法进行简要描述。

一、高通滤波

解决刺激重叠的一种方法是增加滤波器的高通截止频率,这样会削弱 ERP 中的长潜伏期的低频成分。当只对诱发电位中的高频成分感兴趣时,可以采用这种方法。例如,可采用 20 kHz 采样率、高通 10 Hz 和低通 3 000 Hz 的滤波参数,记录脑干诱发电位(BAR)和中潜伏期反应(MLR),主要观察潜伏期小于 80 ms 的成分,基本波形如图 7-8 所示。

虽然高通滤波方法对诱发电位的早期高频成分的观察可以有效地消除刺激之间的干扰,但高通截止频率的选择对诱发电位的波形会产生显著影响。赵仑等(1997)研究了不同的滤波带通对豚鼠听觉诱发电位中潜伏期反应(MLR)的影响,结果发现,豚鼠颞区皮层 MLR 的典型波形为刺激后 8~70 ms 内依次出现的正—负—正—负 4 个波(A、B、C、D),滤波带通对波形潜伏期有显著影响(图 7-9)。作者认为,在避免噪声干扰的情况下,应尽量选取较宽的滤波带宽,这样既可以消除窄带滤波引起的相位移动和减幅振荡,还可以同时观察到脑干诱发电位,以便用最短的时间分析听觉系统多个部位的活动。

[①]　本节内容主要参考于 Martry G. Woldorff. Distortion of ERP averages due to overlap from temporally adjacent ERP: Analysis and correction. Psychophysiology, 1993, 30: 98~119。

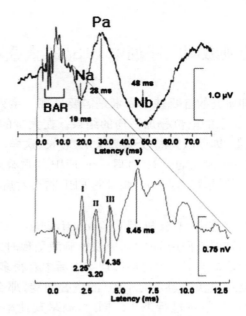

图 7 - 8　听觉 BAR 和 MLR

（引自 Neuroscan 网站www. neuro. com）

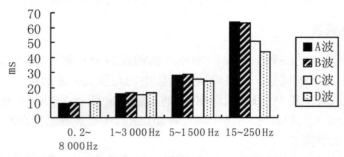

图 7 - 9　滤波带通对听觉 MLR 各波潜伏期的影响

二、间隔随机化

　　在平均值周围进行间隔的随机化,可以部分消除相邻刺激 ERP 的重叠反应,从而减轻最后 ERP 波形的失真。

　　间隔随机化可以看做是一个具有时间变化的低通滤波器,倾向于删去重叠的高频成分,而保留相对不受影响的低频成分。如果 ISI 范围在 $200 \sim 400$ ms 内随机(即 Tjw ＝ 200 ms),当前刺激之前的刺激呈现时间的柱状图分布可能如图 7 - 10,若以 Dp(t)表示随时间变化的前刺激的分布(previous-distribution),可见刺激大致呈矩形分布。

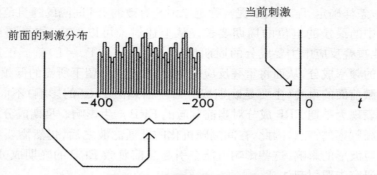

图 7 - 10 刺激事件分布示意图

刺激前的柱状图表示当前刺激($t=0$)前的刺激的时间分布,ISI 为 200~400 ms。(引自 Martry G. Woldorff,1993)

如果时域函数 $D_p(t)$ 如图 7 - 11(a)中的框图所示,其频域函数即傅氏变换为 $D_p'(f)$(图 7 - 11(b)),图 7 - 11(c)可以看出低通滤波器允许低于高端频率($f_i = 1/T_{jw}$)的成分通过。随机化范围和低通滤波函数之间的关系如下:如果 T_{jw} 比较宽,那么 f_i 就会比较小,允许通过的就只有低频成分;如果 T_{jw} 比较窄,那么 f_i 就会比较大,允许通过的除了低频成分外,还会有一些高频成分;而如果 T_{jw} 很小,比如 ISI 恒为一个常数,T_{jw} 为零,则所有的频率成分都会通过,这样,任何低频滤波器都不可能消除 ERP 的重叠效应。

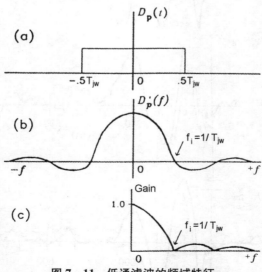

图 7 - 11 低通滤波的频域特征

(a) 相邻事件分布;(b) 事件分布(a)的傅氏变换;(c) 低通滤波效果的增益函数。(引自 Martry G. Woldorff,1993)

那么,怎样确定 T_{jw} 的大小呢? 确定原则是有效的 ISI 间隔的随机范围应该比重叠反应中的最慢的电位的周期要长。从上述讨论可以看出,如果随机范围很宽,足以比重叠反应中主要成分的周期都长,那么,$f_i(1/T_{jw}=f_i)$ 就低于重叠反应中大部分的频率成分,从而将重叠反应的主要成分滤掉,留下所需的低频成分。

与刺激前面的重叠(主要是晚期成分对当前刺激 ERP 的影响)不同,后面的刺激主要表现为早期 ERP 成分对当前刺激的 ERP 产生影响。早期成分往往具有低波幅和高频率的特点,因此,在间隔随机化的低通滤波之后,仍然需要考虑这些早期成分对波形的影响,这些影响可能会引起当前刺激 ERP 的晚期成分的变形,这一点在研究中要引起注意。

当然,如果所有刺激的分布曲线非常平滑(没有峰值),那么,低通滤波的效果会大大增强。Gaussian 分布可以做到这一点,对非常短的 ISI 是非常有效的。

图 7-12 示选择注意任务中不同 Jitter 范围对 ERP 的影响。可见,图 7-12(a)和图 7-12(b)由于范围较窄(分别为 60 ms 和 150 ms),ERP 的重叠效应非常明显,而图 7-12(c)中,ISI 的 Jitter 范围最宽为 200 ms(120~320 ms),这一数值实际上比反应中的主要波形成分的周期都长,显然该波形基本未变形。

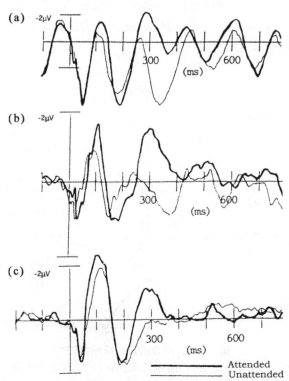

图 7-12　选择注意任务中 ISI 随机化范围对 ERP 反应的影响
A:130~190 ms;B:125~275 ms;C:120~320 ms。(引自 Martry G. Woldorff,1993)

三、刺激随机化

解决重叠问题的另一种方法是使刺激随机化呈现,进行两种条件下同一个刺激的反应之间的比较。以选择注意研究为例,即将刺激受注意时产生的平均 ERP 与同一刺激被忽略时的平均 ERP 进行比较。该方法有两个假设:一是,如果刺激是随机呈现的,那么,对每种刺激来说,相邻刺激的反应对最终 ERP 波形的影响是相同的,也就是说,如果一个刺激前面(或后面)的相关刺激和无关刺激是相同的,那么,非注意 ERP 和注意 ERP 因为刺激重叠导致的任何变形都是相同的;二是,两种 ERP 的区别来自心理加工过程,而不是刺激之间的重叠反应的不同。

应用刺激随机化进行重叠问题的消除,主要是因为选择注意实验中,相关刺激和无关刺激的随机呈现能够消除被试对下一个刺激的"准备"或预期。但是,刺激随机化的方法并不总是有效的,也会产生不同的波形变形。

以视觉双通道选择注意实验模式为例,要求被试对受到注意的左视场($L's$)、右视场($R's$)的刺激进行反应,比较同一刺激受到注意和未受到注意产生的 ERP。图7-13列出随机序列中当前刺激和其前刺激的各种组合模式:图 7-13(a)示交替出现的刺激类型,$L's$ 前的刺激和 $R's$ 前的刺激完全相同;图 7-13(b~e)示各种反应类型,显然,$L+'s$ 和 $R+'s$ 可能不同,尽管都是注意反应,同样,$L-'s$ 和 $R-'s$ 也是如此(尽管都是非注意反应)。ERP 结果表明,中线记录点的"L+"和"R+"的 ERP 非常相似,"L-"和"R-"的 ERP 也是如此,然而,对中线两侧的电极,闪光诱发的几个 ERP 成分具有更大的刺激对侧脑区的优势。这样,在右侧枕区(如 O2),"$L+'s$"比"$R+'s$"的 ERP 显著增强。因此,前面受注意的刺激(如 $L+'s$)对当前"L+"反应的重叠影响将不同于"$R+'s$"等受注意的刺激对当前"$L-'s$"的影响。同理,非注意条件亦如此。所以说,尽管刺激为完全随机化,当前刺激的注意 ERP 和非注意 ERP 会受到前面刺激不同重叠的影响。这种情况在体感 ERP 研究中也是存在的。而在听觉选择注意 ERP 研究中,由于没有明显的偏侧化效应,可能不会产生这种伪迹。

在跨通道注意研究中,由于两通道的 ERP 基本波形特征的显著差异,上述问题会显得尤为突出。以视听跨通道设计为例(图 7-13(e)):当短声被注意时,会产生当前的"$C+'s$",前面的"$A's$"和"$I's$"分别为"$C+'s$"和"$F-'s$";忽略短声时,产生当前的"$C-'s$",前面的"$A's$"和"$I's$"分别为"$C-'s$"和"$F+'s$"。前刺激的 ERP 波形在全脑都是不同的,例如,短声在 Oz 诱发的 ERP 很小(不管是否被注意),其受到的重叠主要来自波幅较大的视觉刺激 ERP("$F+'s$"和"$F-'s$")。由于枕区的视觉 ERP 具有明显的注意效应,"$F+'s$"与"$F-'s$"会有显著的区别,这样,短声 ERP 的注意效应就会在 Oz 有突出的表现,只是这种注意效应很可能源于闪光的注意效应。

上述分析清楚地表明了刺激随机化并不能完全消除重叠,因为在特定的潜伏期内,一个特定的刺激的真正的 ERP 注意效应中很可能混有人为因素导致的注意效应,这种"人工"注意效应可能来自其他刺激,也可能是潜伏期出现了误差。虽然人工效应很小,但 ERP 早期成分也很小,其注意效应亦将很小。早期成分的注意效应对人类认知活动有重要意义,如何解决快速刺激序列中的反应重叠问题,是非常重要的。

	Previous Stimuli	Current Stimulus	Previous Stimuli	Current Stimulus
(a)	(L) (R)	L	(L) (R)	R
	Previous Responses	Current Attended Response	Previous Responses	Current Inattended Response
(b)	(A) (I)	A	(A) (I)	I
(c)	(L+) (R−)	L+	(L−) (R+)	L−
(d)	(L−) (R+)	R+	(L+) (R−)	R−
(e)	(C+) (F−)	C+	(C−) (F+)	C−

图 7 - 13　选择注意任务中的刺激/反应类型

L=left stimulus, R = right stimulus, A = attended response, I = inattended response, C = click, F=flash。"+"表示对该刺激进行注意反应,"—"表示非注意反应。(引自 Martry G. Woldorff,1993)

四、Adjar 方法

Adjar 的全称是 adjacent response。Adjar 方法也称为 Adjar 滤波。该方法由 Woldorff M. G. 于 1993 年系统提出,初始多应用于选择注意实验研究,目前已得到广泛应用。Adjar 技术包含两个等级水平:只消除前反应重叠的 Level 1 以及消除反应前和反应后重叠的 Level 2。

1. 一级 Adjar(Adjar Level 1)

一级 Adjar 可以用来研究短 ISI 的 ERP 研究中的序列效应。其主要方法是从反应前的重叠中减去变形部分。但是,这种方法要求 ISI 的随机化范围要足够充分,以至于能够得出相对不失真的总平均波形(可以利用 ISI 随机化和刺激随机化),利用总平均波形估计需要减去的反应前的重叠部分。确定平均是否已经完成的一个标准是刺激前的基线应该是相对平滑的。当然,在刺激前的基线中会剩余一些随机的 EEG 波动,但不会是一个具有锁时关系的信号(如图 7 - 12(a)、(b)所示)。

图 7 - 14 的左侧 ERP 波形为听觉选择注意研究中的左耳刺激的总平均波形。

很清楚,反应前的总平均波形不光滑,而且很不一致,毫无疑问,这种变形失真来自反应前刺激的重叠效应。一级 Adjar 即可以消除这种重叠效应。以 ISI 为 120~220 ms 的子平均为例,第一步是对前刺激分布进行正常化处理,第二步是计算基于前刺激分布的波形,第三步即是从子平均 ERP 波形中减去经第二步计算得到的波形,便得出未失真的或滤波后的子平均。图 7-14 清楚地表明一级 Adjar 的滤波作用。

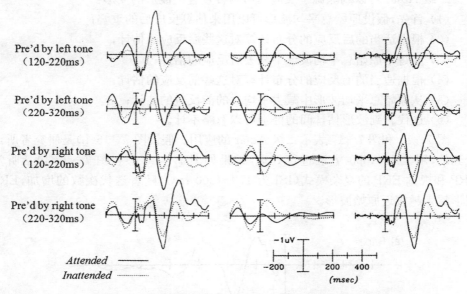

图 7-14　听觉选择注意 ERP 中一级 Adjar 滤波过程
左:原始波形;中:反应前重叠的估计;右:Adjar 滤波后的波形(引自 Woldorff & Hillyard,1991;Martry G. Woldorff,1993)

　　另外,如果变形轻微,一级 Adjar 还可以用来剔除总平均自身的反应前重叠。经过刺激随机化和 ISI 随机化消除了大部分重叠后,如果仍有一些小的重叠使 ERP 早期成分失真,则用一级 Adjar 来消除这些变形失真是非常有效的(图 7-15)。

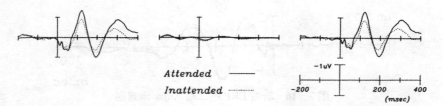

图 7-15　ERP 总平均波形的一级 Adjar 滤波过程
左:原始总平均波形;中:刺激前重叠的估计;右:Adjar 滤波后的总平均波形(引自 Woldorff & Hillyard,1991;Martry G. Woldorff,1993)

2. 二级 Adjar(Adjar Level 2)

二级 Adjar 比一级 Adjar 方法更复杂,但更为有效。一般情况下,可以用这种方法从总平均波形中去除重叠的部分。值得注意的是,该方法不仅适用于轻微变形的总平均波形,未经充分的 ISI 随机化得出的失真较大的总平均图,应用该方法也是很有效的。二级 Adjar 方法也包含了一级 Adjar 的分析方法,即分析前面的刺激类型和 ISI 的效应。

二级 Adjar 可以剔除源于反应前后两种重叠的波形的变形:

(1) 首先,假设原始总平均波形可以用来估算反应后的重叠;

(2) 根据适当的后反应的分布计算对这些后反应的估计;

(3) 从每个原始总平均波形中减去后反应的估计;

(4) 根据适当的前反应的分布计算对这些前反应的估计;

(5) 从原始总平均波形中减去平均后的前反应的估计;

(6) 迭代直到波形估计间的区别可以忽略不计。

图 7 - 16 和图 7 - 17 表示二级 Adjar 的应用。假设图 7 - 16(b)是研究者所记录到的,用二级 Adjar 方法进行处理,结果如图 7 - 16(d)。图 7 - 17 包括听觉 ERP 和视觉 ERP 的复杂模式(ISI 为 170~300 ms),随着迭代次数的增加,ERP 波形越来越接近原始波形。

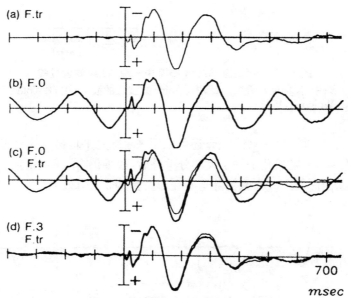

图 7 - 16 听觉 ERP 的二级 Adjar 示意图

(a) 原始的未失真的听觉 ERP 波形;(b) 计算机产生的因为重叠而失真的平均 ERP(ISI＝180~300 ms,包括刺激前后第一、第二和第三个刺激的重叠);(c) 原始波形(细线)与重叠失真波形(粗线)的比较;(d) 经过 3 次迭代后的最终波形(粗线)与原始波形(细线)。(引自 Martry G. Woldorff,1993)

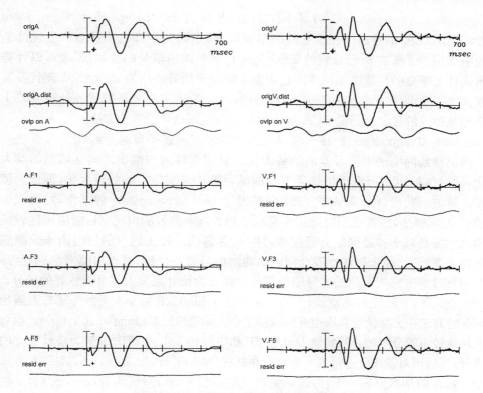

图 7－17 两种类型 ERP 波形的二级 Adjar

第一排:原始听觉 ERP(左)和视觉 ERP(右);第二排:计算产生的重叠失真的 ERP 波形(跨通道,ISI＝170～300 ms);第三～五排:第一次迭代、第二次迭代和第三次迭代后的 ERP 波形,残差为减去原始波形的结果。可见,随着迭代次数的增加,ERP 波形越来越接近原始波形,残差越来越小,残差线越来越平。(引自 Martry G. Woldorff,1993)

第三节 独立成分分析与偶极子溯源分析

功能性脑成像的实验研究与生理解剖知识已经证明,头皮记录的 ERP 是多个空间固定的独立脑区同时或分时活动在头皮映射的结果,这种映射将引起 ERP 反应波峰的出现,并具有在头皮表面的连续移动性。多个激活脑区在头皮上的独立映射可以称为观测峰值的独立成分或子成分,而每个激活脑区称为独立源。在对独立源没有先验知识的情况下,即不清楚独立源的数量和空间位置,提取激活脑区的独立头皮映射成分的过程称为"盲源分解"。

一、ICA 的特征和原理

与以二阶统计量为基础的数学溯源方法（如主成分分析,Principle

Component Analysis，PCA）不同，独立成分分析（Independent Component Analysis，ICA）的普遍性在于它的简单原理，即不同的生理过程都会产生统计上的独立信号。头皮所记录到的 EEG 是来自多个源的信号的总和，ICA 可以计算出统计上独立的可能由不同生理过程产生的单个信号。作为 20 世纪 90 年代发展起来的一项信号处理方法（Comon，1994），ICA 的基本含义是把信号分解成若干个相互独立的成分。目前，ICA 被认为是处理生理信号的首选方法。

Bell 和 Sejnowski 于 1995 年从信息论的角度阐述了盲源分解（BSS），并进一步提出神经网络输出信号差熵的最大化就意味着输入与输出之间互信息的最大化，同时他提出了根据随机梯度下降的学习算法来实现差熵的最大化，即最大熵 ICA 算法。此后，Lee 等人于 1997 年扩展了 Bell 和 Sejnowski 的工作，发展成为扩展 ICA 算法，该算法同时适用于超高斯和亚高斯信号的情况。目前应用比较成功的主要是基于神经网络自适应学习的 lCA 算法。ICA 的目的是对由未观测到的独立源产生、经未知线性混合而成的观测信号进行分析，复现出原来的独立源。其用统计学方法把观测的多导随机信号变换成为统计意义上尽可能独立的成分。

近几年，有研究者逐渐运用 ICA 方法进行 EP/ERP 的少次提取。还有人运用 ICA 的方法在去除伪迹和眼电方面取得了令人满意的结果（Jung et al.，2000）。也有人用这种盲源分解的方法将诱发电位 EP 和事件相关电位 ERP 分解为统计独立的成分，然后再对各成分进行进一步分析和处理（Makeig et al.，1996，1997，1999）。

ICA 的基本原理如下：假设一组独立的源信号 $S(t)=[S_1(t)，\cdots，S_m(t)]^T$ 经过线性系统 A 混合在一起，得到观察信号 $X(t)=[X_1(t)，\cdots，X_n(t)]^T$，$X(t)=AS(t)$。源信号 $S(t)$ 和混合系统 A 都是未知的，只有混合后的 $X(t)$ 可以观察或测量到。可以证明在 $n \geqslant m$ 的条件下，如果 S 不含一个以上的高斯过程，就有可能通过解混矩阵 W 取得 $U(t)=W(t)$，使矢量 U 逼近于 S，只是 U 中各成分的排列次序及比例尺度与 S 可能不同（Comon，1994）。因此，如果找到 W 使得 U 的成分尽可能独立，那么 U 就是对 S 的估计。

ICA 要解决的问题可以用图 7-18 来表示：A 被称为混合系统，B 被称为解混系统，$X(t)$ 是独立源产生的信号 $S(t)$ 经过混合系统 A 后得到

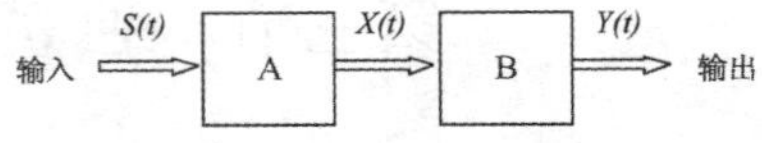

图 7-18　ICA 基本原理

的观察信号。ICA 过程是在 $S(t)$ 各个成分互相独立的假设下，由观察信号 $X(t)$ 通过解混系统 B 把它们分离出来，使输出 $Y(t)$ 接近 $S(t)$。

二、ICA 在 ERP 中的应用

在脑电信号的测量中，观察到的信号实际上是若干相对独立的源信号叠加而成的。因此，采用 ICA 方法分解出观察信号的独立成分将有助于我们把握真正有意义的大脑活动信息。

在以往的信号处理理论中，多导信号的分解有两项为人熟知的技术，即奇异

值分解（Singular Value Decomposition,SVD）和前面提到的主成分分析（PCA）。无论 PCA 或 SVD,分解出的信号成分都是按能量大小排序的,它们是提取信号特征的两种途径,但是按 PCA 或 SVD 原理作出的分解,只能保证分解出的各成分不相关,但不能保证这些成分互相独立。

诱发脑电记录中,测量信号是大脑电活动通过大脑皮层传导后由头皮电极得到的,其中包含自发脑电、诱发脑电以及其他干扰成分。在这种情况下,采用 ICA 分解独立成分,再从各独立成分中提取特征,就比较有生理意义。近几年来,有关 ICA 的研究大多采用神经网络自适应学习方法（Amari et al. ,1998）。采用最大熵算法,结合人工神经网络,可将过程分解成训练和分解两个阶段。

训练阶段:属于无监督学习。先用一组从头皮测得的学习样本反复训练直到系数矩阵 W 收敛。为了提高算法的稳健性,可以将整段数据分批送入神经网络进行训练。在系数调整中可以增加惯性（momentum）项,并用退火法自适应地调整学习率（Irate）。

分解阶段:用训练得到的系数矩阵 W 直接对头皮上取得的多导脑电数据进行 ICA 分解,得到各独立成分组成的矩阵 $u = Wx$,再根据各成分的波形特征及产生时段选择与实验目的有关的一部分成分,反变换回头皮各电极处信号强度 $x = W^{-1}u$。ICA 除了提供一组独立的成分以外,训练后的系数矩阵 W 的逆矩阵的每一列还蕴含着对应于各独立成分空间分布模式（以各头皮电极处为基准点）的信息。结合独立成分的时间过程和空间分布模式,可进一步分析独立成分可能含有的生理意义。

三、偶极子定位法及其在 ERP 中的应用

偶极子（Dipole）是一对数值相等、方向相反的电荷,彼此相隔一定距离时形成的体系。脑内神经元的兴奋伴随有电活动产生,可记录到兴奋性的突触后电位。其电流在突触处从细胞外流向细胞内时,称为电穴。接着从细胞内流向细胞外,称为电源。这样形成一个闭环电流。此时,电穴和电源形成的状态称为电流偶极子（Current Dipole）。实际上,脑内兴奋是许多神经元兴奋的结果,其分布的组合等价于一个电流 I,称之为等价电流偶极子（Equivalent Current Dipole）。

偶极子定位法（Dipole Localization Method,DLM）是基于电场理论和数学原理,运用计算机处理系统,从头皮表面记录的电位推算颅内发放源位置的一种定位方法。这种方法假定脑电活动是由一个或几个偶极子在颅内活动,其电位经容积导体传导至头皮表面,根据头皮表面记录的脑电经反演计算可推算出脑内偶极子的位置。

1949 年,Brazier 提出球体表面的电位来源于其内部的偶极子,利用电场理论分析球体表面的电位波形,可以推断其内部偶极子的位置和方向。此后,偶极子定位法引起人们的很大关注,许多研究者采用各种球体尽量模仿真实人头颅的解剖及生理学特点,对脑内病灶进行准确定位,已被颅内监测及外科手术所证实。

近年来,研究者结合 PET、fMRI 等脑功能成像及颅内电极记录等技术对 DLM 进行检测,准确率达 90 以上(Zoltan,1998),并在 ERP、MEG 等基础和临床研究中被逐渐采用。

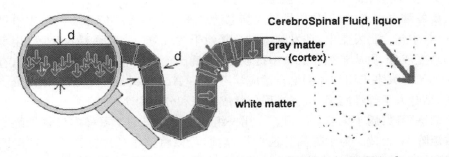

Patch of alligned pyramidal cells in gray matter layer

图 7 - 19　皮层活动和偶极子示意图

(引自 Manfred Fuchs et al. ,2004)

（一）偶极子定位法的原理

1. 模型

在偶极子定位中一般采用以下 4 种头模型:

（1）同质模型:这一模型假定头皮、颅骨、脑的传导率一致。

（2）三球模型:用半径分别为 8.0 cm、8.5 cm 和 9.0 cm 的 3 个同心球体分别代表大脑、颅骨和头皮组织,脑、颅骨及头皮传导率的比率为 1∶1/80∶1(Homma et al.,1994)。这是目前最为广泛应用的模型。

（3）四球模型:由分别代表脑、脑脊液、颅骨和头皮不同传导率的 4 个同心球组成。

（4）真实人头颅模型:在三球模型的基础上,借助 MRI 获得脑、颅骨及头皮表面厚度,通过许多步骤修正方程式中的偶极子位置、方向及大小等 6 个参数,更真实模拟头的不规则形状以及周围的窦道,使定位更准确。此模型在临床应用较多。

2. 偶极子定位原理

偶极子定位法是通过计算神经元兴奋时产生的脑表面电位变化,求出脑内等效偶极子的位置和强度。但如果只有头皮电位分布而无其他先验知识,则不能确定唯一的源。为解决这个问题,必须建立适当的偶极子源模型和头模型以作为容积导电介质的媒质模型。其基本原理如下:设定头的模型,假定一已知的偶极子在脑内某一固定部位,采用一定算法,用计算机算出该偶极子所产生的脑电分布电位,并测出实际的脑电分布,比较两者是否接近,若接近,即满足非线性最小均方化的准则,可认为假设的偶极子的位置和强度正确。重复上述运算,进行多次逼近,直到找到最接近真实源的偶极子。

为了判断求出的偶极子位置是否真实，脑内电活动是否集中，一般用偏差（deviations, D）来衡量：

$$D=\left[\sum(R_i-F_i)^2 \div \sum(R_i \times R_i)\right]^{1/2}$$

式中：R_i 为测量的脑电分布电位，F_i 为计算的脑电分布电位。

实际应用中多用残差（residualvariance, RV）来衡量。

$$RV=D \times D$$

理想的情况是 RV 为 0，而实际情况由于头模型与实际头复杂结构的差别和噪声等影响，RV 不可能为 0。

3. 影响偶极子定位法的因素

头部为容积导体，皮层表面的电位由于脑组织传导已相当复杂，其外部还被其他容积导体如脑脊液、脑膜、颅骨及头皮所包绕，加之头的不规则形状及眼眶、鼻窦和耳道的影响，使得要从头皮电位推算出脑内电位发放源的位置相当困难。偶极子定位法虽然定位较精确，但仍不够理想，其主要受以下因素影响：

(1) 传导率与电位的衰减：由于有时大的皮层信号可以因衰减而在头皮上几乎测不到，而有时小的皮层信号由于低的衰减反而可以在头皮上观测到，因此，头皮电位波幅不仅仅是皮层电位波幅的反映。衰减范围从 2∶1 到 5 000∶1。其影响因素为皮层电活动的大小，也包括皮层区的大小、电活动同步化的程度以及偶极子的方向。另外，与导体的传导率也有关系，Geisler 等（1961）报道头皮表面电位经颅骨时衰减 50%～80%。

在目前的研究中，脑的传导率一般设置为 0.33 Ω，头皮的传导率与脑组织的传导率一致。当颅骨的传导率相当于脑传导率的 1/80 时，偶极子定位法的定位与已知位置误差缩小（Homma et al.，1994）。Duffy 等（1989）认为脑白质和灰质不同的传导率对深部发放源的电位在容积导体模型的传导几乎不产生任何影响。

(2) 头的不规则形状及窦道的影响：头颅的不规则形状可以扰乱电流的传导。按国际 10—20 系统电极安放标准安放电极时，主要利用较规则的上半头部，它的骨质比周缘薄，对电位梯度衰减影响较小。目前广为使用的三球模型，忽略了颅骨的形状、皮层的内褶、脑室系统及脑白质内轴索的方向等因素对定位的影响。

(3) 发放源位置深浅的影响：Geisler 等（1961）的动物实验结果显示，电位发放源距皮层愈近则电位愈大，波幅愈高。He 等（1987）认为电位发放源靠近皮层表面时偶极子定位相当可靠。

④ 偶极子模型的选择：单个偶极子模型适用于脑的小区域单个发放源的定位，而对于两个或多个发放源则可用两个或多个偶极子模型。

(二) 偶极子定位法在 ERP 中的应用

利用偶极子定位法可观察到偶极子的位置、方向和强度的变化。利用此方法研究某一高级神经活动是由脑的哪些部分参与的，是当前认知科学中研究高级神经活动的重要手段。采用偶极子定位法，可以对人类认知活动中伴随的脑电信号的变化进行追踪,从而对人类认知活动有一个新的认识。

1. 模型的选用

偶极子定位法一般有以下几种模型:

(1) 移动偶极子(moving dipole):它的 3 个定位参数随时间的变化而变化,且它的方向和强度也随时间变化而变化。

(2) 旋转偶极子(rotating dipole):它的位置对每一个时间点来说已经被综合考虑,而其方向和强度随时间变化而变化。

(3) 固定偶极子(fixed dipole):它的位置和方向对每一个时间点已被综合考虑,但强度随时间的变化而变化。

(4) 多重信号分类偶极子(multiple signal classification dipole,MUSIC):此方法忽略所给定的偶极子模型在某个位置上不恰当的数据,是一种能给出固定方向且时间独立的最优偶极子的方法。

面对不同 ERP 数据该采用哪种偶极子模型呢? 这并没有绝对的答案。一般来说,偶极子源的构建是基于某种理论假设的。因此,采用哪种模型来构建偶极子源,则必须依靠已有的假设和心理学的基本理论。如果没有此前提的话,通常采用的方法是尝试不同的模型,直到不同的模型得出基本一致的结果。当然,这个结果必须是合理的。此时可运用常识、神经解剖学知识和神经生理学知识等来考察结果。例如,对于听觉刺激,出现在双侧颞叶相似的偶极子就可认为是可靠的。另外,残差(Residual Variance,RV)的大小对结果是否可靠以及模型应用是否恰当的判断也非常重要。多大的残差最合适呢? Neuroscan 公司的 Source 手册(2003)认为是 10%以下,Watanabe 等(1999)认为是 15%以下。如果残差能达到上述比值,基本可以肯定偶极子比较可靠、模型比较恰当。如果 ERP 数据的信噪比较小,那么合适的残差也只能依据 ERP 的数据而定。

2. 伪偶极子的辨别

一般来说,在偶极子的定位过程中,难免会有伪偶极子的出现,如何辨别及避免这些伪偶极子呢?

首先,尽可能尝试所有的偶极子模型,直到所有模型出来的结果基本一致;

其次,偶极子的个数逐个增加,直到增加的偶极子不影响前面已定位的结果,即新增的偶极子与已有的偶极子在位置、方向上基本无区别;

第三,偶极子应该定位在刺激激活区(Bruin,2000);

第四,残差太大肯定是伪偶极子;

第五,偶极子在不正常区域,如颅骨上,也肯定是伪偶极子。

3. 结果解释

偶极子定位法确实能提供许多有价值的信息,但偶极子的准确性取决于源的数量、位置、方向及其时间。由于这些因素事先不为研究者所知,故对偶极子的结果必须谨慎解释。如能结合其他脑功能成像技术如 PET、fMRI 等以及颅内电极记录等方法,则可提高定位的准确性。

另外,在定位前,采用主成分分析(PCA)、独立成分分析(ICA)等成分分析方法分离出主成分或独立成分,对提高偶极子源的准确性也有很大帮助。在进行偶极子定位前进行独立成分分析(ICA)可使偶极子源的精确性在 4 mm 以内。

第四节 脑电地形图和脑电流密度图

一、脑电地形图

地形图是地理学中的概念,是一种可以表达方位与高度的平面或三维地理图形,既能反映一个地区的地理位置,又能反映其地形地貌。地形图通常以统一的标准颜色表达各地区的海拔高度,例如以不同深浅的蓝色表达海区的海洋深度,以不同类型及深浅的红色表达山丘的高度。将地理地形图的信息表达方式引入到脑电图学,便形成了脑电地形图(Brain Electrical Activity Mapping,BEAM)。

脑电地形图的原理是将通过脑电放大器放大后的脑电信号,再次输入到计算机内进行二次处理,将脑电信号转换成一种能够定量和定位的脑波图像。脑波的定量可以用数字或颜色来显示,其图像可呈二维平面和三维立体图像,它使大脑的机能变化与形态定位结合起来,表现形式直观醒目,定位准确,能客观地对大脑的机能进行评价。

进行脑电地形图的计算,需注意以下几点(详见第 8 章):① 电极一般需按国际标准 10—20 系统或 10—10 系统放置,至少 14～16 个(也有报道至少 12 个),电极太少所得数值不够准确,只有足够的电极数才能保证插值的精确性;② 采样时间不宜太短,至少 2～3 min;③ EEG 数据必须排除伪迹。

脑电地形图可以显示不同对象和不同状态的脑电分布和变化规律,可以对脑部病变区域进行定位分析,也可以观察脑电的基本分布情况,以探讨研究大脑功能的基本机制。通常分为频率分布地形图、电压分布地形图和显著性概率地形图(Significance Probability Mapping,SPM)。

频率地形图主要针对不同的脑电频段;电压分布地形图通常用于诱发电位的研究;SPM 是由 Bartels 和 Duffy 于 1981 年发展起来的技术,即将两组间脑电参数的显著性差异程度以脑电地形图的形式展现出来,达到更为直观、更具有连续性的效果。国内外均已成功地将 SPM 应用于检测老年性痴呆等疾病和功能区域的不对称等研究。

ERP 研究中呈现的大多是电压地形图,可分为二维和三维地形图,也可分为灰度、彩色等地形图。图 7-20 为面孔识别特异性 N170 成分的电压地形图,清楚地表明该成分以(右侧)颞枕区分布为特征。

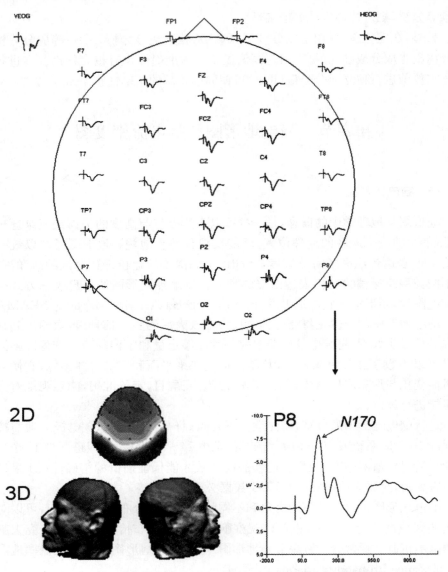

图 7 - 20　面孔识别 ERP 总平均及 N170 成分的电压地形图分布
二维灰度地形图、三维灰度地形图。

二、脑电流密度图

　　电流密度图（current density）是在 EEG 和 EP 的基础上进行计算，将电压换算成电流，并以地形图显示电流密度在头皮、皮层或皮层断层分布的技术。所谓电流密度，指的是一定容积内的偶极矩（单位：$\mu Amm/mm^3$）。电流密度的分布可以离散化为大量的元偶极子，每个偶极子代表一定容积内的电流密度，偶极矩与所代表的电流密度是成比例的。如果源的方向是自由发散的,在每个源的位置会有 3 个不知道的偶极子;而如果源的方向是固定的,比如与源的表面正交,那么在每个位置会有一个不知道的偶极子成分。电流密度可以用来探讨脑电成分的发生源,已经成为估算电位空间分布的重要手段和方法。

1. 头皮脑电流密度图

头皮电流密度(Scalp Current Density, SCD)也称为电流源密度(Current Source Density, CSD),表示的是电流的源和穴,有着正性电流密度的头皮源的径向电流即在该区域通过颅骨流进头皮。

尽管 SCD 概念提出较早,但由于测定、计算及图像显示方法的不完善,一直未得到广泛应用。1987 年,F. Perrin 等提出一种新的算法,可将头皮任意位置的电位数据换算成电流密度,从而避免了此前常规 10—20 系统记录的局限性。

设 P 是头皮上任意一点,建立一个 3D 坐标系统(x, y, z),x 轴和 y 轴与头皮正切,z 轴为法线(径向轴)。如果用 $\boldsymbol{J} = (J_x, J_y, J_z)$ 表示电流密度矢量,在没有电流发生源的位置,电位电场的 3D Laplacian 为 0,由于 EEG 产生于大脑,而不是头皮,因此,$\boldsymbol{J}$ 在该点的散度在理论上应为 0,则

$$\partial J_x / \partial x + \partial J_y / \partial y = -\partial J_z / \partial z$$

如果头皮上有一个棱与坐标轴平行的小平行六面体 dW,那么,$(\partial J_z / \partial z) dW$ 即是进出颅骨和 dW 的径向电流,$(\partial J_x / \partial x + \partial J_y / \partial y) dW$ 为进出 dW 和头皮的切向电流,则电流强度 $\boldsymbol{I} = \partial J_x / \partial x + \partial J_y / \partial y$ 是电流密度矢量 $\boldsymbol{J}$ 梯度的径向分量。

若 $\boldsymbol{J}$ 用该点电压 $\boldsymbol{V}$ 来表示,

$$\boldsymbol{J} = -\sigma(\partial V / x, \partial V / y, \partial V / z)$$

则

$$\boldsymbol{I} = -\sigma(\partial^2 V / \partial x^2 + \partial^2 V / \partial y^2)$$

该公式只适用于把电流计算位置的一小块头皮区看做是切面平面的情况,而如果应用于其他情况如真正的头皮表面、球面、曲面等,则需进行修正。

1989 年,F. Perrin 等又将 Wahba 关于球形样条(spherical splines)的工作应用于电流密度的估算,从而简化了 SCD 的数学求导过程。

总之,SCD 是将一个球面作为投射平面,计算 SCD,通常需要经过以下几个步骤:① 从真正的头皮曲面到球面的投影;② 在球面插入电位值;③ 从球面到平面的投影;④ 估算头皮电流密度。

与电压地形图及其他方法相比,头皮电流密度的特点如下:① SCD 的地形分布很容易呈现;② 由于 SCD 与电位的二阶导数相关,所以 SCD 不依赖于用于电位记录的参考电极,只依赖于头皮的传导性;③ 与电位分布相比,SCD 分布更集中,主要反映皮层发生器的活动,空间分辨率比电位图更高;④ 与磁场相比,SCD 同时包含径向和切向成分。

Scan 4.2 中的"SCD/Interpolate"和 Curry 软件均可以进行有效的 SCD 分析。

图 7-21 为棋盘格翻转视觉诱发电位在 Oz 处的电流密度（SCD）及其地形图分布。灰色区域表示头皮径向电流的源（流出头皮），黑色区域表示径向电流的穴（流进头皮），只有切向电流分量没有径向分量的部位表示为 0。从这个意义上说，SCD 就是一个高通空间滤波器。

图 7-22 示 O1、O2 和 Oz 处的视觉 EP 和 SCD。从 SCD 可以清楚看到 O1-Oz 和 O2-Oz 之间的类偶极子活动，进一步揭示出诱发电位的发生源特征，而这一点从 EP 中是难以得出的。

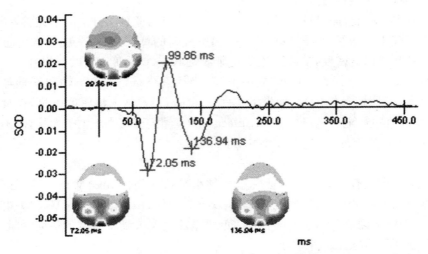

图 7-21 棋盘格翻转视觉诱发电位在 Oz 处的 SCD 及其分布

灰色区域表示头皮径向电流的源（流出头皮），黑色区域表示径向电流的穴（流进头皮），只有切向电流分量没有径向分量的部位表示为 0。

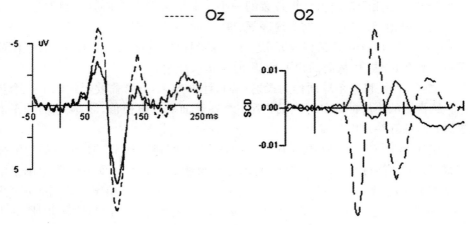

图 7-22 视觉 EP 及其 SCD

左：Oz、O2 的视觉 EP 波形；右：Oz、O2 的 SCD 波形。

自 Perrin 等(1989)提出修正的 SCD 算法后,有不少学者将 SCD(或 CSD)用于 ERP 的研究。图 7-23 为 Gonzalez 等(1994)研究的视觉选择注意 ERP 地形分布结果。SCD 的呈现既可以采用二维平面地形图,也可以如电压地形图一样呈现 SCD 的三维头皮分布地形图。

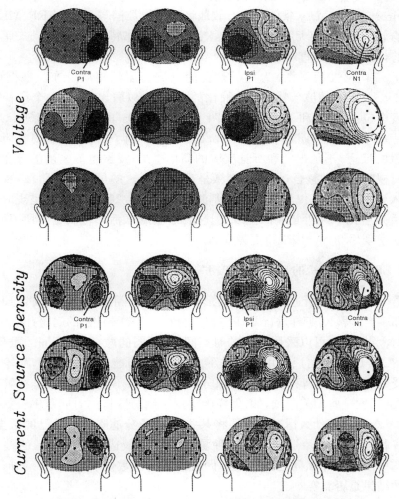

图 7-23 视觉选择注意的 ERP 地形图及其电流密度分布

左侧标准刺激的总平均。采用 Perrin et al.(1989)的球形样条插值法。黑色圆点为电极位置。EP 电压地形图的等压线范围为 0.4 $\mu V/m^2$,CSD 图的等电流线范围为 4.0 $\mu A/m^2$。从左至右的时间窗范围分别为 75~100 ms、100~125 ms、125~150 ms、150~175 ms,从上至下的条件分别为非注意、注意以及注意减去非注意的差。(引自 Gonzalez et al.,1994)

2. 皮层电流密度

大脑皮层的电流密度主要是以 3D 模式呈现电流发生的源和穴,以及电流密度在皮层表面或断层随时间变化的发展趋势。在进行皮层或断层电流密度的计算时，对大脑的三维重构是其关键步骤之一，通常需要与 fMRI、CT、PET 等数据进行融合，以构筑不同被试的大脑。有不少 ERP 研究者先记录被试的 EEG 数据，并扫描其头形，然后再对该被试扫描磁共振，最后将脑成像数据和 EEG 数据融合，进行三维重构，从而得到该被试的 3D 脑图像。

Neuroscan 的 Curry 软件可以有效地将脑成像数据与 EEG、ERP、MEG 等有机地结合，清楚地呈现大脑皮层电流密度的时空分布特征，并能够动态呈现时空变化趋势，使结果更为直观、清楚。

图 7 - 24（见书后彩图）为视听整合的电流密度的皮层分布。根据（Global Field Power，GFP）的波形特征及信噪比的大小，可以看出：听到一个声音"Ba"产生的诱发电位在 70 ms 和 165 ms 呈现两个峰，看到"Ba"的波峰位于 150 ms 和 204 ms，而视听同时呈现"Ba"则在 90 ms 和 212 ms 产生两个峰。大脑对视听同时呈现的刺激的反应，不是视觉和听觉反应的简单叠加，皮层电流密度的分布清楚地说明了对视听反应的整合过程：在刺激呈现后 70 ms 的早期感知阶段，视觉刺激还未进入到枕叶皮层，仅出现对听觉刺激的反应，但视听刺激同时呈现时的脑区动员激活强度比单纯听觉刺激呈现明显增强，且脑区活动范围也有所不同，这一点在刺激呈现后 90 ms 表现得更为强烈。

三、ERP 溯源分析的基本步骤和相关问题

尽管 ERP 溯源分析远没有 ERP 波形本身重要，但溯源分析已经成为 ERP 研究的热点和难点。那么，怎样进行 ERP 的溯源分析？其需要注意的问题有哪些呢？

进行溯源分析，可以采用不同的时间间隔、不同的球模型、不同的重构模型。可以用 PCA/ICA，也可以不用。方法不同，结果也可能会有所不同，而不同的方法又会受到不同的限制和要求。溯源分析的步骤并不复杂。但是，在整个过程中，经常会引发一些相关问题，如：怎样确定用于溯源分析的时间范围？如何有效地使用 PCA/ICA？什么情况下需要将某些 ICA 成分滤除？对自己的数据，应该选择哪一种球模型才最适合？哪一种源重构模型最适当？拟合后的差异等压（高）线图可以说明什么问题？残差和偶极子强度函数说明了什么？如何判断得到的溯源结果是否真实？

实际上，没有绝对正确的溯源分析步骤，也没有绝对正确的标准。但是，一些基本原则可以帮助我们对结果作出应有的判断。为了尽量精确地溯源定位，需要有包含电极位置和功能坐标的 3dd 文件和该被试的 MR 数据或 CT、PET 等数据，如果没有，也可以选用溯源软件（如 Curry）自带的标准 3dd 文件和平均 MR 数据。下面以一个癫痫棘波的溯源分析为例，来说明溯源分析的基本步骤以及溯源分析的相关问题（注意：该步骤只是起到他山之石的作用，不可完全照搬，具体问题需要研究者们根据具体的数据以及各自的理论知识基础和经验具体分析）。

1. 创建一个数据库,提取 ERP 数据、3dd 文件和 MR 数据。

2.(Mean Global Field Power,MGFP)的波峰表明在该时间点有相对较大的能量(电位的绝对值)。为了得到一个有效解,信号水平必须超出背景噪声水平,即产生 MGFP 的峰。图 7-25 示棘波的 MGFP 波形(竖线代表对棘波进行标记的开始点,即 0 ms),在 0 ms 之后,有两个或三个突出的峰:第一个是棘波,第二个(也可能包括第三个)是随后的慢波。根据棘波的波形特征,用 −500～−30 ms 进行噪声估计。

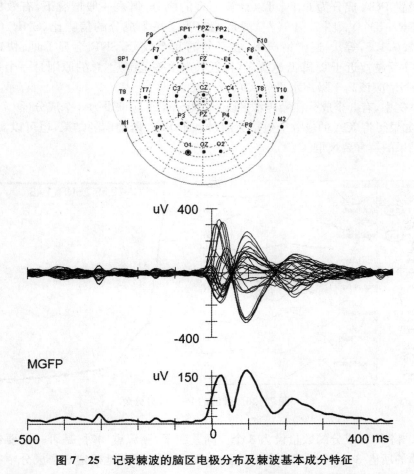

图 7-25　记录棘波的脑区电极分布及棘波基本成分特征

上图:记录棘波的 28 个电极位置;中图:所有导联记录的棘波的蝴蝶图(butterfly plot);下图:28 个导联的平均总场强(MGFP)。

3. 第一个首先要做决定的是确定用来溯源分析的时间范围。从图 7-25 上图的棘波 AVG 波形上看,癫痫活动的真正的源很可能是棘波最早的开始点,而其后的成分可能是该成分的扩展,因此,应将溯源的时间范围限定在棘波活动的最早阶段。可以只选择第一个波峰进行溯源分析,但是,在溯源分析时,考虑到选择移动偶极子模型和较宽的时间范围,有时是非常有价值的一步,因此,建议先用移动偶极子(moving dipole)对−20~320 ms 进行溯源分析。

4. 进行 PCA 分析(−20~320 ms)。在确定用于 ICA 分析的有效成分的个数方面,PCA 是最有价值的分析方法。对于神经生理数据,ICA 比 PCA 更适当、更有效,它允许剔除所分析的时间范围内的不必要的成分。问题在于:根据 PCA,可以得出多少有效成分呢?

设置 PCA 成分为 6 个(可以计算更多的成分,但是一般情况下,有效成分很少多于 4~5 个)。图 7-26(左)清楚地表明了每个成分的信噪比(SNR)的变化(6.0,2.0,1.5,等)。通常情况下,在开始的几个成分,SNR 会显著地、快速地降低,越往后越接近于 0,降低越缓慢(接近噪声水平范围)。总的原则是一个有效成分的 SNR 应该高于噪声水平(1.0)。

本例中,有 3 个成分在噪声水平以上,因此,ICA 应该设为 3 个成分(图 7-26)。当然,如果想将 ICA 的成分个数扩大超过基于 PCA 所确定的结果,也可以实现,但对于结果的解释要慎重。

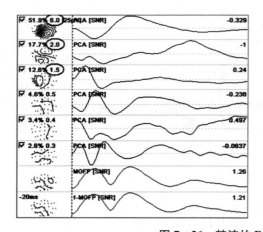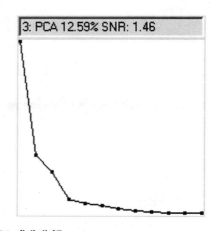

图 7-26 棘波的 PCA 成分分解

5. 将 ICA 成分的数量设为 3 个。问题在于,溯源重构时,是否一定要包括上述选择的所有 3 个 ICA 成分呢? 很显然,如果能够清楚地确定 3 个成分中有伪迹成分,就应该将其剔除。

图 7-27 示删除第 3 个成分并未引起 ERP 波形和 MGFP 产生显著的变化,也就是说,保留或剔除第 3 个成分对结果不会产生很大影响。可以分别观察只剔除第 2 个成分或剔除第 2 和第 3 个成分后结果的变化,结果显示,第 2 个成分比第 3 个成分的贡献更大。总而言之,如果能够清楚地确定 ICA 成分中有伪迹成分,

就应该将其剔除。

6. 创建一个来自 MRI 数据的真实头模型——BEM 模型(如:BEM 10/9/7 mm)。

7. 根据创建的 BEM 模型(如:BEM 10/9/7 mm),进行皮层溯源重构(source reconstruction)。

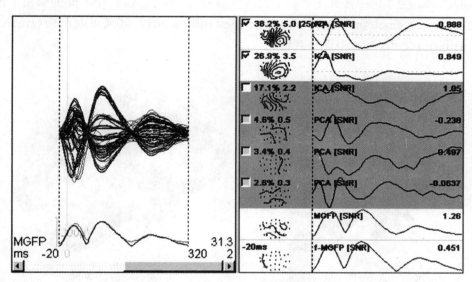

图 7－27　棘波的 ICA 成分分解

8. 偶极子类型(dipole type)的选择。基于前述,移动偶极子是较好的溯源模型,尤其是对于癫痫棘波的溯源,而且对探测分析也很有价值。然而,一般情况下,我们并不能确定哪一种偶极子模型更合适,因此,建议多用几种模型,寻找它们之间的共同点。

9. 判定溯源解的可靠性。对原始数据(original data;measured data)和拟合数据(fitted data)进行比较。通常情况下,如果二者的差异很小,表明在整个时间范围内所得到的溯源解是可靠的。另一种判定方法是计算残差(residual differences),判断是否需要重新进行溯源分析。原始数据和拟合数据差异较大,表明所用的偶极子拟合是需要修正的,提示其他偶极子模型可能更有效或者没有有效的偶极子解。

残差(residual deviation)即标准差(standard deviation),是评估拟合程度的指标,即所得到的源模型在多大程度上可以解释原始数据。最有效的偶极子解应该出现在 MGFP 峰、残差峰和偶极子强度峰的一致之处。

10. 本例中,按照上述步骤,计算－15～55 ms 范围内的移动偶极子的解。选择 3 个 ICA 成分,图 7－28 示"PCA/ICA Filtering"前后的偶极子比较。可见,差异并不显著,因此,本例中可以不进行其他成分的滤除。

11. 多种模型的检验。本例的结果在整个时间范围内,误差相对较小,用其他几种模型进行溯源重构,得到的结果比较一致。在本例中,有理由假设一个移动偶极子是适当的,所用时间范围的选择不仅是因为它包含棘波的最早期成分,而且更因为所得到的结果表明所选择的时间范围能够得到更显著真实的解,尤其在颞叶顶部。为了进一步确定偶极子的源及其分布,还可以通过用不同的偶极子模型(different dipole models)、偏差扫描(deviation scans)、电流密度重构(current density reconstructions)等来判定。

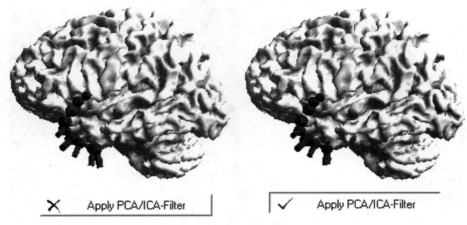

图 7 - 28　棘波的移动偶极子

12. 电流密度重构(Current Density Reconstructions,CDR):可以在偶极子溯源分析后,进行所考察时间范围内的 CDR 的计算,也可以只计算单个时间点(如MGFP 峰)的电流密度(也可以不进行偶极子溯源,而直接进行电流密度重构)。本例中,计算－15～55 ms 的电流密度,可以得到该时间范围内随时间变化的CDR 动态变化结果(时间分辨率由原始数据的采样率决定)。

在 Curry 软件中,有多种 CDR 的计算方法,如(Minimum Norm Least Squares,MNLS)、(standardized Low Resolution Electromagnetic Tomography,sLORETA)、L1 Norm、Lp Norm、(Low Resolution Tomography,LORETA)等。其中,MNLS 运算速度最快,LORETA 最慢(注:选择何种 CDR 类型,没有固定的标准,需要研究者根据具体情况具体分析)。

本例中,选择 sLORETA 进行皮层电流密度重构,如图 7 - 29 所示。sLORETA 是对 MNLS 的修正,得到的不是电流分布,而是一个统计量,它的计算速度与 MNLS 相近,但定位更精确。

上述溯源分析的步骤并不十分完整,如噪声估计的选择、MRI 数据的提取、电极排列位置和 MRI 的融合、MRI 数据的定标、电流密度重构的具体要求等等,未进行详细说明,因此,考虑到各自的具体情况,在进行溯源分析之前,读者一定要结合专业背景、基础知识以及相关文献的积累,以得到理想的结果。然而,在ERPs 的相关研究中,溯源分析远没有 ERPs 波形本身的分析重要,希望读者能够领会这一点。

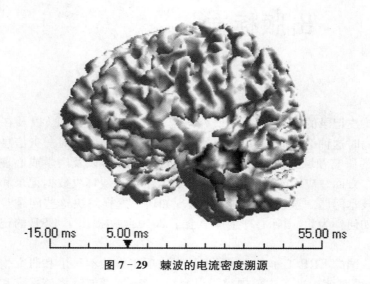

图 7 – 29 棘波的电流密度溯源

第 8 章　ERP 研究的数据记录、分析和出版标准[①]

　　人类头皮记录的 ERP 可用于研究人脑怎样进行信息加工,以及在患有神经或精神疾病时这种信息加工过程的异常变化。ERP 提供的时—空信息可以用于许多不同的研究领域,包括对思维活动脑机制的理解,以及医学或心理学的特殊诊断等多个方面。应用或研究 ERP 的科学工作者必须解决数据记录和分析中存在的许多技术问题。这些问题的具体表现如何? 怎样解决这些问题? 解决问题的原则又如何? 为此,国际心理生理学会于 2000 年初提出了 ERP 的记录原则和出版标准。

　　为使我国的 ERP 工作者尤其是拟从事该项工作的本科生和研究生得到正确的指导,下面对该标准的主要内容予以介绍,希望读者能够将该标准和本书其他章节的有关内容有机结合,反复思考,深刻体会。

　　有几点需要说明:首先需要注意的是,ERP 可以从频域和时域两个方面进行研究,但该指导手册主要解决的是 ERP 时域特征的有关问题(频域分析详见第 7 章)。其次,该指导手册用"必须"来说明某种原则时,表明委员会认为该原则适用于所有的条件,而"应该"则表示该原则可用于大多数情况。第三,该标准是 10 年以前正式发表的,在这几年内,ERP 的研究手段又有了突飞猛进的发展,尤其是 ERP 与 fMRI 等脑成像手段的结合。另外,独立成分分析(ICA)方法在 ERP 研究中也有了更多的应用(详见第 7 章),弥补了 PCA 的一些问题,越来越受到研究者的青睐,在阅读该标准时这一点是要注意的。最后,由于该标准涵盖了论文写作和出版的内容,而有些内容符合普通科研论文的写作和出版要求,因此,本章写作过程中进行了部分内容的删改和修订,并将重点放在记录要求和数据分析方面。建议读者可以阅读英文原文,并加以对照学习。

---

　　① 节译自:T. W. Picton, S. Bentin, P. Berg, et al. Guidelines for using human event-related potentials to study cognition: Recording standards and publication criteria. Psychophysiology,2000,37:127～152. ,以期对我国 ERP 研究者提供参考和指导。

一、研究简述

1. 必须清楚地表明所研究的基本理论

实验研究的理论来源于对文献的回顾,这既能显现出我们自身知识的某种缺陷,又能促使我们根据新的理论,对已知的事实作出新的解释。将理论清晰地传达给读者是非常重要的,以便读者能明白研究的目的和意义。只把实验分为生理或心理范畴而不详细说明分类特征以及分类的原因,是不够的。ERP 的研究与生理学和心理学都有关联,因此,对某一专业的术语和概念应该加以解释(如语言学的分类、用于诱发嗅觉 ERP 的化学制品等等)。

2. 应该清楚地提出实验假说(假设)

有关实验结果的理论假说和预测必须来自实验的基本原理,即使统计检验否定了假说,假说和预测也应该以肯定的语气加以阐述。1994 年出版的美国心理学会的出版手册,对阐述实验研究的基本原理和假说提出了有价值的建议,希望读者能够进行阅读和参考。

由于 ERP 的实验数据包含的信息量非常丰富,因此,假说中应该描述 ERP 特异性的结果,而不是仅描述 ERP 的非特异性变化,比如,应该说明实验任务操作可能会改变 P300 的潜伏期,而不是仅仅说明可能会使 P300 发生变化。

3. 作为普遍原则,所设计的作业任务应该诱发出所要研究的认知过程

如果想得到与认知相关的 ERP 特征,那么,应该用一个能够根据信息加工过程进行解释说明的实验范式来记录 ERP。为了证实 ERP 成分与特殊认知过程相关联,应该在该认知活动过程中记录 ERP(并且该活动能通过行为测量显示出来)。被试执行一个特殊任务时记录的 ERP,不可能(尽管有时可能)是与任务无关的认知过程的表征。

一般来说,一些经典的实验模式能够为 ERP 的研究提供一个很好的实验范式。在记忆、注意、决策形成等研究中,标准实验范式的 ERP 数据通常比新的实验模式能够更好、更可靠地反映认知模型。当然,如果能够设计出新的信息加工实验模式,也可能会得到令人振奋的、有价值的结果。

过去使用最多的是"Oddball"实验范式,它能够诱发出明显的 ERP 成分,并且可以提供关于脑如何进行刺激识别和概率评价的信息。这一范式也可以用于其他认知加工过程如语言和记忆等。为了防止将概率效应与其他实验变量相混淆,应该使刺激/反应类型的概率在所有记录条件中保持一致。

最后,应考虑所设计的作业要适合被试的认知水平。例如,在研究儿童语言认知的时候,研究者必须考虑到被试的语言水平,并且不能使用那些对年幼的孩子来说太难的词汇;在对那些有认知障碍的被试进行研究时,可能要花费时间来调整任务的难度,以适应他们的认知水平。否则,如果被试不能完成一项作业,将很难决定某一特定 ERP 成分的缺失是与被试的认知障碍有关,还是他们没有完

成作业的缘故。一般来说，临床病人或儿童注意的范围小，所以临床与发展研究中任务的持续时间要短于一般年轻人。当进行临床研究时，研究者可以决定任务是否保持一致，是否需要调整任务来保证临床病人与普通被试之间的一致性。

4. 应该对实验过程中被试的行为进行评价

当用 ERP 研究认知过程中大脑的活动时，常常需要同时监测被试的生理行为反应。但要注意的是，这种监测不应给 ERP 记录带来过多的干扰。一般来说，在信息加工模式的前后关系中，行为数据越多，心理生理指标就越容易进行评价。行为数据的收集决定于实验中可能的一些相互关系。例如，如果打算考虑加工资源，研究者就应该获得接受者操作特征曲线（receiver-operating curve）；如果想研究反应速度和正确率，研究者就应该有准确的、显示反应速度变化对操作影响的行为数据。

在一些 ERP 实验中，不必记录行为反应。经典的例子就是测量非注意刺激产生的 ERP。在自动加工的研究中，ERP 可以用来评估大脑对非注意刺激的反应。非注意通道的听觉刺激，可诱发一个清楚的失匹配负波（MMN）。当被试不注意刺激时，应描述被试在做什么（如阅读），并且要有相应的监控。通常来说，让被试进行某种任务操作要好于仅仅被动地听声音。

语言方面的 ERP 研究表明，与 ERP 同时记录的行为反应可能达不到预期的目标。许多语言加工活动的发生与指定的行为任务并无明确的联系。在 EEG 记录过程中，尽可能多地告诉被试要做什么是很重要的。需要强调的是，实验过程中要尽可能地记录被试的正确率和反应时，以便将 ERP 结果和文献的行为数据进行比较。

5. 应该通过指导语和实验设计控制被试的任务完成策略，并进行评价

执行任务时被试潜在的认知策略和心理过程，可能是实验中最难控制的变量。因此，有必要详细描述是怎样给被试介绍实验任务的。如果需要被试对刺激做出主动反应，则应明确地说明是否强调反应的速度和准确性，或者是否使用了奖励的措施。如果要让被试忽略一些听觉或体感刺激，则应给被试另外一项不相干的任务，例如阅读或猜谜。无论如何，建议测量被试的行为结果，从而评价其执行任务的程度。在状态变量影响 ERP 的研究中，只进行诸如"被动听"或"读"的一般性描述是不够的。

总的来说，有效的指导语能够减小"主观选择"（subject option）。做完实验后，被试的反映可以提供一些信息，如怎样看待任务、使用了什么认知策略等等。这种任务报告既可以通过简单提问来进行（如被试是如何执行任务的），也可以通过书面问卷的方式（书面问卷上描述了哪些可能被使用的策略）。

6. 必须控制和说明各种实验条件的顺序

应该清楚而详细地说明不同试验条件下刺激组合在一起的方式。如注意研究中，可以让被试在一组试验中注意刺激而在另一组试验中忽略刺激；或者也可以让被试在同一组试验中去注意一些刺激而忽略另外一些刺激。但是，必须详细

说明每组刺激呈现的时间和刺激的序列特征。许多行为反应和 ERP 成分会随任务时间的长短而变化,但这种变化不能与实验操作相混淆,因此,建议随时间进行被试间和被试内的平衡。由于我们通常假设不同的认知加工是和不同的 ERP 成分相关联的,因此,认知电生理研究必须同实验心理学在研究认知时一样,应一丝不苟地控制实验设计。

二、被试者

1. 必须知情同意

对于参加任何实验的人类被试,签署同意书是必不可少的。如果某些临床病人不能亲自签署同意书,则应取得病人家属或监护人的同意。如果被试的年龄小于 18 岁,则应取得孩子监护人的同意并让孩子知情同意。科研和临床单位应建立专门委员会审批同意协议书并监督研究的进展,研究者必须服从委员会的指导。

2. 必须报告实验人数

一项实验的被试数目必须足够大,以满足统计检验的要求,同时使结果更具普遍性。由于 ERP 数据个体差异较大,建议进行小样本取样时,要尽可能地保证年龄、性别、受教育程度、左右利手等方面的一致性。当然,这种方式会使结果的普遍性受到限制。

应该说明补充被试或最后结果中排除部分被试的理由,如伪迹、记录未完成等。在儿童发展和临床研究中,由于被试完成任务的成功率较低,因此,需要的被试数量要比青年正常被试更多。在这些研究中,记录被试被剔除的原因尤为重要,如缺乏合作、不能理解或不能完成任务等,因为这些原因对结果的解释会有一定的价值。

3. 必须说明被试的年龄范围

许多 ERPs 成分具有年龄效应,因此必须说明被试的平均年龄和年龄范围。大多数 ERP 研究中,要求正常成人年龄范围为 18～40 岁(当然,该范围内的被试也有显著的 ERPs 年龄效应)。当进行组间 ERPs 比较时,除非年龄是研究变量,否则应该对年龄进行组间平衡。对于大于 40 岁的被试,一般以 10 年为一年龄段。而对年龄小于 18 岁的被试,ERP 发生显著变化的年龄范围可能更短(如 1～3 年),而且年龄越小,ERP 的年龄相关变化越明显,因此,有必要采用比成人更为狭窄的年龄段。对于 2 岁以下的婴幼儿,应以月为单位,选择几个年龄点(如 6 个月、12 个月、18 个月),而不是按月平均分段。对于 2～8 岁、8 岁以上的儿童和青少年,分别以 1 岁、2 岁和 3 岁进行年龄分段。

4. 必须报告被试的性别

性别对电生理测量有很大影响,研究者必须说明实验中男女被试的数量,并且要保证组间差异不受性别差异的影响。若研究正常人,男女比例通常应该相近或仅用一种性别的被试;另外,把性别作为一种实验变量也是很有意义的。若实验是比较具有性别特征的患者和正常人,那么两个组的男女比例应当大致相等。

5. 应该描述和记录被试在刺激呈现及反应时的感知与运动能力

这一原则的目的是确保被试能正常地对刺激进行感知。在以正常青年人作为被试的大多数研究中,应该说明被试有正常的听力和视力(或矫正视力)。自陈报告的准确性依赖于所提出问题的类型,询问被试"你有正常的听力吗?"就不如列出一套不同条件下的听力测试问题更有价值、更准确。

在研究感觉功能(尤其是感觉障碍)的实验中,应明确指出正常情况,并对异常情况加以分类。对听觉刺激,被试的正常听力应达到 20 dB HL;对视觉刺激,应使眼睛与屏幕之间的距离适当。因为大部分视觉刺激是近距离呈现,所以视力的敏锐程度一般来说要使用 Jaeger 量表,而不用 Snellen 量表。如果实验中使用颜色刺激,那么要检查被试的颜色视觉(例如,使用 1 个或几个 Ishihara 图版)。然而,用于正常的躯体感觉、味觉、嗅觉的定量筛选检测还没有被广泛接受。

在实验中如果需要被试作出运动反应,则应对被试任务操作的能力作一个最基本的描述,通常要求被试没有既往病史。在运动反应的研究中应该使用有效的量表测试并报告被试的利手情况。

6. 应该说明被试与作业任务相关的认知能力

研究者应提供对被试任务操作能力的基本评价。对于正常被试,受教育水平是衡量一般认知能力的可靠指标,如描述被试为"大学生"。但是对于病患者、儿童和老年人,则应当有更为特异的评价标准。例如,应该将心理状态测量用于精神病人的 ERP 研究,将标准化阅读评估用于儿童阅读能力的相关研究,将记忆的神经心理学测验用于老年人记忆障碍的研究。

7. 应该根据明确的诊断标准选择临床被试,且临床样本要尽可能具有相似性

《美国精神病学协会诊断与统计标准》(美国精神病学协会,1994)提供了精神病的诊断标准。当临床类型不同时,如精神分裂症、注意缺陷障碍等,实验者应该使用一种评估诊断量表或者把病症分级为各种亚型。另外,临床样本应该在疾病的持续时间和严重程度上尽可能相似,并详细描述样本的人口统计学和心理测量学的变量特征。例如,对于 Alzheimer 痴呆病人的研究,应同时提供每个病例的年龄、性别、目前心理状况、智力、记忆功能等资料;对于局灶性脑损伤病人,还应有损伤部位和损伤性质的详细资料。

8. 应该有药物使用说明

对正常被试的 ERP 研究,应确保被试没有服用任何可能影响认知过程的药物,而且被试在实验前 24 h 内不能饮酒或服用其他娱乐药品。临床病人通常需要药物治疗,很难将疾病效应从治疗效应中分离出来,尽管如此,也要尝试控制某些用药。如果患者服用各种剂量的药物,在数据分析和实验设计中应考虑到药物水平的影响(例如,可以在实验设计中选择不同药物水平的被试)。然而,使用协方

差分析来去除不同药物水平(或是其他变量)对群体差异的影响是不可能的。

9. 临床研究应选择仅在所研究方面不同于病人组的被试作为对照

要清楚说明对照被试的选择标准,对照组与实验组在年龄、性别、社会经济状况、智力等方面应该匹配。关于智力水平(指的是病前智力),可以根据教育水平或更为正式的心理评估与对照组进行比较。对照组与实验组都应该进行标准化行为、心理学或神经心理学测验。大多数情况下,仅有健康对照是不够的,将不同于病人组的某些临床病人设为对照更有价值,例如,研究局灶性脑损伤的 ERP,应考虑将病因相同但脑损伤部位有所不同的病人作对照。

三、刺激和反应

1. 必须详细说明实验所用的刺激参数,以便其他研究者重复

必须详细说明实验所用的刺激参数,包括刺激的强度、持续时间和位置。1994 年美国脑电图协会在"临床诱发电位指导手册"中清楚地描述了研究中应该使用的刺激种类(American Electroencephalographic Society,1994a)。而更为详细的 ERP 研究中的各种刺激,则可以参见 Regan(1989)的著作;关于视觉刺激,也可以参见 Poynton(1996)的著作。所有刺激都应依据它们的强度和持续时间用适当的仪器(如视觉刺激的感光计和听觉刺激的麦克风)加以校准。很重要的一点是必须意识到一种感觉通道的刺激呈现可能会与另一通道的刺激相关联,应该对后者加以掩蔽。如果用分贝表示强度,提供一个参照水平是非常重要的,没有参照的分贝数是无意义的。听觉系统的一般参照有声压水平(生理参照)、听力水平(相对于正常听力)和感觉水平(相对于个体的阈值)。

2. 必须描述刺激的时间特性

应该描述的最基本的时间参数是刺激的呈现时间和刺激的间隔时间。如果 trials 包含一种以上的刺激,则必须说明 trial 之间的时间间隔。需要注意的是,时间间隔包括两种:从起点到起点称为 SOA(Stimulus Onset Asynchrony);从前一个刺激(或 trial)止点至下一个刺激(或 trial)起点,称为 ISI(Interstimulus Interval)。如果要被试做出动作反应或语言反应,则有关刺激的反应应加以详细说明。刺激序列的结构也是实验设计中要考虑的重要因素。应说明实验是由被试开始还是由主试开始,还需明确刺激序列产生的规则(例如,是根据概率设置完全随机,还是没有两个靶刺激相继产生的伪随机)。人类能够有意识或无意识地识别刺激序列的规律性和排列规则,而这些微小的心理变化都会对 ERP 产生影响。

当使用视频显示器时,定时(timing)是一个特别需要注意的问题。研究者应该使用感光计检查刺激的定时。实际上,一组连续呈现的刺激包含了屏幕刷新期间光栅移动产生的一系列不连续的脉冲,而这些脉冲是很难用肉眼看到的,因此需要考虑刺激开始和持续时间与刺激实际参数的差别。

3. 应该对与认知过程相关的刺激特征进行描述

当用文字或其他复杂的刺激时，应清楚这些刺激的哪些特性会影响认知过程。由于用于 ERP 记录的 trial 数量较多，对 ERP 范式中的刺激参数进行广泛的处理往往是不可能的，因此需要对刺激选择标准格外注意。在进行语言的 ERP 研究时，词的熟悉度、词频、语义等都是需要重点考虑的因素。如果实验中未进行处理，那么，在所有条件下，这些因素都应该严格控制并保持不变。在所有条件下，都需要防止一些刺激参数与实验操作的任何无意中的混淆。所有相关的刺激选择标准和刺激特征都应加以报告（如字数范围、组成词的音素及音节、词频、词的语义相关程度等等）。如果用的是图片或照片，则应详细说明是画的还是拍摄的，是黑白的还是彩色的。需要说明的是，在论文中用图形说明所用的图像比单纯的文字描述更合适。如果是听觉刺激，尤其是用听觉词语的时候，应提供刺激的持续时间（范围、平均值和标准差）和强度（RMS，均方根）、频率、男声或女声等的测量方法。

4. 应该报告被试的反应方式和反应特征

在许多 ERP 实验范式中，在记录 ERP 的同时，被试还需要做出明显的反应。在某些实验中，研究的是与反应相关的 ERP，而不是与感觉刺激相关的 ERP。因此，研究者必须说明反应是怎样进行的（如，对哪一种刺激用哪个手指按哪个键），以及怎样处理这些反应。反应的性质应从做出反应所用到的肢体以及运动类型等方面来描述。当研究与运动相关的反应时，还应测量和报告运动的力量、速度及强度。

四、电极

1. 应该说明电极类型

因为电极具有滤波器的作用，所以应慎重选用记录电极，以避免它们对 ERP 波形的变形影响。无极化银/氯化银（Ag/AgCl）可精确地记录极慢电位的变化，这时应采用一定的预防措施以消除记录极慢电位（低于 0.1 Hz）时的漂移。电极极化产生的这种慢电位的漂移可以用线性回归方法进行计算，然后从记录到的电位中减去它。而对于高频电位，则可以使用不同材料的电极如金、锡等。由于受电极材料、电极表面区域、放大器的输入阻抗等因素的影响，许多电极会削弱记录信号中的低频成分。由于现代 EEG 放大器都具有高阻抗输入性能，应用的都是很低的电极电流，所以，即使是极化电极也能记录到无变形的慢电位。然而，不幸的是，由于难以对电极—皮肤界面的频响和低于 0.1 Hz 的频率进行校准，因此，仍然推荐使用无极化电极。电极的低频响应可以通过观察连续眼动过程中记录的信号来估算。另外，也可以通过测量眼睛进行幅值相同、频率不同的摆动运动的电位，来估算电极的传递函数。

2. 必须报告电极间阻抗

记录电极往往粘贴在头皮表面。考虑到感染的危险,皮下针形电极不应该用于ERP的研究。根据穿过电极的极低的电流和测量电流电阻,可以测出头皮和电极之间的连通性。通过测量这种连通性,我们可以了解到:放大器是否能够精确记录电位、电极提取电磁伪迹的情况、不同放大器消除共模信号的能力、电极下皮肤是否受到损伤。为使放大器准确记录,电极阻抗应至少低于放大器输入阻抗的百分之一。电极的阻抗越高,记录中产生的电磁效应(如来自电极运动和视频显示系统的噪声)就会越大。这种效应主要是由于电极回路产生的电流,这些电流随回路环绕面积的变化而变化。输入到不同放大器的两路输入之间的电极阻抗的不一致性会减弱放大器的共模抑制能力。头部的皮肤电压是一种大的慢电位,在自主神经和汗腺受热或被激发时产生,主要记录部位有前额部、太阳穴、颈部和乳突区域。

通过摩擦皮肤,在ERP范围内的某些频率测量的电极间阻抗应至少低于10 kΩ。当运用具有较高输入阻抗的放大器,以及共模抑制性能较强时,具有较高输入阻抗的电极帽可以进行充分的记录。这些系统可以用来记录ERP,但需要注意的是慢电位的解释和说明,因为皮电伪迹也很容易被记录到。为了消除皮电,头皮电极阻抗需要降低到小于2 kΩ(通过摩擦或皮肤针刺)。应该注意的是,在减低电极阻抗时所采用的措施应尽量避免感染或交叉感染。在摩擦或针刺皮肤时应尽量采用一次性用具,在更换被试时,应对电极正确消毒。

3. 必须明确描述头皮上记录电极的位置

在任何情况下,应该尽可能选用标准电极位置配置。1994年美国脑电图学会对10—20系统电极配位法进行了修正,提出10—10系统电极配位法,这也是他们所建议的标准电极配位法(注:详见本书第2章)。电极固定在头皮上的准确性应在5 mm之内,相邻电极之间的距离应接近相等。10—20系统只是描述了75个电极的配位,但并没有说明电极数量多于75个电极时的排列方式。一般情况下,高密度电极安放推荐使用相邻电极之间的等距离配位法。

准确的电极位置可根据头部的某些基准点(如鼻根、枕骨隆突,特别是10—20系统已确定的点)采用三维数字转换进行定位。然后,将这些位置投射到一个球体,与10—20系统进行比较。这种投射对用球形头模型进行球形样条插入和源分析,都是必需的。Lagerlund等(1993)和Towle等(1993)已经表述了10—20电极系统和大脑结构的关系。

最新的高密度配位系统使128个或256个电极同时放置成为可能。但无论怎样,重要的是在高密度配位系统内找出与10—20系统电极配位法相对应的标准电极。

4. 应该多导同时记录ERP

在某些情况下,临床上有时仅用单个导联检查简单的诱发电位(如脑干听觉诱发电位)。但是,对于大多数ERP研究,为了解决ERP成分头皮分布的重叠,发现 ERP 波形中的伪迹,以及测量不同头皮位置记录到的 ERP 中的不同成分,都需要多个电极的同时记录。例如,在顶区和前中央区同时记录有助于区分运动电位和体感电位;通过眼上电极位置电位的记录,时间锁相的眨眼就可以从晚正成分中很容易地被区分出来;通过记录乳突部位的脑电,可以将失匹配负波 MMN 和 N2b 成分有效地分离开来。在早期 ERP 研究中,多是记录中线电极(如 Fz、Cz、Pz 等)的电位变化,并由此得出一些 ERP 成分的重要特征。现在看来,只记录这些位置的脑电对分析诸如视觉诱发电位或者 ERP 晚成分,都是不够的。在认知发展的研究中,应该同时记录两侧和中线位置的脑电,因为年龄相关的 ERP 变化通常在两侧电极位置更为显著。

记录导联目前并没有一个最佳数目,但是,高密度电极配位系统的正确使用需要能够精确测定电极位置的技术,以及对接触不良的电极导联进行有效处理的技术方法。电极安放位置的不一致会对地形图或脑内源分析产生影响。

5. 应该说明电极固定到头皮上的方式

头发是影响电极和头皮良好接触的主要问题。对于普通的金属电极,常用的固定物有粘合剂、火棉胶、胶带、双面黏合圈以及电极帽等。应根据不同情况选择不同的固定方式。当记录电极较多时,建议使用电极帽,但是必须注意帽子的安放,保证电极都放置于正确位置。帽子的大小要有不同的尺寸,便于不同被试使用。儿童用的电极帽最好能根据被试的不同来放置电极,但是,这样也会由于电极位置的变动带来个体差异的增加。婴幼儿往往不愿意戴电极帽,但是如果能成功地给他们戴上帽子,就能使电极位置更为准确可靠。

6. 应该描述处理伪迹的方式

多导联记录时,由于电极与头皮接触不良或放大器故障,常导致一个或多个导联产生大的伪迹。应该报告不良电极导联的数量,这个数不应超过总导联数的 5%。虽然这个数并不大,但对最后的总平均总会产生这样或那样的影响,尤其是这些不良电极导联数据的缺失,因此,有必要消除不良电极的影响。解决这个问题的有效方法是用 Perrin 等(1989)提出的线性或球形样条插值法来估算丢失的数据。尽管线性插值法的数学运算比较简单,但是对安放在边缘的电极不能进行有效估算,而且只能用邻近的少数几个电极来估算插入值。用球形样条,一方面可以根据其他电极记录的数据对缺失导联的信号进行估算,另一方面也可以对电极边缘的数据进行估算,因此特别推荐使用球形样条插值法。另外,样条插值法还有其他用途,如对数据进行正常化处理、自动识别坏电极等等。

7. 应该使用并说明参考电极

几乎所有的 ERP 记录都采用差分放大器,可采用参考导联法(单极导联法)或双极导联法(详见本书第 2 章)。由于双极导联的结果难以得到有效的解释,因此 ERP 研究中推荐使用单极导联法。

研究者必须详细说明参考电极,依据 ERP 类型的不同和记录系统的不同,可以使用不同的参考电极,也可以在离线分析时根据记录点的数据再次进行参考计算。不推荐把电极联结在一起组成参考电极,因为电极间电流的分流会使头皮电压的分布失真。如果参考电极是独立记录的,大部分记录系统都允许将参考电极相连作为参考计算,如双侧乳突连线作参考。如果以单个电极作参考,那么计算平均参考的最佳方法是将所有作用电极记录的数据的总和除以总的电极数目(即作用电极数加1);该方法可以展示原始参考点的活动,即等于零减去平均参考值。如果难以计算原始参考点的活动,平均参考的计算可以用作用电极数去除;由于很难对连线参考(如以双耳连线作参考)的位置准确定位,如果数据用于源分析,则必须进行上述运算。平均参考对地形图的分析和比较是非常重要的,因为这样做可以消除单个参考电极记录的偏差;而在进行源分析时,也需要在建模之前将数据转换为平均参考模式;再者,在对数据进行相关性分析时,平均参考也是必要的。另外,当与文献中的波形和地形图作比较时,必须考虑所有参考电极的不同。例如,Fpz 位置的经典 P300 或 P3b 成分在以平均参考为参考时为负走向,而在以一侧耳或乳突为参考时则为正走向。将不同的参考做出的结果进行比较是很有意义的,这一点在研究中应引起注意。

五、信号放大和模数转换

1. 必须确定记录系统的增益和精度

记录系统包括放大器和转换器,可将一定范围的微伏信号放大并精确地由模拟信号转换成数字信号。放大器增益指的是输出信号和输入信号的比值,A/D 转换的精度通常表示为 2 的幂。对于大多数 ERP 的 A/D 转换,用 12 位(2 的 12 次幂,4 096)足矣。如果要监测没有基线补偿的大的 DC 漂移,则需要精确度更高的转换器,以便当信号只在范围的一部分进行转换,这种分辨率也是足够的。

记录系统的增益可以用精度进行说明,计算过程是把放大器增益和 A/D 转换率结合起来。例如,如果放大器把 EEG 放大 20 000 倍,12 位 A/D 转换(± 5 V),那么,基于输入信号的 A/D 转换的范围就是 ± 200 μV,系统精度为 0.122 μV/bit(通过 10/[20 000×4 096]计算得到)。

放大器应该具有充分的共模抑制比(至少 100 dB),以便消除各个电极的噪声信号。被试应接地以防电荷积累,并防止漏电。在特殊的临床情况下,需要隔离输入的所有电极(例如,可以采用光学传输)。Cadwell & Villarreal(1999)曾对电极安全性进行了更为详尽的表述。

校准放大器最常用的是方波技术,波长通常是记录点数的 1/5~1/2,波幅通常是典型 ERP 的最大幅值。最好是把放大器与 A/D 转换和平均器同时校准,这样整个记录系统就能全部得到评估。另一个技术是采用正弦波信号校准放大器和 A/D 转换器,该正弦波需具有典型 EEG 或 ERP 的幅值和频率特征。如果应用多导记录系统,则必须测量每导的各自增益。这些增益应该在平均增益的 10%

以内。

2. 必须明确说明记录系统的滤波特点

通常情况下,模拟滤波与脑电放大同时进行,放大器的频带宽度必须根据低端和高端截止频率来确定。推荐采用频率而不是时间常数来描述截止频率,虽然二者在理论上的度量是相同的。考虑到模拟滤波的衰减会严重扭曲 ERP 波形,滤波的衰减强度(dB/octave)也应该描述。

模拟滤波可以将高端设置为大约 A/D 转换率的 1/4,低端大约为 4 倍时程的倒数。当采用 200 Hz 的 A/D 转换率(采样率)记录时程为 1 s 的 sweep,频带宽度应为 0.25~50 Hz(注:关于模拟滤波的记录带宽,详见本书第 5 章)。进一步的滤波可采用数字滤波技术进行离线分析(注:详见本书第 6 章)。滤波并不能完全剔除截止频率内的频率成分,例如,如果用截止 1/4 数字化频率(-3 dB)的高通滤波(6 dB/octave)进行滤波,对 1/2 数字化频率信号的衰减只有 9 dB(即幅值为滤波前的 35.5%)。需要注意的是,电脑显示器所产生的与刺激同步的高频噪声也会影响 ERP 的记录,例如,90 Hz 的视频刷新频率可能会在 5.625 Hz 频率对 ERP 产生影响。但并不赞成选用陷波滤波(notch-filter)来排除市电(50 Hz 或 60 Hz)的干扰,因为这种陷波可能会严重歪曲记录结果。

3. 必须说明 A/D 转换率(采样率)

A/D 转换率应足够快,以便所需信号的频率都能得到记录。最小的 A/D 转换率应该是所测量信号的最高频率的 2 倍,高于转换率 1/2 的频率成分肯定会被模拟滤波衰减(注:为保证早成分的可靠记录,EEG 采样率最好大于 500 Hz)。

A/D 转换器应该建立不同导联的多导记录技术,以便不同导联测量的时间间隔的延迟不会显著影响任何导联之间的潜伏期测量。最常用的多路技术是用快速率进行导联间转换,其速率比用于 ERP 研究的 A/D 转换率快得多,不会产生显著的潜伏期偏离。最理想的采样是对每个导联独立地运用 A/D 转换,这样可以使所有导联的采样都能够同时进行。或者可以用一个有多路输出的 A/D 转换与每个导联分别形成回路。检查多路技术不会引起信号变形最简单的方法是所有导联同时记录校准正弦波,并保证数字化信号的相位在每个导联均相同。这种方法还可以用于检查模拟滤波中两导联之间的差异。

六、信号分析

1. 平均(Averaging)必须充分

所平均的反应数量依赖于所进行的测量以及记录过程中的背景噪声水平。应该在所测量的成分的频率范围内对噪声进行评定。记录一个可以识别的连续的负变化所需要的刺激平均次数,比在闭眼条件下记录相似幅值的 N100 成分要少一些,因为,在闭眼条件下,10 Hz 左右的 EEG 噪声比较大(α波)。对平均技术的噪声水平的评定有多种技术方法,这些方法大都测量单个 trial 的变异性或低于平均水平的反应。一种简单的方法是对低水平反应进行重复追踪。遗憾的是,这种方法的影响近年来已经减弱了。

首要的问题是 ERP 是否存在。可以通过观察平均后的 ERP 与没有 ERP 的 EEG 平均后波形是否有显著的不同,来找到问题的答案。当然,这种估价必须考虑到测试叠加的次数。目前,有多种方法可以用来确定偶然记录到的波形与我们所期待的波形是否具有显著性差异(Blair & Karniski,1993;Guthrie & Buchwald,1991;Achim,1995;Ponton et al.,1997)。

其次,即是在不同的条件下记录到的 ERP 是否具有显著差异。一般来说,如果希望证明 ERP 之间有显著差异,则应将每一个平均 ERP 波形的噪声降低到所期望的差异水平之下。

溯源分析特别容易受到背景噪声的影响,因为这种分析试图对信号和噪声建模。对于精确的溯源分析,噪声变异应该小于信号变异的 5%。

2. 应该描述 ERP 与刺激或反应的锁时关系

平均叠加与刺激触发要具有一定的锁定关系,以确保 ERP 与其诱发事件具有可靠的锁时关系。对于外部刺激诱发的 ERP,常常通过记录与刺激同时呈现的触发(trigger)来实现。有两种因素会影响这种锁时关系。第一个即是触发和刺激之间的关系,如果视觉刺激由视频显示器产生,那么,当光栅扫描到达刺激所在屏幕上的位置时,触发和刺激的出现会有一定的时间间隔,如果触发与屏幕刷新率锁时,这种间隔将是刷新率的恒定分数。第二个是设备记录触发的方式,这决定于 A/D 的转换速度。

当 ERP 与反应具有锁时关系时,描述反应测量方法是非常重要的,也是最基本的。通常有两种主要的触发信号:机械信号(如按键反应)和肌电信号(EMG)。EMG 的记录需要将电极放置于进行反应的主要肌肉之上。触发开始需要校正记录到的信号,且选择一个阈值水平(电极的位置和阈值水平应该详细描述)。即使以机械反应作为触发时,记录经过校正的 EMG 也是有帮助的。这种记录可以对 EMG 和机械信号之间的时间变化进行一些有益的估计。

3. 应该对所用的潜伏期补偿方法进行清楚的定义并说明补偿量

运用平均技术的假定之一即是 ERP 与诱发其产生的事件具有锁时性,这就意味着每个 ERP 成分的潜伏期具有恒定性。任何潜伏期的细小波动(latency jitter)都会导致平均 ERP 波幅峰值的减小。实际上,当所感兴趣的 ERP 成分是由外部刺激在不同时间点诱发产生的,潜伏期波动现象就是非常普遍的。在这种情况下,用外部刺激定义平均的时间零点会产生严重的潜伏期波动,这种结果会误导我们的研究工作。因此,在比较不同条件下的 ERP 时,研究者必须注意 ERP 波幅随潜伏期波动而产生的变化。平均后 ERP 波幅的减低很可能是由于潜伏期波动引起的,而不是 ERP 自身的波幅变化(注:建议不同条件下的刺激持续时间应相同)。

有多种技术可以校正潜伏期波动现象,这些技术中的大多数都要求 ERP 波形的相对简单以及单次刺激 ERP 的可辨认性。Woody 方法(Woody,1967)的基本内容是首先对单次刺激提取的 ERP 波形与平均 ERP 波形(模板)进行相关性分析,将每个刺激的 ERP 波形的潜伏期转换为与模板最大相关的潜伏期,利用转换后的单次刺激 ERP 波形的潜伏期重建平均,然后累积直至达到要求。通过对单次 ERP 进行滤波可以使这种方法更为方便快捷。在应用潜伏期波动时,一定要用潜伏期补偿方法,否则,就不应该进行幅值的比较。如果波动的波形主要是单相的,则可以进行波形面积测量或特定时间窗的平均波幅测量,这样有助于消除潜伏期波动的影响。当采用潜伏期补偿时,应详细说明补偿的总量以及有关随刺激而变化的潜伏期波动的最大值、最小值和平均值。另外,也应说明处理单次刺激波形的滤波设置。

证实潜伏期波动调整的结果并非仅仅是背景噪声排列技术的运用,这一点也很重要。检查迭代 Woody 滤波技术的方法之一是将确定的波峰的时间分布状态与原始平均波形进行比较。如果所平均的所有刺激的幅值变异没有达到紊乱程度,且波动的成分主要是单相的,那么,原始平均波形应该与单次提取的波峰的分布大致相似。这样,Woody 方案可以保证识别单次提取波峰的时间柱状图分布即是平均波形的近似值。另外,在反应时(RT)与 ERP 潜伏期具有相关性的任何情况下,上述这种波峰时间分布图与反应时分布之间的比较,可以为我们提供另一种测量标准。另一种观点是,只有在 ERP 与模板之间的相关程度大于非 ERP 记录数据(如刺激前基线)与模板的相关度时,才能进行 ERP 试验。

4. 必须详细说明数据分析中数字滤波的运算法则

对 ERP 波形进行的数字滤波,排除了与测量无关的频率成分,有助于提高信噪比。数字滤波比模拟滤波更具优越性。首先,原始数据得以保存以利采用其他滤波器分析;其次,可以不改变波形的频率位相,这种无相移的数字滤波不会歪曲 ERP 的波形;第三,数字滤波比依赖于硬件的滤波器更易编排设置参数(注:详见本书第 5 章)。

七、伪迹

1. 监测非脑电伪迹

在 ERP 的记录中,大脑不是从头皮记录电活动的唯一发生源,头皮肌肉、舌头、眼睛和皮肤也可掺入电活动的记录。通常情况下,头皮肌肉和头皮电位的活动可以直接从脑电中进行充分的监测,但对来自舌头和眼睛的电位变化则必须用特定电极记录。

记录 EPRs 时必须在眼睛附近用电极监测眨眼伪迹(EOG),但对潜伏期小于 50 ms(例如,听觉脑干诱发电位)的 ERP 的测量,则不需要监测 EOG,这是因为具有锁时特征的伪迹的潜伏期长于 50 ms,与眨眼和扫视相关的电位的频谱低于所记录的电位频谱。如果记录电极位于整个头皮,则至少应该用两个单独的导联来监测 EOG。

当任务涉及明显的言语或默读,应用电极监测舌头和下巴的运动,此时电极可以放在颊部或下巴的下面。但也有学者认为由于这些电位幅值大、变异大,记录与语言产生相关的皮层 ERP 是不可能的(Brooker & Donald,1980;Szirtes & Vaughan,1977)。

平均 ERP 中亦应同时包括监测电极记录的平均波形(如 VEOG)。与皮层 ERP 一样,非皮层发生源的电位会在单个刺激诱发的难以识别的波形中出现。例如,直视反应手会产生一种削弱对侧运动准备电位的伪迹,如果不对 EOG 进行伪迹补偿,那么任何准备电位都会包含同时记录到的水平眼电(HEOG)。

2. 应该告知被试关于减少伪迹的注意事项

在记录之前减少伪迹,比记录之后用平均或补偿的方法去除伪迹更为有效。告诉被试在刺激的间隙中眨眼是有帮助的,但也应注意不要因此过多增加被试的心理负担而影响试验的进行。让被试把大量的认知资源消耗在控制眨眼上,而只留下很少的认知资源给实验任务,这种做法是错误的。在伪迹方面,儿童被试会带来特殊的问题。对成人被试的要求同样适用于 5 岁以上的儿童(包括 5 岁)。对视觉 ERP,固定注视点显然是需要的,但对听觉 ERP 的研究,这种方式也是很重要的,可以有效减少眼动伪迹。值得注意的是,有趣的屏幕保护是非常有用的。如果婴儿有一个抚慰者,那么孩子就会比较安静并保持较高的注意力;而对 2～12 岁(或临床上的更大年龄)的儿童,如果实验时身旁有实验人员不时地在间隙给以鼓励(如:"很好! 就是这样"、"你做得很好!"),就会减少很多伪迹,并且更加集中注意于任务。

3. 必须详细说明伪迹的去除标准

如果随机发生的非脑电伪迹与诱发 ERP 的事件有关,那就仅仅是增加了背景噪声,只需用平均的方法即可除去。由于伪迹可能比脑电大许多,因此需要过多的平均次数才能消除这样的伪迹,这种做法显然是不恰当的。如果伪迹是间断且稀少的,研究者应该在平均过程中去除被影响的部分数据。在任何一个记录导联,如果某个刺激引起的波幅大于标准水平(如 $\pm 200~\mu V$),就应在平均时将其去除。记录条件不同,选用的剔除标准也有所不同。例如,由于睡眠期间的背景 EEG 很大以及双极导联的基线偏移很大,因此,在这两种情况下选用 $\pm 200~\mu V$ 的剔除标准是不合适的。伪迹剔除方法不可能完全排除对伪迹的平均叠加,总会留下一些难以去除的并对 ERP 有显著影响的小的伪迹。

眼睛运动和眨眼是很难用平均的方法去除的,因为它们往往与刺激也具有锁时关系。可以采用与上述剔除标准相似的去除方法,如果眶上电极记录的眨眼活动(以远端电极或以眼下电极做参考)超过 $\pm 100~\mu V$ 就要被剔除的话,那么包含眨眼的刺激事件即可被消除。也可以用其他更为相关的方法,剔除那些超出一定

RMS 值的测试，例如，以每导 RMS 平均值的 2 倍标准差为标准。

研究者应该描述所剔除的刺激事件的百分比以及在所有被试中和不同实验条件下的剔除百分比范围。显然，剔除技术会减少用于平均的刺激次数。由于儿童被试剔除的眼电和肌肉伪迹以及错误率（丢失和错误）的百分率高，因此需要至少 2 倍（最好是 3 倍）于成人需要的刺激数量。随着年龄的递减，去除比率是增加的，婴儿的去除比率将会达到 40％或更多。但由于儿童的 ERP 较大，因此，该问题可以在一定程度上得以平衡。

如果去除刺激的数目很大，最后的数据将变得难以解释。由于用于叠加平均的刺激数量较少，所以 ERP 中会出现比较大的背景噪声；而要达到所需要的叠加平均次数，就需要花费更多的实验时间，但认知过程会出现习惯化。另外，具有 EOG 伪迹的 trial 可能不同于没有 EOG 伪迹的 trial(Simons et al., 1988)。在这种情况下，用伪迹补偿方法比剔除方法更为优越。评估有伪迹的 trial 与没有伪迹的 trial 是否相似的一种方法，是对伪迹剔除前后的行为数据（如反应时）的平均值和标准差进行比较。

4. 必须清楚说明伪迹的补偿方法

尽管剔除方法可以在很多被试身上用来消除伪迹，但是，当伪迹太多的时候，这种方法就不适用了。在平均过程中去除太多的被伪迹污染的数据，将会导致所剩的用于叠加的刺激很少。这时，可以使用伪迹补偿方法去除伪迹对 ERP 记录的影响。已经证明，眼电伪迹的补偿方法比从数据分析中剔除被污染的 trial 更有效。补偿只削弱伪迹的电效应，而其他影响仍然需要剔除被眼电污染的 trial。例如，如果被试眨眼的时候视觉刺激出现，就可以不对它们进行叠加平均。

去除眼电伪迹最常用的方法是在脑电记录中从每个脑电信号中减去监测到的眼电部分。其原理是假定记录到的头皮脑电由真正的 EEG 信号加上一些 EOG 信号片断组成。当用垂直和水平 EOG 计算传递因子（propagation factor）时，重要的是要考虑到两导联同时发生的成倍衰减。对眨眼和运动范围在 ±15°以内的扫视而言，可以假设眼电污染是 EOG 幅值的线性函数。这一观点还假设监测到的 EOG 信号只包含 EOG，不包含任何 EEG 成分，显然这是不正确的，这会带来处理真正 EEG 的一系列问题，尤其是对距离眼睛较近的电极。

为有效地校正伪迹，必须解决好两个问题：一是计算每个电极位置的传递因子；二是进行校正。为了准确地计算传递因子，眼睛运动的变异要足够大，这一点很重要。由于眨眼会产生一致性的大的电位，因此用记录到的数据计算传递因子是完全足够的。由于眨眼伪迹的头皮分布显著不同于与垂直扫视产生的伪迹的头皮分布，对眼睛运动和眨眼应该分别计算各自的传递因子（注：眨眼和扫视产生的电位具有不同的机制）。尽管所记录数据中的眼睛运动会很小，但其一致性足以影响 EEG 的叠加平均，然而，由于它们太小，以至于难以精确计算传递因子。因此，可以记录左、右、上、下 ±15°的扫视，分别用不同的标准计算传递因子。而眨眼的传递因子可以根据 ERP 中记录到的眨眼或按上述扫视标准记录到的眨眼进行计算。

合适的校正方法必须能够区分电极活动的不同类型。水平 EOG 可以根据放置于左右外眦的双极导联记录;垂直眼动和(或)眨眼可以从眶上和(或)眶下电极记录到(垂直 EOG)。可以依据时间进程,将眨眼从垂直眼动中区分出来,尽管这种方法不能解决重叠问题。如果用远端电极作参考,可以根据眼上下的相对幅值来区分眨眼和垂直眼动。对眨眼而言,在眼上有一个大的正向偏转,而在眼下是一个更小的负向偏转(为眼上偏转幅值的 1/10);对垂直眼动来说,眼上/下偏转的极性也是相反的,但偏转幅度是相同的。另一种替代方法是用一导额外的电极导联记录 EOG(垂直眼动和眨眼以不同方式进行合并)。通过减去这两导 EOG 的近似平均值,即便是有所重叠,也可以剔除这两种类型的眼球运动。还有一种方法是将"放射 EOG(radial EOG)"作为额外 EOG 导联,这种 EOG 可以通过对眼睛周围电极记录的数据进行平均来计算得到,这些电极以头后部的电极联合为参考(如双耳连线)。应用多重衰减计算 EOG(水平、垂直、放射)和每个导联之间的传递因子,EEG 数据中任何类型的眼动的重叠都可以得到有效校正。

如果对每种类型的眼动进行单极导联记录,那么,除了眼动外,EOG 电极也会记录到前脑的 EEG。这种记录会带来两个问题:第一,会扭曲用于计算 EOG 传递因子的衰减方程式;第二,将传递因子乘上 EOG,然后从头皮记录的 EEG 中减去定标后的 EOG 波形,这样会在去除 EOG 的同时去除一部分前脑 EEG 信号,导致脑电数据的失真。

目前一种比较新的去除眼电伪迹的方法是溯源成分分析法。与计算 EOG 和 EEG 之间的传递因子的方法显著不同,该方法需要计算每种眼动类型的源成分或"特征地形图"。这些源成分是与偶极子模型或基于主成分分析的脑活动的地形分布密切相关的,可以产生一个发生源,将该发生源应用到数据矩阵可以产生用来评估重叠的眼动和脑活动的波形。然后,利用由源成分确定的传递因子,从所有的 EEG(和 EOG)导联减去所评估的眼动。这种方法有下面几方面的优势:首先,它可以提取比 EOG 导联更多的眼动信息;其次,允许 EOG 导联用于 EEG 信息的采集;第三,如果每种眼动产生不同的独立的源成分,它们的相关波形可以用来估算和表现眼动的重叠,例如,重叠了扫视的眨眼伪迹可以分解成独立的眨眼波形和扫视波形。尽管还需要双极导联监测眼动,但如果利用这种技术,对 EOG 电极精确定位就不重要了。为了获得用于补偿的足够的源成分,推荐使用 6 个或更多的眼周电极来监测 EOG。基于此,这项技术更适用于多导联(32 导、64 导或更多)记录。

八、呈现实验数据

1. 必须展示能揭示主要现象的平均 ERP 波形

仅对波形进行示意性的描述或以线状/条状图来展示 ERP 结果，是不够的。主要原因基于以下四点：第一，波形的视觉呈现能够很好地说明并有助于理解量化的 ERP 结果；第二，相似的波形呈现标准便于不同实验室之间结果的比较；第三，实际的波形有助于检测与背景噪声相关的效应；第四，展示实际波形有助于读者评价测量方法的有效性。

如果被试的波形类似，可以仅呈现总平均图；如果个体差异较大，则应该呈现每个被试的波形。任何情况下，都应该对个体差异做出清楚的说明，可以采用图形方式或者列表显示主要成分的潜伏期和幅值。当主要结果涉及 ERP 成分和连续变量的相关性时，需要呈现不同变量范围的总平均波形，例如，可以呈现每 10 年的波形，或者以疾病严重程度的 1/4 为标准呈现 4 种程度的 ERP 波形。通常需要将不同条件下的波形重叠展示，这样有助于读者区分不同条件下 ERP 的差异。此时应注意要使波形在出版印刷时仍然清楚可见，必须用可以相区别的线条来表示不同的 ERP 波形，并且一般情况下，一个图像中不要超出 3 个波形。

2. 应该表明 ERP 的时—空特征

ERP 是具有时间和空间两种特性的电位。主要有两种方式展示这些数据：随时间变化的电位特征——ERP 波形；随空间位置变化的电位——ERP 地形图（头皮分布图）。时间和空间特征都可以用多重地形图或波形来呈现。例如，ERP 波形的头皮分布可以通过在一个头皮轮廓图上绘制所有的 ERP 波形来呈现。不同时间点上的多重图可以显示出头皮分布的时间进程（可以提供大脑活动的影像）。当对头皮分布进行统计比较时，把结果绘制成图比表格中的数据更有帮助且更有说服力。

在大多数情况下，同时呈现所感兴趣的头皮区域的多导联 ERPs 是很有意义的。头皮分布的变化可以为 ERPs 成分变化的空间特征提供重要的信息，同时，有助于比较不同被试以及不同实验室间的结果。另外，地形图信息对于把 ERP 从伪迹中区分出来有着非常重要的作用。最后值得注意的是，检查不同记录点的波形构成有助于更好地解释脑电地形图，比如，在一个特殊的时间点上，是否有多个 ERP 成分。

3. ERP 波形必须包括电压和时间刻度

ERP 波形图必须包含电压和时间刻度，以便于读者自己测量波幅和潜伏期值。电压刻度线必须以一个简单的整数来表示（如 $+5\ \mu V$ 而不是 $+4.8\ \mu V$）。推荐时间刻度线要延伸至整个波形，且以整数毫秒为单位，如采用 100 ms 而不是 75 ms。这个时间标度线还必须清晰地显示出感觉刺激和运动反应的时间点。

4. 必须清楚标记 ERP 波形的极性

相对于参考而言，记录电极的活动可以用向上偏移表示正性或负性，这两种习惯在文献中都有所应用，没有什么优劣区别。但无论使用哪种极性标准，都必须在图形及图例中注明。最好的方法是在电压刻度底端的上方用符号（"＋"或"－"）说明极性，并且一般要同时说明电压值（例如，$+10\ \mu V$）。另一种方法是在电压标度的两端标出"＋"、"－"符号,中间标出电压值。

5. 应该随 ERP 波形给出电极位置

除应该随 ERP 波形给出电极位置的说明外,在图中或图例中要标明参考电极。

6. 如果采用相减技术,应同时呈现原始波和差异波

心理生理学使用的设计之一是为了比较两种不同心理条件下的生理学指标。根据实验设计,可以用相减技术,即一种条件下的 ERP 波形减去另一种条件的波形,所得到的差异波被认为代表了两种条件下生理心理加工的差异。

但生理加工过程实际上并不是简单相加或相减的,因此对差异波的解释应引起足够的注意,并且要谨慎。差异波代表的是仅存在于一种条件下的某种生理活动。实际上,差异波表现的是加工过程的双重效应,而这些加工过程对两种原始 ERP 来讲都是特异的。这种"认知相减"的方法并不为 ERP 所独有,其他技术(脑血流成像技术)中亦有所应用。

当运用差异波时,研究者应谨记有许多因素会通过影响两种条件下的 ERP 而影响相减。这些因素包括两种条件下的认知因素(被试状态的变化、信息加工方式的不同)和其他生理因素(如原始 ERP 成分潜伏期的变化)。如果用的是常用的实验相减范式,论文中可以不必讨论影响因素,但是,任何新的或不常见的相减方式都必须对上述影响因素进行讨论。

只要使用差异波,就要精确描述相减方法以及差异波的极性,这是非常重要的。例如,用反应手对侧的前中央脑区记录的 ERP 减去同侧脑区记录的 ERP,可以得到不受手动影响的单侧准备电位。由于相减可以有许多形式,因此,研究者一定要十分清楚做差异波的目的所在。

7. 地形图要有清楚的图示,且应该用平滑化插值法和与电极数量相匹配的分辨率进行绘图

必须告诉读者地形图的特征、内容和意义。对地形图的说明要包括测量内容(如电位、电流密度等)、潜伏期、参考电极(对电压地形图是需要的,而电流密度图的参考是自由的)和插值方式。需要注意的是,头皮分布图上的大多数数据点都是插值得到的而不是直接测得的,对插入值进行平滑化处理(如 Perrin 等 1989 年提出的球形样条插值法)是比较适用可靠的。图上的等压线条(或颜色)应该使用与记录的数值相匹配的分辨率。对于大多数 ERP 地形图,10 个水平的分辨率就足够显示其特点了。多重图形可以用两种方法度量:一是绘图显示实际的电压或电压梯度(电流源密度),强调记录点活动的不同;另一种是绘制每个图形的最小值和最大值,重点是整个图中地形分布的差异。图例应该显示刻度类型,且在同一个图中所有地形图都应用一种刻度。

8. 必须清楚标明头皮分布地形图的视点

记录电压或电流源密度的头皮分布图形可以用上面、侧面、前面、后面为视

点,不推荐使用其他不规范的视点。可以用诸如耳、眼和鼻作为轮廓标记,使结果更清楚且不易混淆。上视图中应该清楚标明左和右,侧视图和前后视图应该标明前后和左右。

9. 颜色不应使图的信息失真

颜色刻度有助于区分地形图的等压线,但不能是线性的。根据视觉频谱,从橙到黄和从黄到绿的变化均比从红到橙和从绿到蓝的变化更明显。任何情况下,选择颜色刻度都应该保证其颜色变化和亮度变化都一致。由于红绿色盲较为常见,不推荐使用这两种颜色。在论文中,推荐使用两种颜色刻度:暖色刻度(紫色—红色—橙色—黄色—白色)或冷色刻度(紫色—蓝色—绿色—黄色—白色)。总的来说,一种参数的分级可以用一种颜色的饱和度的变化来表现,而由一种参数变为另一种参数则以颜色的变化来表现。也就是说,图中的正负极分别用两种不同的颜色(如红色和蓝色)来表示,正负之间的分级可以通过调整颜色饱和度来实现。

九、ERP 波形的测量

1. 必须明确定义被测波

必须测量记录到的 ERP 波形,并定义波形成分。最简单的定义方法是将 ERP 波形视作一组波,选择出波峰和波谷,测量其潜伏期和波幅。事实上,在测量之前,没有理由相信那些正负峰值将反映出大脑加工有意义的方面,但是该传统的测量方法的确产生了很多令人惊奇的结果。为获得某种更好的评价心理生理加工过程的指标,也可以尝试采用更为复杂的分析方法,如主成分分析、独立成分分析,这些分析的结果通常以时域波形呈现,并根据波峰和波谷来测量。

目前应用最多的是两种 ERP 命名方法:一是根据波形的极性和出现的时间顺序来命名,如 N1、P2 等;二是以波形的极性和峰值潜伏期来命名,如 N125、P200 等;也可以以特定时间窗口的平均变化来命名,如 P20～50、N300～500 等。负值潜伏期可用于命名反应之前的运动相关电位,例如,N～90 表示反应前 90 ms 达峰值的负向偏离。这两种方法也存在着一定的问题,波形的特征代表了特定的心理生理学过程,它会随着时间和出现顺序的变化而变化,这决定于实验条件、年龄或临床状况。为减少这种不确定性,研究者必须清楚是怎样命名的,应该确定每个波的峰值潜伏期和平均幅值,并且应该注意到头皮记录点和实验变量的变化带来的影响。为了着重说明不同脑区 ERP 成分的变化,有时也采用极性—潜伏期(或出现顺序)—记录点的混合命名方法,如 N175/Oz。

ERP 的命名可以采用观测术语(observational terminology)和理论术语(theoretical terminology),但应对二者作出严格区分。观测术语是指波形特征,而理论术语则要求 ERP 成分的命名必须代表特定的心理生理学过程。常见的理论术语如失匹配负波(Mismatch Negativity, MMN)、加工负波(Processing Negativity, PN)、准备电位(readiness potential)等,其命名均标示了该成分的理论意义。另外，以极性－潜伏期命名的某些成分也已经属于理论术语的范畴，如P300、N400等，不仅标明了波形特征，也具有特定的心理生理学含义。也可以采用在理论术语的上面画线的方法来区分观测术语和理论术语，如 P300。

峰值测量通常有两种方法：基线—波峰，即刺激前基线到波峰的电压；峰—峰，即相邻波峰和波谷之间的电压。基线—波峰的测量方法要保证基线足够长，基线长度如果小于 100 ms，将会增加噪声对基线平均值的干扰，从而影响对波幅的测量（注意：对快速刺激序列，基线问题更要格外注意，建议基线矫正时要去除相邻刺激之间 ERP 的重叠）。因为连续的波峰通常能够很好地反映不同生理功能的加工过程，而测量相邻的两个波峰则会使这些混淆。一般情况下，基线—波峰测量要优于峰—峰测量，但在有些情况下，则有所不同，比如，如果所感兴趣的成分叠加在一个慢波上，或者相邻的波峰—波谷被认为反映了相似的加工过程，那么，峰—峰测量将比基线—波峰测量更有效。

基线的选择是测量时的重要问题，当测量反应之前发生的电位时，基线应足够早以使准备慢电位较好地展开。虽然与运动反应相关的特异性电位在反应前几十毫秒出现，但准备电位却早在几百毫秒甚至数秒之前即开始出现了。通常需要用多个基线测量反应锁相电位的不同部分，例如，早期的反应前基线用于测量准备和运动电位，而即时的反应前基线用于测量反应后电位。如果刺激锁相和反应锁相的电位发生重叠（例如，与错误反应相关的电位），基线应该选在任何一个刺激出现以前，或者，估算刺激锁相电位的潜伏期的"抖动"，然后从反应锁相的平均电位中减去这种"抖动"。

如果数据有噪声污染或波峰不对称，那么选择最高点或最低点测量潜伏期和峰值很容易出现问题。可以选择的方法是 Tukey 于 1978 年提出的中段潜伏期法（midlatency procedure）。先找到特定电极的一段时间窗口内的最大波幅，然后观察波峰的前支和后支，找到等于最大波幅的某个百分数（如 70%）的数据点，其时间即为前后潜伏期，然后对前后两个潜伏期进行平均，其值作为波峰的潜伏期。这种方法尤其适用于宽而平坦的波。

如果将峰值定义为一个特定时间窗口的最大幅值（正或负），那么对 ERP 成分的峰值进行比较时，只有比较叠加平均后波形的幅值才是合适的。用于叠加平均的刺激数量越少，波的噪声就越大，那么，时间窗内测得的最大幅值很可能是噪声的峰值，而不是所感兴趣的 ERP 成分的峰值。这样的结果表明，少量刺激平均的 ERP 会有较大的幅值（潜伏期的变化更大）。

有几种方法可以减轻这种伪迹：固定潜伏期测量波峰值，低通滤波去除一些未平均掉的噪声，测量固定时间窗的平均幅值（本质上与低通滤波一致）。平均幅值的测量比固定潜伏期测得的幅值更稳定。另外，测量平均幅值的时间窗应以包含感兴趣的波形部分为原则，不管是否有明显的波峰。在研究大脑加工的时间进程方面，测量一个 ERP 成分的起始和终止时间可能比测量峰值潜伏期更有价值。一个 ERP

成分的起始时间用于表示一个特殊加工阶段的开始,持续时间代表该加工阶段的时程。然而,由于受到噪声的影响,确定一个成分的起止时间是很困难的。

一种方法是进行点对点的统计测量,把起始作为第一个潜伏期,在该点,两种条件诱发的波形的区别或波形和基线之间的区别开始达到显著性水平,且在该成分终止之前差异性均显著。同理,可以定义和测量终止时间。另一种方法是测量始潜伏期和终潜伏期,比如,可以用达到 1/2 波峰幅值的时间来定义潜伏期。起始时间的测量在偏侧化准备电位的研究中尤为重要,因为起始时间与启动选择反应活动的决策加工过程密切相关。

2. 同一实验条件下应该选择相同潜伏期范围测量波峰

如果观察一个波峰值的头皮分布(地形图),应该用相同的潜伏期范围测量不同电极的波峰。在研究 ERP 成分的头皮分布时,选择一个峰值潜伏期是很必要的,如果波峰的潜伏期在不同电极差异很大,那么确定该波的峰值潜伏期会有一定难度。如果在某个电极位置波峰幅值最大,就应该以该位置的波峰潜伏期为标准。如果一个波广泛分布,可以用多个电极的平均潜伏期,或者根据(Global Field Power,GFP)来确定波峰潜伏期。然而,GFP 标示的是总场强,如果成分的分布限于局部电极,在 GFP 上可能就没有表现,特别是 ERP 成分只表现为正或负走向(going),但电压值并未表现为正或负值的时候,此时对成分的识别要综合原始波形进行分析(图 8-1)。有时,在不同的电极位置分别测量峰值潜伏期也是很有价值的,例如,McCallum & Curry(1980)曾分别测量 N1a、N1b 和 N1c 在前脑区、顶区和颞区的峰值潜伏期。

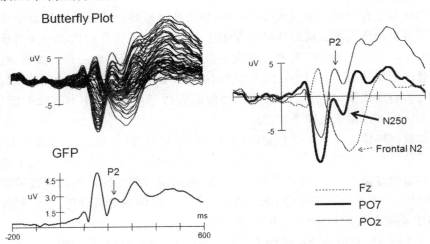

图 8-1 ERPs 成分的分布及 GFP 分析的局限性

向上电压为正。左上为 64 导联记录的 ERPs 波形的蝴蝶图(butterfly plot);左下为 GFP 结果。可见,在 200~300 ms 只有一个峰,根据时间可以判断为头皮后部的 P2,但其后的额区 N2 以及颞枕区分布的 N250 均未形成明显的波峰,因此,根据 GFP 结果进行测量,可能会遗漏对一些重要成分的分析。

当要比较不同被试间或不同条件下的脑地形图时,研究者应使用每个被试或每种条件下所限定的潜伏期。用相同时间点的两个地形图的差来说明两种条件下 ERP 的差异是不合适的。这是因为,不同条件下 ERP 的潜伏期会有所不同,那么,相同时间点(潜伏期)的两个原始地形图表示的可能是同一个 ERP 成分的不同时相。倘如此,差异地形图反映的就不是不同条件下 ERP 成分的变化,而是早期和晚期时相的区别。

3. 平均波幅的测量不应跨越不同的 ERP 成分

解决不同被试之间波峰识别和潜伏期变化问题的一个方法是测量某一时间段内波形的平均波幅。可以根据总平均图决定测量的时间窗口。虽然平均波幅的测量可以转换为面积测量,但仍推荐使用简单的平均波幅的测量。当测量慢电位时,时间窗范围可以跨度数百毫秒。

4. 面积测量法应该描述清楚并小心使用

面积测量法计算的是两个时间点之间的平均波幅与测量时间范围的乘积。如果研究者希望测量 ERP 成分的时程和波幅,则测量面积的时间点应根据波形来确定,例如从某个波的起点到止点。在这种情况下,研究者应十分小心,因为残留的噪声或对基线的估计都会使潜伏期发生很大的变化。

十、主成分分析(PCA)

PCA 已渐渐被 ICA 方法所取代,建议根据实验要求和目的慎重使用。

1. 必须描述 PCA 所依赖的矩阵模型

在距其发生源一定距离的位置,多种不同的脑活动能够产生可以测量的电场。这些电场的线性叠加就产生了可以从头皮记录到的 ERP 波形。因此,在某一特定时间点或头皮记录点测到的电压,可以代表多个 ERP 成分的活动。这些 ERP 成分的每一个都具有特定的地形分布,发生在特定的时间,并与特定的实验操作方式有关。因此,可以根据头皮分布和受实验操作的影响情况来定义 ERP 成分。Donchin 等(1978)提出一个 ERP 成分就是一个"可控制的、可观察的源",并认为 ERP 可分解为多个成分的线性整合,其中的每一个成分都可以单独受实验操作的影响。这种模型与 PCA 方法相吻合。PCA 是一种线性分解多元矩阵的方法,应用于一组 ERP,就会产生一组成分。成分"系数"或"scores"与每个成分都相关。一个 ERP 成分及其系数的产生有助于说明 ERP 成分的特征。在将 PCA 用于 ERP 研究的最常用方法中,测量的所有变量即是 ERP 波形的各时间点,合成的所有成分形成了 ERP 波形。

为使 PCA 能够被有效应用,ERP 数据通常来自多导联记录、多个实验条件和多个被试。作为头皮记录位置和(或)实验条件的函数,ERP 的差异对把记录到的波形分解为潜在的连续过程是非常重要的。

在研究中,通常会用到两种不同类型的 PCA:一种是时间 PCA,数据被概念化成波形,数据矩阵随时间变量展开;另一种是空间 PCA,数据被概念化成地形图,数据矩阵随电极位置变量而展开。必须清楚地说明数据的类型和内部排列。虽然在文献中用的大多数是时间 PCA,但空间 PCA 也已被用于伪迹的矫正和溯源分析。

PCA 的第一步是依据数据计算相关矩阵,详细说明相关矩阵计算的方法和类型是至关重要的。PCA 不是相关矩阵类型和数据进入矩阵的方式的函数。对时间 PCA,通常需要计算 ERP 波形不同时间点之间的关系。相关矩阵由时间点的数量来分维,合成的成分即为时间波形。对空间 PCA,则需要计算不同记录点之间的关系,矩阵由记录导联的数量来分维计算,空间 PCA 所得到的成分即为地形图,或者说是所有电极幅值的分布。

2. 必须说明确定成分数量的标准

PCA 适用于一个新的坐标系。在该坐标系中,能够描述数据,且每个新的维度都是初始变量的线性整合。新的维度这样定义,第一个成分表明数据变异的最大百分比,第二个成分为剩余数据的最大百分比,且与第一个成分相交。这样,数据可以在一个新的、正交的、"主"成分的空间内进行描述。PCA 的第二步主要是确定还保留多少成分,通过各种标准来确定信号与噪声分离点放置于何处,从而确定有意义成分的数目。

3. 必须说明所用的旋转(rotation)类型

PCA 的数学计算要求一组成分和一组系数呈正交状态。在 ERP 中,应用最大方差法旋转类型一般可以使得出的系数是正交的,而成分是非正交的,并倾向于时间 PCA 的时间紧密性(compact)和空间 PCA 的空间紧密性。这种紧密性来自旋转标准和数据结构之间的交互作用。应用最大方差法还可以得出成分是正交的,而系数是非正交的,且集中于一组特定的电极和条件下。其他旋转类型也可以选用,但在 ERP 研究中尚未得到广泛使用。

4. 必须图示成分

每个成分必须绘图说明。对于时间 PCA,必须以时间为刻度,成分用波形表示(同 ERP)。每个成分可以直接用电压来表示,也可以绘图说明,其幅值随时间变化而变化。对空间 PCA,其成分应该绘制地形图。

5. 应该根据实验操作来说明成分的性质

根据一个成分所代表的实验变量,可以最恰当地描述该成分的性质。这主要通过表述图中成分的系数或分数(该图为电极和实验条件的函数,或为每个成分的地形图)。成分分数测量的是 ERP 中成分的数量,可以用与幅值测量一样的方法进行统计检验。例如,分数可以表示为从时间 PCA 得到的主成分以电极为变量的地形图,也可以表示为从空间 PCA 得到的主成分以时间为变量的波形。

和所有的分析技术一样,PCA 的使用需要技术和经验,且对成分的分析解释需要小心谨慎。实验中变化很小的 ERP 成分在分析中可以不详细说明。正交性限制可能导致实际成分和 PCA 得到的成分之间的图形不一致(不管有无后来的旋转)。数据中存在的噪声可能是变量分配不当的原因。

和其他 ERP 测量方法一样,时间 PCA 易受潜伏期波动效应的影响。如果在相似条件下得到的一组 ERP 成分中包含一个潜伏期随条件或被试特点而改变的 ERP 成分,PCA 将正确地鉴别这种潜伏期的变异性,且可以鉴别多个成分,在这些成分中,只有一个具有心理意义。因此,PCA 应该只在检查了数据潜伏期的分布之后才能应用。如果在地形分布中有变异(空间波动),也会产生相应的类似问题。

PCA 最重要和最有价值的方面在于,它是一种通过减少时间和(或)空间维度使多导 ERP 数据规范化、简便化的方法。另外,对研究 ERP 如何受实验操作的影响,PCA 也具有独到的应用价值。

十一、溯源分析

1. 必须详细说明源分析法的类型和相应程序

溯源分析法是根据脑内发生源对头皮记录的电场进行建模的方法。有以下几种途径:一种是区分移动源和固定源。移动源分析方法是对最可能存在的一个源或一组源的每个时间点进行建模,这个(组)源可以解释该时间点在不同头皮位置记录到的电位。而固定源分析方法则是假定一组源在记录的过程中无论在位置上还是在方向上都是固定的。这种方法可以模拟出 ERP 成分固定源的分布情况是怎样随时间变化的,可以提供每个源活动的时程。另一种是区分离散源和分布源。离散源分析认为头皮记录到的电活动是由少数位置和(或)方向不同的偶极子产生的。分布源分析则根据脑内多个部位产生的电流来解释头皮记录的电场。对源数量少于电极的模型,源的位置和方向通常适用于用线性搜索运算法则的数据,这种方法试图减少"cost function"(如头皮记录的实际波形和模型波形之间的残差)。对多于电极的模型,则假设有一组分布在脑内或皮层表面的固定源。低分辨率电磁图技术(Low-Resolution Electromagnetic Tomography,LORETA)可以得到最大拟合(即从一个位置到另一个位置的变化最小)的皮层间的电流。

溯源模型可以用于许多方面。从某一极端来讲,它可以简便有效地描述数据的地形分布,因为一个合适的偶极子指明了场分布的引力中心。从另一个极端讲,它可以尝试去解释脑内潜在的发生源以及其随时间的交叠活动。根据研究目的和数据质量,可以在这两个极端之间的任何地方应用偶极子模型。

考虑到该领域目前的发展水平和各种方法之间的差异,不推荐使用全方法(all methods)。即便如此,亦是集中于假设源数量比电极少的方法(包括移动源和时空方法),因为这些方法仍然是目前最常用的。

2. 应该说明应用溯源分析的限制和假定

由于 EEG 的空间分辨率较低，而且头皮表面电压可能是由无数个潜在的发生源联合产生所致，因此，在应用溯源分析确定发生源之前，很有必要先作出一些假设。这些假设通常包括：① 发生源的数量是有限的；② 发生源是球形对称的；③ 发生源的能量是最低的；④ 发生源局限在皮层内。其他假设是用头模型分析来描述头皮、颅骨、脑和脑脊液的传导性和维度。

允许采用多种不同的方法，这些方法的选用依赖于所验证的假说、对发生源知识的了解以及数据本身的特点。在科学研究的许多领域，模型的发展与理论的发展是类似乃至相同的：模型同样反映了是如何与数据相匹配的；特殊模型可以被验证测试、比较或抛弃；来自某组数据的模型能被其他测量手段来验证。每种情况下，限定假设和策略的描述应该使其他研究者能够测验和重复结果。如果一种模型比另一种更优越，应该清楚说明。

用少于电极数量的源数量方法应根据等价偶极子描述源。即便是一个真实头模型，当这个偶极子表明了外部皮层或几个同时活动的源的活动时，等价偶极子的位置与源的位置也可能不完全一致。尽管如此，等价源的位置和方向仍可以提供有用的信息，源活动的锁时特点能够观察到不同加工过程的重叠和变化。

当表达临床和正常被试的源分析的差异时要特别小心，因为病人的通路中很可能有其他发生源结构。例如，头皮电场可能受到神经（脑）损伤导致的颅骨变形的影响而扭曲，脑损伤能产生头皮和脑之间的低阻抗的通路。另外，颅骨的不完整也可以导致变形，因为大范围的脑损伤后，脑组织被脑脊液所代替，而脑脊液具有比脑组织更高的传导性。这些组织对基于标准头模型的源定位技术是非常重要的。

3. 源分析只能应用于低水平噪声（高信噪比）的数据

影响源分析的噪声通常包括平均 ERP 波形中和（或）电极位置不准造成的地形分布中的背景噪声。应该清楚说明信号的地形图是怎样记录的以及是怎样不受噪声或伪迹影响的。一种方法是显示信噪比。

所记录的活动分布（每导信号幅值）和随时间的地形分布的变化对源分析是非常重要的。任何改变地形图的处理都会对结果产生很大的影响。基线校正即是这样一种处理手段，因为它是基于计算基线的时间范围不包括源活动的假设。高通数字滤波和改变地形分布的基线校正相互影响：对分段数据应用高通滤波，将在时间分段的开始和结束都显著影响电位；而基线校正把这些影响引入到整个分段的时间范围，因此，应该在转换成分段以前或在对分段数据进行基线校正以后对连续数据应用高通滤波。地形分布还受眼睛伪迹的影响而失真。源分析利用普遍使用的颅骨模型，为了能够提取脑内源的活动，推荐使用含有标准 10—20 系统的多电极（如 F9、P9、Iz）系统，因为用通过 3-D 数字化精确定位的电极位置可以削弱空间噪声带来的地形分布的失真度。

4. 必须确定源模型的适合度（goodness of fit）

测定一个模型适合所记录到的数据的程度有以下方法：一是测量残差（残留的变异），一般应该用模型和数据之间的均方误来表示数据变异的百分数；二是测量适合度（goodness of fit），即能够被模型所解释的数据变异的百分数。当呈现结果时，应该在感兴趣的时间范围内呈现适合度（或残差）。如果在一特殊的潜伏期记录到很少的活动，那么，即便残差的绝对值保持不变，残差也会比较高（即适合度低）。因此，诸如 GFP（Global Field Power）的数据变异的测量应该与适合度同时表示出来。

5. 应该对源的可靠性进行评估

溯源分析一般是在经过总平均后的数据基础上进行的，因为这样的噪声相对要小一些。正如研究者必须表示 ERP 波形的变异性一样，显示不同被试的源的变异性同样是必要的。可以通过分析单个被试的源并描述或绘制解决方法的信度做到这一点，也可以用总平均数据方法绘制每个被试的源波形进行处理。源变异性的另一个方面是用不同的发生源位置和方向怎样解释数据以及最后所接受的源结构。如果最后的解决方案能将残差减小到最少并被最终接受，那么，应该描述能够用来解释变异性不大的数据的源位置和方向的范围。

十二、统计分析

1. 必须根据数据的性质和研究目的进行合适的统计学分析

在对数据进行统计分析时，研究者不应该受限于一种特定的或通用的统计方法。在很多情况下，诸如非参数统计之类的统计方法可能更合适，这是因为它们不对数据的分布作任何假设，这些技术方法在多导联记录的头皮分布的分析中特别有用。就如 Tukey（1978）所指出的，统计分析可以用作制定决策或探索数据奥秘的一种工具。因此，统计分析不应该是只为获得显著性水平的过程，而是一种观察数据间相互作用的方法。

2. 对重复测量的方差分析必须进行适当的校正

在 ERP 研究中，经常使用重复测量的实验设计，对数据通常采用单变量 ANOVA。这种 ANOVA 假定数据是正态分布的。对重复测量的数据，单变量 ANOVA 假定所有重复测量的成对水平中存在着相等的协方差。但是心理生理学的数据总是不完全符合这种假定。为弥补这一点，需要通过计算 Greenhouse 和 Geisser（1959）描述的 ε 值，ε 是对方差和协方差齐性的度量（在 $1 \sim 0$ 之间）。当非齐性时，ε 减小，在评估概率之前应降低自由度。如果应用该方法，就需要给出自由度、校正 P 值和 ε（如 $F(29,522)=2.89$，$P<0.5$，$\varepsilon=0.099$）。研究中运用多维方差分析（MANOVA），可能会更精确地对结果进行统计。

3. 脑电地形图分析注意事项

地形图剖面分析可确定从不同潜伏期范围或不同实验条件取得的波幅的测量是否反映了多个神经源的活动。这是基于头皮上记录的 ERP 是来自位于不同脑区或具有不同方向的神经发生源的整合的假设。如果在不同的时间间隔和不同的实验条件下,脑内源活动的整合是相同的,那么相应的地形图表现也应是相同的。反之,如果不同实验条件下或相同条件下的不同的时间间隔的地形图有所不同,则该部位脑内源的整合情况就不同。

为有效地确定地形图是否相同,必须在进行地形图比较之前先去除波幅差异,以免导致波幅差异与地形图差异之间的混淆。例如,当用电极和实验任务之间的显著性交互效应去说明地形图特征时,这种混淆情况即会出现。一种减低混淆的方法是将不同条件下的数据"正常化"(Normalized)处理,即找出每种条件下的最大值和最小值,每个数据点都减去最小值,所得到的结果再除以最大值和最小值的差值。可用以下公式表示:

$$正常化幅值=\frac{原始数值-最小值}{最大波幅值-最小波幅值}$$

然而,这种方法也有一定的问题,即有时会掩盖不同条件下地形图之间的真正区别。另一种可靠的发现地形图差别的方法是矢量衡量(vector scaling)。这种方法先对数据进行衡量,以便总平均的均方根(R ms)在不同条件(或不同时间)都是相同的。然后,用经校正 ε 后的 ANOVA 或 MANOVA 来评估地形图和实验条件之间交互效应的显著性水平。去除幅值差异仅在研究地形图是否不同的时候才能应用,其他情况下不需要对数据进行衡量。再者,由于原始数据的最大差异在衡量后的数据中会有所削弱,因此,应该从衡量和未衡量的数据两个方面对所发现的地形图差异进行解释。

4. 不能认为无显著差异的反应就是相同的

一种经常发生的错误认识是,如果统计学上没有显著性差异,那么反应就是相同的。这种错误通常是由下面的假象造成的:如果条件 A 的 ERP 和条件 B 的 ERP 在实验组 1 有显著性差异,而在实验组 2 没有这种差异,这并不能说明实验组 1 与实验组 2 有显著差异,除非实验组×条件的交互效应显著或者 A 与 B 的差 (A-B)在两组之间有显著区别。

5. 应该证明组间 ERP 成分的同源性

ERP 的组间差异表现在很多方面,如:波幅、潜伏期、头皮分布、实验组效应和实验操作的交互效应。如果其中一组没有明显的 ERP 特异性成分,那么组间比较就相对容易得多。但是,如果难以保证两组之间相比较的是同一个成分,那么,ERP 波形的其他变化就很难解释了。通常情况下,病人研究中成分的一致性比正常人更为复杂,因为潜伏期、波幅和头皮分布的变化会在不止一个 ERP 成分上有所体现。所以,能否正确识别病人的 ERP 成分是至关重要的。如果一个相同的刺激在对照组诱发出一个峰值潜伏期在 400 ms 的正波(P400),而在病人组则诱发出一个幅值较小、峰值潜伏期在 560 ms 的正波(P560),那么必须确定 P400 和 P560 的发生源是否相同。确定两组的某些成分是否同源,主要根据下列两点:

① 对实验变量的反应;② 头皮分布。如果病人的 P560 和正常对照者的 P400 对实验变量有相同的反应且有相似的头皮分布,那么根据 Donchin 等(1978)提出的 ERP 定义,P400 和 P560 很可能是同一个 ERP 成分,代表着相同的脑加工过程。可见,对于 ERP 成分的确定,潜伏期的变化不是实质性的,也就是说,相同的成分可以出现在不同的潜伏期。这样就可以合理地解释病人的电位所出现的潜伏期延迟。

6. 组间比较应考虑组间变异性的差别

临床研究中,临床数据应与 ERP 数据同时呈现说明,即便是在青年健康被试的研究中,只呈现总平均波形也会疏漏很多重要的信息。临床组因为样本少且庞杂,容易产生误导。由于临床组的潜伏期变异性增大,几乎所有病人的 ERP 波幅均比正常对照组要小,因此,应该避免对所有病人进行 ERP 数据的总平均,或者说在进行 ERP 总平均时要十分慎重。如果进行总平均,那么在呈现总平均图的同时应该补充单个被试的典型波形,且所有的统计都应包括变异性测量。

比较和呈现病人组与对照组之间 ERP 成分(潜伏期和波幅)的变异性,一个简单的方法是将所有个体的数据以散点图、曲线图或直方图显示,这样读者可以清楚地看到组间的重叠程度。

每个临床案例的研究都有一个普遍性的问题,即病人在脑损伤的程度和(或)病理学或认知障碍方面总是不同的,再加上不同的神经解剖的变异性、不同的认知能力和不同的病因等,因此,只呈现单个病例典型的波形是不够的。如果研究的目的是归纳研究发现,那么呈现几个有代表性的被试的数据(包括一般性和特异性)或所有被试的数据(如果数量合适)是最基本的要求。

临床组与对照组相比,信噪比比较低,波幅也相对较低,这是病人通常会丢失很多刺激、肌肉和运动伪迹较大的缘故。因此,如果实验效应没有达到显著性水平,并不意味着该效应就不存在,这是必须注意的。

7. 个例研究必须有匹配的对照,并且必须证明数据的可靠性

如同神经心理学研究的其他领域一样,个例 ERP 研究有极大的价值,但也面临着方法学上的挑战。第一,必须有足够的良好匹配的正常对照者,以建立 ERP 正常值或常模;第二,必须证明病人数据的可靠性及可重复性;第三,这种证明需要采集多套能够用比较方法来呈现的数据。理想的方式是采用合适的统计学显著性水平来证明实验效应的存在与否。Wasserman & Bockenholt(1989)提出的"Bootstrapping"方法有助于证明个例和常模之间的区别。

8. 在组间比较时,应当运用适当的统计学方法对组间及组内的个体进行评估

组间比较可以用于两个方面:一是可显示心理生理加工的组间差异;二是可判断某一特定个体属于哪个组。临床病人和正常被试之间的比较,对于诊断疾病有重要的意义。确定某种差异是否达到临床显著性水平,除了要注意均值的标准误外,尚需注意测量值的标准差。要证明某种测量值是否能用于诊断检验,最好

的方法是同时呈现临床病人与正常对照者的散点图。

临床检验需要设定一个正常值以判断个体值的异常程度(一个准确的临床检验指标应具备较高的灵敏度和特异度)。ERP 诊断的准确性可以通过考察测量结果的真阳性、假阳性和真阴性、假阴性的概率来评估。

9. 进行对照研究时,不应当只用一种检测方法

如果用其中一种方法检测时有改变而另一种没有改变,比只用一种方法检测有改变更有说服力。这种分离现象对于区别不同脑区的损害或区分心理疾病的类型和亚型有重要意义。临床研究中,通常观察 ERP 幅值和(或)潜伏期的变化。但是,这种结果的解释依赖于早期成分是否也有相似的变化。如果所有早期成分的潜伏期都正常,可以认为功能缺陷发生在早期感觉信息加工之后。

把 ERP 成分的变化和实验结果的变异性/稳定性结合起来考虑,有助于解释临床数据。例如,如果病人组表现出 Oddball 范式 P300 幅值的显著降低和潜伏期的显著延长,那么,一件重要的事情即是确定幅值是否是与刺激概率相关的变化,以及是否是两组被试均表现为靶刺激 P300 比非靶刺激 P300 幅值更高。另外,不同被试 ERP 成分头皮分布的变化也是很重要并值得注意的。

十三、讨论(略)

1. 应该将新发现与过去的研究成果相联系。
2. 应该说明结果的普遍性。
3. 应该讨论假说中没有预料到但与研究过程有关的发现。
4. 应该描述结果的价值和意义。

第9章 ERP 实验研究举例

自 ERP 被发现以来,已被应用到大量的脑科学研究中。基于前面的基本内容,本章对几项 ERP 研究进行介绍,重点介绍实验方法,并加以评述。希望读者(尤其是 ERP 初学者)通过学习和了解这些实验研究的优点和不足以及某些注意事项,能够对 ERP 实验研究的特点有所了解。

第一节 无运动二级 CNV

关联性负变(Contigent Negative Variation,CNV)是英国神经生理学家 Walter 等于 1964 年首次报道的慢电位成分,与人脑对时间的期待、动作准备、定向、注意等心理活动密切相关,是研究人心理活动的重要指标。

Walter 等最早采用的是固定前期反应时(Fixed Foreperiod of a Reaction Time)范式,称为标准 CNV 范式,即警告刺激(S1)—命令刺激(S2)—运动反应(Motor Response,MR)。S1 与 S2 之间脑电发生负向偏转——CNV。该范式可以产生明显的 CNV,但未消除其运动因素的影响,不利于其心理生理机制的探讨。为此,魏景汉(1986)设计了无运动二级 CNV 实验模式,促进了 CNV 研究的进展。

一、方法

16 名健康大学生被试(男女各半,19～23 岁),右利手,首次进行 ERP 实验。要求被试注意力集中。首先进行练习:耳机中每隔 2～6 s 随机呈现 1 000 Hz(55 dB SPL)的连续纯音,令被试听到该声音后尽快按键。一般经 15 次即可正确、熟练操作。

正式实验包括:① 普通 CNV 实验:警告信号(S1)为 800 Hz(55 dB SPL),持续 24 ms;命令信号(S2)为 1 000 Hz(55 dB SPL)。先给出 S1,经过 1 500 ms 的间隔后再呈现 S2,要求被试在听到 S1 时做好按键准备,听到 S2 后尽快按键,即完成一个 trial。每个 trial 的间隔为 2～6 s 随机,以消除习惯化对注意力的影响。练习 15 个 trial 左右,正式记录 30 个 trial。② 无运动二级 CNV 实验:S1 和 S2 及其间隔同普通 CNV 实验,仅 S2 持续时间固定为 200 ms,并在 S2 后 1 700 ms 随机呈现 S3。S3 为波宽 100 μs、强度 18 dB 的 Click。要求被试将 S1 和 S2 作为 S3 可能出现的警告信号,判断 S3 是否出现并进行计数,实验结束后报告 S3 出现的次数。练习 15 个 trial 左右。正式记录 50 个 trial,其中有无 S3 的 trial 各占 50%,随机排列。

Ag/AgCl 电极,颅顶记录,双乳突做参考,前额正中发际下 5 mm 处接地。左眼眉上 5 mm 和眼角外侧 10 mm 记录 EOG,头皮与电极接触皮肤阻抗小于 5 kΩ。脑电记录时间常数 13 s,低通 30 Hz。声音刺激通过双耳机同时输入。ERP 平均时程 5 120 ms,S1 前 500 ms 进行基线矫正。实验结束后问卷询问被试实验中注意力是否集中、是否紧张等主观体验。

二、结果

无运动二级 CNV 实验中,出现与普通 CNV 实验相似的 S1 与 S2 之间的负向电位偏移,称为一级 CNV;S2 与 S3 之间的电位偏移,称为二级 CNV。S3 呈现时出现明显的电位正向翻转,称为解脱波(Extrication From Mental Load,EML)(图 9 - 1)。

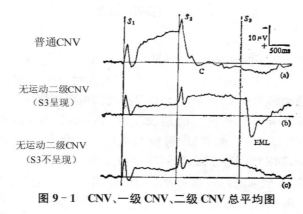

图 9 - 1　CNV、一级 CNV、二级 CNV 总平均图

横线表示基线,纵线表示刺激呈现时刻。(引自魏景汉等,1986)

三、注

1. 该实验方法具有与经典 CNV 实验不同的创新之处:① 取消了经典 CNV 模式中的按键反应,可排除意动和运动因素,突出了心理因素。② 无运动二级 CNV 实验范式,将刺激信号由 2 个增加为 3 个,且第 3 个信号 S3 极为微弱,介于听觉阈限与 ERP 阈限之间,因此,S3 的物理属性不会引起脑电的变化。如果 S3 后有脑电变化,则为心理因素所致。③ 作者据此提出的 CNV 心理负荷加重假说,对以前各种单个心理因素假说进行了统一。

2. 非直流放大会使脑电慢波发生畸变。魏景汉等(1988)的研究结果明确表明了时间常数对 CNV 的影响(图 9 - 2):与 DC 放大相比,13 s 的时间常数使 CNV

波形发生了明显的变化,C 波由负性变成了正性,EML 波幅正向增加。这种影响表明 CNV 的研究以 DC 直流放大为宜。

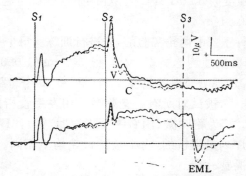

图 9 - 2 时间常数对 CNV 波形的影响
实线:DC;虚线:13 s。(引自魏景汉等,1988)

3. 在 CNV 的实验设计、记录、分析过程中,应注意以下几点:

(1) S1 与 S2 的间隔(ISI)不能小于 0.5 s,以便 CNV 能充分发展。

(2) 成对刺激(S1~S2)与下一对刺激的间隔时间(Inter-Trial Interval, ITI)随机控制在 2~10 s 左右,以便成对刺激产生的 CNV 有足够的恢复时间。

(3) 由于 CNV 是一种缓慢发展的慢电位,因此,脑电放大器记录频带的高通最好为 DC,而为防止 50 周或其他高频干扰,低通可小于 50 Hz 如取 30~40 Hz 均可。

(4) 接地和参考电极与皮肤的接触阻抗越小越好,至少要小于 5~10 kΩ,记录电极要选用不极化的电极,如金属—金属盐电极(Ag/AgCl 电极),以防止极化电位引起的记录信号的失真现象。

(5) 环境温度一般控制在 17~25 ℃,过热或过冷易使受试者出汗或颤抖,造成记录伪迹;受试者应尽量做到全身肌肉放松,保持清醒与注意力集中,且尽量避免眨眼和不必要的动作,以减少慢电位的漂移。

第二节 Go/Nogo 范式的 ERP 成分研究

Go/Nogo 实验范式指的是靶刺激的概率等于或大于非靶刺激的概率。令被试反应的刺激为 Go 刺激(靶刺激),不需被试反应的刺激为 Nogo 刺激。Falkenstein M. 等(1995)以英文字母为输入,采用视听双通道研究了 Go/Nogo 的 ERP 成分。

一、方法

被试:9 名(5 男 4 女),平均 22.6 岁(18~33)。视力正常,听力正常。

刺激：字母"F"和"J"通过听觉或视觉呈现。在显示器中心点以下，视觉字母呈现 200 ms（视距 57 cm，0.5°高）。听觉字母用德语发音，数字化后由双耳式耳机呈现 300 ms（"F"的强度为 55 dB SPL，"J"经调整后被试听起来没有区别）。视觉刺激的亮度调整为 50 cd/m²。

步骤：被试在进行正式的两轮实验前，先进行训练。每个 block 中，视听"F"和"J"随机呈现，且字母和通道均等概率。ISI＝1 500 ms（1 050～1 950 ms）。每个 Block 包含 200 个刺激（视听通道各包含 50 个"F"和 50 个"J"）。在第 1 个 block，"F"为靶，不管哪个通道，被试对所有的靶刺激均用左手食指按"F"键，对"J"不反应。在第 2 个 block，"J"为靶刺激（用右手食指按"J"键），"F"为非靶刺激。进行两轮实验。Block 的序列是随机的，每个被试每轮均不相同。在所有的测试条件下，被试必须睁眼注视显示器。

EEG 记录：Ag/AgCl 电极、Fz、Cz、C3、C4、Pz、Oz，双乳突参考，前额接地。左眼上下眼角记录垂直眼动。EEG 放大 100 000 倍，EOG 放大 20 000 倍，0.03～60 Hz 带宽。采样率为 200 Hz。

离线人工剔除和平均：EEG 平均时间 950 ms，含刺激前 50 ms（校正基线）。正确和错误的刺激分别平均。加权法从脑电中减去 EOG。

数据分析：平均 ERP 经 17 Hz 的低通数字滤波。

对 N300 和 P400 进行 4 ANOVA，因素包括：电极（4 水平：Fz、Cz、Pz、Oz）、状态（2 水平：Go、Nogo）、刺激通道（2 水平：视觉和听觉）、字母（2 水平："J"和"F"）。对两通道的早期成分（视觉 P170、N200；听觉 N140 和 P230）以及听觉 P507 进行 3 ANOVA。为了测试电极和其他因素之间的交互效应是否反映了真正的脑区差异，数据进行正常化处理。方差分析结果经 Greehouse-Geisser 校正。

二、结果

如图 9 - 3 所示，视觉字母刺激引起明显的 N2 效应，而听觉字母刺激的 N2 效应缺如，不支持反应抑制假说。视觉刺激引起 P400 成分，而听觉刺激引起两个可以分离的正成分 P400 和 P507。Go 和 Nogo 刺激的 P507 均表现为顶区幅值最大，但 Go 刺激引起的 P507 峰值大于 Nogo 刺激、峰潜伏期长于 Nogo 刺激。听觉 P400 不受反应类型的影响。

三、注

1. 视听双通道方法的选用。跨通道尤其是视听双通道的 ERP 研究在选择注意研究中具有重要的意义。

2. Go/Nogo 范式排除了刺激概率对 P300 的影响，尽管丢掉了因大小概率差异而产生的 ERP 成分，但大大节省了实验时间。

3. 被试只有 9 名，偏少，如果能够增加被试数量，结果会更有说服力。

4. 选择注意研究中,应该关注非靶信号加工的脑机制以及非靶 P300 的心理生理机制。近年来,有学者建立了一种新的实验方法(Stop-single 范式),Fallgatter 等(2002)利用有提示的持续操作的视觉 Go/Nogo 实验范式进行了系列研究,结果发现,Nogo 刺激产生了比 Go 刺激更大的额区 N2 以及中央—额区分布的幅值更大、潜伏期更长的 P3。作者支持反应抑制的假说,并且运用低分辨率脑磁图发现,这种运动准备反应的抑制激活了扣带前回。为进一步了解 Go/Nogo 范式诱发 P300 的实验方法,读者可阅读以下文献:

Strik WK. , Fallgatter AJ. , Brandeis D. , et al. Three-dimensional tomography of event-related potentials during resonse inhibition: evidence for phasic frontal lobe activation. Eletroenceph. Clin. Neurophysiol. , 1998,108(4):406—413

Fallgatter AJ. , Bartsch AJ. , Herrmann MJ. Electrophysiological measurements of anterior cingulate function. J. Neural Transm. , 2002, 109(5~6):977—988

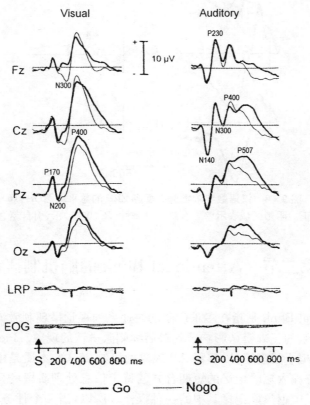

图 9-3　9 名被试的 ERP 总平均图

向上电压为正。LRP(lateralized readiness potential):左手反应为 C3 减 C4,右手反应为 C4 减 C3。EOG 为 VEOG;LRP 通道的黑色竖线表示 Go 反应时。S 为刺激触发。(引自 Falkenstein M. et al.,1995)

另外,赵仑等(2002)在以等概率输入的汉语数字(2~7)进行听觉选择反应(判断奇数、偶数)的 ERP 研究中,发现听觉通道亦存在非靶 ERP 的 N2 效应,而且非靶 P3 潜伏期比靶 P3 明显延长(图 9 - 4)。作者认为,N2 效应不能简单理解为是对靶刺激反应的抑制,由于储存在工作记忆中的期待模式是对靶数字进行反应,当非靶数字出现时,必然会引起期待的混乱,进而可能有一个对期待模式进行重调或消除的过程,最后对原有工作模式进行重新提取,进入对下一个数字的等待状态,而这一过程的完成可能比对靶数字出现时的反应组织更为复杂,因此,产生明显的 N2 效应,且导致非靶 P3 潜伏期延长。

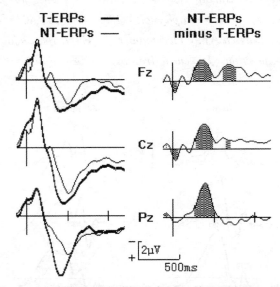

图 9 - 4　汉语数字听觉选择反应 ERP 的总平均图(n＝16)
向下电压为正。阴影区域表示差异有统计显著性(P＜0.05)。(引自赵仑等,2002)

第三节　Attentional Blink 的脑机制研究

Attentional Blink 是指在多重刺激的快速系列视觉呈现刺激流(RSVP)中,被试对前一个刺激的正确辨认影响了其对后续刺激辨认的现象。Pierre Jolicoeur 等(1999)提出中枢干扰理论,以解释 AB 现象的机制:AB 的本质是由于一个容量极端有限,把信息编入短时记忆的短期合并的特定信息处理阶段的延迟造成的。在同一时间,神经中枢只能记忆其中的一种操作。所以,当一个任务正在进行时,其他需要中枢处理的操作就必须等待。而那些不需要进行中枢处理的操作可以同上述中枢处理过程同步进行。举例来说,对探测刺激的感觉编码和知觉编码过程就可以与靶刺激的反应选择同步进行。Marois R 等(2000)利用 fMRI 发现,视觉刺激的 Atentional Blink 引起右内侧顶叶和前脑区皮层的激活,且时间、空间的不同对同一靶刺激的认知产生的干扰,可以激活同样的神经回路。下面介绍两项关于 AB 的 ERP 研究:

1. Vogel EK 等(1996,1998)用 ERP 进行了系列研究,发现 AB 期间的 P1、N1 和 N400 都没有受到抑制,而 P300 完全被抑制,认为 Attentional Blink 反映的是感知后阶段加工的减弱。关于 P1、N1、P300 的研究已经在第 4 章第四节予以介绍,下面介绍关于 N400 的研究。

目的和假设　N400 反映了一个词与前面的语意背景的失匹配程度,例如,N400 可以被"The man wore blue trousers and a green bucket"的最后一个词所诱发,而"The man wore blue trousers and a green shirt"的最后一个词不会产生N400。由于在与语意背景进行匹配的时候,必须识别该词,因此,失匹配词产生的N400 表明该词已被识别。如果在 AB 期间的第 3 个位置(Lag 3)能够诱发出明显的 N400,则表明 AB 期间被试完全识别了该词,尽管被试不能准确地报告它。

方法　14 名右利手有偿健康被试(18～30 岁),母语为英语,视力或矫正视力正常。

先呈现一个背景单词(呈现时间 1 000 ms,如"SHOE"或"PICKLE"),间隔1 000 ms 后呈现 RSVP。RSVP 的刺激为 20 组字母串(7 个字母,如"PNVCSZP")或数字串(7 个数字,如"7777777"),呈现速率为 12 Hz。其中,第 7组或第 10 组数字串为 Target 1(由随机生成的 2～9 的数字重复 7 次组成),非靶刺激字母串由随机生成的 7 个字母组成(非单词);T2 是一个包括 3～7 个字母的单词(如"XFOOTXX"或"XPOPEXX"),随机位于 T1 后的第 1(Lag 1)、第 3(Lag3)或第 7(Lag 7)个位置。50％的 T2 与 T1 语意相关,50％不相关。所有字符串的视角均为 4.9°×0.8°。除 T2 为红色外,其他字符串均为蓝色。

刺激流结束后,经 1 000 ms 的黑屏,然后出现反应提示信号,要求被试交替进行两种任务:

(1) 单一任务:判断 T2 与背景词是否相关。

(2) 双任务:判断 T1 是奇数还是偶数,同时判断 T2 与背景词是否相关。每种任务包括 6 组,每组包括 60 个 trial。

记录 10—20 系统 15 个电极位置的脑电。采样率 250 Hz,带通 0.01～80 Hz。为得到 T2 的 N400 波形,从与 T2 语意不相关的刺激流的 ERP 减去语意相关的刺激流的 ERP,计算差异波 300～500 ms 的平均幅值为 N400 的幅值(刺激前200 ms 基线矫正)。仅对 T1 反应正确的刺激流进行叠加平均。

结果　行为数据表明,双任务作业时,在 Lag 3 位置出现了明显的 AB 现象;ERP 结果表明 3 个位置的 N400 无显著差异(图 9-5)。

2. Rolke 等发现 AB 期间,当 T2 单词被正确识别时,诱发出 P3 成分;而 T2未被识别(missed)时,无 P3 成分出现。这与 Vogel EK 等(1998)的研究结果相

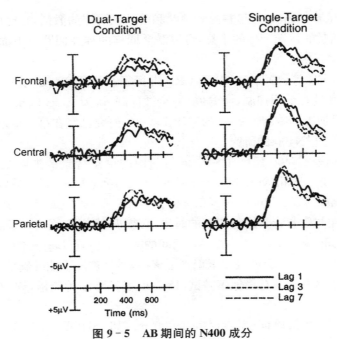

图 9-5　AB 期间的 N400 成分

向下电压为正。(引自 Vogel EK et al.,1998)

悖。为此,Cornelia kranczioch 等(2003)利用 ERP 对 AB 的脑机制进行了验证性研究,发现了与 Vogel EK 等的研究不同的结果。

目的和假设　比较被觉察的和丢失的 T2 诱发的 ERP 成分。T2 呈现在 AB 以前、期间或之后。假设,不管呈现位置如何,P3 成分都能够被觉察的 T2 所诱发。如果发现,AB 期间所察觉的 T2 诱发出 P3,那么就说明刺激相关的信息实际上能够进入工作记忆。再者,如果未被察觉的 T2 是真正的丢失,而不只是由于被试的错误应答,那么,不管刺激位置如何,都不会诱发出 P3 成分。

材料和方法　18 名健康被试参与行为实验((男)女,19～36 岁,平均 26.2±5.4 岁),11 男,7 女,其中有 3 人为左利手。另有 18 名被试(男女各半,19～32 岁,平均 23±3.27 岁)进行 EEG 实验,其中 1 人为左利手。

刺激呈现:先呈现一个黑色"+",呈现时间在 1 000～1 250 ms 内随机。当"+"消失后,呈现快速刺激流(RSVP)。T1 为绿色大写字母,出现在刺激流的第 4 或第 7 个位置,其中 50％为元音(I 除外);T2 为大写的黑色"X",随机呈现在 T1 后的第 1～第 7 个位置;非靶刺激为其他随机生成的黑色大写字母。25％的刺激流中没有 T2。每个字母的呈现时间为 100 ms,SOA 为 0 ms。

实验包括 1 个练习 block(20 个 trial)和 4 个实验 block(每个 block 包括 64 个 trial,Lag1、Lag2 和 Lag7 每个位置 16 个 trial,另有 16 个 trial 没有 T2)。

作业任务与 Vogel EK 等(1998)研究的模式相同:单一任务(判断有无 T2—

"X"出现)和双任务作业(先判断 T1 是元音还是辅音,再判断是否出现"X")。

EEG 记录和分析 记录 64 导脑电,皮肤阻抗小于 30 kΩ。模拟滤波采样0.1~100 Hz,采样率 500 Hz。离线分析对得到的 EEG 数据进行 0.5 Hz 的高通滤波器滤波,分析时程 1 000 ms,包括刺激前 200 ms 作为基线校正。对得到的 ERP 数据进行 25 Hz 的低通滤波器滤波。将觉察 T2 的 ERP 或 T2 缺失的 ERP 减去无 T2 的 ERP,得到差异波(P3 成分)。

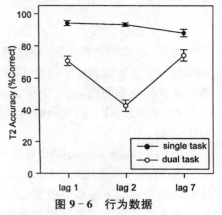

图 9-6 行为数据

(引自 Cornelia kranczioch et al. ,2003)

结果 行为数据结果表明,Lag 2 表现出明显的 AB 现象(图 9-6):双任务作业时,Lag 2 的 T2 识别正确率明显降低,而单一任务中 3 个位置的正确率无显著变化。

ERP 结果(图 9-7)表明,能够觉察到的 T2 在 AB 期间(Lag 2)和之后(Lag 7)均诱发出 P3 成分,而在 AB 之前(Lag 1)无明显的 P3 出现。相反,缺失的 T2 没有诱发出 P3 成分。表明 AB 期间的靶刺激识别进入到工作记忆。

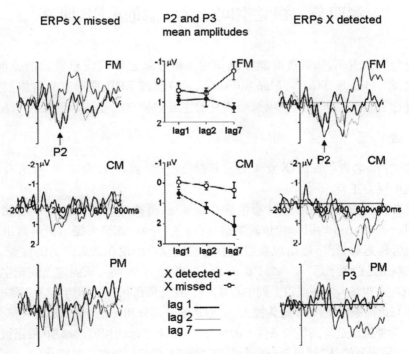

图 9-7 AB 期间的 ERP 总平均图
向下电压为正。(引自 Cornelia kranczioch et al. ,2003)

三、注

（1）上述研究实际上是在行为学研究的基础上进行的，也就是说，探讨某种心理学现象（如 AB）的脑机制，在这种情况下，ERP 实验的设计就是重中之重，如何解决行为学实验设计中不符合 ERP 实验的部分，如 AB 研究中的快速刺激序列对诱发电位的重叠问题，是一个重要的、需要巧妙构思的环节。

（2）AB 的 ERP 研究巧妙地采用了相减方法，得到了可靠的能够说明问题的 ERP 波形。

（3）Cornelia kranczioch 等（2003）的研究中，有几个问题需要注意和改进：

① 离线分析采用 0.5 Hz 的高通滤波，将会使 P3 成分严重失真，因此，该研究模拟滤波带通的下限最好改为≤0.05 Hz，至少不能低于 0.1 Hz，而离线分析时的高通滤波的下限不得高于模拟滤波时的高通截止频率。

② 皮肤阻抗 30 kΩ 较高，会影响 P3 的准确记录。

③ ERP 波形的信噪比太低，主要原因一方面来自记录参数设置的不可靠（如皮肤接触阻抗）；另一方面则是由于叠加次数太少，即便是脑电数据没有任何伪迹影响，也只有 16 次用于叠加，因此，该研究的数据及结论的可靠性有待商榷。

第四节 视觉空间选择注意的 ERP 研究

行为实验表明，知觉负荷能在感知加工阶段通过影响注意资源的分配，调整空间选择。Handy TC. & Mangun G.（2000）通过 ERP 系列实验对该假说的合理性进行了验证。下面对该项系列研究的主要实验方法和结果予以简单表述。

实验 1

被试：12 名青年被试（8 女 4 男），年龄 20～29 岁，1 人为左利手，所有被试视力或校正视力正常。

设备和刺激：刺激由 15 寸彩色显示器呈现，距被试 1 m。图 9-8 示刺激序列和时间。每个 trial 均以固定位置的箭头（绿色）开始，该箭头提示靶刺激出现的位置。短暂延迟后，靶字母出现在箭头所指的位置或出现在箭头未指的位置。

靶刺激是白色字母"A"和"H"0.06°厚/0.86°宽/0.86°高。从固定点到靶字母中心为 5.4°（左右视场），水平线以上到中心 0.86°。在低负荷状态下，靶字母为正常的"A"和"H"，在高负荷条件下，靶字母为擦去"A"双边的一部分和补充"H"双边的一部分（如图 9-8）。为使被试适应高负荷条件下的区分，三对靶字母的相似形递增（根据被试的行为实验）：最容易的是"A"顶部有一个 0.23°的缺口，"H"的顶端变窄成 0.52°；中等难度，"A"—0.28°，"H"—0.46°；最难，"A"—0.34°，"H"—0.40°。

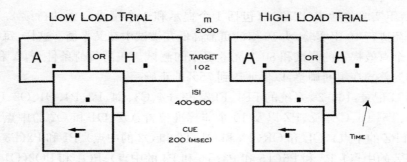

图 9-8 实验 1 的刺激排列示意图

（引自 Handy TC. & Mangun G. , 2000）

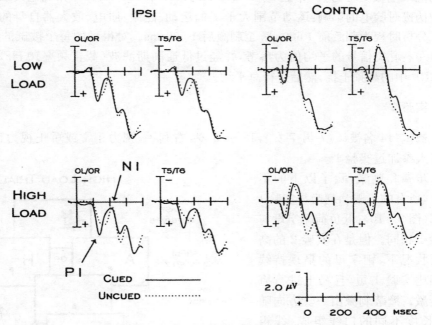

图 9-9 实验 1 结果

平均 12 名被试的数据,可见随知觉负荷增加,P1 成分的期待效应(expectancy effect)增加。
（引自 Handy TC. & Mangun G. , 2000）

实验步骤:要求被试集中注意,对靶刺激进行双重选择。被试对不同的字母
按相应的键("A"用一个拇指,"H"用另一拇指,在被试中交叉平衡)。在每组实验
中要求被试注视持续存在的固定点。告诉被试箭头指示的是随后的靶字母最可
能出现的位置,要求被试心理上注意被提示的位置(不是眼动),尽可能快而准确
地进行反应。反应的速度和准确度均需同等重要地强调。靶字母出现在提示位
置上的概率为 73%,出现在非提示位置上的概率为 27%(A 和 H 出现的概率相

等）。每组实验包括 60 次测试（包括 1 个提示和 1 个字母），大约持续 2.7 min。每种负荷进行 10 组实验，头 10 组的负荷高低在被试中交叉平衡。这样，每种情况有 220 个有效提示的测试和 80 个无效提示的测试。在高负荷条件下，A 和 H 缺口大小的差异在组间调整，以保证达到 75% 的正确率。

EEG 记录：10—20 系统的 FP1、FP2、F3、F4、C3、C4、P3、P4、O1、O2、F7、F8、T3、T4、T5、T6、CZ、FZ、PZ 以及 10 个非标准位置：OZ（O1 和 O2 的中点）、POZ（OZ 和 PZ 的中点）、OL 和 OR（T5 和 O1、T6 和 O2 的中点）、P1 和 P2（P3 和 PZ、P4 和 PZ 的中点）、P5 和 P6（T5 和 P3、T6 和 P4 的中点）、PO1 和 PO2（O1 和 P1、O2 和 P2 的中点）。垂直眼动由右眼下的电极记录（右侧乳突记录电极为参考）。所有的电极导联均以左侧乳突为参考。水平眼动由左眼外眦的电极记录（以右眼外眦记录电极为参考）。带通 0.1～100 Hz，采样率 256 Hz。计算机化人工剔除各种伪迹对脑电的影响：运动范围大于 1° 的运动、眨眼、肌电、放大器自身的阻滞等。分析时程为刺激前 1 500 ms 至刺激后 1 500 ms。对得到的每个被试的 ERP 再以左右乳突信号的平均值为参考，并经过低通高斯滤波（截止频率 10 Hz）以消除 ERP 中的高频干扰，然后进行总平均。

实验 2

被试：14 名被试（7 男 7 女），18～28 岁，右利手，视力正常或矫正视力正常。没有人参加过实验 1。

步骤和刺激：除了以下的不同外，所有的步骤和刺激与实验 1 相同（图 9-10）：低负荷靶字母与实验 1 相同。但是在实验 2 的高负荷状况下，靶字母的呈现持续时间比实验 1 短，且马上进行掩蔽刺激。掩蔽刺激由一套方向随机、长度不同的白线组成（线粗0.06°，包含在 1° 的正方形区域内）。掩蔽刺激和靶刺激的持续时间合计 102 ms。在这 102 ms内，靶刺激与掩蔽刺激呈现持续

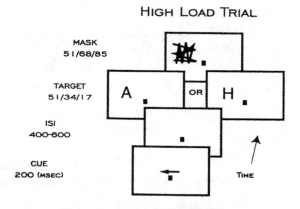

图 9-10　实验 2 的刺激模式图
（引自 Handy TC. & Mangun G., 2000）

时间的比例根据被试的行为实验，在不同组间变化，确保每名被试的操作正确率大约为 75%。靶刺激和掩蔽刺激的持续时间分别为：17 ms/85 ms、34 ms/68 ms、51 ms/51 ms。记录与分析同实验 1。每种负荷条件均进行 10 组实验，在 5 组实验后即进行负荷的调整（低或高负荷进行的顺序在被试中交叉平衡）。

实验 3

被试 12 名(6 男 6 女),18～30 岁,视力或矫正视力正常。1 名被试参加了实验 1,1 名参加了实验 2。实验 3 在两个方面与实验 2 有所不同:① 高负荷水平的掩蔽刺激恒定;② 采用两种水平的期待,对靶刺激的预期分别为 75% 和 100%,期待状况的顺序在被试中交叉平衡。除了方差分析比较 100% 有效提示与 75% 有效提示和 75% 有效提示与无提示靶刺激,其他与实验 2 相似。

结果

根据枕区 P1 成分和 N1 成分的变化,3 个实验的结果说明,外侧纹状体皮层空间选择加工的强度随知觉负荷的增加而增加,这种效应在 P1 和 N1 的表现有所不同,即 P1 效应的知觉负荷水平比 N1 效应要低。该结果为前面提到的行为学结论提供了电生理学的证据,在视觉信息加工过程中,知觉负荷与早期空间选择注意有密切的联系。值得注意的是,该研究结果清楚地表明知觉负荷只是调控早期选择的众多因素之一(图 9-9、图 9-11、图 9-12)。

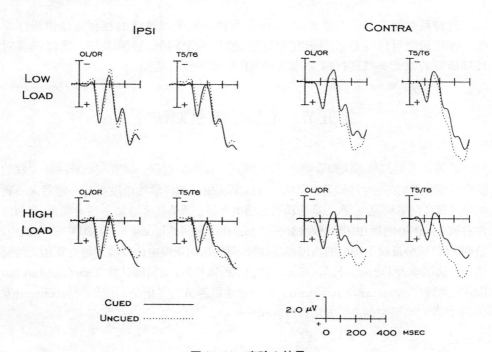

图 9 - 11　实验 2 结果

平均 14 名被试的数据。可见,随知觉负荷增加,对侧 N1 成分的期待效应(expectancy effect)增加。(引自 Handy TC. & Mangun G. ,2000)

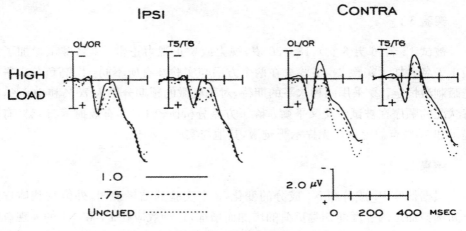

图 9-12　实验 3 结果

平均 12 名被试的数据。可见，N1 受到明显的期待程度的调控，而 P1 则不受影响。(引自 Handy TC. & Mangun G.，2000)

注

这种系列研究是非常重要的，而所有系列研究中对被试的控制也是值得注意的。该项研究可以说是系列研究的典范，抓住一个问题，层层展开。建议读者对该项研究的原始文献进行精读，体会 ERP 系列研究的精髓。

第五节　心算的脑机制研究

心算是人类的基本认知活动之一，它涉及一系列脑过程。研究与心算活动关联的脑电位变化的时—空特征，无论是从神经科学还是认知科学的角度都有一定意义。我国学者魏金河等研究发现，心算活动引起脑电 θ 和 δ 活动显著增加，α 活动降低，且顶区左右脑之间的 θ 活动和高频活动(31~40 Hz)相干增强。Iguchi Y. 等(2000)研究认为，早期 ERP 成分反映了刺激的物理属性和数字意义，而正慢电位反映了与心算相关的脑活动。法国学者 Dehaene S. 等(1999)利用 ERP 和 fMRI 对精确计算(Exact Arithmetic，EA)和约算(Approximate Arithmetic，AA)的脑机制进行了研究，其结果在《Science》发表，下面即对该研究的主要方法和内容作一介绍。

一、方法

被试：12 名(5 男 7 女)法国学生(22~28 岁)进行 ERP 实验。

刺激排列如图 9-13：加数为 1~9 的数字，和的范围 3~17，剔除类似 2+2 的配对。在精确计算中，有两个备选答案，一个是正确结果，一个至少差 2。在 90%

的精确计算问题中,错误结果和正确结果的出现概率是相同的。在约算任务中,一个答案差 1,一个至少差 4。对照任务为字母匹配,数字被大写字母代替,当原始字母对中的字母重复出现在一侧时,按该侧的键。每个 trial 间隔 4 s,每个 block 之间休息 24 s。按伪随机顺序进行 4 轮实验(平衡交叉设计),2 轮为 EA(3 个 block,每个 block 包括 18 个 tial)和字母匹配任务(3 个 block,每个 block 包括 9 个 tial),2 轮为 AA 和字母匹配任务。

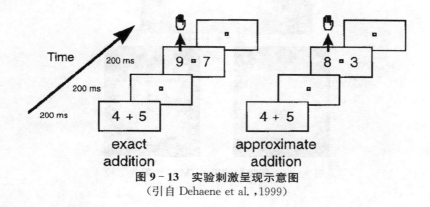

图 9 - 13 实验刺激呈现示意图
(引自 Dehaene et al.,1999)

ERP 采样率 125 Hz,128 导电极帽以顶点记录点为参考。剔除错误反应及电压幅值超出 ±100 μV、伪迹超出 ±50 μV、眼动超出 ±70 μV 或反应时超出 200～2 500 ms 范围的 ERP。

离线分析的数字滤波带宽 0.5～20 Hz,刺激前 200 ms 进行基线校正。对 0～400 ms 点对点地进行 t 检验,至少 8 个电极同时有 5 个连续的点 $P < 0.05$ 为显著性标准。按照 Perrin F 等(1989)提出的球面样条插值法,形成头皮电位的二维地形图。3 个固定的偶极子放在 fMRI 提供的左下前和双侧顶叶位置,选择的偶极子的方向和强度与 216～280 ms(差异有显著性)内的 ERP 差异波(精算减约算)相匹配。

二、结果

fMRI:约算主要激活双侧内侧的顶叶、小脑、前中央和背侧的前额叶皮层,而精算激活主要在左前额叶皮层,且在左角回激活相对较少(图 9 - 14)。

ERP:精算和约算的 ERP 差异主要表现在加法题目出现后 216～248 ms(精算在左前额叶记录点更负)和 256～280 ms(约算在双侧顶区记录点更负)(图 9 - 15)。

精算主要依赖于特异性语言表达,脑区位于产生词语联想的左前额叶回路。符号计算是人类特有的文化,其发展依赖于数字符号系统的进步。数学的其他领域,如微积分学,也严格地依赖于数学语言的发展。相反,约算不依赖于语言,而是主要依靠左右顶叶的视空间网络的数字量的呈现。

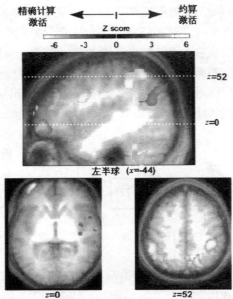

图 9 - 14　精算和约算的 fMRI 结果的比较
(引自 Dehaene et al. ,1999)

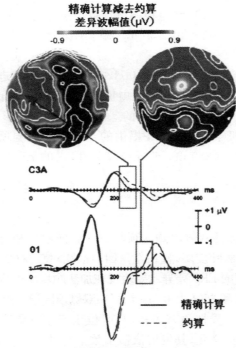

图 9 - 15　精算和约算的 ERP 结果比较
向上电压为正。(修改自 Dehaene et al. ,1999)

三、注

该实验应用 ERP 进行了脑高级功能的研究,并与成像结果共同作出结论。但有以下几点需引起注意:

(1) 125 Hz 的采样率太低,不利于早成分的分析。为有效观察早期成分,建议采样率最好不要低于 500 Hz,这样既可以保证早成分的记录,同时又使晚成分的记录更加可靠。另外,不提倡以头顶做参考电极,如果以头顶作参考,必须在离线分析的时候转换为双侧乳突、鼻尖或平均参考,而转换为平均参考时对结果的解释则要非常慎重(参见第 5 章)。

(2) 刺激呈现次数偏少,不利于成分的检出,信噪比较低。解决该问题的方法,一是增加刺激量,二是增加被试数量。

(3) 该研究提示对脑高级功能的探讨,完全可以开展有效的 ERP 实验研究。脑的高级思维活动,与简单的注意、记忆、语言加工等有所不同,它的实验条件更难以控制,比如顿悟、心算、情感活动等等,在这种情况下,找到 ERP 与高级活动的结合点是至关重要的。

(4) ERP 和 MEG 属于高分辨率脑电磁成像技术,而 fMRI 和 PET(正电子发射断层扫描)是两种重要的功能性脑成像技术。fMRI 对心理活动在脑内的结构定位具有相当高的精度,但存在扫描时间较长(时间分辨率较低)的缺陷,而这种缺陷是由于血流动力学的反应比较缓慢所致;而 ERP 虽然定位相对难以精确,但可以非常容易达到毫秒级的时间分辨率。将 ERP 与 fMRI 结合,优势互补,已成为认知科学家研究大脑的重要手段。但需要注意的是,尽管有不少研究将 EEG 和 fMRI 同步记录,以同时观察认知加工的时间进程和脑区定位,但由于 ERP(神经元放电)和 fMRI(血氧代谢)[①]有着本质的区别,尤其是 fMRI 难以将认知加工的早期和晚期阶段有效分离(人脑血流动力学的反应较慢),因此相对于对同一个实验分别记录分析 ERP 和 fMRI,将二者同步记录并没有本质上的优势(e. g., Aguirre et al. , 1998;Miezin et al. , 2000),反而会对 EEG/ERP 的记录和分析带来很大的干扰,从而可能会导致某种错误的结论。

---

① MRI(磁共振成像,magnetic resonance imaging)的原理是利用磁场区兴奋大脑中的原子。该技术可用来测量大脑的功能活动,以提供功能磁共振成像(Functional Magnetic Resonance Imaging,FMRI)。局部神经元兴奋将引起该区域血流量的增加,而血液中含有氧和葡萄糖。血红蛋白所携带的氧的含量影响了血红蛋白的磁场特性,从而可以通过 MRI 检测到大脑的功能性氧消耗变化情况。因此,尽管空间分辨率较高(达 1~2 mm),但 fMRI 主要是基于"兴奋点附近的氧基血红蛋白和去氧基血红蛋白的变化就反映了神经活动水平"的假设。因此,这项技术只能间接测量神经活动,而且同 PET 一样,是采用减法逻辑,即把控制条件或某一条件从实验条件中减去(Eysenck & Keane,2000)。

第七节　前额叶损伤病人的 ERP 研究

自 ERP 发现以来,不少学者将其应用于临床研究。在这些研究中,应用较多的是 P3 成分、MMN 成分、CNV 成分。Knight RT(1984)研究了前额叶损伤患者的 ERP 变化特征。

一、方法

被试:两组匹配被试(每组 14 名)。

(1) 对照组(8 男 6 女,平均 52 岁)均神经生理系统正常,右利手。

(2) 根据 CAT 扫描结果,病人组均有大面积单侧前额区损伤。没有病人表明有颅内压增加、CAT 扫描中线结构偏移、听力丧失的历史和临床证据。所有的病人均在颅内创伤或缺血至少 4 个月后进行研究。18 名有单侧前额区损伤的病人中有 4 名由于 EEG 记录中肌电和眼动太大而被剔除。剩余的 14 名病人(8 男 6 女,平均 54 岁)中有 8 人为左脑损伤,6 人为右脑损伤。其中,有 7 人有颅内肿瘤(其中 6 人进行了扩展性切除手术),5 人为梗塞。7 人用地仑丁(Diphenylhydantoin)(10～20 μg/ml)进行了治疗。在测试期间,2 人在抽象思维和推理方面表现出一定的难度,1 人有轻度残留的不流畅的失语症。剩下的 11 名病人有明显的临床神经心理障碍。

实验步骤:被试舒适地坐在隔音室内的斜椅上。呈现两种不同的纯音序列。

(1) 第 1 序列包括 3 轮实验,分别持续 3 min。每轮包括 150 个纯音,呈现频率 1 Hz,持续 200 ms。91.4％的标准刺激(500 Hz)、8.6％的靶刺激(375 Hz)通过立体声耳机随机双耳呈现给被试(45 dB SL),使被试感觉声音的位置在中线上。要求被试听到靶刺激即按键。告诉被试不要草率仓促决定,强调精确度。

(2) 第 2 序列包括 82.8％的标准刺激(500 Hz)、8.6％的靶刺激(375 Hz)和 8.6％的新异刺激(狗吠声)。根据正常人的听觉,狗吠声与靶刺激的高声匹配,峰—峰幅值略低于两种纯音。并未告诉被试会出现狗吠声,只是要求他们继续对靶刺激进行按键反应。

Ag/AgCl 电极放在 Fz、Cz、Pz 和右眼下,双侧乳突作参考。另有 11 人还记录 F3、F4。采样带通 0.1～70 Hz。平均时间窗 1 024 ms,包括作基线校正的刺激前 100 ms。受过大的眼动或肌肉运动影响的 EEG 被剔除。

二、结果

如图 9-16 所示,对照组产生明显的靶刺激 P300 成分,而新异刺激诱发出明显的前—中央区分布的潜伏期更早的 P300 成分(该成分在以后的研究中被称为 P3a)。

由于视觉新异刺激也产生相似的 P300 成分(分布、潜伏期相近),因此,这种新异刺激诱发的 P300 成分反映了与朝向反应相关的中枢神经系统的活动。与对照组相比,前额叶损伤病人的靶刺激 ERP 无显著区别,重要的是病患组的新异刺激未产生明显的 N2 增强和前—中央脑区分布的 P300 成分,表明新异刺激 P300 成分在脑损伤中具有重要的评定作用。

三、注

(1) 在 ERP 的临床应用中,对病例的选择和说明要详细,如是否得到治疗、效果如何、用药情况等,这样有利于更可靠地说明和解释结果,做出科学的结论。

(2) 要详细说明实验过程中病患被试的表现情况,如:是否能够准确按照实验要求进行操作;为了保证身体状况,是否需要中断操作,休息后再进行等等。

(3) 临床研究中对照组的选择要与实验组尽量匹配,包括年龄、性别、利手情况、文化背景等。

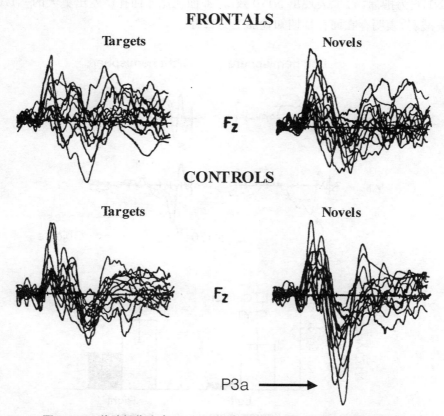

图 9 - 16　前脑损伤患者($n=14$)和对照组($n=14$)听觉 ERP 的比较

向下电压为正。对照组的额区产生明显的新异刺激诱发的 P3a 成分,而病患组 P3a 不明显。(引自 Knight RT,1984)

（4）本研究的记录电极较少。在临床应用中，电极的多少要根据被试情况具体而定，一般是在保证被试适宜的基本记录条件下，可适当增加记录电极的数量，以便进行脑电地形分布和溯源分析。

（5）新异刺激引起的 P300 也称为 P3a。P3a 的潜伏期较短，头皮分布较广泛，最大波幅位于额叶后部，比 P3b(反映了注意过程)明显靠前。现已公认 P3a 是朝向反应的主要标志。在 P300 的应用性研究中，比如航天员的脑功能评估、高空作业评估、运动心理学研究、临床医学等，建议选用经典 P300 范式的同时，加上新异刺激，以观察非随意注意的脑机制和功能。新异刺激的编排要注意其与序列其他刺激的新异性，以保证能够产生朝向反应，可以考虑跨通道实验范式(视听跨通道或左右声道)。

（6）在临床相关研究中，需要注意个案研究，即单一病例的研究，往往有着重要的作用和价值。图 9-17 示对病人 Y. T 的面孔早期加工的研究。Y. T 是一个典型的面孔失认症病人，右侧颞叶比正常人显著减小。以 12 名正常被试作对照，以 N170 为指标，Y. T 表现出 N170 效应(即面孔比非面孔诱发出更大的 N170)的显著减弱，表明存在面孔早期知觉加工的障碍。

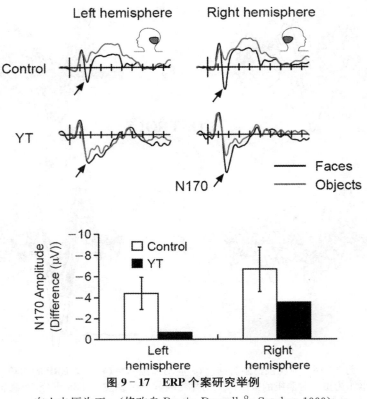

图 9-17　ERP 个案研究举例

向上电压为正。(修改自 Bentin, Deouell & Soroker, 1999)

第八节 右脑损伤偏侧忽视患者的早期信息加工缺陷

偏侧忽视(unilateral neglect)多见于右脑损伤,是损伤后的一种常见后遗症。主要表现为患者对病灶对侧(左侧)的视觉、听觉或触觉信息或刺激不能指向和集中。Deouell LY 等(2000)研究了右脑损伤后偏侧忽视的前注意加工的特点,选用失匹配负波 MMN 为考察指标。

一、方法

被试:按照以下标准选择 10 个右半球损伤的病人(被医院以中风后治疗收入院):① 有病史、生理检查和敏感断层 CT 扫描确定有一个缺血性脑梗塞灶,或有限制性软组织出血;② CT 扫描没有明显的远端结构组织损伤;③ 负性神经或心理病史;④ 没有显著的皮层萎缩;⑤ 稳定的临床和新陈代谢状态;⑥ 认知能力满足所有任务完成的需要;⑦ 日常生活中,具有对左侧事件注意不到的表现;⑧ 500~2 000 Hz(本实验中所用)纯音的测听有 20 dB 的听力水平(HL)。7 男 3 女(34~68 岁,平均 58.2±10.57 岁),右利手。6 位病人为右中皮层动脉缺血性梗塞,1 人右后皮层动脉梗塞(包括后面的丘脑和皮层结构),2 人右侧丘脑出血,1 人基底神经节出血。实验在住院期间进行(发作后 19~145 d,平均 52.3±37.9 d)。正常对照组 10 人(8 男 2 女),右利手,医院职员。尽管年龄比病人组轻(31~68 岁,平均 52.9±13.6 岁),但无统计显著性($P<0.34$)。

视觉和听觉偏侧忽视的测验:用行为忽视测验中的常规部分对病人进行视觉通道的忽视测试。7 人低于正常分,分数较高的 3 人仍然表现出日常生活中的忽视现象,其中 1 人还有运动忽视。听觉通道测试,采用敏感的纯音区分任务。用位于左侧和右侧各 60°的扬声器,给病人各随机呈现 36 个 75 dB SPL 的自然音节,以及同时从左右扬声器随机发出的 36 对音节。要求病人首先说出音节是由左侧、右侧还是双侧发出,然后设法对音节或音节对进行区分。对照组对所有的测试均没有忽视,而所有的病人都表现出听觉忽视,双侧同时呈现时,平均觉察率左侧为 30.3%,右侧为 95.3%,左侧音节鉴别率(平均为 25%)显著低于右侧音节(平均为 61%)。

刺激:① 标准刺激。600 Hz 的基频加上 1 200 Hz 和 1 800 Hz 形成的调和纯音。与基频音的强度相比,两个调和音的强度分别减小 1/2 和 1/4。持续75 ms,上升/下降时间 5 ms。在不同测试 block,通过放置在被试 mid-sagittal 平面左侧 60°或右侧 60°的扬声器(距被试头部中心 90 cm)发出刺激。SOA 在 385~415 ms 内随机。② 偏差刺激。每个 block 中有 3 种偏差刺激:频率偏离(比标准刺激的基频和调和音频低 10%)、持续时间偏差(减到 25 ms)和位置偏差(距标准刺激 30°)。强度均为 75 dB SPL。

步骤:在隔音电屏蔽室进行。监测控制病人的头部位置和注视方向。根据病人的临床表现,在不同的日期进行 2 套测试。病人取舒适坐位。要求被试注意看显示器放映的卓别林的默片《舞台生涯》,忽略声音刺激,左右视角各 5°,距被试眼睛100 cm。呈现 10 个 block,每个 block 有 500 个刺激。Block 之间休息几分钟。左侧和右侧的 block 顺序调整。每个 block,标准刺激 350 个,偏离刺激 150 个,平均分为 3 种类型(每种偏差刺激 10%)。标准刺激和偏差刺激按以下条件伪随机顺序排列:每个偏差刺激前至少有两个标准刺激,相邻偏差刺激的类型不一样。位置偏差刺激的概率为 9%。

EEG 记录和平均:32 枚锡电极(10—20 系统加上 FT7、FC5、FC3、TP7、CP5、左侧乳突、FT8、FC6、FC4、TP8、CP6 和右侧乳突),鼻尖参考。EOG 由右眼外眦和下眼眶部位的电极记录。采样率250 Hz,放大倍数 20 000,模拟滤波带宽 0.1～100 Hz。ERP 平均时间窗 436 ms(包括刺激前 48 ms)。超出 ±100 μV 的 EOG 和 EEG 被剔除。

数据分析:对 N1 成分,将 ERP 进行 1～30 Hz 的无相移数字滤波。差异负波 MMN 经 1～12 Hz 的数字滤波。2-ANOVA(维度:音调、持续时间、位置;刺激方位:左或右),Greenhouse-Geisser 校正。

二、结果

不管是声调、持续时间还是方位,病人组均表现为病灶同侧(右侧)的 MMN 明显高于对侧(左侧),尤以方位 MMN 最为明显;而对照组未表现出明显的偏侧效应(图 9-18,图 9-19)。这种前注意功能障碍是偏侧忽视出现的原因之一。

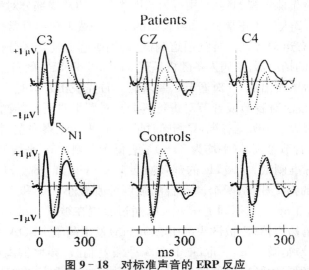

图 9-18 对标准声音的 ERP 反应

点线:刺激位于左侧;实线:刺激位于右侧。经 1～30 Hz 无相移数字滤波。(引自 Deouell et al.,2000)

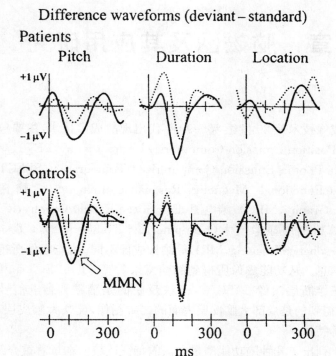

图 9-19　不同类型的 MMN 平均图（Fz）

点线：刺激位于左侧；实线：刺激位于右侧。经 1～12 Hz 无相移数字滤波。（引自 Deouell et al.，2000）

三、注

（1）由于只是观察早期成分，因此，选用 0.1 Hz 的高通是可以接受的，但仍推荐使用更低的高通值（如 0.05 Hz）。

（2）在 ERP 的临床研究中，对病患组的特点要尽可能详细描述。

（3）在设计 MMN 的实验时，要以鼻尖作参考电极。Näätänen 等（1993）在区分 MMN 和 N2b 的研究中，将参考电极置于鼻尖，结果发现乳突处记录的听觉 MMN 发生极性翻转（这是因为听觉 MMN 在上颞回有一个源，而乳突恰在其下方），而 N2b 未发生极性翻转。

（4）虽然该实验 MMN 的结果清楚地表明了偏侧忽略病人存在显著的前注意加工的障碍，但并不能确定该障碍是否完全基于感觉记忆（sensory-memory）的障碍，可以尝试用 Control 实验范式（详见第 4 章）对此进行研究。

第 *10* 章　脑磁图及其应用研究[①]

脑功能成像技术是 20 世纪 80～90 年代出现的成像技术，主要包括正电子发射断层显像(Position Emission Computerized Tomography，PET)、单光子发射断层显像(Single Photon Emission Computerized Tomography，SPECT)、功能核磁共振成像 (Functional Magnetic Resonance Imaging，)、脑磁图 (Magn Etoencephalo Graphy，MEG)、脑电图(Electroenc Ephalo Graphy，EEG)和光学成像等。与计算机断层显像技术(Computerized Tomography，CT)、磁共振成像(Magnetic Resonance Imaging，MRI)等结构成像不同，功能成像所得到的是反映机体功能的信息。从功能成像所得到的信息来看，PET、SPECT 和 fMRI 反映的是脑功能的三维断层图像；MEG 和 EEG 反映的是脑磁和脑电信号变化的时间谱；光学成像得到的是局部大脑皮层表面的二维图像，反映大脑皮层对光的吸收、反射或散射等特性。

表 10-1 列出了几种脑功能测量方法的特征比较。本章着重介绍 MEG 检测与成像技术的基本原理以及在基础脑科学研究和临床医学中的应用。

一、MEG 的历史与发展

大脑的活动总是伴随着颅内电流的产生，而任何形式的电流均可产生磁场，磁场不受组织导电率的影响，失真很小。但是，神经磁场非常弱，还不到地球磁场的十几亿分之几。20 世纪 60 年代，Baule 和 Mcfee 首先对相对较强的心脏电流的磁源进行了测量(相当于地球磁场的百万分之几)，迈出了非常重要的一步。尽管当时的测量方法非常原始，但是证明了这种测量方法的可行性。世界上第一次使用超导技术在磁场屏蔽室内测量脑磁场是在美国麻省理工大学 Francis Bitter 磁场研究所(Francis Bitter Magnet Lab，M. I. T.)在 David Cohen 博士指导下进行的。Cohen 博士是脑磁场图像诊断学领域的先驱者，是脑磁图测量系统的发明

---

① 本节修改自赵昆：脑功能磁共振成像与脑磁图.《ERP 实验教程》，天津社科出版社，2004. 赵昆，教授/博士生导师，中国石油大学(北京)数理系副主任、光传感与光探测实验室主任、物理实验中心主任。教育部新世纪优秀人才，兼任中国稀土学会固体科学与新材料专业委员会委员、中国材料研究学会新材料产业工作委员会委员、中国微米纳米技术学会高级会员。

者。1969 年，Cohen 博士使用 SQUID 传感器装置在其研究所的磁场屏蔽室内完成了人类第一次脑磁场测量。1972 年，美国《科学》杂志发表了 Cohen 博士题为"用超导磁场计探测脑的电气活动"（第 175 册，第 664～666 页）的论文，从此揭开了用超导技术探测人脑生物磁场奥秘的篇章，奠定了脑磁图的基础。这种神经信号不久又得到了证实，一直持续到现在大多数脑磁图研究赖以依据的中心理论。这 3 个过程是脑磁图发展的重要里程碑。

表 10-1　几种脑功能成像技术的比较

	PET	SPECT	fMRI	MEG	EEG
基本功能	通过脑组织对同位素摄取量的不同来测定不同部位的葡萄糖代谢率，以测定局部脑血流、脑代谢、脑生化和药物动力变化	测定血流量和代谢量。将发射 γ 射线的放射性同位素注入体内，以此为示踪剂来发现脑部由于血流灌注引起的局部异常	通过磁共振信号的测定来反映血氧饱和度及血流量，间接反映脑的能量消耗，在一定程度上能够反映神经元的活动，间接达到功能成像的目的	测量脑神经电流产生的微弱生物磁场，直接检测神经元的电活动，对自发或诱发而引起的大脑活动给出直接的信息，对脑活动进行功能性成像	测定神经细胞外电流的电子生理功能。由于头皮和不均质脑组织的不同电导率而引起的脑电位失真使信号源位置的定位精度差
时间分辨率	数分级	数分级	数十毫秒级	毫秒级	毫秒级
空间分辨率	数十毫米级	数十毫米级	毫米级	毫米级	数十毫米级
侵袭性	放射性核种，对孩子和孕妇有危险性	放射性核种，对孩子和孕妇有危险性	高射频和高磁场，对孩子和孕妇有危险性	无	无
准备时间	长	长	短	短	长
检测时间	较短	较短	长	短	短
实施刺激	难	难	难	较容易	容易
设备费用	比 MEG 高很多	比 MEG 便宜	和 MEG 同等	和 fMRI 同等	比 MEG 便宜
诊断费用	比 MEG 高很多	和 MEG 同等	和 MEG 同等	和 fMRI 同等	比 MEG 便宜

　　初期的 MEG 为单信道的传感器装置，在探测研究脑功能活动时必须不断移动单信道的传感器探头以检测 MEG 信号，其检测过程不仅费力耗时，而且检测结果重复性差，以致无法深入进行脑功能研究和临床应用。随着计算机技术的不断发展和应用软件技术的开发，医学影像学信息处理技术得到迅速发展，因而使得 MEG 的设计和研制发生了质的变化。20 世纪 80 年代，MEG 已由单信道发展成 37 信道传感器装置，并用于癫痫诊断和一些脑功能方面的研究。20 世纪 90 年代初期，已研制出全头型的多信道 MEG 测量系统，只需要经过一次测量就可采集到全头的脑磁场信号。而现在，信号探测传感器在整个头部分布的探测位置数量已达到 275 个，可同时快速地收集和处理整个大脑的数据，并通过抗外磁场干扰系

统和计算机综合影像信息处理技术,将获得信号转换成脑磁曲线图、等磁线图,而且可与 MRI 或 CT 等解剖影像信息叠加整合,形成脑功能解剖学定位,准确地反映出脑功能瞬时变化状态,用于脑的高层次功能方面的研究,以及广泛用于神经科学、神经外科、癫痫、小儿神经疾病诊断等临床科学的研究。

二、MEG 的信号发生机理

人体生物磁场的来源主要有:生物电流产生的磁场,由生物磁性材料产生的感应磁场,侵入人体内的强磁性物质产生的剩余磁场。生物电流产生的磁场就是产生脑磁场的磁源。细胞膜内外的离子移动引起了脑内的电活动,由此产生了磁场,记录下这种磁场的变化即可获得脑磁图。

一组紧密排列的脑神经元细胞产生的生物电流可看做是一个信号源。由这一电流源产生的生物磁场可穿透脑组织和颅骨到达头部之外,可用一组探测器阵列来测量分布在头皮表面上的这种磁场,以确定脑内信号源的精确位置和强度。对于脑磁研究来说,并不是所有的神经细胞都会产生可测量的电磁场。在中枢神经系统中,因为电流偶极子产生的磁场会随着距离的平方而减低,只有在皮层上的电流才能有贡献,且只有锥体细胞才产生磁场。Brazier 于 1949 年就提出了用电流偶极子来描述脑内电磁产生器的想法。由于其物理上的合理性和数学上的易处理性,一直被众多的脑磁研究学者们所采纳。

第 5 章已经讲到偶极子的原理,下面再对人脑活动的偶极子原理予以简介。人脑的神经活动是产生电流偶极子的电源,电流偶极子的偶极矩就是流过此电源内部的电流与此电源由负极到正极距离的乘积,方向与电流流过的方向一致。电流偶极子用来表征处于兴奋或抑制状态的锥体细胞。在大脑皮层的一个小区域内(通常为 $1\sim2\ cm^2$),锥体细胞群同时兴奋或抑制,也就是它们同时同方向放电,从而形成了一个平面偶极层,因此也可用一个有较大偶极矩的偶极子来等效。但若锥体细胞群很多,在皮层内所占面积也较大($>2\ cm^2$),并且已不是一个平面,这时就需要用两个或多个偶极子来等效(图 10-1)。一群这样的细胞的平均行为可以被模拟成一个电流偶极子产生径向的磁场和切向的电场,因此,EEG 主要是测量平行于颅骨的神经细胞的活动,而 MEG 主要是测量垂直于颅骨的这些细胞的活动(图 10-2)。由此可知,脑电、脑磁能互补地测量皮层区域的锥体细胞的突触后电位变化而产生的皮层电活动。

对于 MEG 研究来说,在球头导体模型下,径向偶极子对头外磁场没有贡献,而只关心切向偶极子。通常,MEG 信号源电流偶极子的偶极矩在 10nAm 的量级,故对一个诱发刺激,大约有 106 个突触会产生同步的响应。皮层中约有 0.1×10^6 个锥体细胞/mm^2,而每个细胞又有大约数千个突触,因此,当每平方毫米的皮层中有千分之一左右的突触发生同步响应,就产生了可探测到的 MEG 信号。不过,实际上皮层的相邻区域也可能存在方向相反的电流,使产生的磁场部分抵消,于是实际同步响应活动的皮层区域要大一些。

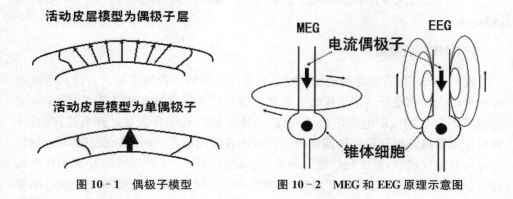

图 10-1　偶极子模型　　　　图 10-2　MEG 和 EEG 原理示意图

鉴于 MEG 的产生机制,MEG 具有以下优点:

(1) 是完全无损的。

(2) 具有毫秒量级的时间分辨率。

(3) 能直接地反映脑内的神经活动(主要是指突触后电流)。

(4) 对信号不需进行复杂的统计分析,信号明显(一般采用平均时间锁定)。

(5) 主要反映大脑皮层区的神经电活动,电流方向切向于颅骨,而这些区域对其他成像技术来说难以测定,包括颅内记录。

(6) 不受大脑外层组织(如颅骨和头皮)的影响,这一点相对于 EEG 来说是优势。

(7) 提供了关于神经活动群活动强度的量化信息。

(8) 允许个体处理状态的研究,仅对单一对象的测量数据就可进行分析。

(9) 实验中不需进行条件不同的测量数据的相减,这不同于 PET 和 fMRI 的研究。

其不足之处在于:

(1) 逆问题的非唯一性阻碍了数据的解释,在进行 MEG 分析时,尤其对不熟悉 MEG 技术的人有相当的要求。

(2) 实验测量必须在一个磁屏蔽环境中进行。

(3) 要求被测对象的头部在记录过程中保持不动,这样不仅对儿童的研究受到限制,而且不能在癫痫病人发作时进行测量。

(4) 头外磁场信号总是反映了群体的活动(至少 1 mm^2 的皮层),测量到的信号主要是同期的神经细胞活动,这同时也被认为是一个优点,因为同期的活动可能在脑信号处理中有着特殊的意义。

(5) 忽略大部分的深度及径向源,因为它们对径向测量的头外磁场数据没有贡献,所以需要选择合适的正向计算和使用全头型的传感器阵列,以便获取深度源所产生的信号;若采用一个真实的体积导体模型,则能较精确地进行识别。

(6) 若在电流的方向或时间上没有不同,则难以辨别间距小于 2 cm 的活动区域。

三、MEG 的测量

现代 MEG 具有可靠的磁场屏蔽系统及灵敏的磁场探测系统。其探测系统主要由采集线圈和超导量子干扰装置组成。该系统于超导状态下工作,以确保探测磁通道中产生的微弱电流信号不损耗。MEG 还具有综合信息处理系统,通过计算机指令能将获得的信号转换成曲线图或等高线图信息,与 MRI 或 CT 等解剖学影像信息叠加整合,形成脑功能解剖定位。此外,MEG 还可与脑诱发磁场技术结合,由外界刺激产生的脑细胞活动,如视觉刺激、听觉刺激等,经多导联脑电图等技术进行综合信息处理,把握这些细胞活动部位的精确位置,对于临床诊断、脑外科手术前手术计划的制定以及脑的基础研究等都具有十分重要的意义。MEG 装置见图 10-3。

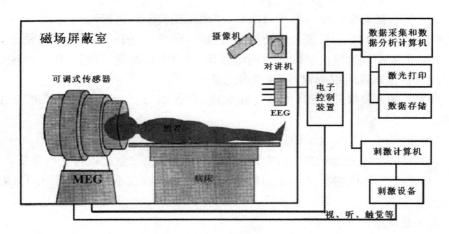

图 10-3 MEG 测试装置示意图

（一）磁屏蔽室

与环境磁场相比,脑磁场仅有几百 fT,极其微弱,必须要有优良的磁屏蔽室(Magnetically Shielded Room,MSR)。MSR 一般由两层 μ 金属板和一层铝板构成,可同时屏蔽低频和高频噪声干扰。μ 金属层是具有非常高的磁导率的坡莫(Permalloy)合金(一种含镍量高达 80% 的镍铁钼合金),主要用来屏蔽来自室外的低频噪声(<10 Hz)。μ 金属在使用前必须进行氢化热处理(hydrogen anneal)以提高其磁场屏蔽能力,热处理温度必须在 1 900℉或更高。一般来说,热处理温度越高,μ 金属磁导率越高,相应的磁场屏蔽能力也越高。铝板层主要用涡电流来

屏蔽来自室外的高频电磁噪声（＞10 Hz）。

由于大脑磁场信号的频率范围一般在 0.1～100 Hz，所以对低频段的磁场屏蔽要求高于高频段的磁场屏蔽。MSR 之所以能有屏蔽效能，是因为电磁波穿过电磁屏蔽体时会产生吸收损耗和反射损耗，屏蔽室对 100 Hz 以上的高频段磁场噪声的屏蔽特别有效，可提供的屏蔽衰减因子约等于 10 k。但是，对低频磁场噪声只能提供不到 100 的屏蔽衰减因子，即只能使低频段的磁场噪声减小不到 100 倍。道路上行驶的汽车会发出 0.1 Hz 以下的很强的超低频磁场噪声。另外，数公里以外的电车或地铁因启动和停止而产生的环境磁场噪声大部分也是低频磁场噪声。因此，即使采用高磁导率的 Permalloy 合金制造的磁场屏蔽室也很难屏蔽这些低频磁场噪声。

（二）约瑟夫逊效应与超导量子干涉仪

MEG 中最重要的核心技术就是超导量子干涉器件（Superconducting Quantum Interface Device，SQUID）的制造技术。自从美国物理学家布朗·约瑟夫逊（Brian Josephson）于 1962 年发现约瑟夫逊隧道效应并因此而获得 1973 年诺贝尔物理学奖以来，在微弱电磁信号检测方面，低温超导器件早已有商品，高温超导器件性能已提高到了可以应用的水平。

约瑟夫逊效应（超导隧道效应）是制造脑磁图传感器心脏部件 SQUID（超导量子干涉器件）的核心理论。1962 年，当时还是剑桥大学研究生的约瑟夫逊分析了由极薄绝缘层（厚度约为百万分之一毫米）隔开的两个超导体断面处发生的现象。他在玻璃衬板上镀一层超导金属膜，使其上形成厚度很薄的绝缘层，在氧化层上再镀上一层超导金属膜，就得到一个超导—绝缘—超导（SIS）结，称为约瑟夫逊结（Josephson Junction）。简单地说，约瑟夫逊结是将一层极薄的非超导材料融合在两层超导材料中间，通过调节两块超导体间绝缘层的厚薄，可以使其电压比某一特定值大时才有电流通过，小时则没有电流通过。约瑟夫逊根据"BCS"理论预言，超导电流可以穿过绝缘层，在薄绝缘层隔开的两种超导材料之间有电流通过，即"电子对"能穿过薄绝缘层（隧道效应）。同时还产生一些特殊的现象：只要超导电流不超过某一临界值，则电流穿过绝缘层时将不产生电压，即电流通过薄绝缘层无需加电压，倘若加电压，电流反而会停止而产生高频振荡，即通过绝缘层的电压将产生高频交流电。这些预言于 1963 年在美国的贝尔实验室被罗威尔等人用试验证实了，而这一超导物理现象则被称为"约瑟夫逊效应"。约瑟夫逊效应是超导体电子学应用的理论基础。

SQUID 是利用约瑟夫逊结隧道效应制造的最灵敏的电磁信号检测元件。目前用最好的低温超导体制造的 SQUID 可检测的能量分辨率已接近于量子力学测量原理的水平。MEG 即是根据超导量子隧道效应这一原理制成的超导量子干涉器件（SQUID）在医学中的应用。约瑟夫逊结对所施加的磁场的灵敏度是随着约瑟夫逊结的面积增大而增加的，但约瑟夫逊结的开关速度却是随着约瑟夫逊结的面积增大而减少的。为了能提高 SQUID 的灵敏度却又不影响约瑟夫逊结的开关速度,SQUID 一般用一个超导体圆环连接两个约瑟夫逊结构成。圆环两端的输出电压与圆环内穿过的磁场强度有关,因此,SQUID 传感器对穿过圆环的磁场非常敏感。

下面简单讨论一下 SQUID 的工作原理。

如图 10-4 所示,超导金属环有两个弱连接 M 和 N。弱连接处的临界电流为 i_C,必然远远小于环的其他部分的临界电流,因此整个回路的超导电流都必然小于弱连接处的 i_C,否则就破坏了弱连接处的超导态。这样小的回路电流在弱连接以外的超导体内必然电流密度很低,库柏对和电子对的动量很小,因此,可以认为,弱连接处以外的超导体各部分超导电流的位相差可以忽略,但在弱连接处则产生明显的位相差 $\Delta\varphi(i)$。

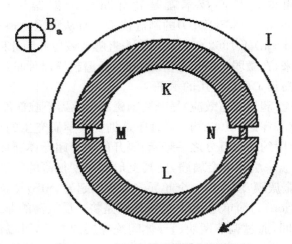

图 10-4　有两个弱连接的超导圆环

考虑外加一个垂直于环平面的磁场 B_a 所产生的影响,由于弱连接 M 和 N 非常短,因此,B_a 在这一小段上产生的位相差可以忽略,而在其他超导回路上,若忽略环流产生的磁通,则位相差 $\Delta\varphi(B_a)=2\pi\varphi_a/\varphi_0$,即外磁场对电子库柏对波的效应是沿环产生与磁场通量成正比的位相变化。

感应电流 i 虽然很小,但仍会产生位相差 $2\Delta\varphi(i)$,并和小于 π 的 $\Delta\varphi(B_a)$ 一道满足 $2n\pi$ 位相的变化。这一电流可以是反时针的 i^-,产生 $-2\Delta\varphi(i)$ 以满足 $n=0$ 的位相变化,也可以是顺时针的 i^+,产生 $+2\Delta\varphi(i)$ 以满足 $n=1$ 的位相差。可以证明 i^- 是有利的,且 $|i^-|=i_C\sin(\pi\varphi_a/\varphi_0)$。磁场增加时环流也增加,直至 $\Delta\varphi(B_a)=\pi$ 时的 i_C 值,超导态被破坏,环流也消失。磁场进一步增加,则环流 i^+ 从能量上讲就更有利,直至 $\Delta\varphi(B_a)=2\pi$ 时的另一个 i_C 环流。因此,环流 i 随磁场强度周期性地在 $-i_C$ 和 $+i_C$ 之间变化,这是 SQUID 的基础。

SQUID 是一个具有 1～2 个弱连接或约瑟夫逊结的微型超导磁通—电压转换元件,在液态氦条件下工作,并不能直接作为检测线圈使用,必须另有检测线圈去探测脑信号,将此生物磁信号有关的磁通量耦合到与 SQUID 相连的输入线圈中去。

（三）检测线圈

由超导量子干涉器件构成的测量仪器具有很高的磁场灵敏度、很宽的动态范围和优良的频率响应特性,若将其置于人体身边,即可接收到脑和心脏所产生的极其微弱的生物磁场信息,经过数据处理,输出有诊断价值的脑磁图和心磁图,具有灵敏度高、可以诊断微小病变、与人体无接触、无侵袭、无损伤等优点。成功地进行 MEG 测量最重要的方面之一就是环境噪声的消除。MEG 中所用的 SQUID 传感器是由 SQUID、检测线圈及微电子电路组合而成的,尽管有屏蔽室,但剩余磁场及其他外界微小扰动仍会通过检测线圈而耦合进 SQUID 器件,导致信号失真。因此,设计合适的检测线圈是 MEG 测量中非常重要的技术。

图 10－5(a)为简单的检测线圈,如果将其串联反绕一个共轴的抵消线圈,则构成一阶梯度线圈（一阶磁场梯度计）（图 10－5(b)）。这样,测试区以外的干扰源的均匀磁场将被抵消,而只测到检测线圈处信息源的非均匀磁场。一般这两个线圈的间距（基线长度,baseline）是检测线圈与脑磁场信号源距离的 2 倍。

为了消除低温杜瓦薄金属层中因热流而造成的干扰,需要设计另外一些梯度的线圈。如图 10－5(c),不对称的设计方法使抵消线圈的电感比检测线圈小。图 10－5(d)则是将两线圈并联,从而使总电感减小 4 倍。图 10－5(e)为一种平面型的非对角双 D 梯度线圈。图 10－5(f)则是将两套一阶梯度线圈反接,形成一种二阶梯度线圈,使得检测线圈对均匀场和均匀梯度场都不灵敏,以进一步降低周围的干扰。

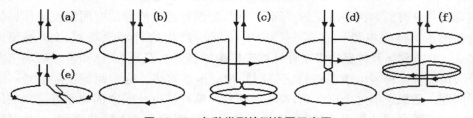

图 10－5　各种类型检测线圈示意图

对脑神经元磁场信号来说,由于其非常靠近传感器,相当于近端磁场信号,因此,检测线圈的输出响应相当于零阶梯度计（磁场计）的输出响应。周围环境磁场噪声源（高压线,汽车,电车）发出的磁场噪声信号通常距离较远,在这种情形下,除了一阶磁场梯度计自身对远端磁场噪声不敏感的噪声消除效应,还可通过合成三阶磁场梯度计的噪声消除作用使得远端的环境磁场噪声衰减更大。如果采用一阶磁场梯度计作为系统的脑信号检测线圈，和磁场计相比能提供大约 100 倍的噪声衰减系数，如果再加上合成三阶磁场梯度计的噪声消除效果，在小于1 Hz 的频率以下，整个系统可取得 10 k 倍的噪声衰减系数。

理想的脑磁图信号传感器对脑信号应具有较大的增益，而对周围环境的磁场噪声具有有效的衰减作用。对于脑磁图测量系统，测量系统的信号探测传感器不仅要有足够高的密度以捕捉到大量来自不同深度的任意一个脑神经元的极微弱信号，而且测量系统传感器还应具有优化的信噪比。因此，对于任何脑磁图信号检测来说，问题的关键是所检测到的信号质量取决于信噪比，而不是仅仅取决于取得最大的信号强度。在检测脑磁图信号时，信噪比不仅影响到对脑磁图波形的解译和检测图形的绘制，还特别影响到等效电流偶极子以及其他信号源定位技术的定位精度。特别是对等效电流偶极子信号源定位法，要想取得较好的定位精度，信噪比至少应不小于 10。因此，环境噪声电平相对于诱发脑信号越大时，对检测数据平均化的要求则越高。这意味着检测时间延长，对检测对象的习惯性依赖程度较大，就难以测到脑的"自发性"信号。从这一观点出发，人们认识到，在检测脑磁图信号时要想取得精确的定位精度就必须在脑信号强度和噪声衰减之间取得平衡。现实环境中脑磁图传感器的检测线圈所感应的脑信号强度和噪声电平都是随着基线长度不断增加的，因此，可通过优化基线长度来得到最佳的信噪比。根据实验数据的统计分析结果，CTF 公司曾采用直径为 2 cm，具有 5 cm 优化基线长的一阶轴向（或称为径向）SQUID 磁场梯度计（Axial or Radial SQUID Gradiometer)作为脑磁图信号检测线圈。这种一阶磁场梯度计检测线圈具有最佳的信噪比，而且在此基础上利用参考传感器阵列扩展合成的三阶磁场梯度计，使得检测系统能更有效地消除周围环境磁场噪声的干扰。

（四）信号源定位

在用 MEG 探测器对脑神经磁场进行测量之后，通过计算机的数据处理便可以得到每一时刻脑神经战场的空间分布图，为脑神经电流源的空间定位工作提供重要信息。神经电流源在某一特定的位置所产生的神经磁场可以通过使用 Maxwell 方程组和神经边界条件计算来精确地描述。但是，在已知神经磁场空间分布情况下对神经电流源进行定位则要相对困难得多。这个问题实际上是一个反问题。要想求解这个反问题，首先必须对人脑外型以及脑内部神经电流源的结构进行某种合理的假设。目前，最常用的人脑外型模型是大脑球模型（一种对称的球形导体），这是对人头部的真实几何形状和电学特性的一阶近似。在大多数情况下，这种假设所导致的误差非常小，而且它也能大大地简化数学计算。

1. 等效电流偶极子脑磁源定位

神经电流源最常见也是最简单的模型是等效电流偶极子模型（Equivalent Current Dipole，ECD)，但这并不意味着每一个神经电流源都具有偶极电流的结构。ECD 模型只是对脑内部的真实生物电流非常简单但也是非常好的近似，它仅表示很小的线性电流。如果脑外部的神经磁场主要是由位于脑皮层区域内的神经电流源贡献的,并且该源所占的空间体积非常小以及可以被认为是一个质点源,那么在这种情况下使用 ECD 模型来计算便是非常准确的。

在对人脑外型以及神经电流源的结构进行合理假设的基础上,可以通过不断地求解正问题来解决对神经活动源进行空间定位这个反问题。具体步骤如下:① 首先假设在脑内空间某一点上存在着具有一定方向和强度的偶极电流源,使用神经边界条件精确地计算出这个偶极电流源在 MEG 每一个探测器位置上产生的神经磁场强度,然后确定在每一个传感器位置上的理论计算值与实际测量值之间的差别,并将在每一个传感器位置上的差别平方后相加,从而得到整个系统的方差;② 重新假设偶极电流源所处的位置、方向及其强度,重复第一步的工作,确定新的系统方差;③ 比较两次的系统方差,使用最优化过程,进一步对偶极电流源的位置、方向和强度提出更新的假设,确定更新的系统方差;④ 一直重复第三步工作直至得到的系统方差为最小,此时所对应的偶极电流源的位置、方向和强度便是期望得到的脑神经电流源的位置、方向和强度。这种计算方法的有效性仅适应于对脑外部神经磁场产生贡献的只有一个神经电流源的情况,当在脑皮层区域内有多个神经电流源同时对脑外部的神经磁场产生贡献时,就需要使用其他计算方法了。

2. 合成孔径脑磁源定位

合成孔径磁场测定法(Synthetic Aperture Magnetometry,SAM)是一种使用空间滤波器测定因脑的电气活动而产生的脑磁图信号源的分析方法,这是一种进行脑信号源定位及图形化的计算机算法。SAM 的理论基础是数理统计的线性制约最小变数聚束算法,SAM 的影像和 MRI 的成像原理相同,都是由非常小的称之为"体积画素(voxels)"的画像单元所构成,因此它能够从三维空间上检测整个大脑的功能活动的影像信息。

SAM 使用全脑磁图传感器矩阵来分辨有用和无用的脑信号并进行线性加权叠加。例如,由于 SAM 不需要对 MEG 数据进行平均化处理,SAM 在所定义的时间间隔内和所选择的位置上通过选择脑的电气活动信号,只需一次数据采集就能推导出脑信号源的均方根等磁图。而传统的 ECD 磁场源定位法必须进行几十次或几百次数据采集及数据平均化处理。

采用传统的 ECD 定位技术进行癫痫灶定位时,一般使用信号平均化来改善 MEG 信号的信号噪声比,然而非平均化的 MEG 信号只在测量强信号源时才会有相应的响应,例如癫痫棘波活动。而 SAM 通过计算机算法使用一套加权因子组合收集来自传感器的信号,根据各个传感器距离脑内信号源的远近自动选择不同的加权因子,大幅度提高了脑磁图信号的信号噪声比。SAM 解决了处理单次数据采样的难题,这对测量感知、运动、认知或其他脑活动时所需要的非平均化数据很有帮助,因为和这些脑的高级功能相关的脑的电活动状态非常复杂,随心理状况和外界因素每时每刻都在发生不同的变化,无法简单地重复或再现,因此也就无法重复采集到相同的 MEG 数据而进行数据平均化处理。SAM 可以从单次数据采样得到脑功能活动的全部信息，这一技术甚至可以在没有磁场屏蔽的情况下只从一次数据采样中就能得到所需要的脑磁图信号。

3. 合成孔径虚拟电极脑磁源定位

合成孔径磁场测定法（Synthetic Aperture Magnetometry-Virtual Sensor，SAM-VS）是从合成孔径磁场测定法 SAM 中派生出来的新的脑磁场源定位算法。单次数据采样信号的信噪比非常低，用偶极子定位几乎不可能。但是通过 SAM 对所有信道的信号进行加权叠加，可由单次数据采样构造出高信噪比的 SAM 合成虚拟深部电极。SAM-VS 的理论基础和 SAM 相同，都是基于 1972 年由佛斯特博士提出的"线性制约自适应矩阵聚束算法"。SAM-VS 可以高感度来检测脑内一小部分内的电流密度分布，以此来描绘这一部分脑的电气活动。与对人体大脑有损害的颅内埋入或插入硬膜下电极或深部电极检测皮质脑波相比较，SAM-VS 充分显示了脑磁图检测对于人体无接触、无损伤的优越性。

（五）检测步骤与内容

使用脑磁图系统进行脑功能检测的典型步骤如下：

（1）在人的左右两耳以及鼻梁三处设定标记。

（2）在 3 个标记处分别放置维生素 E 胶囊或其他 MR 对比物质（能够在 MR 图像中被清楚辨识的物质），于是在 MR 图像中，就可建立以这 3 点为基准点的坐标系。

（3）对大脑进行常规 MR 检测以得到脑组织的结构信息。

（4）在 3 个标记处分别用小线圈来代替 MR 对比物质，以便在脑磁图像中建立起与在 MR 图像中所使用坐标系相同的坐标系（小线圈可以在脑磁图像中被清楚地辨识）。

（5）进行脑磁图测量，使用相应的软件对采集到的脑磁信号进行分析与处理，得到脑内磁信号源的空间位置信息。

（6）通过计算机图像处理，把此脑内磁信号源直接显示在相应位置处的 MR 图像上。这个最终的脑磁图像提供了脑结构、脑功能和脑病理这三者在空间联系上的许多直观的细节。

四、MEG 的研究与应用

（一）MEG 的基础研究

MEG 可用于听觉、视觉、语言、运动、脑细胞信息处理、胎脑发育、记忆、智力、睡眠与心理研究等众多领域。使用 MEG 可以对大脑皮质中和感觉信息处理相关的数个区域进行分析。MEG 能够定位听觉中枢，显示出听觉脑神经组织，进行注意力效果的测定。对视觉中枢也能够明确定位，并且容易测量到与视网膜关联的脑神经组织，以及相关的病理学状态，并能评价其视觉功能上的特殊性。由于语言处理的复杂性和多变性,以往语言功能定位依赖于手术中皮层定位分区技术,但这种方法无法解析语言活动的内在联系,也不能对语言功能区的病变进行手术前的解剖功能定位。现在通过合成孔径脑磁源定位法(Synthetic Aperture Magetometry,SAM),将不同的脑磁场信号形成差分电流密度图,并由此观测到命名语言状态下的功能区。检测结果不仅观察到经典的语言中枢,而且进一步证实了小脑在参与语言活动中的重要作用。MEG 能够用于辨别大脑皮质中进行语言处理的区域,使语言与脑功能区的研究更加方便和深入。

目前,MEG 已应用于一系列的脑神经科学、精神医学和心理学方面的研究,例如,知觉、认知、判断、记忆、注意、意识、情感、运动、联想、语言、学习等脑的高级功能方面的研究。MEG 为揭示思维的本质,了解人为什么成为有个性、有感情、有思想的生命体提供了非常有效的研究途径。

1. 对自发异常波的检测

MEG 可以像 EEG 那样检测病理状态下大脑神经元细胞群的异常放电。对发作性异常波(如 EP 发作间期的棘波)的阳性率要高许多,并可对异常波的发生源进行精确定位,对脑外手术有重要的参考价值。MEG 还可检测并定位脑卒中半暗带的异常低频波(Abnormal Low Frequency Neuromagnetic Activity,ALFNA),有助于临床调整治疗方案。

2. 体感诱发磁场(SEFs)

MEG 可对诱发磁场的发生源即躯体感觉中枢进行精确定位,并在 MRI 图像上清晰地标示出来。常用的刺激部位上肢为正中神经、尺神经,下肢为股神经、胫神经。刺激强度一般为 10 mA 左右。为减少干扰,一般将刺激装置安装在屏蔽室外,用屏蔽导线将刺激电流引入屏蔽室内。刺激正中神经可记录到 M20、M30,其发生源在中央沟皮质手感觉区。将诱发磁场发生源位置与 MRI 影像相融合,即可对皮层功能区进行定位。当脑血管病等造成感觉传导通路受损时,可观测到受损侧波幅和潜伏期的变化。在短潜伏期成分中,不仅有低频成分,还有 20 Hz 和 600 Hz 两种高频成分。

3. 听觉诱发磁场(AEFs)

AEFs 是由听觉刺激诱发产生的脑磁场。其刺激装置安装在屏蔽室外,通过管道将声音传入室内。一般使用纯音或纯短音,刺激时程约为数毫秒。AEFs 可根据潜伏期长短分为短潜伏期(<12 ms)、中潜伏期($12\sim50$ ms)、长潜伏期(>50 ms)。其中,短潜伏期 AEFs 起源于脑干水平,信号较弱。中潜伏期 AEFs 有 M30、M50 两个成分,起源于初级听觉皮层。长潜伏期 AEFs 包含 M100 和 M200,其中 M100 起源于听觉联合区,M200 起源于次级听觉皮层和次级体感皮层。当刺激强度增高时,AEFs 潜伏期缩短,偶极子位置向颅骨表面移动,波幅随刺激强度增大,但增长曲线逐渐趋于平坦。重复刺激可导致 M100 波幅下降,潜伏期延长。

4. 视觉诱发磁场（VEFs）

视觉刺激利用投影仪、屏幕或光导纤维传送图像，常用闪光或翻转黑白格刺激模式，其磁场发生源通常定位在双侧距状裂的外侧底部。VEFs 波幅随黑白格增大而增大，潜伏期缩短。

5. 事件相关磁场（ERF）

ERF 对 M300 研究的比较多，很多研究者试图利用 ERF 定位出 M300 的发生源位置。近年的研究表明，M300 的发生源位置与所处理的任务或作业有关，不同的作业，发生源的位置不同。

也有学者研究了其他认知活动的 ERF。图 10－6 示面孔诱发的 M170 和 N170 的溯源均在 FFA；图 10－7 为一项关于时间知觉的 MEG 研究，要求被试判断第二个和第一个刺激的持续时间是否一样，忽略前后两个视觉刺激的朝向；图 10－8 示男性被试观看不同裸体照片的 CMV（类似于 ERP 中的 CNV 成分）。

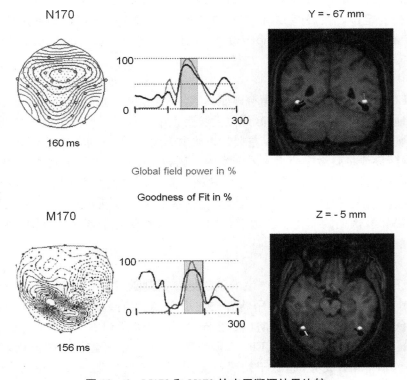

图 10－6　M170 和 N170 的皮层溯源结果比较

左图：最大总场强（GFP）的 N170 和 M170 地形图；右图：M170（白）和 N170（黑）偶极子溯源，均在 FFA。N170 的 Talairach 坐标：$x=\pm39.8, y=-66.1, z=-5.0$；M170 的 Talairach 坐标：$x=\pm38.7, y=-58.7, z=0.1$。（修正自 Deffke et al.，2007）

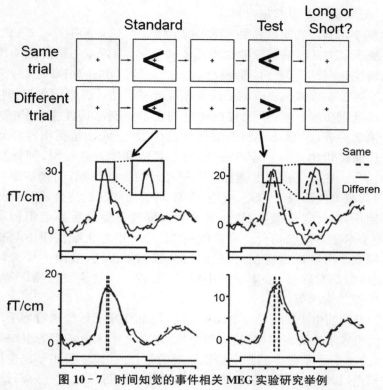

图 10 - 7 时间知觉的事件相关 MEG 实验研究举例

上图：实验范式；中图：一个典型被试的 ERF 结果；下图：13 个被试的总平均。（修正自 Noguchi & Kakigi，2006）

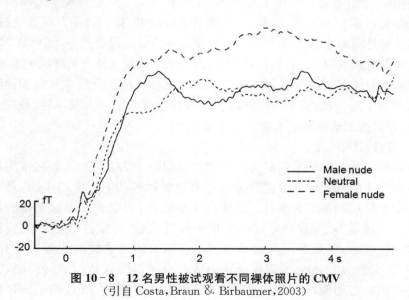

图 10 - 8 12 名男性被试观看不同裸体照片的 CMV

（引自 Costa，Braun & Birbaumer，2003）

（二）MEG 的医学与临床应用

1. 颅脑手术前脑功能区和手术靶点的定位

在颅脑手术中常面临切除肿瘤或其他病变时，因判定不清肿瘤周围健康脑组织的确切位置而可能损伤脑重要功能区的问题。在有 MEG 之前，只能根据 MRI 或 CT 等常规影像学检查结果及临床经验进行估计。当病变与脑功能区关系密切或已侵犯功能区时，病变往往使脑的正常解剖结构发生位移或变形，依靠常规影像学检查，很难准确判断功能区的位置。fMRI 是利用神经元活动与细胞能量代谢密切相关的原理，通过测定血氧饱和度及血流量，间接反映脑神经元活动，因此，在一定程度上能够反映神经元的活动情况，间接达到功能成像的目的，但其精确度不及 MEG。应用 MEG 判断功能区的位置，不但简便易行，无侵袭无创伤，而且定位准确，从而可最大限度地避免脑重要组织和功能的损伤，使这些手术变得更加安全。目前使用 MEG 可以对大脑皮质中与感觉信息处理相关的数个区域进行定位，包括通过体感诱发磁场，检测中央沟区的功能状态；通过听觉诱发磁场，检测听觉中枢；以及通过视觉诱发磁场，了解枕叶病变对视觉中枢的影响等。

许多神经疾病由于没有明显的结构异常，因此很难用影像学检测手段来判断病灶。功能影像学检测能够通过测定神经生理活动来区分正常的组织和发生病变的组织，为术前手术靶点的判定提供重要的信息。MEG 可用于定位神经核团毁损术的靶点，如帕金森病。脑血管瘤和脑血管畸形可以通过介入影像学检测，MEG 作为一种无创检测手段，无疑也是一种好方法。立体定向放射外科将影像学、放射外科学和立体定向技术有机结合，其中，MEG 与 γ 刀或 χ 刀及质子束放射系统结合毁损神经核团，具有无创、靶点定位准确、疗效评估及时等优越性，这将开辟神经外科治疗脑功能性神经和精神疾病的新途径。另外，还可将 MEG 与其他医学影像检查（MRI、CT、DSA）共同组成人工智能立体定向导航手术系统，通过无框架式立体定向系统引导外科手术（脑内核团毁损、慢性电刺激和神经组织移植），有助于进行精确的三维空间定位，设计合理的手术入路，模拟最安全的手术方法，必将极大地提高手术的安全性和准确性。

2. 癫痫病灶的定位

癫痫形成活动的手术前的无侵袭定位是目前 MEG 的第二大临床应用。癫痫是一种由于脑部神经元反复异常放电而致短暂脑功能失常的疾病，是神经科仅次于脑血管病的第二大顽症。在实施手术之前，确定诱发癫痫发作的局限性区域是一个还是多个，并确定这些区域的位置，以及确定这些区域是否靠近重要的脑功能区域，对采取正确的手术方案和取得较满意的治疗效果十分重要。研究表明，大约只有 20％的癫痫手术患者可只通过图像数据进行诊断，其余的则需通过脑功能图像对癫痫灶进行定位。以往应用头皮 EEG 描记定位的仅为 30％～40％。而且由于电信号常因颅骨和头皮的电阻率较大而发生衰减甚至丧失,使得检测结果的可靠性降低,并且不能为治疗提供足够的定位及功能方面的信息。MEG 可检测到直径小于 2 mm 的癫痫灶,并能将其焦点位置定位在 MRI 或 CT 上,形成集病灶与脑重要功能区为一体的解剖/功能形态学影像,这为外科手术治疗顽固性癫痫提供了准确的定位诊断,其临床符合率可达 80% 以上。

MEG 时间分辨率可达 1 ms,由于一侧半球病灶发放的间歇期活动通过胼胝体传递到对侧半球出现类似信号的时间差为 20 ms,所以,MEG 根据癫痫信号出现的时间差很容易将一侧大脑半球的致痫灶与对侧半球的"镜灶"区分开来。利用这种信号的时限差技术,MEG 不仅可以确定双侧大脑半球同时出现而 EEG 难以鉴别的双侧广泛性癫痫波病灶,而且还能分辨一侧半球中多脑叶出现的异常间歇期活动病灶。MEG 特别适合于以下癫痫病患者的致痫灶定位:

（1）多发性致痫灶或者双侧半球广泛性癫痫活动者;

（2）癫痫灶局限于一侧半球而无局灶性脑器质性损害者;

（3）致痫灶位于重要功能区而不宜进行手术切除者;

（4）以精神障碍症状为主,伴有智能障碍而不能进行经典手术切除者。

3. 脑功能损害的判定

MEG 还常用于神经病理及功能性缺损的判定,如脑外伤的评估、患者神经状态的测定、神经药物有效性的评价等。目前临床多根据 MRI 或 CT 扫描的影像学表现来间接判定脑中风或颅脑外伤等患者的脑功能损害程度,但 MRI 和 CT 扫描只能显示坏死组织的大小和位置,并不能给出邻近的看似正常组织的功能信息。MEG 主要反映细胞在不同功能状态下产生磁场的变化,因此相对地直接提供了脑神经组织的功能信息,MEG 不但给出了脑功能的即时信息,而且能够进行功能性组织的定位。研究发现,在脑缺血或脑外伤等脑损害时多出现异常 EEG 慢波活动,且较弥漫,使用 MEG 则能在初期的脑缺血时就能观察到有定位意义的 ALFMA,而这些初期脑缺血的 ALFMA 活动在 MRI 和 CT 的解剖影像学上却无法显示。脑磁场信号即刻出现的 ALFMA 可用 MEG 定位,确定大脑功能损伤的程度和区域,为脑梗死的早期诊断和适时的治疗提供宝贵的时间,及时给予脑梗死患者溶栓药物以使动脉再通,并进行药物治疗效果的评定。轻度脑外伤时,常规影像学检查无异常,不能解释轻型脑外伤的临床症状,如头痛、头昏、恶心、认知下降、个性改变等。MEG 是一种敏感的检查方法,ALFMA 能证实脑震荡后遗症病理生理学异常并能评估其恢复进程。据报道约 60%～70% 的脑外伤后综合征患者亦有 ALFMA 表现。

在脑外伤患者中,AIFMA 的存在随临床症状的改善而发生变化甚至消失,这提示 ALFMA 可能是可逆性脑组织损害的标志。将来有可能使用 MEG 作为临床评价脑损害程度,尤其可能作为评估意外事故造成颅脑损伤状况的重要鉴定手段。受损的神经细胞死亡后,其功能由健康的神经细胞所取代,称之为神经的可塑性,表现为皮质局部功能重建或者由远处功能相近的皮质区执行其功能。MEG 可作为一种新的工具来观察受损神经功能的可塑性和重建结果,检查、预测、追踪和评定各种方法对神经功能恢复的治疗效果。另有发现,在脑肿瘤组织或动静脉畸形等病变周围的脑组织中也存在 ALFMA 改变,也反映出这些病变对脑组织及脑功能的损害情况。

4. 神经精神疾病的诊断

随着 MEG 在神经科学和临床应用研究的深入展开,MEG 将成为研究人脑特殊功能和认识神经精神疾病的重要手段。通过 MEG 了解和研究人脑在认知、记忆、感情、运动、联想、判断、语言、学习等高级功能方面的本质的精神行为的图形表示是深入认识精神疾病的前提。以往语言功能的定位依赖于手术中皮层定位分区技术,但这种方法无法解析语言活动的内在联系,也不能对语言功能区的病变进行手术前的解剖功能定位。现在通过新一代的 MEG 信号源定位解析法,将不同的脑磁信号形成差分电流密度图,并由此观测到命名语言状态下的功能区。检测结果不仅能观察到经典语言中枢,而且进一步证实小脑在参与语言活动中的重要作用。通过 MEG 研究语言功能分区及在动态活动中脑各功能区的内在联系还有助于临床对语言障碍疾病如自闭症、诵读困难以及失语症医治的研究。将 MEG 与 fMRI 同时应用于研究大脑感觉皮层的活动。研究结果显示,在利用电流脉冲刺激人右手的大拇指和环指时,fMRI 和 MEG 都在大脑皮层的相应解剖学区域得到了明确的验证。

目前,MEG 在神经精神疾病的研究主要还有以下方面:

(1) 通过 MEG 的变化及早明确某些神经精神疾病。例如对阿尔茨海默病(Alzheimer disease)的早期诊断,可将病程控制在初期阶段,延缓症状的进行性加重。Barkley 在偏头痛患者先兆发作和头痛期作 MEG 研究,发现典型偏头痛患者发作时磁场及神经抑制信号变化的特征与在实验动物中用皮质电图及 MEG 测定 CSD 的特征完全一致,提示偏头痛发作中确有 CSD 存在。

(2) 对神经精神疾病进一步诊断分类。在神经精神疾病的治疗中,针对个体特点选择治疗方法有利于提高疗效。现今的分类法尚难满足临床治疗要求,因此以神经电生理尤其以 MEG 为指标的进一步分类法可能有助于加深对疾病的认识并改善治疗效果。

(3) 动态指导治疗。神经精神疾病的治疗有时需要几经调整治疗方案才能达到满意的疗效。为此,临床常常需要花费较长时间进行观察和调整。利用 MEG 能在治疗中随时监测治疗效果,及时调整治疗方案,以便及早达到最佳治疗效果。

(4) 小儿神经病学。MEG 非侵袭性的特点使其在儿童期脑发育障碍方面的潜在应用特别受到重视,特别适合于对小儿神经精神疾病的早期诊断和鉴别诊断,如视听功能障碍、学习障碍、朗读障碍、注意力障碍、智力障碍、孤独症等,有利于早期预防及实现这些病症的早期治疗和症状的长期改善。

5. 胎儿脑磁图

当前,先天性脑神经疾患的发病率相当高,如小儿麻痹、耳聋/听力丧失、失明及智能发育迟缓等。这些脑疾患均存在范围很广的潜在起因,因而使得早期诊断较为困难。直接检测胎儿的神经生理学状态是相当复杂的,而且使用侵袭性技术会引起神经系统进一步的损害。使用胎儿脑磁图(fetal magnetoencephalogram,fMEG)可进行孕妇产前诊断,如胎儿脑积水、脑缺氧、胎儿诱发脑电位、胎儿的听觉、视觉检查、胎儿呼吸、胎儿心磁图、胎儿运动、脑神经管(胚)缺损、染色体不正常、输卵管运动力、子宫收缩、膀胱收缩、阴道收缩以及生殖器官癌的早期发现等。另外,fMEG 还可用于监测妊娠 3 个月以上胎儿的脑活动以及心跳、神经系统发育状况,以便在胎儿出生前即明确是否存在脑瘫、先天性聋哑、先天性失明、原发性癫痫以及其他神经精神发育障碍。

胎儿脑磁信号比成人脑磁信号还要微弱,除了会受到外界周围环境的干扰之外,还会受到胎儿心磁信号和强烈的孕妇心磁信号的干扰。此外,胎儿的头部经常移动,这些都给检测带来难度,特别是来自内外的磁场干扰。因此,分辨真正的胎儿脑磁信号是目前发展 fMEG 的关键技术。

五、MEG 存在的问题

虽然 MEG 对神经电流源的定位要比 EEG 等其他脑功能成像技术相对准确,但是 MEG 对源的定位仍然存在着一些问题。当采用大脑球模型时,若神经电流源所处的区域不同,定位误差受神经电流源的方向和头颅形状的影响也大有不同。当神经电流源位于脑顶部区域时,不论头颅具有怎样的形状,不论神经电流源具有怎样的方向,MEG 的定位结果都十分精确。但是当神经电流源位于脑前部区域时,定位的误差受头颅具体形状和电流源方向的影响就大起来,有时该定位误差甚至可高达 4 cm。当神经电流源位于脑后部或两侧的太阳穴区域时,不论头颅的形状怎样,也不论神经电流源的方向怎样,定位精确度一般都较低。Zanow于 1997 年提出的分部模型方案可以提高 MEG 在脑前部区域内的定位精确度,但是该方案并不能从根本上解决问题,它对两侧太阳穴区域内的定位精确度的提高仍无帮助。

目前 MEG 研究中需要解决的关键问题是如何提高神经电流源定位的精确度。当前的研究工作主要集中在使用相对复杂、相对更接近于实际情况的物理模型来求解反问题,力求通过物理模型的改进来达到提高定位精确度的目的。对于人脑外形模型,虽然目前使用的大脑球形模型假设在大多数情况下所引起的误差非常小,但为了提高 MEG 对源的定位精确度(尤其在大脑前部、后部以及两侧区域内的定位精确区),势必需要考虑个人不同的大脑形状对使用球形模型计算得到的结果的修正。对于神经电流源结构模型,应该研究更能确切描述目标源电磁效应的物理模型。目前,MEG 使用的 ECD 模型(等效电流偶极子)是最简单的,仅能表示很小的线性电流。MEG 还可以采用 EMD 模型(等效磁二极子)、ECD＋EMD 模型、CME 模型(电流多极子)等,它们都可以表示较复杂的电流源或具有清晰的生理学意义,都可以帮助 MEG 提高对源的精确定位。另外,研究反问题求解的新技巧、新方法,改进算法,尽可能减少因算法的不合理所带来的误差,也可以使 MEG 定位的精确度得到进一步的提高。

附　录

附一:脑电信号伪迹去除的研究进展[①]

EEG 具有很高的时变敏感性,其信号极易被无关噪声所污染。常见的伪迹包括来自仪器和来自被检人体的。前者可以通过精心设计记录系统和严格遵守记录程序来尽可能避免,而来自被检体生理活动的,如眼电伪迹(ocular artifacts)、舌电伪迹(gloss kinetic artifacts)、肌电伪迹(muscle artifacts)、脉搏伪迹(pulse artifacts)、出汗伪迹(sweating artifacts)等,则比较难以去除。在分析脑电图时必须注意来自大脑电活动以外的各种伪迹,这给脑电信号的分析和解释带来了很大的困难。

在早期,医师和研究者主要通过实验控制来处理无关的电生理伪迹。比如,让患者减少或避免眨眼、眼动、吞咽、四肢运动等,但这样等于给病人添加了附加的任务,会影响实验的绩效。还有,通过简单的数据剔除,即把与伪迹在峰值、斜率或方差等波形特征上相似程度较高的 EEG 波形去除,但这样必定会引起有用信息的丢失。例如,识别任务中的眨眼可能就是识别任务的一种反应,如被剔除则可能会导致重要信息的丢失,尤其是对一些病人来说剔除被污染的脑电数据就意味着病情的漏诊。随着信号处理技术的不断发展,伪迹去除的方法也有了长足的改进。早期的伪迹去除方法包括回归法和伪迹剔除减法,后来又出现了主成分分析(Principle Component Analysis, PCA)、独立成分分析(Independent Component Analysis,ICA)和小波变换等新的方法。

一、回归方法

Hillyard 等在 1970 年便提出了基于时域的回归(regression)方法来去除脑电伪迹。Whitton 和 Woestenburg 等又分别提出基于频域的回归方法及其与 EEG

[①]　节选并修正自:杜晓燕,李颖洁,朱贻盛,任秋实. 脑电信号伪迹去除的研究进展. 生物医学工程学杂志,2008,2(25):464～467。

检测软件结合的方法。这种方法将大脑看成是一个容积导体，即视觉电位的传输频率独立而且不存在时间延迟（事实上只是没有可以测量到的时间延迟）。回归方法主要用于去除眼电伪迹，如眨眼和眼球的运动产生的电信号。它们往往是脑电信号幅值的 10～100 倍，强烈干扰了 EEG 信号（Shoker et al.，2004）。但是，不论是时域还是频域的回归方法都依赖于建立一个正确的回归（例如眼电）导联，它们的共同缺点是眼电信号和脑电信号的激活扩散都具有双向性（bi-directionality）。因此，回归方法去除伪迹时会错误地去除某些含有伪迹的 EEG 信号。

二、伪迹减法

伪迹减法（artifact abstraction）也是应用较早的一种方法。它的特点是直观易懂，物理意义明确。将它应用在眼动伪迹的去除中，就是 EOG 减法。它的基本模型是：矫正后的 EEG＝原 EEG-γEOG。参数 γ 由 EOG 与 EEG 的相关系数（也可称为传输系数）决定。伪迹减法成立的条件是假设观察到的 EEG 和 EOG 符合线性组合且不相关，眼动可以从记录的 EOG 中估计出来。然而，由于 EEG 和伪迹是相互影响的，所以这种减法与基于回归的方法一样，会错误地排除掉某些 EEG 成分。Du 等在 1994 年提出了去除眼动的自适应滤波器来实时确定参数；Berger 等（1994）提出了一种"多源眼电校正（multiple source eye correction）"程序，用于去除 EEG 中不受 EEG 影响的 EOG 成分，但其缺点是对脑电信号在头皮上的传播路径的建模比较困难。

三、PCA

（Principle Component Analysis，PCA）是线性模型参数估计性能的一种常用方法。基本思想是利用正交原理将原来的相关自变量变换为另一组相互独立的变量，即所谓的"主成分"，然后选择其中一部分重要成分作为自变量（此时丢弃了一部分不重要的自变量），最后利用最小二乘方法对选取主成分后的模型参数进行估计。PCA 在 EEG 各导联分布的基础上，把其信号分解为互相独立的成分，去掉不需要的伪迹成分，再重构 EEG，以达到降噪的目的。Jung（1994）和 Berger（1994）等提出了用 PCA 方法进行眼电伪迹的去除。在被试完成眼动和眨眼任务时记录 EEG 和 EOG 信号，再计算出这些信号的主成分，作为眼动和眨眼伪迹的主成分。然后从混合信号中去除该成分，得到校正后的信号。研究表明，PCA 在效果上显著优于回归方法和偶极子方法（dipole models）。然而，PCA 不能完全从 EEG 中分离与其波形相似的电位的噪声（Zikov et al.，2002）。

四、ICA

（Independent Component Analysis，ICA）是近年发展起来的一种盲信源分离

方法（Blind Source Separation，BSS），其理论的发展可以追溯到 20 世纪 80 年代初期。但直到 90 年代中期，ICA 理论和算法的研究才真正得以发展并受到国际信号处理界的广泛关注，并且在生物医学信号处理、混合语音信号分离、图像去噪等方面取得了较好的应用效果。

ICA 的思路来自中心极限定理：一组均值和方差为同一数量级的随机变量的共同作用的结果必接近高斯分布。因此，对相互统计独立的信源经线性组合而产生的一组混合信号的分离结果的非高斯性进行度量，当其非高斯性达到最大时，可以认为混合信号实现了最佳分离。

ICA 的基本思想描述如下（Romero et al.，2003）：

设 $X(t) = [x_1(t), x_2(t), \cdots, x_N(t)]^T$ 是 N 维的观测信号，$S(t) = [s_1(t), s_2(t), \cdots, s_M(t)]^T$ 是产生观测信号的 N 个相互统计独立的源信号，且观测信号 $X(t)$ 是源信号 $S(t)$ 经过一个未知矩阵 A 线性混合而产生的，即 $X(t) = AS(t)$。在混合矩阵 A 和源信号 S 未知的情况下，仅利用观测信号 X 和源信号统计的假设，寻找一个线性变换分离矩阵 W，希望输出信号 $U(t) = Wx(t) = WAs(t)$ 尽可能逼近真实的源信号 $S(t)$。

理论上认为脑电信号中的心动、眼动伪迹、肌电信号以及其他干扰源所产生的干扰信号都是由相互独立的信源产生的，而通过 ICA 分解便可以提取出有用的脑电信号。

Makieg 等于 1996 年首先将 ICA 用于常规的脑电信号分析；1997 年 Vigario 对卧位的小孩在闭眼状态下测得的脑电进行了伪迹去除，通过观察 ICA 分析后的独立成分及其在脑电图上的映射来决定其是否为伪迹，但没有对 ICA 的去噪效果进行定量分析；2000 年，Jung 等用同样的方法对 3 组试验数据进行 ICA 去噪，并将其结果与 PCA 和回归算法分析通过图形做比较，但也没有进行定量的分析；同年，Vigario 等把 FastICA 算法应用于 EEG 和 MEG 数据，试验表明即使伪迹比脑电信号还要微弱，也可以较好地被去除；2003 年，Romero 等评估了利用 ICA 去除不同睡眠状态的伪迹的效果，发现 EEG 与 EOG 的双向性能对于 ICA 去噪的影响不大；2004 年，Joyce 等提出了在 ICA 分析后自动提取并去除眼动伪迹的一种方法，结果与手动 ICA 去噪效果相当。虽然事实上该方法由于试验条件限制只能算是一种半自动的 ICA 去噪方法，但是对于 ICA 的进一步推广有深远的意义；Liu 等于 2004 年的研究表明，在使用 ICA 后，对癫痫病人痉挛的误诊率可由 13% 降到 8%；Flexer 等 2005 年证明了盲人不规则性的眼动伪迹也可以由 ICA 分离出来。

肌电信号是由许多不同肌肉组作用产生的，若用回归方法去除肌电伪迹，因为需要很多的参考电极而不切实际；随着 EEG 中高频信号在评估认知功能中的应用，重叠了 50～60 Hz 工频噪声的脑电信号也不能简单地用线性滤波器去除，而 ICA 方法不需要伪迹的参考电极,可用于各种伪迹的分离,去除伪迹精度较高,显示了其优越性,对心理学研究具有极高的实用价值。

ICA 去噪也存在一些需要解决和探讨的问题。例如,由于大多数生物医学信号是由多个神经元共同活动的结果,在源个数大于传感器个数时,如何分离源信号;生理信号总是含有各种各样的噪声,如何用 noise ICA 在噪声环境下分离出源信号;生物医学信号的采集在很多情况下并不是线性瞬时的,如何处理非线性卷积信号;如何自动用 ICA 去除伪迹等等,都是下一步 ICA 的研究方向。

五、小波变换

小波变换(wavelet transform)的概念是 1984 年法国地球物理学家 Morlet 在分析处理地球物理勘探资料时提出来的,其对非平稳信号的处理与分析有着良好的效果。

小波变换是傅立叶变换的一个发展。与傅立叶变换相比,小波变换具有良好的时频特性,采用改变时间—频域窗口形状的方法,即在低频部分具有较高的频率分辨率和较低的时间分辨率,在高频部分具有较高的时间分辨率和较低的频率分辨率,所以被美誉为"数学显微镜"。正是这种特性,使小波变换具有对信号的自适应性,所以自 20 世纪 80 年代创立以来,小波变换在信号处理等领域中受到了广泛的重视。

小波门限法去噪是基于小波变换多分辨率分析的一种方法。有噪信号经过小波变换的多分辨率逐级分解,噪声离散细节信号的幅度随着小波变换尺度的增加而不断减少,但有用信号的小波变换系数与尺度的关系则反之。利用有噪信号小波变换这一特性,选择适当的门限,对信号小波变换后的各尺度离散细节进行门限处理,然后将离散逼近信号和处理后离散细节经小波逆变换重构信号,从而达到信号去噪的目的。

由小波去噪原理可知小波变换去噪要求信号和噪声的频带不能混叠,但是EEG 和 ECG、脉搏和 EOG 伪迹的频带可以相混叠,于是研究者开始将经典的小波变换与已有的去噪方法相结合。经典的 ICA 模型没有考虑噪声的存在,因此用ICA 算法对含噪声的观测信号直接进行独立变量分析,有时会产生较大的误差。周卫东等(2003)将小波分析和 ICA 相结合,用小波门限法提高脑电的信噪比,再利用 ICA 分离出源信号,可有效地去除脑电中的噪声和心电干扰。同样,小波变换的时频特性使它在处理短时和瞬态信号方面也具有很大的优势。一些研究者尝试用小波滤波来去除癫痫病患者脑电图中的眼动伪迹,但是由于连续滤波去除了有用的脑电信号,因此矫正后的脑电图与侵入式方法记录的脑电信号相比仍有较大的畸变。2004 年,Ramanan 等将不连续的 Haar 小波运用到癫痫病患者眼动伪迹的检测中。实验表明,在人眼睁开到闭合及闭合到睁开时刻分别得到了延时很小的下降沿和上升沿,Ramanan 利用这个特点准确地检测到眼电伪迹发生的时刻,并用它来控制小波滤波器及缓冲器以确保小波滤波器只在眼动出现的时候进行去噪。该发现解决了临床上癫痫波形与眨眼伪迹难以区分的难题。

　　总之,EEG 具有很高的时间分辨率,在大脑疾病诊治、认知功能和心理学方面有着极其重要的应用价值和发展前景。但是,各种伪迹一直是困扰 EEG 分析的一个瓶颈,其中,眼动伪迹对于 EEG 的影响最为严重。近些年提出的各种脑电伪迹去除方法中,伪迹减法比较直观、易于操作,但是必须先对伪迹建模,效果并不理想;各种回归方法都有可能将含有伪迹的重要 EEG 信号去除;PCA 对正交的低阶信源比较有效,但当噪声的幅度与 EEG 的信号幅度相似时,则不能达到去噪目的;ICA 没有上述限制,它充分利用了高阶统计信息,有效地将由独立信号源构成的混合信号分解为相互独立的成分,但其在 EEG 分析中的应用范围需要进一步评估;小波变换是一种对信号的局部频谱分析比较理想的数学工具,EEG 信号中的干扰信号,如眼球运动、心脏活动以及外界刺激的信号都是瞬态突变的,小波变换都能将其准确地检测、定位和提取。而传统的瞬态脉冲检测方法中,如匹配滤波技术和基于瞬态脉冲信号时域特征的检测方法,由于脑电信号的强非平稳性,检测效果都不能令人满意。目前,多数 EEG 校正技术集中于眼电伪迹的去除,而针对肌电、舌电、脉搏、心电等伪迹的研究较为少见,因此,如何发展一种比较通用、实用、高效和稳定的伪迹去除技术,对于脑电研究具有重要的理论和应用价值。

附二：航天飞行中的生理心理学问题^①

　　载人航天的最大特点，就是有人出现在航天飞行器上。1961 年 4 月 12 日，苏联航天员加加林首次遨游太空，为载人航天奠定了基础。几十年来，已有 300 多人进行了太空飞行，飞行时间最长达到了 438 天。随着国际空间站的建成并入轨运行，以及飞往火星、重返月球呼声的渐起，国际空间生命科学的地位变得更为突出，其研究重点已集中在探讨与长期空间飞行有关的问题上。从地球重力环境进入航天环境，地球上原有的适度稳态被打乱，人体这一开放的巨系统，必然在中枢—大脑的统一控制下，各系统协调一致地去完成其自组织、自适应的过程。

　　许多科学文献表明，航天飞行会给航天员带来许多不利的生理心理反应，包括空间失定向、错觉、记忆和注意障碍、疲劳、衰弱、睡眠障碍、焦虑、抑郁、欣快、人格特征改变、超常体验、动机改变、人际关系紧张、敌意以及身心症状等。随着载人航天时间的延长、飞行任务的日益复杂、相对常规的飞行以及乘员的增多等因素均可产生相当大的心理应激，上述反应将变得更为严重。因此，及早发现和认识航天飞行对脑和心理行为的影响，是十分必要的，对载人航天有着重要的意义。

　　空间环境中的许多因素会对人的中枢神经系统造成难以应付的影响，这些因素来自微重力、辐射、生理节律的紊乱等方面（附表 1）。其中，失重/微重力的影响可能更为重要。

附表 1　航天飞行对大脑神经生理功能的影响

航天中可能影响中枢神经系统的环境因素	航天中可能导致的大脑内神经生理的变化	航天中神经生理改变的可能临床表现
1. 失重（微重力）	1. 神经介质活性和浓度改变	1. 航天运动病
2. 辐射、磁场	2. 皮层和皮层下神经元代谢降低	2. 神经前庭功能失调
3. 振动、加速度	3. 神经元变性	3. 本体感觉改变
4. 飞船大气（氧、压力等）	4. 电解质浓度改变	4. 感觉紊乱
5. 乘员组选拔（规模、成分等）	5. 颅内脑脊液改变	5. 睡眠紊乱
6. 私人空间、工作区域、娱乐	6. 生理节律改变	6. 执行任务能力下降
		7. 心理失调
		8. 认知失调

---

　　① 随着中国载人航天计划的顺利实施，有效地开展航天脑科学的研究，将成为今后航天生命科学研究的重要方向。在前期研究的基础上，笔者对航天飞行中可能出现的生理心理问题进行简要归纳和总结，以期为今后航天脑科学的研究提供帮助。

一、航天飞行对实验动物大脑的影响

（一）脑中枢的形态学变化

"宇宙 1667 号"生物卫星上飞行 7 d 的研究结果表明,鼠对失重的适应伴有大脑皮层神经元内联络系统的重新组织。在实验动物的体感、视觉和嗅觉皮层不同区域复杂的突触联系中,随着轴突突触功能活动丧失的损伤性变化,出现了生长囊泡和新形成的突触。根据"宇宙 1514 号"生物卫星上的研究结果,证明在太空飞行中发育 18 d 的鼠胚胎的脑中出现组织氧供不足的症状,抑制了脑半球皮层细胞的转移,并抑制了下丘脑视上神经核神经分泌细胞的变化。

"空间实验室生命科学—1"进行了 7,9,14 d 飞行的大鼠脑皮层超微结构的研究,揭示了空间飞行中躯体感觉皮层、视皮层和嗅觉皮层超微结构的动态变化:在轴突末梢有"亮"和"暗"两种变化,在这些皮层树突突触后区有损伤性的改变,亮的变化可能是与飞行引起的神经末梢功能退化有关,暗的变化则与飞行后又暴露到 1G 的环境中有关。飞行鼠与地面鼠相比,皮层中的毛细血管密度和胶质成分增加,认为毛细血管密度增加与飞行时失重引起的脑充血有关,而胶质成分的增加与吞噬神经及神经末梢活动增加有关。在飞行动物中也观察到不同皮层区的变化是不同的,视和嗅皮层变化小,躯体感觉皮层变化大。

为避免飞行后地球重力对动物的影响,"空间医学实验室生命科学—2"号在飞行中进行了脑躯体感觉皮层的形态学观察。飞行第 13 d 时对大鼠进行解剖,断头取出 5 只大鼠的脑组织作病理切片。电镜观察到躯体感觉皮层 Ⅱ～Ⅳ 层超微结构的变化:轴突末梢突触前基质电子密度减小,突触囊泡显著减少,呈现亮区;由"亮区"轴突末梢形成的轴—树突触的突触前膜、后膜的电子密度减小;树突微管的空泡形成以及树突脊构造的破坏;中度和大量树突的自噬现象;轴—树突触数量减少;胶质细胞增多。这些结果表明微重力条件下皮层传入纤维减少。皮层 Ⅱ～Ⅳ 层星形细胞和锥体细胞的核糖体和高尔基体数量增加,表明这些细胞的功能活动增强。Ⅴ 层大多数大锥体细胞的超微结构表明该神经元的功能活动低下。

（二）脑内神经递质的变化

神经间和神经效应器间的突触传递是通过突触前膜释放化学递质来完成的。目前,已经对飞行鼠脑内五羟色胺(5-HT)、多巴胺(D2)、α1 和 α2 去甲肾上腺素、γ-氨基丁酸等神经递质的变化进行了研究。从 1G 环境进入 0G 环境,飞行鼠海马膜上 5-HT-1 感受器的数量增加(这一点很重要,因为此区不仅与体内周期性调节有关,而且与学习和记忆有关),纹状体 D2 感受器的数目减少。Fareh 等(1993)对 SLS—1 上飞行 9 d 的 SD 大鼠的研究发现,飞行鼠蓝斑 A6 细胞群的去甲肾上腺素含量明显下降,下丘脑的抗利尿激素减少,而垂体后叶的抗利尿激素增加,说明航天飞行对蓝斑的交感活动和垂体系统有一定影响,且提示航天应激环境下的焦虑、抑郁等变化可能与脑内去甲肾上腺素含量的变化有关。有学者证明飞行鼠

5 d～7 d 出现了"失重肾上腺能低下症",即去甲肾上腺素紧张度下降,这些现象被认为与甲状腺功能降低、生长激素分泌减少、红细胞生成抑制和消化系统的迷走紧张度增高有关。还有学者观察到,在适应期与 γ-氨基丁酸系统有关的中枢神经系统活动增加,主要反映在 γ-胱硫醚的增加。

航天飞行引起了神经递质很少但很重要的变化,长时间神经传递活动的变化会使感受器的调节能力升高或降低,从而产生可逆或不可逆的神经生理改变。

二、失重条件下的感知觉问题

中枢神经系统(包括脑和脊髓)是接受外界信息、储存信息、对信息进行分析加工并向身体各部门发出信息的司令部。感受器接受了适当的信息后,其将转化为神经冲动,这些冲动沿着传入神经到达中枢神经系统,经过中枢神经系统的分析和综合,再通过神经传到效应器,引起生理反应。

在地球上,人的视觉、前庭觉、触觉和本体觉所提供的传入信息及其在神经系统各级中枢的整合,是维持人体空间定向、直立姿势和运动控制的关键。在失重情况下,外环境和人体内环境都发生了变化,它们给内外感受器一种异常的刺激,感受器也就传入一些异常的信号。同时,失重改变了感受器本身的功能,就是给它们像地球上一样的刺激,它们的传入冲动也和在地球上时不一样,这些信号将改变中枢神经系统的状态,引起体内生理功能的改变。航天员常出现空间失定向、姿势和平衡方面的困难以及航天运动病的发生。

(一)前庭知觉

在失重条件下,前庭系统会发生一定的形态学改变。研究发现,飞行动物囊斑 Ⅱ 型毛细胞的突触数量增多(相当于对照数据的 12 倍)。这表明,椭圆囊毛细胞保持着突触的可塑性,并能适应已变化了的环境。并证明大鼠在离心机上突触的活动性减小。这些改变均会对前庭系统的感知觉功能产生影响。

在俄罗斯的航天飞行中,为调整轨道而开动飞船的发动机曾引起一些航天员有相当于慢运动的线性加速度感觉,而另一些航天员则有相当于非常快速运动的线性加速度感觉。按乘员的报告,在发动机分离后数秒钟的过程中仍保持有运动的感觉。

感觉时间的变化与加速度成反比,它们的乘积是速度的常数。曾要求航天员利用操纵杆在阶式加速度过程中指出加速度的起点和方向。结果表明,平均感觉时间在失重状态中始终是缩短的,并且在各个受试轴向之间没有显著差异。

另外,在飞行前后曾使用闭合回路的评定试验来检验耳石信息反应假说。要求 6 名航天员在滑板上努力控制自己的运动。对纵向(Z 轴)加速度来说,实现这一任务的连续能力比飞行前有重要的改善,但在 1 周的过程中慢慢地变坏。在较长的飞行之后对横向(Y 轴)加速度来说未见有所改善,这表明对来自球囊的信号的处理同来自椭圆囊的信号相比是有差别的。在失重状态下对横向加速度较高的敏感性及对纵向加速度较低的敏感性同下述假定相符合,即主要对球囊刺激所引起的反应由于 1G 状态偏向的消除而被激发到一个更高的程度,而这个程度比主要对椭圆囊刺激所能调制的反应更大。

（二）本体感觉

重力及无重力都能改变同本体感受有关的刺激并影响空间定位,这包括:空间位置和姿势知觉紊乱,在肢体随意运动时捕捉目标的困难,触觉敏感性的改变及质量知觉方面的变化。

1. 空间知觉紊乱

在地球上,通过多种感知觉分析器协同活动和反应综合(整合),人们能够正确认识周围的事物,准确地进行活动。但在航天环境下,由于重力消失,依赖于重力的前庭觉、本体觉的信息及其在中枢的整合都将发生改变,从而导致空间知觉紊乱。

（1）空间位置知觉紊乱

航天中的一些实验证明,失重飞行中在没有视觉信息的情况下,对外部空间位置的知觉出现明显的偏差,发生明显的空间位置知觉紊乱。阿波罗和天空实验室的航天员曾报告他们在飞行中偶尔会出现肢体位置知觉障碍,例如:睡醒后不知肢体的位置;9％的航天员报告出现身体不同部体的定位错误;12％的航天员报告在试图抓物体时落空,表现为眼/手协调能力下降。美国在"空间实验室"中测定了航天员的位置知觉能力,方法是在航天员面前不到 1 m 处竖放一个平面,上面设立 5 个目标点,在航天员记住 5 个目标点后,闭眼,手由胸前出发,逐个指向各目标点。飞行前测试结果表明,视觉对定向的准确性有影响,但不很大。飞行时被试多半指在偏下的位置。如果在每次指以前都睁眼看一下目标点,则准确度可大大提高(附图 1)。此实验证明,失重初期感觉—运动模式出现紊乱,其原因与失重时有关自身各部位相对关系的知觉出现偏差有关,在此期间视觉信息在定向和平衡控制中起着主导作用。

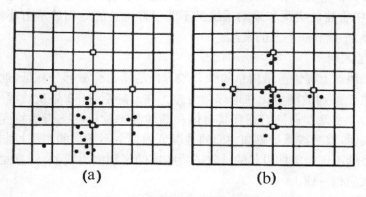

附图 1　飞行中的空间定向测试结果

（a）测试过程中始终闭眼;（b）仅在用手定点时闭眼。

在"和平"号轨道站上曾试验过航天员凭记忆复现手若干位置的能力。在飞行的时候，手运动的时间参数和可能辨认的位置次数均无变化，但在飞行开始时要将手放在指定位置上的精确度比飞行前差，并且错误的特点是手的倾角减小，这种变化可能是由本体感觉反馈方面的变化引起的。

在"SLS-1"上进行的实验，区分了本体感受功能失调和外部空间环境判断的不确定性，在肢体/身体的空间位置知觉明显变坏中所起的作用。所有航天员闭眼指示目标的精确度，在飞行后都比飞行前差，并且有人在试图触及身体的不同部位时发生若干错误，在飞行过程中或飞行后睁开眼睛之后，手并不在所预料的地方。而在 8 天的奥地利—俄罗斯飞行过程中，研究了眼、头及手跟踪视觉和听觉信号的运动。结果发现，这种运动持续时间和幅度的变异性明显增大，指示目标的错误次数也明显增多。在飞行中，航天员放弃了在飞行前已学成的眼—头运动协调运动模式。这些研究表明，在阻断视觉传入的情况下，保持稳定的外环境空间景象主要取决于正常重力的存在。

（2）空间姿势知觉紊乱

人的姿势是一个复杂的整合控制过程。为了对身体在空间的位置有个准确感觉，需要有整合各种提供定向信息的感觉（视觉、前庭和本体感觉）输入的能力，而为了有效地利用这种定向信息，人们必须有能力协调地移动身体以对所感知的定向改变作出反应。航天中，人在地球上建立起来的维持直立姿势和运动的结构与功能，已不适应失重/微重力环境，因而在航天飞行的最初几天中，常常出现身体定位、姿势控制和平衡方面的困难。美国"空间实验室"的研究表明，航天员身体纵轴的位置，以习惯的地心线来评价时，可看到航天员有向前 20°～40°的倾斜，直到飞行最后一天（第 10 天），才有恢复到垂直位的倾向。也有研究表明，在失重情况下，航天员自发活动时，下半身屈曲的姿势占 99％，而直立姿势很少（1％）。可见，航天员的空间姿势知觉与地面上的知觉有很大不同，尽管主观上航天员想保持直立姿势而事实上并不是这样。而一旦适应了航天环境中的姿势，当重返地面时，航天中重建的定位和运动系统又不能很好地适应地面的重力环境，因而又可出现姿势、平衡和步态上的紊乱。

2. 质量区别

由于在地球上提供重量信息的沿 Z 轴方向的压力刺激部分减低，航天飞行中判断物体质量差别的能力比在地球上要差。在着陆后 2～3 昼夜过程中，对质量的辨别能力亦变差。乘员们感到其身体和其他静态物体在飞行后均变重。一系列的研究表明，重量或质量感知方面的错误可能是由不适当的跟踪控制信号或者由传入信号的不正确定标引起的。着陆后初期的区别能力变差，同感觉运动协调变差的后效应相一致。

3. 抓握知觉

人的抓握系统能借助于接触和跟踪物体的外形而识别这些物体的形态和定

位。触觉敏感性及力量反馈的变化,同在失重状态中质量区别方面的变化一样,可能意味着形态感知方式方面的潜在性变化。曾通过让航天员用手在看不见的椭圆形范围内运动,测定是否能定出每个椭圆形长轴径向或横向的方向,来评定他们的抓握知觉。在着陆后第 3 天,抓握知觉同飞行前是一样的,但是在着陆当天却是变好的。这提示,本体感受传入及利用反馈控制运动的作用在失重状态下可能大于地球重力环境。

（三）视觉

眼睛是所有感觉获得信息最多的感觉器官。航天中,视觉系统也是人在空间定向、适应空间生活和工作时最主要的系统。在太空中因失重,一些重力感受器的传入冲动减少,视觉就显得更重要了。例如,如果航天员闭上眼睛,他们将会感到一切都消失了,整个身体就像一颗孤独的行星,根本不知道外面世界在什么地方,航天员这时会本能地抓住靠他最近的支持物,挂在上面,唯恐自己跌落下去。因此,视觉是保证航天员在空中生活、工作和定向的最主要感觉器官,研究航天员的视觉工作能力也是十分重要的。已有研究表明,航天员在飞行中其视觉功能、视觉范围和对比辨别能力是下降的。

太空中的视觉环境与地面上不同。太空也有白天和黑夜,但与地球上的昼夜节律不同,它取决于绕地球一周的时间。飞船绕地球一周约需 90 min。因此,24 h 内有 16 个昼夜的变化,一昼夜中也是白天长、夜间短。白天由于没有大气吸收太阳光,光强要比地面高 25%。而到夜晚,因无光的散射,又变得漆黑一团。太空中航天员在舱内除了看到闪闪发光的星体和遥远的地球外,没有其他参照物。没有地球上所熟悉的河流、绿地、高山、建筑物。这些外界的异样信息将通过视觉传递到中枢,引起神经系统的重新调整。

航天中进行的视觉功能实验表明,飞行中视力的变化较小,仅比飞行前低 5%～10%;视觉作业的工作能力在飞行初期变化较大,飞行第 2 圈下降 20%,第 8～10 圈时下降 26%,飞行 50～60 圈时下降 26%。航天员视觉对比敏感度变化较大,飞行初期下降 10%,随着飞行圈数的增加,降低的幅度也加大,飞行 50～60 圈时下降达 25%。

航天员飞行中的视力降低对航天员的健康无明显影响,也不会影响飞行中的工作能力。但对颜色亮度的感觉变化却较大。前苏联曾在“东方 2 号”飞船上进行了色觉实验。其方法是让航天员评定具有 6 种黑白明度色册上颜色的明暗度,结果所有被测航天员的主观颜色明度下降了 21.6%～25%,蓝色下降较小,红色下降较大。

学者们对飞行时间达 1 年航天员的研究结果表明,航天员飞行中视觉疲劳发展了。与飞行前相比,高频视觉的敏感性下降。视觉疲劳的产生与飞行中视觉负荷过重、执行任务复杂及失重时体液头向分布引起的眼内压和视网膜动脉收缩有关。

从主观反应来看，一些航天员认为他们在航天中视觉能力是提高的，并称他们在两三千米高度上，可以区分伏尔加河、亚马逊河和尼罗河，可以看到地面的飞机跑道、河中行驶的船舶和城市中宽阔的街道。在飞往月球的轨道上，还可以看到我国的万里长城。但是航天实验的结果却是航天员的视力无变化或降低，而且从视觉机制和"高空近视"现象及实验计算来看，人的视力不可能从这样远的距离来区分像房屋、船舶之类的物体。因此，一些学者认为，这是由于航天员出现了"再认错觉"之故。

失重初期，眼球的运动功能有所改变，产生大量大幅度的眼球运动，但 2～3 天后就恢复了。将电极插到猴的视觉皮层上，记录猴飞行中视觉皮层的电活动，发现它们的生物电活动下降了。飞行后用视网膜照相方法检查航天员视网膜中的动脉和静脉，发现它们都是收缩的。

（四）听觉

航天中，座舱内的噪声较大以及飞行疲劳，对航天员的听觉有一定影响。在 75～185 天的飞行中，观察到航天员的听觉呈波动性变化：飞行第 26 天时听觉较高，60 天时降低，102 天时稍下降，155 天时又与第 26 天时相同。航天员飞行中响度知觉能力也发生改变，对同样量噪声刺激不适感的阈值下降。响度功能恢复较慢，有的航天员在飞行后 45 天才逐渐恢复。

（五）味觉

失重环境中，人的味觉也会发生变化，任何东西吃起来都淡而无味。首先发现此现象的是美国"天空实验室—3 号"上的航天员洛斯马等人。在飞行中，他们带了很多辛辣食物以增进食欲，但吃时却发现他们的味觉变了，无法觉出这些食物的味道。1978 年前，苏联航天员在为期 5 个月的空间飞行中，也发现味觉发生了改变。航天员们对平时极爱吃的面包、火腿都没有了胃口，很想吃杏酱、蜂蜜等甜食，后来供应飞船为他们带去了大蒜、洋葱、蜂蜜和芥末等有刺激性的食品。前苏联在"联盟—30 号"和"联盟—31 号"飞船上安装了一种叫电子味觉测量仪的装置，测量了航天员飞行中的味觉功能，证实航天员飞行中的味觉功能发生了很大变化。

科学家们对此问题很感兴趣。他们进行了研究，认为嗅觉和味觉关系是十分密切的。通常我们所感觉到的多种多样的味道，是由于味觉和嗅觉同时作用的结果。在进食时，如果嗅觉器官不能闻到味道，味觉器官对任何美味佳肴都会觉得无味。在失重时，体液头向转移引起舌、咽和鼻部充血，嗅觉和味觉感受器都会变得迟钝，需要更强的刺激才能产生适应的神经冲动。随着细胞外液的丢失，循环血量的减少，头部充血症状逐渐减轻，但不会完全消失，所以味觉和嗅觉难以恢复到正常水平。同时，在飞行舱内缺乏空气的对流，食物的芳香气味不能扩散出来，航天员嗅不到气味，对味觉也有很大影响。前苏联科学家巴朗斯基还提出了一个新观点，他认为在长期的失重环境中，人体代谢功能的变化是影响味觉功能的重要因素。目前,关于航天中航天员失去味觉的原因还无定论,需要进一步的研究和探索。

载人航天以来,很多航天员报告他们在飞行中食欲降低,有饱胀感和味觉功能的变化。他们对甜食的食欲下降,而偏爱一些辛辣的食品。常有柠檬不酸、肉食异味的感觉,前苏联在礼炮6号—联盟号联合飞行中专门进行了味觉状态实验,主要研究了味觉感受器对电刺激的反应及胃舌反射。结果是航天中舌味觉感受器的感受性有波动性变化,出现了味觉感觉的不对称性,进食后有的味觉阈值提高,有的味觉阈值下降。

（六）时间知觉

时间知觉一般是指主观的时间,即指当一个事件相对于其他事件发生时对时间流逝的感觉,是人对客观现象延续性和顺序性的反映。人在感知时间流逝的过程中,总是通过各种媒介来衡量时间,这些媒介可能是自然界的周期现象或其他客观标志,也可能是机体内部的一些生理状态（如神经生理状态）。在航天时,由于失去了地面上习惯的时间信息媒介（如昼夜节律的改变）以及航天员生理、心理状态的改变,飞行中航天员的时间知觉特点会有所变化。一些航天员曾主诉没有足够的时间来完成航天日程表安排的活动。这种使航天员在预定时间内不能完成工作的现象被称为"时间压缩（time compression）"。造成时间压缩现象的原因可能与超心理负荷、信息过载和认知能力下降等因素有关。美国三次载人"天空实验室"进行选择作业时都出现过这种情况,航天员的几次实验时间都落在预定日程时间表之后,并开始出现错误,导致航天员和地面飞行控制人员的意见不合。另外,奥地利—俄罗斯8 d飞行的心理测量试验结果发现,在飞行的第3天及第6天,对长时间间隔（6,8,10 s）估计不足的趋势变得非常明显,并持续到飞行后2 d。在美国的航天计划中,航天员也定期报告过估计时间间隔有困难。

（七）错觉

失重是人们在地球上无法体验到的状态,它对人体的体位感觉和运动都有很大影响。生活在地球上的人,由于受地心引力作用,可以分得清上下、左右、前后。可是到了太空中,这种概念不存在了。人在空中不会掉下来,要行动就是漂浮。太空中无重力,也无上下,航天员在舱内不知道自己是站着还是躺着,他们常常忘记了自己手脚所在位置,尽管心里明白,但他们还是觉得手脚不知去向,他们也时常产生跌入无底深渊的感觉。在航天中,由于身体失去了重量,导致出现很多异样的感觉和错觉。

1. 定向错觉

在适应失重的早期,用于空间定向的指示器在不同的人群中是变异的。一些个体明显地依视觉（视野）为转移并对着诸如设备台或飞船地板这样一些外界的方位标来定向。另一些人则更多地依"面向身体"而定向,并形成其固有的垂直线是通过身体的纵轴。

　　为了研究开始适应失重时期的错觉现象和空间定向障碍及在长期和短期飞行时适应性变化的进程，俄罗斯的研究者们采用问卷、询问和录音的方法，调查了102 名航天员在飞行中的错觉。在航天过程中，98％的航天员都出现过不同的定向错觉。错觉感觉都是出其不意地、在转入失重时即刻发生的，并在后来的数分钟或数小时的过程中逐渐减轻。但有 19％的航天员在随后飞行 14～30 昼夜闭眼睛时及 7％的人在全部 96～365 昼夜的飞行过程中，持续有错觉。当闭着眼睛时或者在黑暗中基本上（77％）都会出现错觉反应，且有时会发生部分或者全部的定向障碍。32％的航天员在完成目视任务及头部被动和主动运动时发生外部物体跳跃式运动的错觉。

　　定向错觉的特点是表现的多样性及很大的个体变异性。表现形式包括头朝下、面朝下或脚朝上、翻滚倒转、倾斜、右侧卧位悬挂、旋转、脱离座椅及向上跳跃、人体向下坠落、头身分离等。21％的航天员在注视周围物体和舱壁板上的仪器时发生困难，发生仪表板的"接近"或"位移"的错觉。在睁眼和闭眼身体离开座椅的瞬间产生飞船旋转的错觉。一些航天员对飞船舱外只有宽和深的感觉，而无高度的感觉，不能正确地判断垂直距离。58％的航天员对于失重时的空间概念和自己的位置仅依赖于目视标定。

　　按发生的频率，定向错觉出现最多的是头向下翻转（16％）和周围物体运动（15％）型的错觉，其次是身体旋转错觉（9％）、物体移位和倾斜的错觉（8％），身体线性移位的错觉（4％）较少。按出现的情况分，运动性错觉（身体或周围空间旋转运动或直线运动）占 28％；坐标性错觉（身体或周围空间物体倾斜错觉）占 31％；运动性与坐标性相结合的混合性错觉（即在固定体位时身体旋转）占 41％。因此，几乎有半数的航天员出现过非常复杂的自发性错觉。例如，航天员可能会报告说在达到头朝下的姿势之后伴有旋转感觉。

　　多数航天员（72％）一致认为，增加活动性，特别是在飞行的头几天头和躯干的剧烈运动，乃是诱发错觉、异常感觉及前庭反应的主要应激因素。一般来说，从运输飞船转入轨道站会促使错觉反应和植物性反应加重。在矢状面和额平面上的运动是特别有扰乱性的。据另一些航天员（21％）证实，在错觉反应和植物性反应的发生中，视动刺激以及缺乏惯常的支撑感觉和"向上—向下"的感觉乃是诱发因素。按许多航天员的意见，通过舷窗跟踪运动着的目标，会使错觉反应和植物性反应明显加重。有些航天员（7％）在躯干不动和头不动的情况下也会出现错觉反应和植物性反应。值得注意的是，11％航天员的错觉与航天员出现"血液向上冲"的感觉及头部不适、头痛、鼻塞、球结膜充血等症状同时出现，表明错觉的发生与失重"急性适应期"之脑"充"血有关。

　　研究表明，错觉几乎是在进入失重的瞬间发生的，但植物性症状要么不发生，要么经过较长的时间才会发生。错觉反应和植物性反应单独发生，或在其发生时间上不相吻合，表明它们之间无直接关系，这已被相关研究所证实。尽管错觉也可能同植物性症状相结合(19％)，但在多数人中，这些症状是在错觉消失之后独立发生的。这些资料提示，错觉并不影响植物性紊乱之前的初期感觉反应，并且有独立的发生机制。

失重时由于前庭耳石器官传入冲动的消失，人体的很多感觉依赖于视觉和本体感受器，这种情况可能会持续很多天。这种依赖性会引起各种空间定向错觉，如"倒转错觉"(周围环境出乎意料的倒转)。在前苏联/俄罗斯的飞行中，倒转错觉占16％。在4～175 d的15次飞行中，大多数航天员在进入失重状态后立即出现倒转的错觉，有的是在2 h后出现。这种错觉要持续数分钟到数小时并在飞行中偶然会重复出现。美国航天员则报告是一种"头朝下"的感觉，这种感觉十分强烈，他们始终认为脚在天花板上。

在航天中和飞行前后进行了有关感觉变化的实验。如检测了20名短期飞行(飞行7～18 d)航天员和19名长期飞行(飞行75～365 d)航天员飞行前后的主观视垂直知觉能力的变化。方法是让航天员观看和判断60 cm管子末端上的线是垂直的还是水平的。在完成此实验时，航天员身体的位置是直坐和向右侧或左侧倾斜。测量的结果是飞行后第1 d和第2 d所有长期飞行的航天员和38％短期飞行的航天员的主观视垂直线的精确度都变差，并且无论是坐位还是侧卧位时错误的易变性和误差值均增大。在侧卧姿势时，这些航天员错误的不对称值亦是增大的，并在多数情况下不对称的方向对飞行前的方向而言已发生改变。着陆之后的10～14 d，主观视垂直线的参数即恢复至飞行前的正常水平。

2. 本体感受性错觉

失重时本体感受器传入冲动的改变也是引起错觉的原因之一。研究发现，在1.8 g的抛物线飞行段肌肉振动可使上肢的运动错觉加重，并在抛物线飞行失重段使其减轻，认为重力的水平能影响肌纤维感受器在纤维长度单位上的传出信号，即在失重条件下，耳石负荷的不足在引起紧张性振动反射减少的同时能减弱 α 及 γ 运动神经元的调制。曾对2名航天员进行了刺激肌肉本体感受器的实验。飞行前固定航天员的背部，用70 Hz频率的振动刺激肌肉10 s，刺激胫前肌时引起轻度向后倾的感觉，刺激比目鱼肌引起向前倾的感觉。飞行第1 d，航天员肌肉受刺激时有同样的感觉，但倾斜的幅度加大；飞行20～21 d后刺激胫前肌，倾斜感觉被从甲板向上升的感觉所替代；刺激比目鱼肌时，一名航天员未发生肌运动效应，另一名航天员出现身体前倾或脚向后弯的感觉。在飞行的同一天，当以支架代替背部固定时(形成正常重力对脚底的轴向压力)，两名受试者又恢复了飞行前身体向前及向后的错觉。

航天飞行中，将航天员的头部固定在天花板上，身体尽量向旁边或向前弯曲，对颈部感受器(而不是前庭系统)进行刺激，结果出现头盔内目标物在旋转的错觉。研究表明，在地球上，借助于头的不同位置(旋转、向侧倾斜)，刺激颈部感受器，上肢水平运动的变化通常不大，而在失重条件下，头向右侧倾斜能引起上肢在额平面逆时针转动的水平运动模式,且在飞行第 5 天时增强。这种现象着陆之后恢复正常,并被解释为是身体内在图式方面失调的表现。

失重时,刺激其他本体感受器,如膝关节屈曲或身体下落,也可产生错觉。例如,航天员飞行后跳起或膝关节屈曲时,出现地面迎面而来的错觉;航天员飞行后突然下落时出现地板对着他的脚升起的错觉。

引起本体感受性错觉的原因不清,可能有多种原因:失重时本体感受器本身功能改变,出现感觉缺失;失重时运动方式改变,感觉运动程序发生改变;失重时与运动有关的其他传入冲动发生重排,感觉的传入由中枢神经系统进行相应的重新解释,使人不能正确地辨别本身的运动。

3. 视错觉

在人的感觉器官中,只有眼睛是同时在宇宙因素的直接作用下进化发展起来的,是在适应来自宇宙的、对眼睛具有重要意义的各种光线的过程中形成的。这一点决定了视觉在航天失重条件下,可能比其他器官更能为人获得较为准确的信息。尽管如此,视觉仍受到包括失重在内的空间环境因素的影响。航天员在返回的过程中或着陆即刻,常诉说在头部运动时发生视觉环境运动的错觉。这些错觉与视线控制系统的障碍有关。

在飞行过程中,有 32% 的航天员报告过在完成被动或主动头动的视觉作业时有波动幻觉(oscillopsia,在头部进行主动和被动运动时出现视觉目标物的移位)。在 29 次航天飞机飞行中,很多航天员报告在着陆后进行跑台运动时,出现固定在墙壁上的小目标物发生明显移位的幻觉。其产生原因被认为是由于在异常的重力环境下,头部运动时出现代偿眼运动的错误调整。飞行后出现波动幻觉说明适应失重环境的眼动反应在返回后又不能适应正常的重力环境。

另外,多数航天员在失重状态下自身运动错觉强度增高,视觉诱发的错觉在宇宙中变得更为明显,这可能是因为在失重状态下耳石器官不能确认身体的倾斜。

4. 自身或周围运动的错觉

几乎所有的航天员在轨道飞行、降落及着陆后都产生过自身运动(与头和身体运动有关)或环境运动的错觉。在轨道上的变化与飞行时间有关,飞行时间越长,错觉现象出现得越多。飞行时间为 10 d 或少于 10 d 的航天员,出现的自身或周围物体错觉运动的强度和持续时间与飞行时间、以前的飞行经验及飞船座舱的容积有关。

尽管每个人出现的自身或环境运动的错觉形式不同,但一般都可以归纳为以下 3 种形式的输入—输出紊乱:

增益紊乱:增益紊乱通常是在飞行、降落过程中及在飞行后数日内发生的,指的是在头/身体运动后,所出现的自身/环境运动幻觉的速度、幅度、位置增大。例如,航天员在降落过程中或飞行后感到头或身体的运动比实际的运动大5~10倍。

在进入大气层的初期做俯仰头运动时有环境移动 75～100 mm 的感觉,而在后期做俯仰头运动时感觉环境移动增至 150～200 mm;在轨道上及飞行后即刻进行头部旋转时产生全身旋转的错觉(方向多与头转动方向相反);在降落阶段时,转头 20°产生环境转动 70°～80°的错觉。

时间紊乱:即在头/身体运动后 0.5～1 s 或身体运动停止后才出现自身或周围环境运动的错觉,并在停止实际的身体运动之后能保持 2 s 及更长的时间。滞后与保持的时间是身体运动速度与幅度的函数。在所有的飞行阶段及在飞行后的头 1～3 d 内都可能出现时间上的紊乱。例如,有一名航天员报告在飞行的第 1 天晚上,在床上翻转停止后,仍出现不断旋转的感觉,为了防止从床上跌下,他紧紧地抓住床沿;在飞行的晚期做滚转运动后,也有航天员报告自身运动感觉开始时间的延迟以及自身头动感觉的持续。

通路紊乱:即以一定角度进行头部和身体的运动时,产生自身或环境呈线性或线性＋角度运动的错觉。例如,航天员的俯仰正弦式运动被感知为沿身体 X 轴的直线自身运动,即向前/向后的自身移动。对飞行开始时的头部转动,有人感知为自身的运动,亦有人感知为环境移动。以上错觉在进入轨道时最轻,飞行中也较轻,返回到大气层时最重,返回后又减轻。

这些知觉紊乱在进入大气层时是最强烈的或不可克服的,在进入轨道之后不久是最微弱的。此外,头或身体的运动通常会引起多种类型的知觉紊乱。例如,在飞行的最后阶段,头的正弦滚转运动会引起自身的移动(通路紊乱),这种移动大于滚转输入(增益紊乱)。滚转输入与自身移动之间有延迟,并且在停止滚转输入之后仍保持自身的移动(时间紊乱)。

错觉是航天员在飞行中普遍出现的反应。但在表现的形式、反应的程度和持续的时间上个体差异较大。一些航天员错觉的产生与视觉系统有较大关系;一些则与本体感受信息和前庭信息有较密切的关系,不同感受器传入信息比重的不同会引起不同的错觉反应。在失重情况下,前庭器官和视觉、本体感受器输入的异常信息使中枢神经系统不能正确地整合这些信息是引起错觉的主要原因,头部充血对脑本身的影响也起一定作用。

各种感觉传入在机体整体反应形成中的分量之变化,所谓"作用的重新分配",乃是感觉系统及感觉间相互作用适应新感觉环境过程的反映,并且是在同时进行着的两种过程的基础上实现的:中枢神经系统中继与控制部位(丘脑结构、网状结构—海马、大脑半球皮层)的选择活动及形成新的感觉联系。所有这一切都能引起中枢神经系统中心整合机制的恢复,从而使得能在适应新环境的功能水平上起反应。

对长期逗留在低重力条件下神经前庭适应性变化的动态研究表明,在中枢的整合结构中新的感觉间联系是不稳定的,例如,从逗留在失重状态中的第 30～50 昼夜开始能周期性地重新记录到异常的自发性与诱发性动眼反应。在适应低重力的早期所查明的知觉障碍(体位与运动错觉、在空间中的定向力障碍)同异常的前庭—动眼反应相关,而不是同异常的植物性反应相关。

对航天之后动物大脑的形态学进行观察,证明前庭动眼系统方面的变化受中枢神经系统细胞水平上适应性重排的制约。曾发现椭圆囊感受细胞功能减退的形态特征及进入小脑蚓部小结的前庭冲动减少的特征,以及网状结构巨大多极神经元树状突物质重新定向(在开始飞行时树状突向前庭核、锥体束的定向减少及向视核的定向增多)。对大鼠 14 昼夜飞行后的大脑进行形态学检查,显示出树状突向前庭核方向的定向进一步增多,表明长期处在失重状态下中枢神经系统内形成了新的视觉—前庭联系。

随着飞行时间的延长,中枢神经系统发生适应性的变化,建立了新的"神经系统感知信息模式",使错觉减少和消失。但这种信息模式是不牢固的,在不良的附加因素作用下很容易被破坏,所以在飞行中有时还会出现错觉。了解失重状态下错觉产生的原因和变化规律对于诊断和预测感知系统的状态,更好地完成飞行中的操作具有重要意义。

三、失重/模拟失重下的脑高级功能

脑是神经系统最复杂的部分,是心理活动的器官和物质基础。完整的大脑结构和完善的大脑功能对于人的主动注意、记忆、认知、语言、思维、意识等高级心理活动是不可或缺的。要在载人航天中充分发挥人的作用,就必须全面研究航天条件下的人脑功能特点。只有当高度发达的大脑与先进的航天技术系统最佳地结合起来并在航天特殊环境中最好地发挥作用时,载人航天的特点才能充分地反映出来。

人从地球重力环境进入航天的微重力环境后,至少如下生理变化会影响到脑的功能状态:① 体液较大幅度地由下身转移到头胸部,从而改变了脑的循环状态及心血管系统高、低压感受器向中枢的传入发放;② 前庭系统的功能状态及传入信息发生突然变化;③ 与重力承受及姿势维持有关的本体感受系统的状态突然变化。脑功能状态的变化进而可能引起脑对外部输入的反应特性有所变化。

(一)失重下的认知功能

1. 失重下的面孔识别

倒置的物体要比正放的物体难以识别得多,面孔的识别在面孔颠倒翻转后有很大程度的削弱。在许多情况下,这种面孔翻转效应都是一种很稳定的反应。正常情况下,大脑右半球的职能不随刺激信号的翻转而削弱。面孔是否正立放置可以有两种参照物:重力的方向或视网膜参照。

Scania 等(1998)开展了失重条件下视觉信息的加工过程是否受到阻碍的研究,观察了失重条件对面孔识别过程的影响。他们在飞行前和飞行中对 3 名"和平号"航天员进行测试:在飞行前学习一套面孔(陌生人的照片),并在飞行前和空

间飞行中对这些面孔进行识别实验测试。在空间失重条件下学习第二套面孔(其他陌生人的照片),并在空间进行面孔识别实验。在识别实验中,将所有学习过的旧面孔和未学习过的新面孔混在一起,让航天员尽可能快地确定一副面孔是旧的还是新的。实验中,将这些面孔正立或颠倒放置在右侧视野(左半球)或左侧视野(右半球),记录错误率和反应时。结果发现两套面孔的识别过程都可观察到翻转效应,这种效应在飞行第6、10、14天均存在,且随时间的延长无显著变化。因此,翻转效应似乎与由重力方向引起的空间参照不相关,而与视网膜参照相关。视觉信息加工过程对失重或飞行状况似乎很敏感:① 在空间识别那些在空间学习过的面孔比识别那些在地面学习过的面孔更难;② 对空间学习过的面孔的识别,右脑优势消失而左脑优势形成。可见,航天时的失重状态或其他因素可以引起右脑的面孔识别功能缺陷(附图2)。

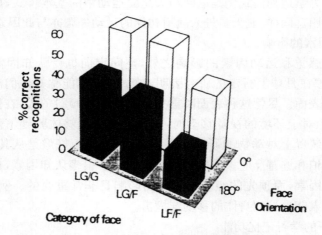

附图2　对学习过的面孔进行识别的正确率

LG/G:faces learned on ground and tested on ground;LG/F:faces learned on ground and tested in flight;LF/F:faces learned in flight and tested in flight. 0°:upright,180°:inverted.
(引自 deSchonen et. al. ,1998)

　　Cohen 等(2000)认为航天飞行中对面孔特征的认知是非常重要的,有效的面对面的交流对航天员工作的安全性和高效性有重要作用。由于重力的消失,体液的头向分布引起了面部肿胀,对航天员面对面的交流必然产生一定的影响,因此,要重视航天环境(尤其是失重/模拟失重)对面孔特征鉴别能力影响的研究。

　　2. 想象中的旋转

　　Clement 等(1987)报道,在航天飞行过程中,让一名航天员将身体由起初的体位逐渐地倾斜,直至他不再能重新想象地构成原来的周围环境为止。结果发现,飞行的第1天,倾斜的临界角为65°,但飞行3天之后受试者甚至能在脚朝上的姿势时想象地使环境旋转。而在地球上,一定的视觉环境、人物或刊物上的文章,如果它们的倾斜大于 60°,那是不能被认清或者不能被分析的。

Frederici 等(1987)认为,人在地球 1G 的条件下是选择重力垂线作为基本的参照的;而在航天飞行的失重条件下,眼睛视网膜的信息可能更占优势。Parker 等(1992)研究发现,航天员按自己脚的方向随意确定为"下面"的能力的形成,在时间上可能同航天运动病症状减轻相一致,因此,想象的旋转视觉环境的能力的高低,可能是测定航天运动病敏感性的重要因素。

3. 失重影响人脑的运动模式

法国学者的研究结果表明,人体运动中的重力因素体现在脑对运动控制的模式中。对于行走的动作(如行走 4 m)来说,在空间飞行前实际运动和想象运动所需要的时间很相近,但在飞行后返回的当天,想象的运动所需要的时间明显短于实际运动的时间,返回第 2 天二者又趋一致。这种变化的原因被认为是,失重环境中的非牛顿力学运动模式仍是返回当天想象运动中的基本模式,而实际运动时重力已在起作用。同样,航天员进入轨道初期的运动失调亦与此因素有关。

4. 认知因素的影响

除了多种感觉和运动因素的影响之外,空间定向也受认知因素的影响。例如,在地面模拟在月球上行走的研究表明,被试很快就能感知他们沿其行走的方向是"向下"的表面。尽管这种表面离重力垂直线可能倾斜 75°。在做自由落体运动时,当看到相对于环境的视觉移动时,某些航天员能够体验到下落的感觉。而在"视觉惊险"装置上对动物的研究结果发现,当支持面好像是从其脚下离开时,动物表现出害怕和逃避反应。下落感觉可能取决于很多认知因素,如视觉、气流、感觉以及其他因素,而预先的经验对行为的影响是非常重要的。例如,从梯子上落下或跳下的人能预见到身体的移动与撞击。

5. 失重下的学习记忆功能

前苏联生物卫星实验表明,经过 18～22 d 飞行的大白鼠的脑发生了明显的细胞学和组织化学的变化,学习能力也明显下降。"生物卫星 2044 号"飞行中,记录了失重状态下 2 只猕猴在学习能力测试中脑皮层电图的变化,发现其慢波节律增加,β 节律发生改变,而返回后这种改变恢复,表明失重影响了动物的注意力和学习能力。也有研究发现,经过 19.5 d 飞行后,大鼠迷宫实验(趋食能力)中的错误动作次数和到达目标的时间都明显增加,并且表现出拒绝在迷宫中操作的行为,这一现象不能用肌肉萎缩或营养充足来解释,这种较高级神经活动的改变可能是失重时感觉传入冲动减少使基本神经冲动减弱引起的。也有一些现象表明失重可以降低航天员的学习记忆能力。例如,俄罗斯航天员报告在飞行的头半个月,出现紧张、有效记忆能力减退、忘记 5 min 前发生的事情、遗忘地面上已掌握的知识等现象。

6. 操作监控能力

航天过程中,可以通过对航天员的认知功能进行评定,来研究他们的操控能力,包括知觉运动功能、空间加工过程、注意功能、工作记忆、逻辑推理和计算等。研究结果表明,失重/微重力条件对航天员的操控能力影响较小,但是跟踪任务(知觉运动功能)及其他注意参与的认知任务在飞行过程中会受到影响。Manzey(1998)对 1 名航天员在 6 d 的飞行中,进行了多点测量,即飞行前 6 次、飞行中 13次和飞行后 6 次,实验任务包括语法推理、记忆搜索、跟踪任务和双任务(同时完成记忆搜索和跟踪任务)。结果表明,逻辑推理、短时记忆提取的速度和准确性在飞行中都不受影响,但是,跟踪实验和双任务作业的成绩在飞行中都有所下降,其中跟踪任务是在飞行的前两天以及飞行的最后 4 d 受影响最大,而双任务作业则在整个飞行过程中都受到影响。

重力条件的改变以及航天员的疲劳程度、睡眠障碍和工作负荷增大等都会影响操作监控任务的完成。对此,目前存在两种假说:一种认为重力的在影响是主要的,即微重力假说;另一种是多重应激假说。其中,微重力假说认为,在微重力条件下,高级认知活动也会受到前庭系统、视觉系统和感觉—运动系统等功能变化的影响,因而航天员会在跟踪等任务中成绩下降,而疲劳、情绪的影响与认知功能的变化之间没有必然的联系。

(二) 模拟失重下的脑功能变化

在航天飞机或空间站中进行脑功能的电生理研究,有一定难度。而在地面,可以采用模拟失重的方法进行实验,尽管有一定的局限性。浸水和头低位倾斜卧床是在地面上用来模拟失重的两种基本方法。前者多用于训练航天员和进行人工高工效学的研究。而在数周至数月的模拟失重生理效应研究中,一般采用−6°头低位卧床的方法,因为−6°卧床所引起的生理变化与航天中航天员的生理变化更类似。

Linder 和 Trick(1987)研究了模拟失重(−6°头低位倾斜)对视觉模式翻转诱发电位(VEP)的影响,发现模拟失重引起 VEP 中的 P1 成分降低,认为模拟失重会对视网膜皮层的加工产生了抑制性影响。我国学者梅磊等(1983)测量了模拟失重(21 d 头低位卧床)条件下的脑电,发现模拟失重可以引起诱发电位的次反应和慢电位的抑制性变化,脑电出现低频段的能量优势,认为模拟失重会对大脑活动产生消极影响。沈羡云等采用 ET 技术记录了兔在模拟失重 15 d 中脑电的变化。结果是反映脑神经兴奋和抑制关系的几对 S 谱之间的关系发生了逆转,4 个脑区的谐振强度和功率比失去平衡,S2、S4、S10、S16 谱段发生改变。这些变化反映了模拟失重可改变中枢神经系统的均衡性、协调性和抑制性。吴大蔚等发现,将大鼠尾部悬吊后,其跳台和水迷宫实验中的成绩均比对照组降低,表明模拟失重可降低大鼠的记忆和学习能力。

我国航天脑科学研究专家魏金河、赵仑等(1995,1996,1998,1999,2000,2001)对头低位模拟失重状态下人脑功能的变化进行了系统、深入的探索。他们在确定模拟失重时人的整体反应特征发生改变的基础上,在脑功能的 3 个层次

(意识—心理、认知和内环境调控)中,从认知反应入手进行研究,利用事件关联电位(ERPs)和事件关联脑电功率谱等指标,从记忆、选择注意、心算等多个脑活动水平观察了头低位模拟失重对脑反应特性的影响。他们首先利用脑电功率谱研究发现:① 倒位(−10°头低位倾斜)安静状态,后脑区的 δ-θ 活动比立位(头向上倾斜 45°)时明显减弱;在对听觉靶信号的选择注意反应中,倒位时 θ 活动亦明显低于立位;心算活动时的脑电功率谱的变化,最为突出的是后脑联合区部位立位心算时 40 Hz 左右的高频活动显著增强,而头低位心算时这种现象基本消失,且 8～10 Hz、15～17 Hz 活动也显著下降。由于联合区部位的 40 Hz 活动与集中注意过程有关,因此头低位模拟失重可能会影响到脑的集中注意过程,认为模拟失重对大脑皮层及其以下结构有一定的抑制作用。② 在视觉稳态反应的研究中发现:立位时,视觉稳态反应的传导时间在各脑区之间无显著差异,倒位时,两侧枕区及中央区的传导时间差别明显,刺激同侧脑的传导时间显著低于对侧脑;倒位时各脑区不同频率的稳态反应都发生了影响,主要表现为 14 Hz、22 Hz、26 Hz 及 30 Hz 的中频反应幅度的显著降低,且大多发生在头顶及中央区(P3、P4、C3 和 C4);随着头低位时间的延长,各脑区稳态反应幅度与立位的差别逐渐减少,代之以 10 Hz 稳态反应幅度显著增加。在 ERPs 实验研究中,他们率先开展了短期(1～2 h)模拟失重对注意、心算、音源定位等影响的研究,并对航天员脑功能失重效应的防护进行了深入探索,取得了一系列的研究成果,得到了国际同行的认可,丰富了航天脑科学的研究。他们的研究进一步表明,在头低位模拟失重时,脑的功能状态发生变化,并表现出一定的时间—空间特征:与头高位倾斜相比,被试在 2 h 的头低位倾斜时出现 P400 平均幅度的下降,并且对右视场闪光信号的反应比左视场强,后脑区更明显,额区则表现出分化的特征(附图 3)。他们的实验也证明头低位模拟失重可引起与听觉信号方位感知关联的 ERPs 中慢电位的负向偏移,而且也引起听觉 ERPs 早期成分(尤其是 P50)的幅值降低。由于正慢电位反映了脑在集中注意时对信号进行处理的主动抑制过程,其降低是脑功能较差的表现。这一系列的研究表明,模拟失重状态下出现脑主动抑制过程减弱,注意反应能力下降。这些与航天员的亲身体验一致,也与航天员飞行过程中心理指标测试的结果相吻合。他们的实验结果为失重对脑功能的影响提出了新的证据,也说明应对航天中的脑功能研究给予足够的重视。同时他们还进行了航天脑功能评定的分类研究。认为在航天员的选拔和训练中要密切注意听觉 ERPs 的特征及其心理负荷状况,听觉方位感知靶刺激 ERPs 中 150～750 ms 内的电位幅值或 P300 成分的大小,可以作为一种客观评价指标,即幅值较小的被试,受模拟失重影响的时间更早,ERPs 中慢电位的负向偏移更大。而且结合以往的研究,他们认为模拟失重条件下 ERPs 的(正)慢电位变化可能不是单纯的幅值降低或负向偏移,而更可能是产生了一个与模拟失重条件下的脑功能状态相关的负慢电位(Slow Negative Potential,SNP)。该负慢电位可能反映了脑功能状态的好坏,功能状态好,负慢电位减小,信息加工的效率高;反之,负慢电位增大,信息加工的效率降低。

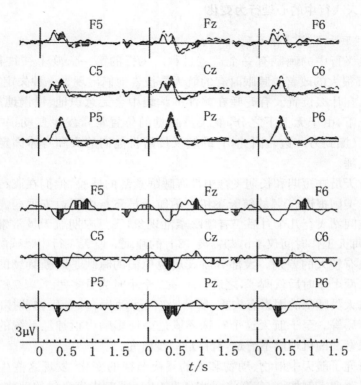

附图3　头低位模拟失重对视觉选择区分反应靶刺激 ERPs 的影响

向上电压为正。上图:虚线代表头高位倾斜(HUT),粗实线代表头低位(HDT)2 h,阴影区域代表二者有显著性差异($P<0.05$);下图:HDT 与 HUT 的差异波。(引自 Wei et al.,1998)

另外,为找到调控航天员脑功能状态的有效方法,赵仑等(1999)研究了磁场对模拟失重下脑功能的调控作用。选择磁场作为航天员脑功能调控的方法,主要基于如下考虑:① 磁场刺激无损伤、不接触,不像电刺激那样会引起疼痛,且易于调节、控制;② 人的脑组织具有复杂而有序的结构,其活动依赖于位于细胞膜上极化的分子层结构的状态变化和各种离子的分布变化,外加磁场可以通过改变细胞膜上活性分子的状态和细胞内外离子的分布来调节神经元的兴奋状态;③ 脑电活动是细胞间传递信息的重要方式,也是脑机能状态变化的重要反映,不同脑组织的电活动具有某些固有频率,在一定频率的外加 ELMF 作用下,有可能使某些脑组织发生类似的谐振现象;④ 已经发现5 Hz 的 ELMF 刺激可改善正常人的脑功能状态,使心算正确率提高,ERPs 中正慢电位增强。通过研究发现,5 Hz 的极低频磁场刺激可以有效地调控和改善模拟失重条件下的脑功能状态。该研究一方面进一步肯定了极低频磁场对脑功能的调整作用,另一方面为其在载人航天中的应用提供了可靠的科学依据。

四、航天飞行中的心理行为变化

（一）睡眠和昼夜节律紊乱

航天员飞行中的睡眠有一个适应过程。飞行的第一天晚上往往很难入睡，3～4 d 后有很大的改善。睡眠时有的航天员报告他们出现了一种失定向的感觉，不知道自己在什么位置。有时睡在飘浮的睡袋中会无意识地、慢慢地旋转起来。在失重情况下，由于无上下之分，航天员睡觉的位置常常发生变动，一会儿靠这边，一会儿又漂到另一边。因此，有的航天员需将他们的头和身体固定在一定的位置才能入睡。

美苏航天员在短期和长期飞行中都有睡眠紊乱的体验，他们在飞行中常常要服安眠药。美国报道 30% 的航天飞机上的航天员飞行中服过安眠药。前苏联也报道过在空间站飞行几个月后仍有睡眠紊乱现象，飞行末期航天员常常感到十分疲劳，有时每天工作时间仅 4 h，却需要 12 h 的睡眠。航天飞行中睡眠的本质和形式与地面也有较大的差别。大部分航天员说他们的睡眠是断断续续的。一般的形式是睡一两个小时后就醒了，之后再睡一二个小时或更多些。

影响航天员睡眠的因素有失重、噪声、空间运动病、24 h 生物节律的改变、航天员心理障碍等。至于航天这个特殊环境是如何影响中枢神经系统的正常功能而引起睡眠紊乱的机理尚不清楚，有待进一步研究。

美苏研究了航天中植物、动物和人的昼夜节律的变化，发现这些生物的昼夜节律发生了改变。例如，前苏联将一些具有 24 h 昼夜节律变化的动物（甲虫、鼠、灵长类）放到宇宙号生物卫星中，观察失重对它们的影响，结果发现飞行中这些动物的生物节律稳定性下降，周期性不规振荡的范围扩大，提示内源性的生物节律发生了改变。

一些美国航天医学研究者研究了空间实验室—3 中鼠的心率和体温的昼夜节律，发现中心体温下降，体温的 24 h 节律与调节行为的反应如饮食和休息不一致。他们还研究了超重和低重力下猴的进食习惯，结果是一些猴出现了明显的进食抑制。

造成航天中昼夜节律变化的主要原因有两个：一个是失重时的体液头向分布和运动减少，引起体内各种感受器传入冲动减少，导致体内原先的、固有的昼夜节律紊乱；另一个原因是航天特有的昼夜变化引起的。在航天飞机中，每 90 min 就出现一次光—暗交替的昼夜节律变化，也就是说，在 24 h 内要度过 16 个昼夜。这种太空的昼夜节律将影响到正常的 24 h 昼夜节律，而造成生物体内昼夜节律的紊乱。

（二）心理状态的改变

航天飞行中航天员的心理表现可能会受到 2 个方面的影响：失重/微重力对感知觉、认知、心理运动过程的直接作用；工作的高负荷、睡眠障碍、对航天生活环境适应的负荷等非特异性的压力（紧张）作用。Manzey(2000)研究发现，感觉—运动系统的微重力相关性改变在对微重力环境适应的早期，比非特异性压力（紧张）作用更为突出。

由于航天活动是一种特殊的活动，航天员在航天开始时的心理状态与医学实践中的心理状态有着根本的区别，它必然会受到航天活动的深刻影响：① 航天员具有航天活动的高度责任感；② 航天员对当前和即将发生的事件强烈关注；③ 在监视飞船的技术系统中，航天员要保持持续的警惕；④ 随时准备着，与地面支持人员进行定期的通讯。这种高度复杂的心理活动即是一种精神情绪紧张，特别是在发射、入轨、对接、分离、再入和返回着陆的飞行阶段更为明显。

短期飞行：主要出现的心理变化是精神情绪紧张、睡眠障碍和心理感觉不适（如感知觉的变化，前庭植物性神经系统反应等）。这些心理变化可单独发生，也可同时存在。这些变化均可使航天员的心理疲劳和筋疲力尽。但在 15 d 以内的短期飞行中，这种状态往往不典型，通常只发生在个别功能比较差的航天员身上。

长期飞行：太空飞行的时间越长，航天员的心理情绪就越容易受环境（如操作的单调性、社会接触限制）等因素的影响，失重因素的作用将加重这些影响。长期飞行中航天员的心理适应不良最早期的变化是出现积累性疲劳、筋疲力尽和衰弱，它与航天员正常工作后一天的疲劳不同，睡眠后不恢复。之后，在一些航天员中也出现短暂的抑郁状态。在衰弱和情感性（躁狂和抑郁）状态后可出现神经症样状态，其特点是：与乘员或地面人员的人际关系变差，甚至产生敌意；伴有强烈维护自己地位和利益的倾向；心情和情感性反应出现易变和不稳定；出现周期性的生活日程的紊乱；对将来工作程序的计划、分析和监督有强迫的倾向。在一些航天员中也出现了负性人格特质的加重，这种状态最严重的表现是抗拒。长期飞行中心理状态变化的形式、表现及发展的结果取决于航天员的个性特征和每次飞行的特征。

飞行后：飞行中引起的一些心理状态的改变，也可能影响到飞行后。例如，"阿波罗 11 号"上的一名航天员在返回后需要采用精神干预的方法来治疗其抑郁症和解决他的婚姻问题。"阿波罗 12 号"的航天员奥尔地林登月回来后不久，长期陷入沮丧中，2 年后进入空军医院的精神科治疗。

（三）心理障碍

由于航天员在太空飞行时，长期处在与世隔绝的太空中，密闭狭小的座舱、静寂无声的太空环境、规定好的交际方式、与地面有限的联系及失重所造成的不适感，使航天员产生了一种被遗弃的感觉，他们出现了一系列的心理问题如忧虑、厌倦、抑郁、思念亲人、人际关系紧张等。尽管在飞行中美国和前苏联都采用了多种措施来防止心理障碍的发生，使心理学问题没有严重地影响到航天任务的完成，但飞行中仍出现心理障碍，主要表现在思乡病、恐惧症和人际关系紧张等方面。

思乡病与恐惧症：在小小的舱室中长期居住的航天员会产生抑制不住的孤独

感、烦闷感和恐惧感。太空寂寞难忍的单调生活，使他们都患上或多或少的思乡病，从而影响到他们的工作和休息。航天员们在紧张工作时，虽然感到身体疲劳，精神却很轻松，反而在工作之余心头便涌上一丝牵肠挂肚之情，使人感到疲劳。航天员们有时整夜不眠，思念家人、朋友和地面的生活。

　　航天员们也常产生一种"消失"的恐惧感，他们在航天站中生活久了，有时好像站在高层建筑的阳台上，自己一动不动，而地球和其他星球都在运动，产生了对高空的恐惧感。他们并不是害怕从高空中掉下来，因为太空中无重力，人是不会掉下来的，而是怕从航天站里漂浮出去成为一颗永久的卫星。

　　人际关系：除了思乡情绪外，长时间的太空飞行还会造成航天员其他一些心理障碍，如乘员之间相互不协调，不满意对方，甚至和地面工作人员产生对抗情绪。据有关人员说，不管事先心理准备如何，经过何种选拔和训练，飞行 30 d 后，乘员之间都可能产生敌意。美国和前苏联飞行的经验表明，敌意不仅限于航天员之间，航天员与地面控制人员之间也会发生争吵。航天员有时故意不听从地面人员的指挥，而想自由飞行；有的需要安静地待一会儿，不喜欢地面人员不断地打扰他们；他们有时掩盖自己的情绪和反应，当爆发时，则将怒气发泄到地面人员身上，以减轻他们的烦恼。这种情绪常有周期性的变化，时好时坏。

　　（四）心理变化对航天任务的影响

　　飞行中的心理变化常常会影响到航天员的工作情绪，甚至飞行任务的完成。例如，地面指挥站需要德国航天员克雷蒂安在"和平号"飞行中进行一系列的生理功能测试。测试实验时，需要安装一些仪器，这名航天员抱怨实验太复杂，他在飞行报告中说，他要花 2.5 h 来安装这些仪器，复杂的实验使人觉得像实验动物一样，如果"和平号上窗开着，我将把这些装置扔出去"。据说，前苏联航天员柳明在第二次飞行刚刚开始几个月，曾出现过想返回地面的想法。此外，美国"阿波罗—9 号"的航天员在飞行中发生过激烈的争论，最后通过协商较好地解决了不同看法，取得一致意见。但是"阿波罗—13 号"上的航天员却争论得很激烈，并和地面指挥人员也发生争执，以致航天员们坚持在飞行中停止一天工作，专门解决他们之间的分歧。航天员的这种心理障碍直接影响到任务的完成，虽然最后他们按原计划的日期返回，但这仍然是一次由心理障碍造成的"失败的飞行"。

　　航天中心理变化对工作的影响可分为 3 个阶段：第一阶段：阶段性地出现对重复性工作的兴趣下降，对次要工作不感兴趣；但能保持工作能力，对重要工作的兴趣仍保持，只产生情绪波动，出现操作错误。第二阶段：不遵守正常的工作制度，对某些工作开始争吵，可能出现相互不理解，但仍能协调一致工作，乘组与地面支持专家可能发生小矛盾，特别是与医学检查的医生（偶尔）发生矛盾。第三阶段：有可能拒绝完成一天中的某种工作，情绪不稳定很明显，波动很大，出现系统性、经常性错误，地面提出的一些不合理建议会遭到拒绝，影响社会适应性和人际关系。

　　综上所述，太空这个特殊环境对人的心理状态是有很大影响的，人类在征服宇宙的过程中,不仅要解决动力、运输方面的问题,还要解决航天员社会心理学方面的问题,使航天站中航天员的人际关系和心理健康都处于最佳状态,更成功有效地完成所有航天任务。

四、航天生理心理学研究的发展规划

近年来,空间生物学和航天医学的研究发生了新的变化:在分子和细胞生物学、遗传学研究方面取得了新的进展;空间飞行实验所获得的信息量显著增大;国际空间站即将提供更多的用于长期空间飞行实验的机会和手段。为了进一步适应新形势的需要,美国 NASA 提出了 21 世纪空间生物学和航天医学的发展战略。该战略强调要从分子、细胞、器官和整个机体的水平进行多学科的综合研究。研究重点主要集中于影响航天员在长期航天中的生存和工作效率的有关问题和受重力影响的基本生物学过程。

如何系统地开展航天生理心理科学的研究呢?美国的航天新战略所支持的高优先的学科研究中,有相当部分涉及航天生理心理学的研究。

(1)神经拓扑图研究:该项研究包括耳石刺激对脑干、海马、纹状体及感觉、运动皮层等的神经空间拓扑关系发育的影响及其机理,以及微重力对这种拓扑关系发育的影响。

(2)神经可塑性研究:① 研究重力变化时前庭—运动通路的代偿机制。这种机制与航天员的适应和再适应有重要关系。② 研究重力变化时前庭—眼动系统的可塑性变化。研究的重点是发现可引起一系列可塑性变化的反应事件,并将噪声、振动等因素与重力效应区分开来。可应用功能磁共振成像(fMRI)研究人卧床及空间飞行对感觉、运动皮层拓扑图的影响。

(3)空间定向:该项研究的重点将放在与人体定向和运动的主体控制有关的机理方面,而不是对角加速度、线加速度敏感的被动阈值方面。① 重力及其特殊力环境(包括旋转)对眼、头、躯干、臂和腿运动整合协调的影响机理。② 在长期空间飞行中对不明力学环境适应的感觉、运动及认知因素。③ 在人和动物的并行对照研究中,重力水平等的改变对空间位置编码的影响。

(4)在深层空间长期飞行时,重离子辐射水平是否会破坏人中枢神经系统的完整性和功能。

(5)行为问题:长期生活在远离社会的狭小空间及特殊的心理环境中,必然会导致航天员、乘员组的行为变化。这些变化与长期空间飞行的航天员、乘员组的特征密切相关。应优先开展的研究项目包括:

① 研究无损伤的定性和定量的评定技术,以便对航天员在飞行前、飞行中和飞行后的行为和工效进行客观评定。

② 研究在空间和地面模拟环境条件下行为和工效变化的神经生物学和心理社会学机制,具体有以下几个方面的内容:

- 在环境因素方面,研究认知和行为对载人航天环境的反应;

- 在生理因素方面,研究与昼夜节律有关的行为变化,测量航天中在心理社会和环境应激条件下,航天员的行为与工效;

- 在个体因素方面,研究长期航天中航天员的人格特征、能力、稳定性和相容性,航天中航天员求解问题的能力和其他认知工效的变化,航天员的人格和行为的变化;

- 在人际因素方面,研究航天员之间的人际关系,包括团结、凝聚力和工作效率,研究影响航天员与地面工作人员关系的因素,研究不同的领导方式和决策方法对航天员机组工效的影响;

- 在组织因素方面,研究国与国之间文化上的差异对航天员个人及机组工效和行为的影响,研究飞行时间长短与行为变化的关系,研究对长期载人航天任务进行有效管理的组织因素,等等。

总之,上述内容表明了航天生理心理研究在空间生命科学中的重要位置及其良好的发展前景。

参考文献

1. 冯应琨. 临床脑电图学. 北京：人民卫生出版社,1980
2. 福山幸夫编著;张书香译. 小儿实用脑电图学. 北京：人民卫生出版社,1987
3. 郭光文,王序. 人体解剖彩色图谱. 北京：人民卫生出版社,1986
4. 黄远桂,吴声伶. 临床脑电图学. 西安：陕西科学技术出版社,1984
5. 柯宝泰编译. 大脑：大自然最伟大的奇迹. 科学世界,2001,5:15—29
6. 匡培梓. 生理心理学. 北京：北京科学出版社,1987
7. 李联忠,戴建平,赵斌. 颅脑 MRI 诊断与鉴别诊断. 北京：人民卫生出版社,2000
8. 刘亚宁. 电磁生物效应. 北京：北京邮电大学出版社,2002
9. 潘映辐. 临床诱发电位学. 北京：人民卫生出版社,1988
10. 彭小虎. 东西方面孔异族效应的 ERPs 研究. 中国科学院心理研究所博士论文,2002
11. 沈政,林庶芝. 生理心理学. 北京：华夏出版社,1989
12. 苏珊·格林菲尔德著;杨雄里等译. 你的大脑. 上海：上海科学技术出版社,1997
13. 谭郁玲主编. 临床脑电图与脑电地形图学. 北京：人民卫生出版社,1999
14. 唐孝威. 脑功能成像. 合肥：中国科技大学出版社,1999
15. 王德堃. 实用脑波图谱学. 上海：远东出版社,1991
16. 魏金河,严拱东,赵仑等. 选择反应和选择心算时脑电相干谱的反应特点. 航天医学与医学工程,1998,11(5):318—323
17. 魏金河,赵仑,任维等. 脑电同步指数谱:计算方法及视觉选择反应中的关联性变化. 航天医学与医学工程,2000,13(2):95—100
18. 魏景汉,尔朱光. 人脑二级 CNV 和解脱波. 中国科学,1986,7:734—739
19. 魏景汉,丁汇亚. 解脱波 EML 中条件性运动反应成分的排除及 V 波与 C 波的区别. 科学通报,1988,13:1026—1029
20. 魏景汉,罗跃嘉. 认知事件相关脑电位教程. 北京：经济日报出版社,2002
21. 吴殿鸿,郭立文,贾诚等. 脑物理学. 哈尔滨：哈尔滨工业大学出版社,1995
22. 杨文俊. 大脑高级活动的神经电生理. 北京：中国科学技术出版社,1998
23. 张明岛,陈兴时. 脑诱发电位学. 上海：上海科技教育出版社,1995
24. 张熙,张微微. 手掌触觉刺激诱发皮层感觉功能成像研究. 北京医学,2000,22:323—325
25. 赵仑. ERP 实验教程. 天津：天津社会科学院出版社,2004
26. 赵仑. 事件相关电位在航天脑科学中的应用. 见:魏景汉,罗跃嘉编. 认知事件相关脑电位教程. 北京：经济日报出版社,2002
27. 赵仑,段然. 豚鼠听觉诱发电位中潜伏期反应的有关研究. 航天医学与医学工程,1997,10(1):

68—70

28. 赵仑,魏金河,全飞舟. 等概率听觉选择反应中非靶 ERPs 的 N2 效应. 航天医学与医学工程,2002,15(3)

29. 赵仑,魏金河. WMN:非靶刺激加工过程中一个与工作记忆相关的 ERPs 负成分. 航天医学与医学工程,2003,16(5)

30. Alain, C. , Achim, A. , & Woods, D. L. (1999). Separate memory-related processing for auditory frequencies and patterns. Psychophysiology, 36, 737—744

31. Albert, Kok. On the utility of P3 amplitude as a measure of processing capacity. Psychophysiology, 2001, 38: 557—577

32. Alho, K. Selective attention in auditory processing as reflected by event-related brain potentials. Psychophysiology, 1992, 29: 247—263

33. Allison J. D. , Meador K. J. , Loring D. W. , et al. Functional MRI cerebral activation and deactivation during finger movement. Neurology, 2000, 54: 135

34. Amari, S. , et al. Adaptive blind signal processing. Neural network approaches. Proc IEEE, 1998, 86(10): 2026—2049

35. American Electroencephalographic Society. Guidelines on evoked potentials. Journal of Clinical Neurophysiology, 1994,11, 40—73

36. American Electroencephalographic Society. Guidelines for standard electrode position nomenclature. Journal of Clinical Neurophysiology, 1994,11, 111—113

37. American Psychiatric Association. Diagnostic and statistical manual of mental disorders(4th ed). Washington, DC: Author,1994

38. American Psychological Association. Publication manual of the American Psychological Association(4th ed). Washington, DC: Author,1994

39. Anaki, D. , Zion-Golumbic, E. , & Bentin, S. Electrophysiological neural mechanisms for detection, configural analysis and recognition of faces. Neuroimage, 2007, 37 (4), 1407—1416

40. Azizian, A. , Freitas, A. L. , Parvaz, M. A. , & Squires, N. K. Beware misleading cues: Perceptual similarity modulates the N2/P3 complex. Psychophysiology, 2006, 43, 253—260

41. Baccino T. , & Manunta Y. Eye-Fixation-Related Potentials: Insight into Parafoveal Processing. Journal of Psychophysiology, 2005, 19(3):204—215

42. Band, G. P. , Ridderinkhof, K. R. , & van der Molen, M. W. Speed-accuracy modulation in case of conflict: The roles of activation and inhibition. Psychological Research, 2003,67, 266—279

43. Bartholow, B. D. , Pearson, M. A. , Dickter, C. L. , Sher, K. J. , Fabiani, M. , & Gratton, G. Strategic control and medial frontal negativity: Beyond errors and response conflict. Psychophysiology, 2005, 42, 33—42

44. Basar E. , & Stampfer H. G. Important associations among EEG-dynamics, event-related potentials, short-term memory and learning. Int J Neurosci, May 1, 1985; 26(3~4): 161—180

45. Basar E. , Basar-Eroglu C. , Rosen B. , & Schutt A. A new approach to endogenous event-related potentials in man: relation between EEG and P300-wave. Int J Neurosci, Aug 1984, 24(1): 1—21

46. Bell, A. J. , Sejnowsji, T. J. An information maximization approach to blind separation and blind deconvolution. J. Neural Computation, 1995, 7: 1129—1159

47. Bentin, S. , & Deouell, L. Y. Structural encoding and identification in face processing: ERP evidence for separate mechanisms. Cognitive Neuropsychology, 2000,17(1~3): 35—54

48. Bentin, S. , & Golland, Y. Meaningful processing of meaningless stimuli: The influence of perceptual experience on early visual processing of faces. Cognition, 2002,86(1): B1—B14

49. Bentin, S. , Allison, T. , Puce, A. , Perez, E. , & Mccarthy, G. Electrophysiological studies of face perception in humans. Journal of Cognitive Neuroscience, 1996,8(6): 551—565

50. Bentin, S. , Golland, Y. , Flevaris, A. , Robertson, L. C. , & Moscovitch, M. Processing the trees and the forest during initial stages of face perception: Electrophysiological evidence. Journal of Cognitive Neuroscience, 2006,18(8):1406—1421

51. Bentin, S. , Sagiv, N. , Mecklinger, A. , Friederici, A. , & Von Cramon, Y. D. Priming visual face-processing mechanisms: Electrophysiological evidence. Psychological Science, 2002,13(2):190—193

52. Bindemann, M. , Burton, A. M. , Leuthold, H. , & Schweinberger, S. R. Brain potential correlates of face recognition: Geometric distortions and the N250r brain response to stimulus repetitions. Psychophysiology, 2008,45(4): 535—544

53. Blair, R. C. , & Karniski, W. An alternative method for significance testing of waveform difference potentials. Psychophysiology, 1993,30:518—524

54. Brazier, M. A. B. A study of the electrical fields at the surface of the head. Electroenceph din Neurophysiol, 1949, 2(Suppi): 38

55. Breier J. L. , Simos P. G. , Zouridakis G. , Papanicolaou A. C. Lateralization of Activity Associated with Language Function Using Magnetoencephalography: A Reliability Study. J Clin Neurophysiol, 2000, 17: 503—510

56. Brooker, B. H. , & Donald, M. W. Contribution of the speech musculature to apparent human EEG asymmetries prior to vocalization. Brain and Language, 1980,9:226—245

57. Browne, M. , & Cutmore, T. R. H. Adaptive wavelet filtering for analysis of event-related potentials from the electro-encephalogram. Medical and Biological Engineering and Computing, 2000,38(6):645—652

58. Bruce, V. , Young, A. W. Understanding face recognition. British of Journal Psychology, 1986, 77: 305—327

59. Bruin, K. J. , & Wijers, A. A. Inhibition, response mode, and stimulus probability: A comparative event-related potential study. Clinical Neurophysiology, 2002,113:1172—1182

60. Bruin, K. J. , Kenemans, J. L. , Verbaten, M. N. , et al. Habituation: an event-related potential and dipole source analysis study. International Journal of Psychophysiology,1999, 36: 199—209

61. Busey, T. A., & Vanderkolk, J. R. Behavioral and electrophysiological evidence for configural processing in fingerprint experts. Vision Research, 2005,45(4):431—448

62. Cacioppo, J. T., Tassinary, L. G., Bertson, G. G. Handbook of psychophysiology. Cambrige University Press,Cambrige,UK,2000

63. Cadwell, J. A., & Villarreal, R. A. Electrophysiologic equipment and electrical safety. In M. J. Aminoff(Ed.), Electrodiagnosis in clinical neurology(4th ed., pp. 15—33). (1999). New York: Churchill Livingstone

64. Chang Y., Xu J., Shi N., Zhang BW., Zhao L. Dysfunction of processing task-irrelevant emotional faces in major depressive disorder patients revealed by expression-related visual MMN. Neuroscience Letters, 2010, in press

65. Chatrian, G. E., Lettich, E. & Nelson, P. L. Improved nomenclature for the "10%" electrode system. Am. J. EEG Technol.,1988,28:161—163

66. Chatrian, G. E., Lettich, E. & Nelson, P. L. The percent electrode system for topographic studies of spontaneous and evoked EEG activities. Am. J. EEG Technol., 1985,25:83—92

67. Coles, M. G. H. Modern mind-brain reading: Psychophysiology, physiology and cognition. Psychophysiology, 1989,26:251—269

68. Comon, P. Independent component analysis: A new concept? J. Signal processing, 1994, 36: 287—314

69. Connolly, J. F., & Phillips, N. A. Event-related potential components reflect phonological and semantic processing of the terminal word of spoken sentences. Journal of Cognitive Neuroscience, 1994, 6: 256—266

70. Costa M, Braun C, Birbaumer N. Gender differences in response to pictures of nudes: a magnetoencephalographic study. Biological Psychology, 2003, 63: 129—147

71. Coulson, S., King, J. and Kutas, M. Expect the Unexpected: Event-Related Brain Response to Morphosyntactic Violations. Language and Cognitive Processes, 1998, 13(1): 21—58

72. Cui, L.,Wang, Y., Wang, H., Tian, S., Kong, J. Human brain sub-systems for discrimination of visual shapes. NeuroReport, 2000, 1: 2415—2418

73. Cuthbert B. N., Schupp H. T., Bradley M. M., Birbaumer N., Lang P. J. Brain potentials in affective picture processing: covariation with autonomic arousal and affective report. Biological Psychology, 2000, 52: 95—111

74. Czigler I. VisualMismatch Negativity: Violation of Nonattended Environmental Regularities. Journal of Psychophysiology, 2007,21(3~4): 224—230

75. Czigler, I., Balázs, L., & Winkler, I. Memory-based detection of task-irrelevant visual change. Psychophysiology, 2002,39:869—873

76. Deffke, I., Sander, T., Heidenreich, J., Sommer, W., Curio, G., Trahms, L., & Lueschow, A. MEG/EEG sources of the 170-ms response to faces are co-localized in the fusiform gyrus. Neuroimage, 2007, 35: 1495—1501

77. Dehaene, S., Spelke, E., Pinel, P., et al. Sources of mathematical thinking: behavioral

and brain-imaging evidence. Science, 1999, 284: 970－971

78. Dehanene S., Naccache L., Cohen L., et al. Cerebral mechanisms of word masking and unconscious repetition priming. Nat Neurosci, 2001, 4: 752－758

79. Deouell, L. Y., Bentin, S., & Nachum, S. Electrophysiological evidence for an early(pre-attentive) information processing deficit in patients with right hemisphere damage and unilateral neglect. Brain, 2000, 123: 353－365

80. Desmedt JE, Brunko E: Functional organization of far-field and cortical components of som-atosensory evoked potentials in normal adults. In JE Desmedt (Ed), Clinical Uses of Cerebral, Brainstem and Spinal Somatosensory Evoked Potentials, Progress in Clinical Neu-rophysiology Vol. 7. Basel: Karger, 1980, pp. 27－50

81. Desmedt, J. E. P300 in serial tasks: An essential post-decision closure mechanism. In H. H. Kornhuber & L. Deecke(Eds.), Motivation, motor, and sensory processes of the brain. Progress in Brain Research, 1980,54:682－686. Amsterdam: Elsevier-North Hol-land

82. Dolcos, F., & Cabeza, R. Event-related potentials of emotional memory: Encoding pleasant, unpleasant, and neutral pictures. Cognitive, Affective, and Behavioral Neuroscience, 2002,2:252－263

83. Donchin E, Fabiani M: The use of event-related brain potentials in the study of memory: is P300 a measure of event distinctiveness? In Jennings JR, Coles MGH(Eds), Handbook of Cognitive Psychophysiology: Central and Autonomic System Approaches. Chichester: Wiley, 1991,471－498

84. Donchin, E. Surprise... Surprise. Psychophysiology, 1981,18(5):493－513

85. Donchin, E. The P300 as a metric for mental workload. Electroencephalography and Clinical Neurophysiology. Supplement, 1987,39:338－343

86. Donchin, E., & Coles, M. G. H. Is the P300 component a manifestation of context updating? Behavioral and Brain Sciences, 1988,11(3):357－374

87. Donchin, E., & Coles, M. G. H. Context updating and the P300. Behavioral and Brain Sciences, 1998,21: 152

88. Donchin, E., Ritter, W., & McCallum, W. C. Cognitive psychophysiology: The endogenous components of the ERP. In E. Callaway, P. Tueting, & S. H. Koslow (Eds.), Event-related brain potentials in man New York: Academic Press,1978,349－441

89. Duffy F. H., Lyer V. G., Surwillo W. W. Clinical EEG and topographic brain mapping techeology and practice. New York: Springer Verlag, 1989, 84－93

90. Duncan C., Barry R., Connolly J., Fischer C., Michie P., Näätänen R., Polich J., Reinvang I., Van Petten C. Event-related potentials in clinical research: Guidelines for eliciting, recording, and quantifying mismatch negativity, P300, and N400. Clinical Neuro-physiology, 2009, 120: 1883－1908

91. Eimer M. Effects of attention and stimulus probability on ERP in a Go/Nogo task. Biological Psychology, 1993,35(1):123－138

92. Eimer, M. The face-specific N170 component reflects late stages in the structural encoding

of faces. Neuroreport，2000,11(10)：2319—2324

93. Eysenck & Keane. Cognitive Psychology：A student's Handbook. Fourth Edition. 2000

94. Falkenstein M. ,Koshlykova N. A. , Kiroj V. N. , et al. Late ERP components in visual and auditory Go/Nogo tasks. Electroencepha. Clin. Neurophysi. 1995,(96)：36—43

95. Falkenstein, M. , Hoormann, J. , & Hohnsbein, J. ERP components in the go/no-go tasks and their relation to inhibition. Acta Psychologica，1999,101：267—291

96. Fernandez G, Effern A, Grunwald T, Pezer N, Lehnertz K, Dumpelmann M, Van Roost D, Elger E. Real-time tracking of memory formation in the human rhinal cortex and hippocampus. Science，1999,285(5433)：1582—1585

97. Folstein J. , & Petten C. Influence of cognitive control and mismatch on the N2 component of the ERP：A review. Psychophysiology，2008,45：152—170

98. Friedman D. , Stimpson G. , Hamberger M. Age-related changes in scalp topography to novel and target stimuli. Psychophysiology，1993,30：383—396

99. Gaillard, A. W. K. Problems and paradigms in ERP research. Biological Psychology，1998,26：91—109

100. Gao L. , Xu J. , Zhan B. W. , Zhao L. , Harel A. , Bentin S. Aging effects on early-stage face perception：An ERP study. Psychophysiology，2009. 1—14

101. Gazzaniga M. S 主编;沈政等译. 认知神经科学. 上海:上海教育出版社,1998

102. Geisler C. O. , & Gersicia G. L. The surface EEG in relation to its sources. Electroen Clin Neurophysiiol，1961，13：927—934

103. Gratton, G. , Kramer, A. F. , Coles, M. G. H. , & Donchin, E. Simulation studies of latency measures of components of the even-related brain potential. Psychophysiology，1989,26：233—248

104. Gray, H. M. , Ambady, N. , Lowenthal, W. T. , & Deldin, P. P300 as an index of attention to self-relevant stimuli. ［Article］. Journal of Experimental Social Psychology，2004,40(2)：216—224

105. Gulrajani, R. M. , Roberge, F. A. , & Savard, P. Moving dipole inverse ECG and EEG solutions. IEEE Transactions on Biomedical Engineering，1984,31：903—910

106. Handy T. C. , & Mangun G. R. Attention and spatial selection：Electrophysiological evidence for modulation by perceptual load. Perception & psychophysics，2000,62(1)：175—186

107. He B. , Musha T. , Okamolo Y. , et al. Electric dipole tracing in the brain by means of the boundary element method and its accuracy. IEEE Trans Biomed Eng，1987,34：406—414

108. Heinze, H. J. , & Munte, T. F. Electrophysiological correlates of hierarchical stimulus processing. Dissociation between onset and later stages of global and local target. Neuropsychologia，1993,31(8)：841—852

109. Herrmann, M. J. , Ehlis, A. C. , Ellgring, H. , & Fallgatter, A. J. Early stages(P100) of face perception in humans as measured with event-related potentials(ERPs). Journal of Neural Transmission，2005,112(8)：1073—1081

110. Homma S, Musha T, Nakajima Y, et al. Location of electric current sources in the human brain estimated by the dipole tracing method of the scalp-skull-brain(SSB) head model.

Electroen Clin Neurophysiiol，1994，91：374—382

111. Hughes J. R. 著；马仁飞译. 临床实用脑电图学. 北京：人民卫生出版社，1997

112. Iguchi Y. , & Hashimoto I. Sequential information processing during a mental arithmetic is reflected in the time course of event-related brain potentials. Clinical Neurophysiology, 2000,111:204—213

113. Itier, R. J. , & Taylor, M. J. Effects of repetition learning on upright, inverted and contrast-reversed face processing using ERPs. Neuroimage, 2004,21(4):1518—1532

114. Itier, R. J. , Alain, C. , Sedore, K. , & Mcintosh, A. R. Early face processing specificity：It's in the eyes! Journal of Cognitive Neuroscience, 2007,19:1815—1826

115. Itier, R. J. , Latinus, M. , & Taylor, M. J. Face, eye and object early processing：What is the face specificity? Neuroimage, 2006,29(2):667—676

116. Jacobsen, T. , & Schröger, E. Is there pre-attentive memory-based comparison of pitch? Psychophysiology, 2001,38:723—727

117. Jasper H. H. The ten-twenty electrode system of the International Federation. Electroencephalogr Clinical Neurophysiology, 1958, 10：371—375

118. Jodo E. , & Inoue K. Relation of a negative ERP component to response inhibition in a Go/No-go task. Eletroenceph. clin. Neurophysiol. ,1992,82(4):477—482

119. Jodo, E. , & Kayama, Y. Relation of negative ERP component to response inhibition in a go/no-go task. Electroencephalography & Clinical Neurophysiology, 1992,82:477—482

120. Johnson, R. A triarchic model of P300 amplitude. Psychophysiology, 1986, 23（4）：367—384

121. Johnstone S. J. , Barry R. J. , & Dimoska A. Event-related slow wave activity in two subtypes of attention-deficit/hyperactivity disorder. Clinical Neurophysiology, 2003,114：504—514

122. Jung T. P. , Makeig S, Humphries C, et al. Removing electroencephalographic artifacts by blindsource separation. Psychophysiology , 2000, 37：163—178

123. Jung TP, Makeig S, Westerfield M, et al. Removal of eye activity artifacts from visual event-related potentials in normal and clinical subjects. Clin Neurophysiol, 2000, 111：1745—1758

124. Junghöfer M. , Bradley MM. , Elbert TR. , & Lang PJ. Fleeting images：A new look at early emotion discrimination. Psychophysiology, 2001, 38:175—178

125. Junghöfer M. , Elbert TR. , Tucker D. , Rocksroh B. Statistical control of artifacts in dense array EEG/MEG studies. Psychophysiology, 2000, 37：523—532

126. Kimura M. , Katayama J. , Ohira H. , Schr? ger E. Visual mismatch negativity：New evidence from the equiprobable paradigm. Psychophysiology, 2009,46:402—409

127. King, J. W. , & Kutas, M. Who did what and when? Using word- and clause-level erps to monitor working memory usage in reading. Journal of Cognitive Neuroscience, 1995,7(3):376—395

128. Kiss, M. , Van Velzen, J. , Eimer, M. The N2pc component and its links to attention shifts and spatially selective visual processing. Psychophysiology, 2008,45(2):240—249

129. Knight RT, Hillyard SA, Woods DL, Neville HJ. The effects of frontal cortex lesions on

event-related potentials during auditory selective attention. Electroencephalography and Clinical Neurophysiology, 1981,52:571—582

130. Knight RT. Decreased response to novel stimuli after prefrontal lesions in man. Electroencephalography and clinical Neurophysiology, 1984, 59: 9—20

131. Knight RT. Epectrophysiologic methods in behavioral neurology and neuropsychology. In Todd E, et al. (eds) Behaviaral Neurology and Neuropsychology. McGraw-Hill, New York, 1997

132. Koelsch S. Music-syntactic processing and auditory memory: Similarities and differences between ERAN and MMN. Psychophysiology, 2009,46:179—190

133. Koelsch, S., Gunter, T. C., Schro¨ger, E., Tervaniemi, M., Sammler, D., & Friederici, A. D. Differentiating ERANandMMN:An ERPstudy. NeuroReport, 2001,12: 1385—1389

134. Koelsch, S., Schmidt, B. H., & Kansok, J. Inuences of musical expertise on the ERAN: An ERP-study. Psychophysiology, 2002,39:657—663

135. Kok A. Effects of degradation of visual stimuli on components of the event-related potentials(ERP) in Go/Nogo reaction tasks. Biol. Psychol. ,1986,23(1):21—38

136. Kok, A. On the utility of P3 amplitude as a measure of processing capacity. Psychophysiology, 2001,38(3):557—577

137. Kornhuber, H. H., & Deecke, L. Hirnpotentialanderungen bei Wilkurbewegungen und passiven Bewegungen des Menschen: Bereitschaftpotential und reafferente Potentiale. Pflugers Archives fur die gesammte Physiologie, 1965,248:1—17

138. Kuperberg GR. Neural mechanisms of language comprehension: Challenges to syntax. Brain Research(Special Issue), 2007, 1146:23—49

139. Kutas, M., & Dale, A. Electrical and magnetic readings of mental functions. In M. D. Rugg(Ed.), Cognitive Neuroscience Studies in Cognition(pp. 197—242). Cambridge, MA: MIT Press, 1997

140. Kutas, M., & Federmeier, K. D. Electrophysiology reveals semantic memory use in language comprehension. Trends in Cognitive Science, 2001,4(12):463—470

141. Kutas, M., & Federmeier, K. D. Electrophysiology reveals semantic memory use in language comprehension. Trends in Cognitive Science, 2001,4(12):463—470

142. Kutas, M., & Hillyard, S. A. Reading senseless sentences: Brain potentials reflect semantic incongruity. Science, 1980,207:203—205

143. Kutas, M., & Van Petten, C. Event-related brain potential studies of language. In P. K. Ackles, J. R. Jennings, & M. G. H. Coles(Eds.), Advances in Psychophysiology, 1988, 3:139—187. Greenwich, CT: JAI Press Inc

144. Kutas, M., Mccarthy, G., & Donchin, E. Augmenting mental chronometry: P300 as a measure of stimulus evaluation time. Science, 1977,197(4305):792—795

145. Kutas, M., Mccarthy, G., & Donchin, E. Measuring ERP amplitude despite latency jitter. Psychophysiology, 1977,14(1):95—95

146. Lagerlund, T. D., Sharbrough, F. W. Determination of 10—20 system electrode locations

using magnetic resonance image scanning with markers. Electroencephalography and Clinical Neurophysiology, 1993,86:7—14

147. Laine M, Salmelin R, Helenius P, Marttila R. Brain activation during reading in deep dyslexia: an MEG study. J. Cogn Neurosci, 2000, 12: 622—634

148. Langeslag SJ, Jansma BM, Franken IH, Van Strien JW. Event-related potential responses to love-related facial stimuli. Biol Psychol. , 2007, 76:109—115

149. Lee T W, et al. Independent component analysis using an extended informax algorithm for mixed Subgaussian and Supergaussian sources. Neural Computation, 1999, 11（2）: 409—433

150. Letourneau, S. M. , & Mitchell, T. V. Behavioral and ERP measures of holistic face processing in a composite task. Brain and Cognition, 2008,67(2):234—245

151. Levy, D. A. , Granot, R. , & Bentin, S. Processing specificity for human voice stimuli: Electrophysiological evidence. NeuroReport, 2001,12(12):2653—2657

152. Levy, D. A. , Granot, R. , & Bentin, S. Neural sensitivity to human voices: ERP evidence of task and attentional influences. Psychophysiology, 2003,40:291—305

153. Luck SJ, & Gireli M. Electrophysiological approches to the study of selective attention in the human brain. In: R Parasuraman(Ed) The Attentive Brain, Cambridge: The MIT Press, 1998

154. Luck, S. An Introduction to the Event-Related Potential Technique, 2005

155. Luck, S. J. , Chelazzi, L. , Hillyard, S. A. , & Desimone, R. Neural mechanisms of spatial selective attention in areas V1, V2, and V4 of macaque visual cortex. Journal of Neurophysiology, 1997,77:24—42

156. Luck, S. J. , Girelli, M. , McDermott, M. T. , & Ford, M. A. Bridging the gap between monkey neurophysiology and human perception: An ambiguity resolution theory of visual selective attention. Cognitive Psychology, 1997,33:64—87

157. Makeig S, Bell AJ, Jung TP, Sejnowski TJ. Independent component analysis of electroen-cephalographic data. Adv Neural Info Processing Systems, 1996, 8: 145—151

158. Makeig S, Jung TP, Bell AJ, Ghahremani D, et al. Blind separation of event-related brain responses into independent components. Proc Nati Acad Sci USA, 1997, 94:10979—10984

159. Makeig S, Westereld M, Jung TP, et al. Independent components of the late positive response complex in a visual spatial attention task. J Neurosci,1999,19(7): 2665—2680

160. Maurer, D. , Le Grand, R. , & Mondloch, C. J. The many faces of configural processing. Trends in Cognitive Sciences, 2002,6(6):255—260

161. McCallum, W. C. , & Curry, S. H. The form and distribution of auditory evoked potentials and CNVs when stimuli and responses are lateralized. In H. H. Kornhuber & L. Deecke(Eds.), Progress in brain research: Vol. 54. Motivation, motor and sensory processes of the brain: Electrical potentials, behaviour and clinical use(pp. 767—775). Amsterdam: Elsevier,1980

162. Mccarthy, G. , & Donchin, E. A metric for thought: A comparison of P300 latency and reaction-time. Science, 1981,211(4477):77—80

163. Mercure, E., Dick, F., & Johnson, M. H. Featural and configural face processing differentially modulate ERP components. Brain Research, 2008,1239:162—170

164. Muente, T. F., Schiltz, K. and Kutas, M. When temporal terms belie conceptual order: an electrophysiological analysis. Nature, 1998, 395: 71—73

165. Näätänen R, Pakarinen S, Rinne T, Takegata R. The mismatch negativity (MMN): towards the optimal paradigm. Clin Neurophysiol., 2004, 115:140—144

166. Nieuwenhuis, S., Yeung, N., Holroyd, C. B., Schurger, A., & Cohen, J. D. Sensitivity of electrophysiological activity from medial frontal cortex to utilitarian and performance feedback. Cerebral Cortex, 2004,14:741—747

167. Nieuwenhuis, S., Yeung, N., van den Wildenberg, W., & Ridderinkhof, K. R. Electrophysiological correlates of anterior cingulated function in a go/no-go task: Effects of response conflict and trial type frequency. Cognitive, Affective & Behavioral Neuroscience, 2003,3:17—26

168. Noguchi, Y., & Kakigi R.. Time Representations Can Be Made from Nontemporal Information in the Brain: An MEG Study. Cerebral Cortex, 2006, 16(12): 1797—1808

169. Nuwer MR. Fundamentals of evoked potentials and common clinical applications today. Electroencephalography and Clinical Neurophysiology, 1998,106:142—148

170. Oostenveld R, Praamstra P. The five percent electrode system for high-resolution EEG and ERP measurements. Clin Neurophysiol. 2001,112(4):713—719

171. Orozco S & Ehlers CL. Gender differences in electrophysiological responses to facial stimuli. Biol Psychiatry, Aug 1998, 44(4): 281—289

172. Orozco S, Wall TL, & Ehlers CL. Influence of alcohol on electrophysiological responses to facial stimuli. Alcohol, 1999,18(1): 11—16

173. Otten, L. J., & Donchin, E. Relationship between P300 amplitude and subsequent recall for distinctive events: Dependence on type of distinctiveness attribute. Psychophysiology, 2000,37(5):644—661

174. Perrin F., Bertrand O., and Pernier J. Scalp current density mapping: value and estimation from potential data. IEEE Transactions on Biomedical Engineering, 1987, 4: 283—288

175. Perrin F., Pernier J., Bertrand O., et al. Spherical splines for scalp potential and current density mapping. Electroencephalogr. Clin. Neurophysiol. 1989, 72: 184—187

176. Pfefferbaum, A., Ford, J. M., Weller, B. J., & Kopell, B. S. ERPs to response production and inhibition. Electroencephalography & Clinical Neurophysiology, 1985,60: 423—434

177. Pfutze, E. M., Sommer, W., & Schweinberger, S. R. Age-related slowing in face and name recognition: Evidence from event-related brain potentials. Psychology and Aging, 2002,17(1):140—160

178. Philiastides, M. G., Ratcliff, R., & Sajda, P. Neural representation of task difficulty and decision making during perceptual categorization: A timing diagram. Journal of Neuroscience, 2006,26(35):8965—8975

179. Picton T. W. , & Stuss, D. T. The component structure of the human event-related potentials. In H. H. Kornhuber & L. Deecke(Eds.), Motivation, Motor and Sensory Processes of the Brain, Progress in Brain Research (pp. 17 — 49). North-Holland: Elsevier,1980

180. Picton T. W. , Bentin S. , Berg P. , et al. Guidelines for using human event-related potentials to study cognition: Recording standards and publication criteria. Psychophysiology, 2000, 37: 127—152

181. Picton TW, Smith A. The practice of evoked potential audiometry. Otolaryngological Clinics of North America,1978, 11:263—282

182. Polich J, Comerchero MD. P3a from visual stimuli: typicality, task, and topography. Brain Topogr, 2003,15:141—52

183. Polich J. Updating P300: An integrative theory of P3a and P3b. Clinical Neurophysiology, 2007, 118: 2128—2148

184. Ponton, C. W. , Don, M. , Eggermont, J. J. , & Kwong, B. Integrated mismatch negativity(MMNi): A noise-free representation of evoked responses allowing single-point distribution-free statistical tests. Electroencephalography and Clinical Neurophysiology, 1997,104:143—150

185. Poynton, C. A. A technical introduction to digital video. New York: Wiley,1996

186. Proverbio, A. M. , Minniti, A. , & Zani, A. Electrophysiological evidence of a perceptual precedence of global vs. Local visual information. Cognitive Brain Research, 1998,6(4): 321—334

187. Regan, D. Human brain electrophysiology: Evoked potentials and evoked magnetic fields in science and medicine. Amsterdam: Elsevier,1989

188. Roggeveen, A. , Prime, D. J. & Ward, L. M. Inhibition of return and response repetition within and between modalities. Experimental Brain Research, 2005,167:86—94

189. Rohrbaugh, J. W. , & Gaillard, A. W. K. Sensory and motor aspects of the contingent negative variation. In A. W. K. Gaillard & W. Ritter(Eds.), Tutorials in event-related potential research: Endogeneous components (pp. 269 — 310). Amsterdam: North-Holland,1993

190. Rossion, B. , & Jacques, C. Does physical interstimulus variance account for early electro-physiological face sensitive responses in the human brain? Ten lessons on the N170. Neuroimage, 2008,39(4):1959—1979

191. Rugg MD, Mark RE, Walla P, Schloerscheidt AM, Birch CS, Allan K. Dissociation of the neural correlates of implicit and explicit memory. Nature, 1998,392:595—598

192. Sadeh, B. , Zhdanov, A. , Podlipsky, I. , Hendler, T. , & Yovel, G. The validity of the face-selective ERP N170 component during simultaneous recording with functional MRI. NeuroImage, 2008, 42:778—786

193. Sagiv N & Bentin S. Structural encoding of human and schematic faces: Holistic and part-based processes. Journal of Cognitive Neuroscience, 2001,13(7):937—951

194. Schendan, H. E. , Ganis, G. , & Kutas, M. Neurophysiological evidence for visual perceptual

categorization of words and faces within 150 ms. Psychophysiology, 1998,35(3):240—251

195. Schweinberger, S. R. , Huddy, V. , & Burton, A. M. N250r: a face-selective brain response to stimulus repetitions. Neuroreport, 2004,15(9):1501—1505

196. Schweinberger, S. R. , Pickering, E. C. , Jentzsch, I. , Burton, A. M. , & Kaufmann, J. M. Event-related brain potential evidence for a response of inferior temporal cortex to familiar face repetitions. Cognitive Brain Research, 2002,14(3), PII S0926~6410(0902) 00142—00148

197. Scott, L. S. , Tanaka, J. W. , Sheinberg, D. L. , & Curran, T. A reevaluation of the electrophysiological correlates of expert object processing. Journal of Cognitive Neuroscience, 2006,18(9):1453—1465

198. Scott, L. S. , Tanaka, J. W. , Sheinberg, D. L. , & Curran, T. The role of category learning in the acquisition and retention of perceptual expertise: A behavioral and neurophysiological study. Brain Research, 2008,1210:204—215

199. Semlitsch, H. V. , Anderer, P. , Schuster, P. , & Presslich, O. A solution for reliable and valid reduction of occular artiofacts applied to the P300 ERP. Psychophysiology, 1986,23(6):695—703

200. Simons, R. F. , Miller, G. A. ,Weerts, T. C. , et al. Correcting baseline drift artifact in slow potential recording. Psychophysiology, 1982,19:691—700

201. Stampfer H. G. , & Basar E.. Does frequency analysis lead to better understanding of human event related potentials. Int J Neurosci, May 1, 1985,26(3~4): 181—96

202. Steinhauer, K. , Alter, K. , & Friederici, A. D. Brain responses indicate immediate use of prosodic cues in natural speech processing. Nature Neuroscience, 1999,2:191—196

203. Sutton, S. , Braren, M. , Zubin, J. , & John, E. R. Evoked-Potential correlates of stimulus uncertainty. Science, 1965,150(3700)

204. Szirtes, J. , & Vaughan, H. G. , Jr. Characteristics of cranial and facial potentials associated with speech production. Electroencephalography and Clinical Neurophysiology, 1977,43:386—396

205. Talsma D. , Wijers A. A. , Klaver P. , et al. Working memory processes show different degrees of lateralization: evidence from event-related potentials. Psychophysiology, 2001, 38: 425—439

206. Tanaka, J. W. , & Curran, T. A neural basis for expert object recognition. Psychological Science, 2001,12(1):43—47

207. Tanaka, J. W. , Curran, T. , Porterfield, A. L. , & Collins, D. Activation of preexisting and acquired face representations: The N250 event-related potential as an index of face familiarity. Journal of Cognitive Neuroscience, 2006,18(9):1488—1497

208. Towle, V. L. , Bolanos, J. , Suarez, D. , et al. The spatial location of EEG electrodes: Locating the best-fitting sphere relative to cortical anatomy. Electroencephalography and Clinical Neurophysiology, 1993,86:1—6

209. Tukey, J. W. Measurement of event-related potentials. Commentary, a data analyst's comments on a variety of points and issues. In E,1978

210. Urbach TP, Payne DG, Blackwell J: Distinguishing illusory and veridical memories: Evidence from event-related potentials. Unpublished data, 1996

211. Urland, G. R., & Ito, T. A. P300 and implicit and explicit categorization of race and gender. Psychophysiology, 2001,38:S96—S96

212. Van Petten C, Coulson S, Rubin S, Plante E, Parks M: Time course of word identification and semantic integration in spoken language. Journal of Experimental Psychology: Learning, Memory, and Cognition, 1999,25:394—417

213. Van Petten, C., & Luka, B. J. Neural bases of semantic context effects in electromagnetic and hemodynamic studies. Brain and Language, 2006,97:279—293

214. Verleger, R. Event-Related Potentials and memory- A critique of the context updating hypothesis and an alternative interpretation of P3. Behavioral and Brain Sciences, 1988,11(3):343—356

215. Verleger, R., Jaskowski, P., & Wascher, E. Evidence for an integrative role of P3b in linking reaction to perception. Journal of Psychophysiology, 2005,19(3):165—181

216. Vogel EK, Luck SJ, & Shapiro KL. Electrophysiologial evidence for a postperceptual locus or suppression during the attentional blink. J. experimental Psychology: Human Perception and Performance, 1998, 6: 1656—1674

217. Wang, Y., Cui, L., Wang, H., Tian, S., & Zhang, X. The sequential processing of visual feature conjunction mismatches in the human brain. Psychophysiology, 2004,41:21—29

218. Wang, Y., Tian, S., Wang, H., Cui, L., Zhang, Y., & Zhang, X. Event-related potentials evoked bymulti-feature conflict under different attentive conditions. Experimental Brain Research, 2003,148:451—457

219. Wasserman, S., & Bockenholt, U. Bootstrapping: Applications to psychophysiology. Psychophysiology, 1989,26:208—221

220. Watanabe S, Kakigi R, Koyama S, et al. Human face perception traced by magneto- and electro-encephalography. Cognitive Brain Research, 1999, 8: 125—142

221. Wehrli F. W.. Echo Train Imaging: Echo Planar, Fast Spin Echo and GRASE. 5th ISMRM Scientific Meeting, Vancouver, Canada, 1997, April 14—18

222. Wei J H, Yan G D, Zhao L, et. al. Comparison of effects of 5Hz and 20Hz magnetic field on brain responses. Space Medicine & Medical Engineering,1997,10(3):157—162

223. Wei J, Yan G, Zhao L., et. al. A new component of brain potentials clearly related to number recall. Space Medicine & Medical Engineering,1997,10(2):84—87

224. Wei J., Zhao L., Yan G., et. al. The temporal and spatial features of event-related EEG spectral changes in 4 mental conditions. Electroencephalography Clinical Neurophysiology, 1998,106(5):416—423

225. Wei J., Zhao L., Yan G., et al. The temporal and spatial features of event-related EEG spectral changes in 4 mental conditions. Electroenceph. Clin. Neurophysiol.,1998,106(5):416—423

226. Wei, J. H., Chan, T. C., Luo, Y. J. A modified oddball paradigm "cross-modal delayed response" and the research on mismatch negativity. Brain Research Bulletin, 2002,

57,221—230

227. Woldorff M G.. Distortion of ERP averages due to overlap from temporally adjacent ERP: Analysis and correction. Psychophysiology,1993,30:98—119

228. Woldorff M., JC Hansen, and SA Hillyard. Evidence for effects of selective attention to the midlatency range of human auditory event related potential. Electroencephalogr. Clin. Neurophysiol. 1987, 40: 146—154

229. Woldorff M., SA Hillyard. Modulation of early auditory processing during selective listening to rapidly presented tone. Electroencephalogr. Clin. Neurophysiol. 1991, 79: 170—191

230. Woody, C. D. Characterization of an adaptive filter for the analysis of variable latency neuroelectric signals. Medical and Biological Engineering, 1967,5:539—553

231. Yeung, N., Botvinick, M. W., & Cohen, J. D. The neural basis of error detection: Conflict monitoring and the error-related negativity. Psychological Review, 2004,111: 931—959

232. Zhang Bw., Zhao L., & Xu J. Electrophysiological activity abnormality underlying inhibitory control processes in late-life depression: A Go/Nogo study. Neuroscience Letters, 2007, 419:225—230

233. Zhang, X., Wang, Y., Li, S., & Wang, L. Event-related potential N270, a negative component to identification of conflicting information following memory retrieval. Clinical Neurophysiology, 2003,114:2461—2468

234. Zhao L., & Li J. Visual mismatch negativity elicited by facial expressions under nonattentional conditions. Neuroscience Letters, 2006, 410:126—131

235. Zion-Golumbic, E., & Bentin, S. Dissociated neural mechanisms for face detection and configural encoding: Evidence from N170 and induced gamma-band oscillation effects. Cerebral Cortex, 2007,17(8): 1741—1749

236. Zoltan J. K. Trends in EEG source localization. Electroenceph. Clin. Neurophysiol., 1998, 106:127—137

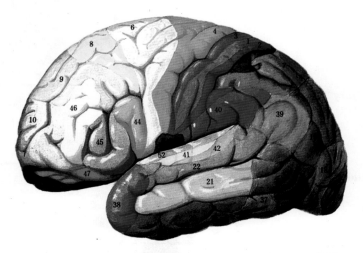

图 1-9　大脑皮层的细胞构筑分区(外侧面)

(引自郭光文、王序主编,人体解剖彩色图谱,1986)

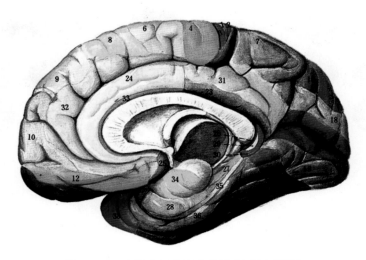

图 1-10　大脑皮层的细胞构筑分区(内侧面)

(引自郭光文、王序主编,人体解剖彩色图谱,1986)

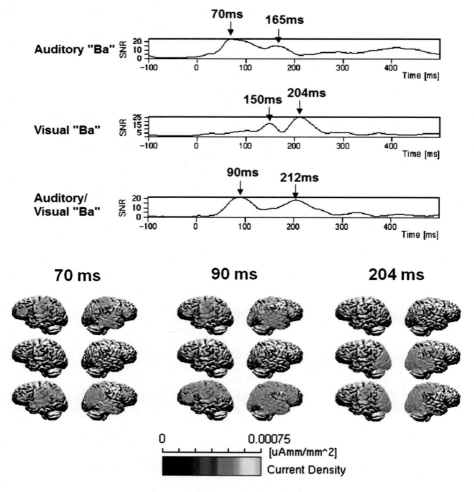

图 7-24 视听整合的脑机制研究示意图

上图:诱发电位的时间重建。听到声音"Ba"呈现两个峰(70 ms 和 165 ms),看到"Ba"的峰位于 150 ms 和 204 ms,视听同时呈现"Ba"则在 90 ms 和 212 ms 产生两个峰。下图:皮层电流密度重建。上排为"Auditory Ba",中排为"Visual Ba",下排为"Auditory/Visual Ba"。可以清楚看到视听整合的脑区特征。